凝煉知識品味閱讀

應用群論

倪澤恩 著

Applied Group Theory

五南圖書出版公司 印行

敬以此書獻給我敬愛的雙親

倪誠忠先生

倪歐瑞芬女士

序

「群者，對稱性之抽象，今代數之本也。」群論在歷史上源自於數論、代數方程理論和幾何學。許多代數結構都是在群的基礎上加上運算來構成的，它通常可以顯示某些結構的內部對稱性，它也被應用在許多醫學、化學、物理、電子等領域，如晶體結構的建模等。群論的研究結果也曾於20世紀下半葉在數學界綻放過光芒。

我在長庚大學的同事倪澤恩教授，在長庚開授「群論」，曾出版「群論初步」，現在總結其授課經驗及同學們的意見，在原有基礎上加以勘誤、增補，並增加習題及詳細解答，把書名定為「應用群論」，由五南圖書公司出版。倪教授誠懇邀請我寫序，特書數言來表達其在本書付梓期間所花費的心血及其嘉惠學子之美意。

傅祥

——長庚大學電子工程學系教授

序

本院電子系才華洋溢的教授倪澤恩博士邀請我等為他的群論相關著作第二冊《應用群論》寫序，惶恐之餘，敬為答應。

1830 年群論之初，伽羅華先生為解一元五次方程式之代數解，轉而去探討方程式本身之特質，把數學本身抽象化，去探究群的基本結構元素，運算元…相關特質等等（不老老實實去解題），反而去懷疑高次方程式代數解之存在與否，無法為當時學究接受，因而懷才不遇。

百年後（1930 年），許多物理學大師如鮑立、薛丁格、波恩、思萊特…等先進，仍對此種非物理正統（薛丁格微分方程式等）之離散數學概念横加阻礙，多有意見。

末學才疏，但見前車之鑑，尤其現今物理、化學、晶體學已證明群論結構完整，應用精確有效；也樂見本院有此人才能將群論應用於半導體教學與研究實務上，嘉惠學子。未來預祝伊澤恩兄更上層樓，拓展出群論美麗的新頁。

張連璧　教授

——長庚大學工學院副院長

序

「群論初步」的出版已經兩年了，曾經在不同的場合遇見讀者或收到來信指教，同時也在長庚大學開了兩年「群論」的課，由於課程當中需要指定作業，所以與五南圖書公司主編穆文娟小姐的討論之後，除了勘誤、增補之外，決定在原有的基礎上增加內容與習題並附詳細的解答，且把書名訂為「應用群論」。習題的選擇、設計與解答的過程是一個特別的經驗，要感謝這兩年來長庚大學修課的同學的意見。雖然有些計算看似冗長，但是這種刻意的解答過程將提供讀者相當的幫助。

《老子》：「天下皆謂我道大，似不肖，夫唯大，故似不肖，若肖，久矣其細也夫。」，誠摯的邀請各方讀者進入群論迷人的世界。

倪澤恩

——長庚大學電子工程學系

目　錄

第 1 章

基礎對稱群理論

1 緒言

2 對稱的角色

3 群論的對稱概念

4 有關群的幾個基本定義

道之為物，惟恍惟惚，惚兮恍兮，其中有象；

恍兮惚兮，其中有物，窈兮莫兮，其中有精，其精甚真，其中有信

1.1 緒言

數學為科學之母，大凡科學與技術都必須建立在數學的基礎之上，所以各領域產生了許多特有的方程式以及函數來闡述其獨特的現象，並建立學說。所以科學與技術的理解、發展、與創新都無可避免的必須回歸到「解方程式」的基本數學過程，而**群論**（Group Theory）就是最重要的工具之一，由諾貝爾獎（Nobel Price）的頒發可見一斑（為避免**群論**專有翻譯名詞與文字敘述所造成閱讀上的困擾，我們把所有**群論**相關的專有名詞都以**粗體字**標示）。

實際上，**群論**是純數學的一個分支，源自於一元五次方程式的解析問題，更仔細的分類，**群論**是抽象代數（Abstract algebra）或近代代數（Modern algebra）的範疇，所以發展了許多抽象的概念。然而純數學的證明演算並非本書所要關注的，我們將避免太過嚴謹的數學定理證明把目標設定在建立**群論**的初步的概念並藉由**群論**來解決固態物理、晶體物理相關問題，並以具體而簡單的例題來介紹抽象的概念，如果可以將例題逐一演練，相信一定會對**群論**有梗概的了解以利於其他所有科學領域的**群論**研究。

在開始研讀**群論**之初，最常遇到的困難就是符號不一致的問題，因為每個領域、每個議題或甚至每個研究者都可能在方便、簡捷的情況下定義出各式符號或進而形成一套符號系統，於是當我們尚未初窺基本**群論**之前參考了大量的這些資料，很容易造成混淆，在莫衷一是的情況下，如果又處於自修的環境中，就非常可能的放棄了對**群論**的學習。所以為了避免類似的情況發生，我們建議一開始暫時無須特別理會與記憶符號的意義，只要在運算所需之時，再參閱本書中前後內容、圖、表即可，最重要的是**群論**本身，而非符號。這樣的建議，我們之後還會再重覆強調的。

1.2 對稱的角色

晶體在現代固態電子元件與系統中，扮演著非常特殊且重要的角色。對於探索晶體材料的行為與特性，我們必須具備有幾項基本素養：

[1] 量子力學（Quantum mechanics）：利於單一粒子的行為特性的研究。

[2] 統計力學（Statistical mechanics）：利於描述大量粒子聚合時的平均特性。

[3] 電動力學（Electrodynamics）：利於探討物質與波的交互作用。

[4] 對稱理論（Symmetry theory）或**群論**：利於瞭解由晶體**對稱性**所引起的特性。

在本書中，我們將只側重在第<iv>項**群論**的部份，**對稱**的方法不僅僅是大量的簡化了有關物質的電、光、熱、磁特性的計算；它也常常被用來作為深入探索自然現象的工具。以晶體特性而言，von

Neumann 原理（von Neumann principle）點出了**對稱性**的關鍵地位；而 Curie's 原理（Curie's Principle）點出了物質與外場交互作用的**對稱性**。兩個重要的原理分述如下：

von Neumann 原理：晶體任何物理的**對稱元素**一定被包含在該晶體**點群**當中，即

$$G_a \supset G_k$$

其中 G_a 為晶體**對稱群**；

G_k 為物理特性張量（Tensor）所屬的**對稱群**。

Curie's 原理：當晶體受到外在干擾所呈現的**對稱元素**只能是晶體在沒有干擾下的**對稱群**與該干擾的**對稱群**所共有的**對稱元素**，即

$$\widetilde{K} = K \cap G$$

其中 $\widetilde{K}$ 為晶體受到外在干擾下所呈現的**對稱群**；

K 為晶體沒有外在干擾下所呈現的**對稱群**；

G 為外在干擾下所屬的**對稱群**。

雖然這兩個原理已經非常成功的應用於晶體材料、元件、系統的分析，然而我們可以進一步將以上的關係式把這兩個重要的原理寫成一個關係式如下：

〔效應參數〕=〔特性係數〕〔起因參數〕

（[Effect Parameter] = [Property Coefficient][Cause Parameter]）

如此我們可以大膽的預測或嘗試將**群論**用於分析諸如：生物、醫學領域的「開放式複雜系統」問題，因為已經有愈來愈多的分析結果顯示生物組織的功能、各式複雜的生物機轉、機制（Mechanism）甚至病毒細菌的傳播…都無法脫離大自然**對稱**的規律，當然這些領域的具體證例與探討業已遠遠超出本書所設定的範圍了。

正因如此，研究人員在開始任何在固態物理問題的計算或實驗結果之前，先進行**對稱**的分析工作幾乎已經變成一個標準的程序。研究一個固態系統，最縝密慎重的首要工作，就是去看看從結構的**對稱**分析可以有什麼樣的訊息，然而常常發生的狀況是即便已經完成了實驗工作，**對稱**分析仍然對於我們所擬定的模型判定有著極大的助益。大多數的情況下，我們透過**群論**所要探究的**對稱**是 Hamiltonian 運算子（Operator）的**對稱性**，如果一個 Hamiltonian 在經過**對稱操作**（Symmetry operation）之後，前後看起來是一樣的，也就是在這個**對稱操作**之後，Hamiltonian 是不變的或沒有變化的，則這個**操作**就是對應於這個 Hamiltonian 的**對稱操作**。

首先談談**群論**的基本**對稱**觀念。

1.3 群論的對稱概念

1.3.1 對稱操作與對稱元素

晶體材料的**對稱性**可以用**對稱操作**來定義。如果一個**操作**（Operation）作用在一個物體上，而作用的前後看起來是完全一樣的，我們就可以說這個**操作**是一個**對稱操作**，例如這些**操作**可以是旋轉了某一個角度，或是某一鏡面的反射，如圖 1-1 的正三角形所示。

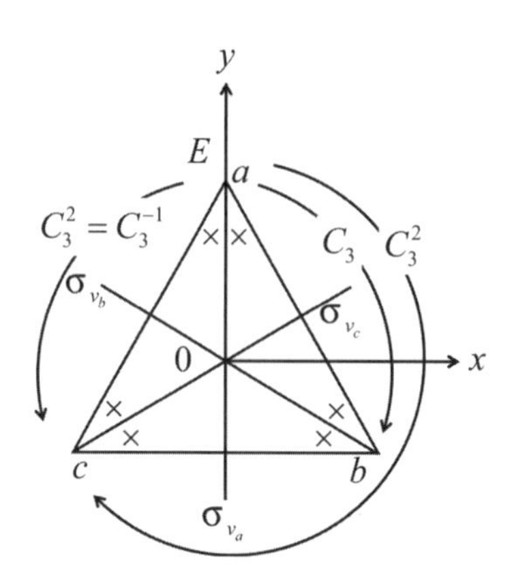

圖 1-1・正三角形的對稱操作

我們可以很輕易的觀察到，如果繞著 Z 軸旋轉 120°或 240°之後的正三角形和未經旋轉的正三角形之間，並無法分辨其差異，如此的**操作**或**移動**使得轉換前後並沒有改變，所以這個旋轉就是一個

對稱操作，而且這個正三角形也擁有了這個**對稱元素**（Symmetry element）。一個**對稱元素**可以是一個系統的實體的幾何部分，也可以是一個**操作**的識別符號，例如：由正三角形的**對稱元素** C_3 可以類推出以下的**對稱操作**：

C_3^1：對應於順時鐘繞軸旋轉 120° 的**旋轉操作**（Rotation operation）；

C_3^2：對應於順時鐘繞軸旋轉 240° 的**旋轉操作**。

我們稍後會再進一步的定義這些符號，現在先介紹**對稱元素**與**對稱操作**之間的關係。

1.3.2 對稱元素的基本型態

如表 1.1 所列的以 Schoenflies **符號**（Schoenflies notation）標示的**對稱元素**是用來處理**晶體對稱群**（Crystal symmetry groups）或**晶體點群**（Crystal point groups）相關問題的一些基本型態，有關 Schoenflies **符號**和**國際符號**（International notation）可以參考表 4.2。

我們可以由表 1.1 裡找出適當的某些**對稱元素**加以組合之後定義出**晶體點群**，一個**晶體點群**就是定義在**對稱操作**的集合中，晶體在經過這個集合內的**對稱操作**之後，不會改變晶體結構。其中要注意的是**晶體點群**並沒有包含任何的**平移操作**（Translation operations）。有關**平移操作**將在 4.3 節中說明。

表 1.1 · 以 Schoenflies 符號標示對稱元素的基本型態

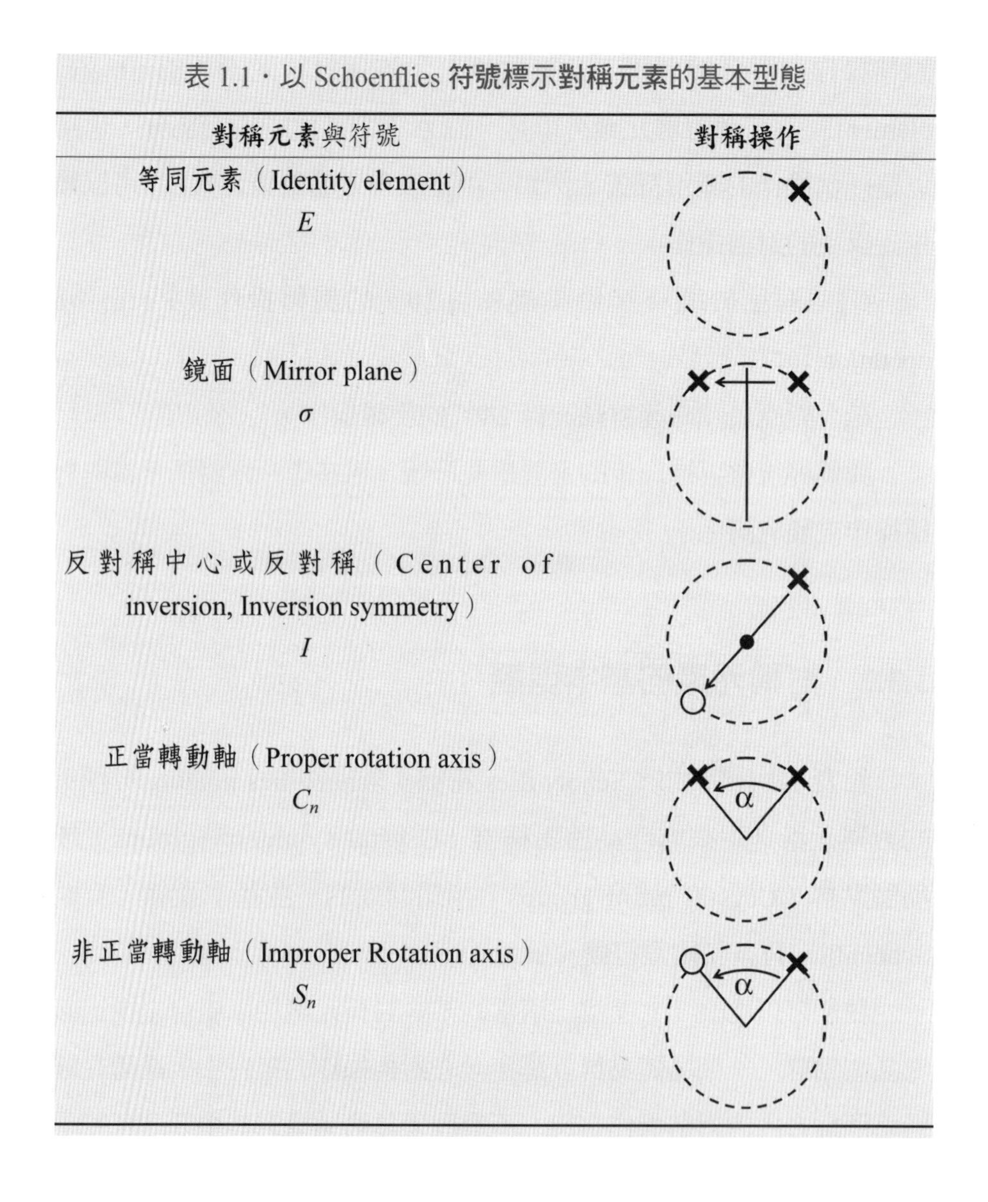

對稱元素與符號	對稱操作
等同元素（Identity element） E	
鏡面（Mirror plane） σ	
反對稱中心或反對稱（Center of inversion, Inversion symmetry） I	
正當轉動軸（Proper rotation axis） C_n	α
非正當轉動軸（Improper Rotation axis） S_n	α

1.3.3 群的定義

如果存在元素 E、A、B、$C \cdots X$ 滿足群的特性，則這些對稱元素所形成的集合，就稱為**對稱群**（Symmetry group）或簡稱**群**（Group）。然而什麼是「**群**」呢？

一個「**群**」的定義如下：

[1] **封閉性**（Closure）：任何**群**的二個**元素**的**操作**，包含乘積（Product）、組合（Combination）以及每個**群元素**的平方，都必須是**群**的**元素**。這個特性也就是**群**的**封閉性**。

[2] **結合性**（Associativity）：**元素**的**操作**或運算必須滿足**結合律**，即 $A(BC) = (AB)C$。

[3] **等同性**（Identity）：每一個**對稱群** G 必須包含一個**等同元素**（Identity element）或**單位元素**（Unit element），這個**元素**將和**群** G 中的每一個**元素**都是**可交換的**（Commute），且不會改變它們。我們常用「E」這個符號來標示這個**元素**，所以如果是**群**中任何一個**元素**，則 $EX = XE = X$。注意：EX 或 XE 是**操作**的過程。

[4] **反量性**（Inverse）：**群**中的每一個**元素**都可以在**群**中找到一個**反元素**（Inverse element），即 $XX^{-1} = E$，其中 X 為**群**的任何一個**元素**。要特別注意 E 是**等同元素**。

只要滿足以上這四個條件就可以構成一個**群**或被稱為一個**群**，雖然還可以有其它的定義方式，例如我們可以由 [1]、[2] 的性質推得 [3] 和 [4] 的性質，但是習慣上還是使用以上這四個條件來定義**群**。我們可以透過以下的介紹，把**群**的特性解釋得更清楚。值得注意的是，通常**群**的元素之間是**不可交換的**，即 $AB \neq BA$，這樣的**群**稱為 Nonabelian **群**或稱為**不可交換群**；反之如果對於**群** G 內所有的**元素** A、E 都滿足 $AB = BA$，則我們稱**群** G 是一個 Abelian **群**或稱為**可**

交換群。最小的**不可交換群**是**點群**（Point group）C_{3v}、**點群** D_3 或**置換群**（Permutation group, Symmetric group）S_3，這三個**群**是**同構的**（Isomorphous），或簡單的說這三個**群**是相同的**群**，稍後我們會在1.4.6 進一步解釋什麼是**同構群**（Isomorphous group）。

1.3.4　一個對稱群的範例

為了便於說明，我們將找一個**晶體點群**作為說明**對稱群**的範例，這個**點群**以 Schoenfiles 符號標示為 C_{3v} 群；以國際符號標示為 $3m$。實際上，C_{3v} 群是最簡單的 Nonabelian 群，也就是最小的**不可交換群**，所以會被經常拿來做說明或演算的範例。

C_{3v} 群包含有下列**對稱元素**，如圖 1-1：

E：**等同操作**使每一個點好像乘法運算中的乘以 1 一樣沒有改變；

C_3：順時鐘繞軸 120° 的**旋轉操作**；

C_3^2：順時鐘繞軸 240° 的**旋轉操作**；

σ_{v_a}：對 yz 平面作**反射操作**（Reflection operation）；

σ_{v_b}：對通過 b 且垂直於 ac 連線的平面做**反射操作**；

σ_{v_c}：對通過 c 且垂直於 ab 連線的平面做**反射操作**；

要特別說明的是在本書中，相對於**旋轉軸**作順時鐘旋轉，被當作是正旋轉；反之，逆時鐘旋轉被當作是負旋轉。然而晶體學者卻習慣採用另一種方式，即順時鐘旋轉當成是正方向；而逆時鐘旋轉當成是負方向，主要是因為 x、y、z 軸的方向是右手系的座標系。儘管這些標示的方法與習慣不同，但並不會影響任何固態物理中的**對稱操作**的結果，但是在同一個分析中必須採用一致的習慣性用法，以便於相互對照參考彼此的**對稱操作**。在實際的應用中，例如第 6 章，會經常用到**對稱群**的**特徵值表**（Character table）（將在第 3 章介紹），我們會發現不同的習慣標示方法並不會產生什麼問題。實際上，如果嫻熟於一套符號系統，則即使在不同的文獻上，也可以容易的去了解其內容。

從圖 1-1 可以很簡單的觀察出對應於一個正三角形的**對稱操作**。雖然有其他的**對稱操作**可以**操作**在這個三角形上，但是它們都同義於前面我們所提到的**操作**之一。例如：一個逆時鐘旋轉 120° 的**對稱操作**，記為 C_3^{-1}，就同義於 C_3^2 的**操作**；一個以 y 軸為軸心旋轉 180° 就同義於σ_{v_a}的**操作**…等。因為 E、C_3、C_3^2、σ_{v_a}、σ_{v_b}、σ_{v_c} **元素**滿足了**群**的定義，所以這六個**對稱操作**的集合就形成了 C_{3v} **群**。

我們可以藉由**群乘積表**（Group multiplication table）或簡稱**群乘表**，很清楚的看到這 6 個**元素**是可以形成一個**對稱群**的，如表 1.2 所示。

表 1.2．C_{3v} **群的群乘積表**

C_{3v}	E	C_3	C_3^2	σ_{v_a}	σ_{v_b}	σ_{v_c}
E	E	C_3	C_3^2	σ_{v_a}	σ_{v_b}	σ_{v_c}
C_3	C_3	C_3^2	E	σ_{v_c}	σ_{v_a}	σ_{v_b}
C_3^2	C_3^2	E	C_3	σ_{v_b}	σ_{v_c}	σ_{v_a}
σ_{v_a}	σ_{v_a}	σ_{v_b}	σ_{v_c}	E	C_3	C_3^2
σ_{v_b}	σ_{v_b}	σ_{v_c}	σ_{v_a}	C_3^2	E	C_3
σ_{v_c}	σ_{v_c}	σ_{v_a}	σ_{v_b}	C_3	C_3^2	E

以上的**群乘表**中有幾個基本的特性是值得注意的：

[1] 每一行或每一列一定都包含有**群**內所有**對稱**之**元素**，而且每一

個元素都只出現一次，只是重新排列，但次序不同。這個特性通常被稱為**群重排列理論**（Group rearrangement theorem），或稱為 Cayley **理論**（Cayley theorem）。

[2] 在**群乘表**中的每一個項（Entry）是由**行元素**（Column element）和**列元素**（Row element）的乘積產生的。例如：**群乘表**中的最後一列的**元素**的產生方式如下：

行元素	列元素	乘積	項
σ_{v_c}	E	$\sigma_{v_c} \times E$	σ_{v_c}
σ_{v_c}	C_3	$\sigma_{v_c} \times C_3$	σ_{v_a}
σ_{v_c}	C_3^2	$\sigma_{v_c} \times C_3^2$	σ_{v_b}
σ_{v_c}	σ_{v_a}	$\sigma_{v_c} \times \sigma_{v_a}$	C_3
σ_{v_c}	σ_{v_b}	$\sigma_{v_c} \times \sigma_{v_b}$	C_3^2
σ_{v_c}	σ_{v_c}	$\sigma_{v_c} \times \sigma_{v_c}$	E

[3] 這是一個**非交換群**，例如 $\sigma_{v_a} \times \sigma_{v_b} \neq \sigma_{v_b} \times \sigma_{v_a}$。

例 1.1 試寫出這張郵票的**對稱元素**。

[1] 整張郵票。

[2] 移除所有的字之後的全部設計圖樣。

[3] 去除兩條魚之後的設計圖樣。

解：可考慮圖 4-10，則

[1] 整張郵票的**對稱元素**只有 E，屬於 C_1 群。

[2] 移除所有的字之後的全部設計圖樣的**對稱元素**有 E、C_2，屬於 C_2 群。

[3] 去除兩條魚之後的設計圖樣的**對稱元素**有 E、C_2、σ'_v、σ''_v 屬於 C_{2v} 群。

在例 1.1 中所使用的**操作**符號可參考圖 4-10。

例 1.2 試由**群**的特性來判斷下列的集合是否能形成**群**？是否為 Abelian **群**？

[1] 在乘法運算下的[1, −1, i, −i]。

[2] 在加法運算下的[1, 0, −1]。

[3] 在乘法運算下的 E、A、B、C、D、F，其中

$$E=\begin{bmatrix}1 & 0\\0 & 1\end{bmatrix}、A=\begin{bmatrix}E & 0\\0 & E^2\end{bmatrix}、B=\begin{bmatrix}E^2 & 0\\0 & E\end{bmatrix}、C=\begin{bmatrix}0 & 1\\1 & 0\end{bmatrix}、$$

$$D=\begin{bmatrix}0 & E^2\\E & 0\end{bmatrix}、F=\begin{bmatrix}0 & E\\E^2 & 0\end{bmatrix}，且 E^3=1。$$

[4] 在函數置換操作下的 $\phi_1(x)$、$\phi_2(x)$、$\phi_3(x)$、$\phi_4(x)$、$\phi_5(x)$、$\phi_6(x)$，其中 $\phi_1(x) = x$、$\phi_2(x) = 1-x$、$\phi_3(x)=\dfrac{x}{x-1}$、$\phi_4(x)=\dfrac{1}{x}$、$\phi_5(x)=\dfrac{1}{1-x}$、$\phi_6(x)=\dfrac{x-1}{x}$。

解：只要滿足**群**定義的 4 個特性的集合就可構成**群**，而**群元素**如果滿足 $AB = BA$ 的關係就是 Abelian **群**。

[1] [1, −1, i, −i] 的乘法表為

	1	−1	i	$-i$
1	1	−1	i	$-i$
−1	−1	1	$-i$	i
i	i	$-i$	−1	1
$-i$	$-i$	i	1	−1

因為在乘法表的每一行每一列都會出現每一個元素一次可知$[1, -1, i, -i]$在乘法運算下可構成群，又因為 $1\times(-1) = (-1)\times 1$ 以及 $1\times i = i\times 1$…等等的結果，所以$[1, -1, i, -i]$是一個 Abelian 群。

[2] 集合$[1, 0, -1]$在加法運算下，很明顯的 $1 + 1 = 2$ 並不存在集合中，所以無法構成群。

[3] 集合 E、A、B、C、D、F 的乘法表為

	E	A	B	C	D	F
F	E	A	B	C	D	F
A	A	B	E	F	C	D
B	B	E	A	D	F	C
C	C	D	F	E	A	B
D	D	F	C	B	E	A
F	F	C	D	A	B	E

顯然可以構成群，但不是 Abelian 群。

[4] 為了建立 ϕ_1、ϕ_2、ϕ_3、ϕ_4、ϕ_5、ϕ_6 的乘法表，我們可以先舉個例子證明 $\phi_5\phi_3 = \phi_2$。

$$(\phi_5\phi_3)(x)=\phi_5\phi_3\,(x)=\phi_5\left(\frac{x}{x-1}\right)=\frac{1}{1-\frac{x}{x-1}}=\frac{x-1}{x-1-x}=1-x=\phi_2\,(x)$$

所以 $\phi_5\phi_3 = \phi_2$。

相仿的步驟可以得乘法表如下：

	ϕ_1	ϕ_2	ϕ_3	ϕ_4	ϕ_5	ϕ_6
ϕ_1	ϕ_1	ϕ_2	ϕ_3	ϕ_4	ϕ_5	ϕ_6
ϕ_2	ϕ_2	ϕ_1	ϕ_5	ϕ_6	ϕ_3	ϕ_4
ϕ_3	ϕ_3	ϕ_6	ϕ_1	ϕ_5	ϕ_4	ϕ_2
ϕ_4	ϕ_4	ϕ_5	ϕ_6	ϕ_1	ϕ_2	ϕ_3
ϕ_5	ϕ_5	ϕ_4	ϕ_2	ϕ_3	ϕ_6	ϕ_1
ϕ_6	ϕ_6	ϕ_3	ϕ_4	ϕ_2	ϕ_1	ϕ_5

所以 ϕ_1、ϕ_2、ϕ_3、ϕ_4、ϕ_5、ϕ_6 可以構成**群**，且不是 Abelian **群**。此外，我們可以由乘法表的結果得知這個**群**和 C_{3v} 群是**同構的**。

例 1.3 試寫出 a、b、c 三個物體有可能的排列置換方式，並證明這些排列結果的集合可以構成**群**。

解：我們可以很容易的寫出 6 個可能的排列置換元素：

$$E=\begin{bmatrix} a & b & c \\ a & b & c \end{bmatrix} \quad A=\begin{bmatrix} a & b & c \\ b & c & a \end{bmatrix} \quad B=\begin{bmatrix} a & b & c \\ c & a & b \end{bmatrix}$$

$$C=\begin{bmatrix} a & b & c \\ c & b & a \end{bmatrix} \quad D=\begin{bmatrix} a & b & c \\ a & c & b \end{bmatrix} \quad F=\begin{bmatrix} a & b & c \\ b & a & c \end{bmatrix}$$

這些標示的意義是 a、b、c 之間互相置換的**操作**結果，以 $A=\begin{bmatrix} a & b & c \\ b & c & a \end{bmatrix}$ 為例，它代表著「a 被 b 置換」、「b 被 c 置換」、「c 被 a 置換」。

所以我們可以定義出 6 個可能的狀態為

$$\phi_E=(a\ b\ c) \quad \phi_A=(b\ c\ a) \quad \phi_B=(c\ a\ b)$$

$$\phi_C=(c\ b\ a) \quad \phi_D=(a\ c\ b) \quad \phi_F=(b\ a\ c)$$

則由 $A\phi_A=\phi_B$ 的類似計算程序可寫出完整的**群乘表**。

	E	A	B	C	D	F
E	E	A	B	C	D	F
A	A	B	E	D	F	C
B	B	E	A	F	C	D
C	C	F	D	E	B	A
D	D	C	F	A	E	B
F	F	D	C	B	A	E

所以 E、A、B、C、D、F 可以構成**群**，這個**群**就是一個**置換群**。

例 1.4 試以本小節所慣用的**操作符號**畫出下列圖形的**操作**結果並寫出所有的**對稱操作**及其**乘積表**。

[1] 等邊三角形的**對稱操作**。

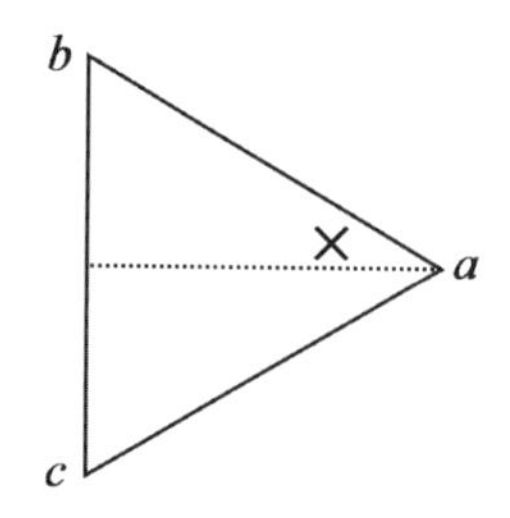

[2] 正方形的**對稱操作**。

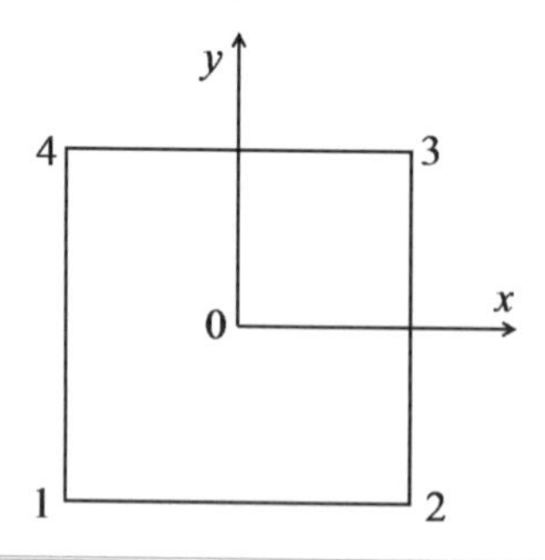

解：[1] 等邊三角形的**對稱操作**有

E：**等同操作**

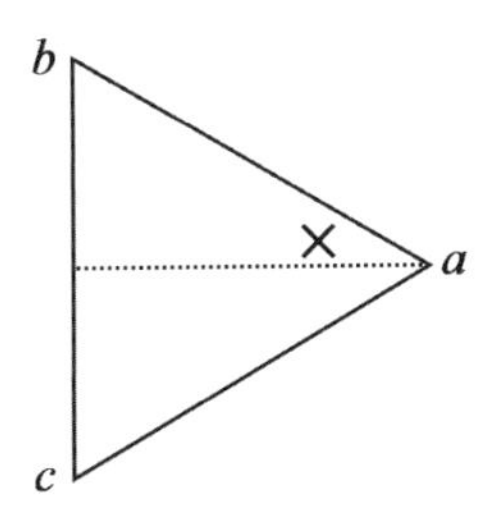

C_3：順時鐘繞 z 軸旋轉 120° 的**旋轉操作**

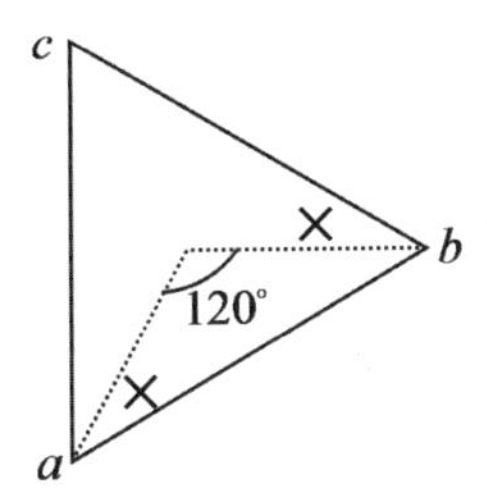

C_3^{-1}：逆時鐘繞軸旋轉 120° 的**旋轉操作**

（同義於 C_3^2 逆時鐘繞 z 軸旋轉 240° 的旋轉操作）

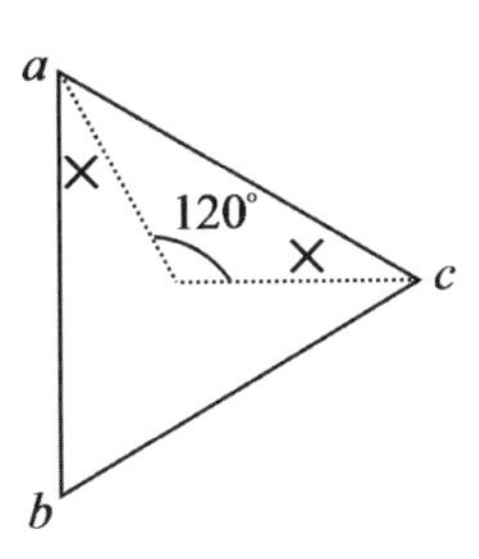

σ_{v_a}：對通過頂點 a 的平面作**反射操作**

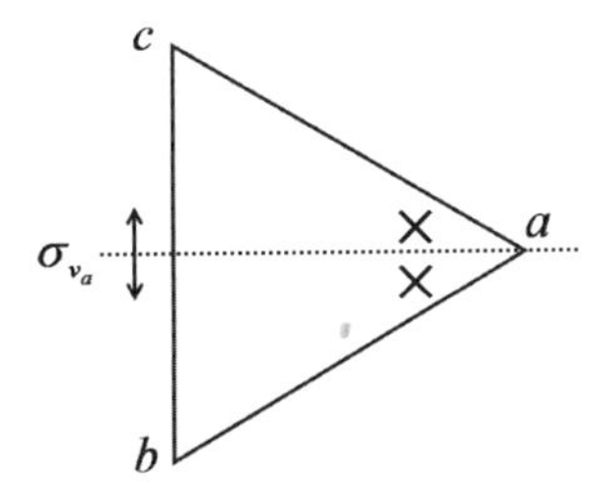

σ_{v_b}：對通過頂點 b 的平面作**反射操作**

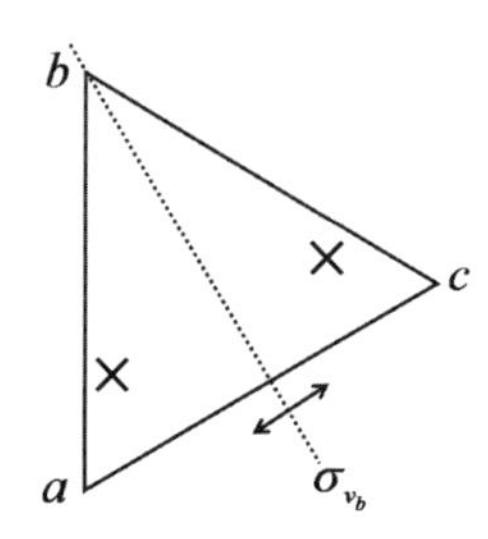

σ_{v_c}：對通過頂點 c 的平面作**反射操作**

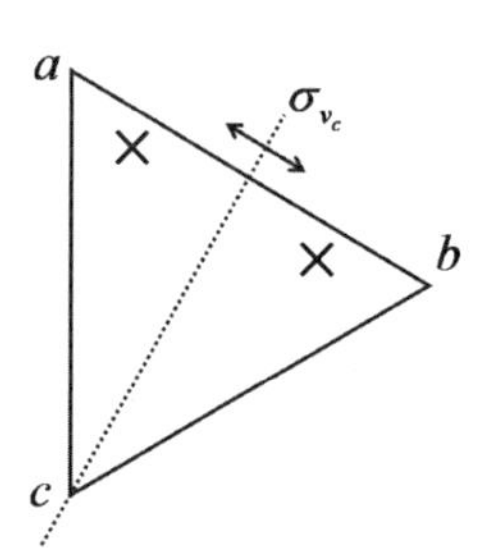

這是一個 C_{3v} 群，其**群乘積表**為

C_{3v}	E	C_3	C_3^2	σ_{v_a}	σ_{v_b}	σ_{v_c}
E	E	C_3	C_3^2	σ_{v_a}	σ_{v_b}	σ_{v_c}
C_3	C_3	C_3^2	E	σ_{v_c}	σ_{v_a}	σ_{v_b}
C_3^2	C_3^2	E	C_3	σ_{v_b}	σ_{v_c}	σ_{v_a}
σ_{v_a}	σ_{v_a}	σ_{v_b}	σ_{v_c}	E	C_3	C_3^2
σ_{v_b}	σ_{v_b}	σ_{v_c}	σ_{v_a}	C_3^2	E	C_3
σ_{v_c}	σ_{v_c}	σ_{v_a}	σ_{v_b}	C_3	C_3^2	E

[2] 正方形的**對稱操作**有

E：**等同操作**

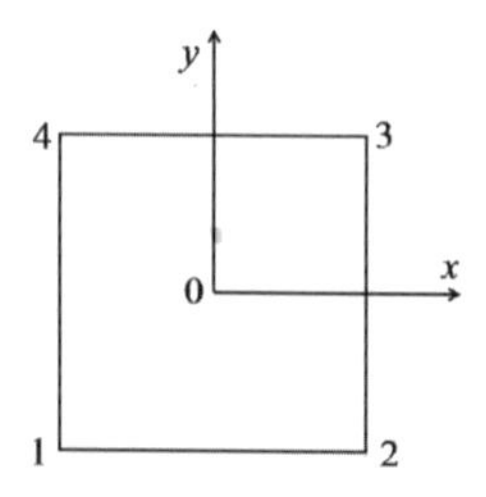

C_{4z}^{+}：順時鐘繞 z 軸旋轉 90° 的**旋轉操作**

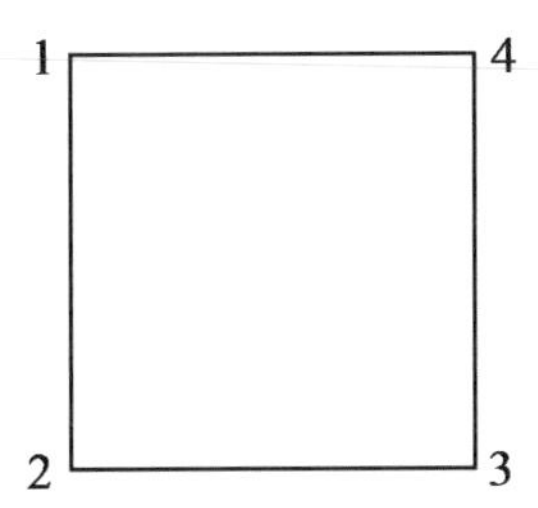

C_{2z}：順時鐘繞 z 軸旋轉 180° 的**旋轉操作**

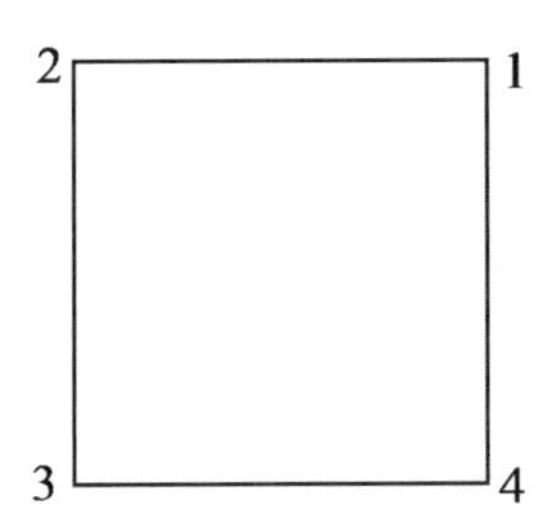

C_{4z}^{-}：逆時鐘繞軸旋轉 90° 的**旋轉操作**

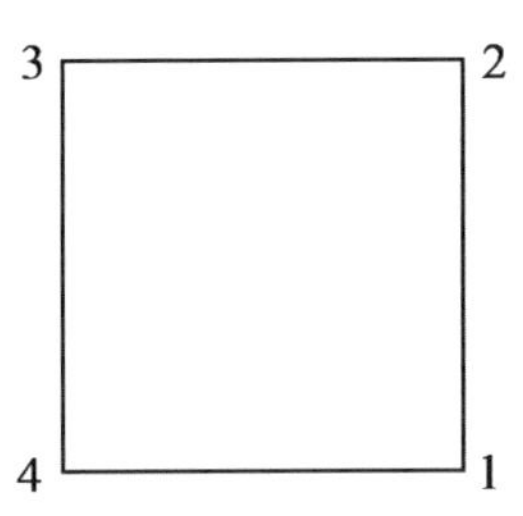

σ_{v_x}：對包含 x 軸且垂直於紙面的平面作**反射操作**

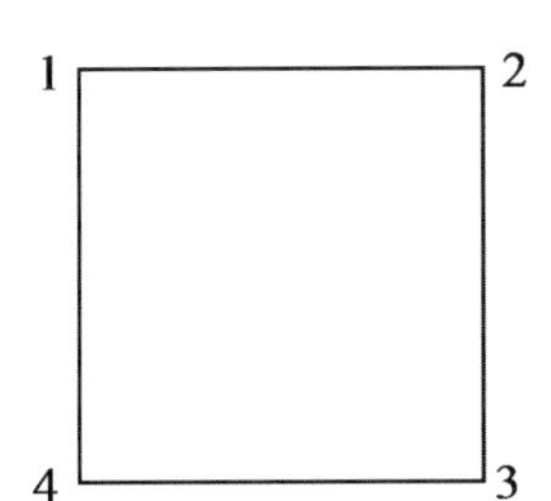

σ_{v_y}：對包含軸且垂直於紙面的平面作**反射操作**

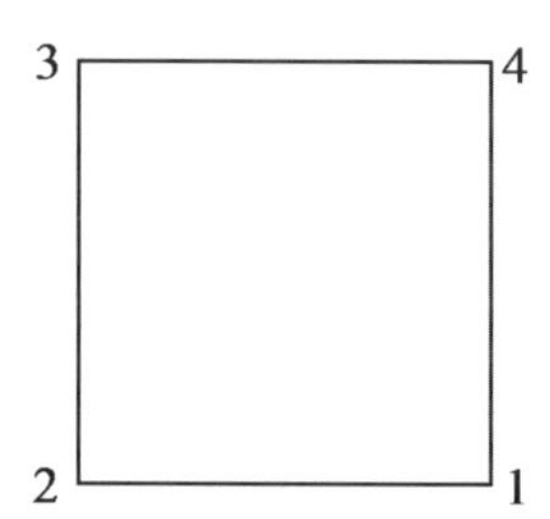

σ_{13}：對包含 13 對角線且垂直於紙面的平面作**反射操作**

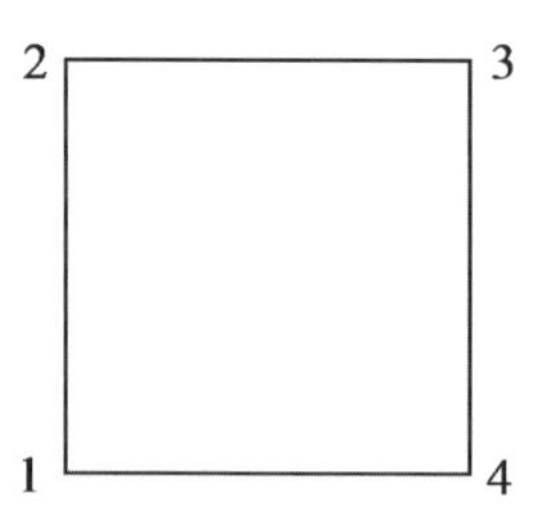

σ_{24}：對包含 24 對角線且垂直於紙面的平面作**反射操作**

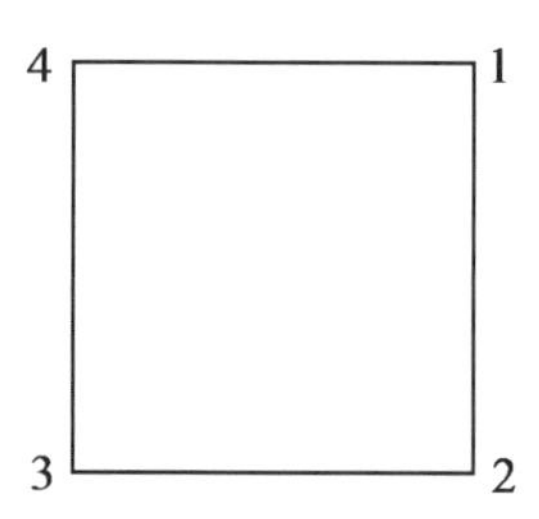

實際上這是一個 C_{4v} 群，其**群乘積表**為

C_{4v}	E	C_{4z}^{+}	C_{2z}	C_{4z}^{-}	σ_{v_x}	σ_{v_y}	σ_{13}	σ_{24}
E	E	C_{4z}^{+}	C_{2z}	C_{4z}^{-}	σ_{v_x}	σ_{v_y}	σ_{13}	σ_{24}
C_{4z}^{+}	C_{4z}^{+}	C_{2z}	C_{4z}^{-}	E	σ_{13}	σ_{24}	σ_{v_y}	σ_{v_x}
C_{2z}	C_{2z}	C_{4z}^{-}	E	C_{4z}^{+}	σ_{v_y}	σ_{v_x}	σ_{24}	σ_{13}
C_{4z}^{-}	C_{4z}^{-}	E	C_{4z}^{+}	C_{2z}	σ_{24}	σ_{13}	σ_{v_y}	σ_{v_x}
σ_{v_x}	σ_{v_x}	σ_{24}	σ_{v_y}	σ_{13}	E	C_{2z}	C_{4z}^{-}	C_{4z}^{+}
σ_{v_y}	σ_{v_y}	σ_{13}	σ_{v_x}	σ_{24}	C_{2z}	E	C_{4z}^{+}	C_{4z}^{-}
σ_{13}	σ_{13}	σ_{v_x}	σ_{24}	σ_{v_y}	C_{4z}^{+}	C_{4z}^{-}	E	C_{2z}
σ_{24}	σ_{24}	σ_{v_y}	σ_{13}	σ_{v_x}	C_{4z}^{-}	C_{4z}^{+}	C_{2z}	E

1.4 有關群的幾個基本定義

為了方便舉例，我們將一直參考 C_{3v} 群和其群乘表，如表 1.2，來說明群的幾個基本定義。

1.4.1 群的階

一個群所擁有的對稱元素的個數，稱為這個群的階（Order）。通常以「h」來標示，所以對於 C_{3v} 群來說，它的 $h = 6$。

1.4.2 子群

一個群 H 的子群（Subgroup）是由群 H 中對稱元素的子集

合（Subset）所構成的一個獨立群，而**子群** G 中的**元素**，也滿足**群**所有的定義。根據**子群**的定義，所有的**群**都一定有**等同元素**所構成的**子群**與**群**本身全部的**元素**所構成的**子群**，這兩個**子群**稱為**平庸子群**（Trivial subgroup），其它的**子群**都稱為**真子群**（Proper subgroup），以下所討論有關**子群**的特性都是以**真子群**為例。

例如 C_{3v} 群其中的三個元素 E、C_3 和 C_3^2 形成一個**子群**，稱為**循環群**（Cyclic group）C_3。C_3 群是一個 3 **階**的群，$h = 3$，其**群乘表**如表 1.3 所示。

表 1.3．循環群的群乘表

C_3	E	C_3	C_3^2
E	E	C_3	C_3^2
C_3	C_3	C_3^2	E
C_3^2	C_3^2	E	C_3

同理，(E, σ_{v_c})也形成一個 2 **階**的**子群**，且(E, σ_{v_b})和(E, σ_{v_c})也都是 C_{3v} 群的 2 **階子群**。

例 1.5 試由 C_{4v} 的**群乘積表**找出 2 個 4 **階**的**子群**以及 5 個 2 **階**的**子群**。

解：子群的元素也要滿足群的定義。

由 C_{4v} 的**群乘積表**可得

	E	C_{4z}^{+}	C_{2z}	C_{4z}^{-}
E	E	C_{4z}^{+}	C_{2z}	C_{4z}^{-}
C_{4z}^{+}	C_{4z}^{+}	C_{2z}	C_{4z}^{-}	E
C_{2z}	C_{2z}	C_{4z}^{-}	E	C_{4z}^{+}
C_{4z}^{-}	C_{4z}^{-}	E	C_{4z}^{+}	C_{2z}

	E	C_{2z}	σ_{v_x}	σ_{v_y}
E	E	C_{2z}	σ_{v_x}	σ_{v_y}
C_{2z}	C_{2z}	E	σ_{v_y}	σ_{v_x}
σ_{v_x}	σ_{v_x}	σ_{v_y}	E	C_{2z}
σ_{v_y}	σ_{v_y}	σ_{v_x}	C_{2z}	E

可以找出 2 個 4 階的子群為 (1) (E、C_{4z}^{+}、C_{2z}、C_{4z}^{-})(2)(E、C_{2z}、σ_{v_x}、σ_{v_y})。

	E	C_{2z}
E	E	C_{2z}
C_{2z}	C_{2z}	E

	E	σ_{v_x}
E	E	σ_{v_x}
σ_{v_x}	σ_{v_x}	E

	E	σ_{v_y}
E	E	σ_{v_y}
σ_{v_y}	σ_{v_y}	E

	E	σ_{13}
E	E	σ_{13}
σ_{13}	σ_{13}	E

	E	σ_{24}
E	E	σ_{24}
σ_{24}	σ_{24}	E

可以找出 5 個 2 階的**子群**為 (1) (E、C_{2x})(2)(E、σ_{v_x})

(3)(E、σ_{v_y})(4)(E、σ_{13})(5)(E、σ_{24})。

群的性質 1：這個性質又稱為 Largrange 理論（Largrange's theorem），如果 h **階**的群 G 有一個 g **階**的子群 G，則 h/g 一定是一個整數。

例 1.6　試以 C_{3v} **群**和其**子群** C_3，說明**群**和**子群**的**階數**比值是一個整數。

解：群 $C_{3v}\{E, C_3, C_3^2, \sigma_{v_a}, \sigma_{v_b}, \sigma_{v_c}\}$是一個 6 **階**的群，$h = 6$，

其子群 $C_3 = \{E, C_3, C_3^2\}$是 3 **階**的，$g = 3$，

則 $h/g = 2$ 是一個整數。

1.4.3　陪集

群的任何一個**元素**和其**子群**的乘積被稱為**陪集**（Coset）。如果 G 是群 H 的**子群**；A 是群 H 的任何一個**元素**，則 $A \times G$ 的結果稱為**左陪集**（Left coset）；$G \times A$ 的結果稱為**右陪集**（Right coset）。

例 1.7　已知 C_{3v} **群**有一個**子群** $G = \{E, \sigma_{v_a}\}$，試找出該**子群**所有的**左陪集**。

解：[1] 左陪集 $E \times G = E\{E, \sigma_{v_a}\} = \{E, \sigma_{v_a}\} = G$

[2] 左陪集 $C_3 \times G = C_3\{E, \sigma_{v_a}\} = \{C_3, \sigma_{v_c}\}$

[3] 左陪集 $C_3^2 \times G = C_3^2\{E, \sigma_{v_a}\} = \{C_3^2, \sigma_{v_b}\}$

[4] 左陪集 $\sigma_{v_a} \times G = \sigma_{v_a}\{E, \sigma_{v_a}\} = \{\sigma_{v_a}, E\} = G$

[5] 左陪集 $\sigma_{v_b} \times G = \sigma_{v_b}\{E, \sigma_{v_a}\} = \{\sigma_{v_b}, C_3^2\}$

[6] 左陪集 $\sigma_{v_c} \times G = \sigma_{v_c}\{E, \sigma_{v_a}\} = \{\sigma_{v_c}, C_3\}$

由以上的結果可得**子群** $G = (E, \sigma_{v_a})$ 所有的**左陪集**為 $\{(E, \sigma_{v_a}), (C_3, \sigma_{v_c}), (C_3^2, \sigma_{v_b})\}$，可示意如下：

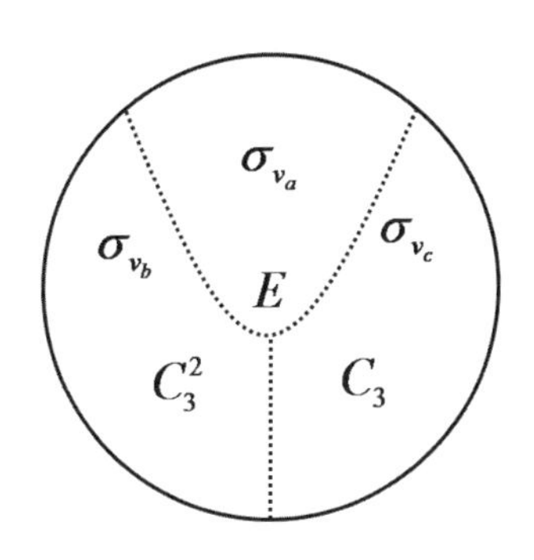

以上所展示的結果有二個重要的**陪集**特性：

1. 如果**群** H 的一個**元素** A 出現在**子群** G 中，則 $A \times G = G$。
   例如例 1.7 的[1]、[4]的結果。
2. 二個**陪集**不是完全相等，就是完全沒有共同的**元素**。
   例如例 1.7 的陪集[5]和[6]沒有共同**元素**；而**陪集**[1][4]就完全相等。

群的性質 2：如果**陪集**重複出現 k 次，則 h/k 一定是整數。這個整數被稱為**子群** G 在**群** H 中的**指數**（Index）。

例 1.8 若群 $G=(E, \sigma_{v_a})$為群 C_{3v} 的一個子群，試求子群 G 在群 C_{3v} 的指數。

解：C_{3v} 群是 6 階的對稱群，即 $h = 6$，而子群 $G = (E, \sigma_{v_a})$ 的陪集出現過 2 次，所以，子群 G 在群 C_{3v} 的指數為 3，即 $6/2 = 3$。這個指數也顯示不同的陪集數量，即子群 G 在群 C_{3v} 中有 3 個不同的陪集 (E, σ_{v_a})、(C_3, σ_{v_b})及(C_3^2, σ_{v_c})。

1.4.4 相似轉換、共軛元素與類

若 A 和 X 是群的二個元素，而 $X^{-1}AX$ 等於群的另一個元素 B，即 $B=X^{-1}AX$，則這個關係式我們可以說：

[1] B 是 A 的相似轉換（Similarity transformation, Equiralence transformations 或 Canonical transformations）。

[2] A 和 B 互為共軛元素（Conjugate elements）。

若一個 g 階的群 G 是一個 h 階的群 H 之一個子群，即

$$G=\{E=G_1, G_2, \cdots, G_g\}$$

而 X 是群 H 中的一個元素，則 $X^{-1}GX=\{X^{-1}G_1X, X^{-1}G_2X, \cdots, X^{-1}G_gX\}$ 構成的子群被稱為群 H 的共軛子群（Conjugate subgroup）。如果對於群 H 中的每一個元素 X，都使共軛子群 $X^{-1}GX$ 滿足 $X^{-1}GX = G$ 的關係，則子群 G 被稱為群 H 的正規子群（Normal subgroup、Normal divisor）或不變子群（Invariant subgroup）或自共軛子群（Self-conjugate subgroup）。

例 1.9 若群 G 為$\{E, C_3, C_3^{-1}\}$，**群** C_{3v} 為$\{E, C_3, C_3^{-1}, \sigma_{v_a}, \sigma_{v_b}, \sigma_{v_c}\}$，則試證明 G 是**群** C_{3v} 的**正規子群**。

解：

可以參考表 1.2 的 C_{3v} **群乘積表**作以下的運算

$E^{-1}GE = E^{-1}\{E, C_3, C_3^2\} = \{E, C_3, C_3^2\} = G$

$(C_3)^{-1}GC_3 = (C_3)^{-1}\{E, C_3, C_3^2\}C_3 = (C_3)^{-1}\{C_3, C_3^2, E\} = \{E, C_3, C_3^2\} = G$

$(C_3^2)^{-1}GC_3^2 = (C_3^2)^{-1}\{E, C_3, C_3^2\}C_3^2 = (C_3^2)^{-1}\{C_3^2, E, C_3\} = \{E, C_3, C_3^2\} = G$

$(\sigma_{v_a})^{-1}G\sigma_{v_a} = (\sigma_{v_a})^{-1}\{E, C_3, C_3^2\}\sigma_{v_a} = (\sigma_{v_a})^{-1}\{\sigma_{v_a}, \sigma_{v_c}, \sigma_{v_b}\} = \{E, C_3^2, C_3\} = G$

$(\sigma_{v_b})^{-1}G\sigma_{v_b} = (\sigma_{v_b})^{-1}\{E, C_3, C_3^2\}\sigma_{v_b} = (\sigma_{v_a})^{-1}\{\sigma_{v_b}, \sigma_{v_a}, \sigma_{v_c}\} = \{E, C_3^2, C_3\} = G$

$(\sigma_{v_c})^{-1}G\sigma_{v_c} = (\sigma_{v_c})^{-1}\{E, C_3, C_3^2\}\sigma_{v_c} = (\sigma_{v_a})^{-1}\{\sigma_{v_c}, \sigma_{v_b}, \sigma_{v_a}\} = \{E, C_3^2, C_3\} = G$

所以 $G = \{E, C_3, C_3^2\}$是群 $C_{3v} = \{E, C_3, C_3^2, \sigma_{v_a}, \sigma_{v_b}, \sigma_{v_c}\}$的**正規子群**。

我們對 32 個**點群**之間的**共軛子群**關係做圖 1-2 如下，其中以實線標示**正規子群**；以虛線標示一般的**共軛子群**：

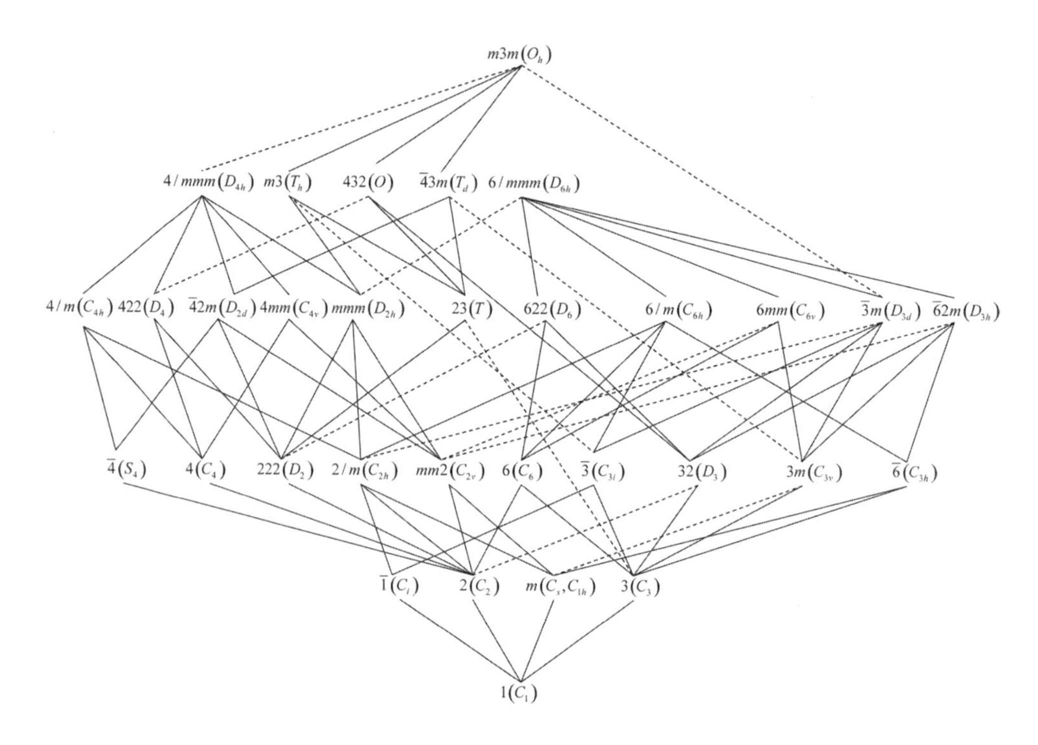

圖 1-2．32個**點群**之間的**共軛子群**關係圖

由圖 1-2 可知所有的**點群**都是 O_h **群**或／和 D_{6h} **群**的**子群**。

點群之間的**共軛子群**關係對晶體材料、元件與系統的分析提供了非常有力的方法，簡單的來說：「在沒有做實驗的形況下，物質的特性變成是可以被預測的」，例如有一個固態元件是屬於 $m3m(O_h)$ **群**的，當受到外加電場、外加磁場、注入電流、溫度變化、照光、應力…之後，使**對稱性**降低了，則其所呈現出的特性將「只可能」為 $4/mmm(D_{4h})$、$m3(T_h)$、$432(O)$、$\bar{4}3m(T_d)$ 或 $\bar{3}m(D_{3d})$ 的**對稱性**，而不會呈現 $6/mmm(D_{6d})$ 的**對稱性**，我們將在第 6 章做比較具體的介紹。

我們也把**對稱群**裡互相**共軛**的**元素**集合起來，定義成**群**裡的一個**共軛類**（Conjugacy Class）或簡稱**類**（Class）。

群的性質 3：

[1] 每個**元素**都和自己本身**共軛**，也就是永遠可以在**群**中找到一個**元素**，使 $A = X^{-1}AX$ 成立。

說明：若 $A = X^{-1}AX$

則二邊同乘 A^{-1} 得 $A^{-1}A = A^{-1}X^{-1}AX$

$= (XA)^{-1}AX$

$= E$

只有在 X 和 A 是**可交換**時，即 $XA = AX$，才成立。所以這個**元素** X 也許**永遠**可以是**等同元素** E 或可以是其它和 A 是**可交換**的元素。

[2] 如果 A 和 B 是**共軛**的，則 B 也和 A **共軛**。換言之，如果 $A = X^{-1}BX$，則在**群**中必存在一個**元素** Y，使 $B = Y^{-1}AY$。

說明：由 $A = X^{-1}BX$

則 $XAX^{-1} = X(X^{-1}BX)X^{-1} = EBE = B$

但若 $Y^{-1} = X$　且 $Y = X^{-1}$

則 $B = Y^{-1}AY$

[3] 如果 A 和 B **共軛**；B 和 C **共軛**，則 C 和 A **共軛**。或者，如果 A 和 B、C **共軛**，則 B 也和 C **共軛**。

可以看看以下的範例。

例 1.10 考慮 C_{3v} **群**的**元素** σ_{v_a}，試找出 C_{3v} **群**中所有和 σ_{v_a} 共軛的**元素**。

解：

$$\text{由}\quad E^{-1}\sigma_{v_a}E=\sigma_{v_a}$$

$$C_3^{-1}\sigma_{v_a}C_3=\sigma_{v_c}$$

$$(C_3^2)^{-1}\sigma_{v_a}C_3^2=\sigma_{v_b}$$

$$\sigma_{v_a}^{-1}\sigma_{v_a}\sigma_{v_a}=\sigma_{v_a}$$

$$\sigma_{v_b}^{-1}\sigma_{v_a}\sigma_{v_b}=\sigma_{v_c}$$

$$\sigma_{v_c}^{-1}\sigma_{v_a}\sigma_{v_c}=\sigma_{v_b}$$

所以 σ_{v_b}、σ_{v_c} 和 σ_{v_a} 共軛 ◪

我們由例 1.10 的結果可以看出 σ_{v_a}、σ_{v_b}、σ_{v_c} 互相**共軛**，所以這三個元素也就歸屬同一**類**；同理，C_3 和 C_3^2 互相**共軛**，也合成一**類**；E 在任何**晶體群**中都自己形成一**類**，即 C_{3v} **群**可分成三**類**：$\{E\}$、$\{C_3, C_3^2\}$和$\{\sigma_{v_a}, \sigma_{v_b}, \sigma_{v_c}\}$，示意如下：

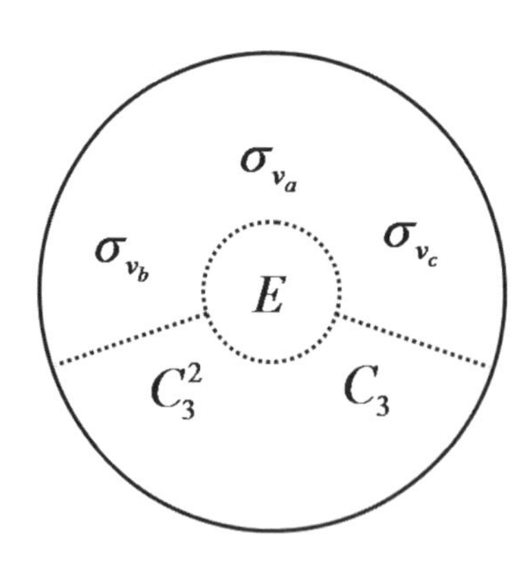

圖 1-3．C_{3v} **群分類**圖示

如果把分**類**的結果標示在**群乘表**中，可示意如下：

C_{3v}	E	C_3	C_3^2	σ_{v_a}	σ_{v_b}	σ_{v_c}
E	E	C_3	C_3^2	σ_{v_a}	σ_{v_b}	σ_{v_c}
C_3	C_3	C_3^2	E	σ_{v_c}	σ_{v_a}	σ_{v_b}
C_3^2	C_3^2	E	C_3	σ_{v_b}	σ_{v_c}	σ_{v_a}
σ_{v_a}	σ_{v_a}	σ_{v_b}	σ_{v_c}	E	C_3	C_3^2
σ_{v_b}	σ_{v_b}	σ_{v_c}	σ_{v_a}	C_3^2	E	C_3
σ_{v_c}	σ_{v_c}	σ_{v_a}	σ_{v_b}	C_3	C_3^2	E

值得注意的是：

[1] 這三**類**的**階數**分別如上圖的大括號所標示的為 1、2、3，所以**群**的**階數**除以**類**的**階數**的結果是一個整數，即 $\frac{6}{1}=6$、$\frac{6}{2}=3$、$\frac{6}{3}=2$。

[2] **類**不是一個**子群**。

我們將在稍後的章節的內容裡慢慢的體會出**群**分**類**的重要性。

例 1.11 試找出 C_{4v} **群**所有的**類**。

解：由例 1.4 的**群乘表**可以將**群** C_{4v} 的**元素**分**類**。

[1] 無庸置疑，E 自成一**類**，即 $\mathscr{C}_1=\{E\}$。

[2] 由下列運算結果可知哪些**元素**和 C_{4z}^+ 是同一**類**，

$$E^{-1}C_{4z}^+E=C_{4z}^+$$

$$(C_{4z}^+)^{-1}C_{4z}^+C_{4z}^+=C_{4z}^+$$

$$(C_{2z}^{-1})C_{4z}^+C_{2z}=C_{4z}^+$$

$$(C_{4z}^-)^{-1}C_{4z}^+C_{4z}^-=C_{4z}^+$$

$$(\sigma_{v_x})^{-1}C_{4z}^{+}\sigma_{v_x} = C_{4z}^{-}$$

$$(\sigma_{v_y})^{-1}C_{4z}^{+}\sigma_{v_y} = C_{4z}^{-}$$

$$(\sigma_{13})^{-1}C_{4z}^{+}\sigma_{13} = C_{4z}^{-}$$

$$(\sigma_{24})^{-1}C_{4z}^{+}\sigma_{24} = C_{4z}^{-}$$

因為 C_{4z}^{+} 和 C_{4z}^{-} 互相**共軛**，所以屬於同一類，即 $\mathscr{C}_2 = \{C_{4z}^{+}, C_{4z}^{-}\}$。

[3] 由下列運算結果可知哪些元素和 C_{2z} 是同一類，

$$E^{-1}C_{2z}E = C_{2z}$$

$$(C_{4z}^{+})^{-1}C_{2z}C_{4z}^{+} = C_{2z}$$

$$C_{2z}^{-1}C_{2z}C_{2z} = C_{2z}$$

$$(C_{4z}^{-})^{-1}C_{2z}C_{4z}^{-} = C_{2z}$$

$$(\sigma_{v_x})^{-1}C_{2z}\sigma_{v_x} = C_{2z}$$

$$(\sigma_{v_y})^{-1}C_{2z}\sigma_{v_y} = C_{2z}$$

$$(\sigma_{13})^{-1}C_{2z}\sigma_{13} = C_{2z}$$

$$(\sigma_{24})^{-1}C_{2z}\sigma_{24} = C_{2z}$$

可知 C_{2z} 自成一類，即 $\mathscr{C}_3 = \{C_{2z}\}$。

[4] 由下列運算結果可知哪些元素和 σ_{v_x} 是同一類，

$$E^{-1}\sigma_{v_x}E = \sigma_{v_x}$$

$$(C_{4z}^{+})^{-1}\sigma_{v_x}C_{4z}^{+} = \sigma_{v_y}$$

$$C_{2z}^{-1}\sigma_{v_x}C_{2z} = \sigma_{v_x}$$

$$(C_{4z}^{-})^{-1}\sigma_{v_x}C_{4z}^{-} = \sigma_{v_y}$$

$$(\sigma_{v_x})^{-1}\sigma_{v_x}\sigma_{v_x} = \sigma_{v_x}$$

$$(\sigma_{v_y})^{-1}\sigma_{v_x}\sigma_{v_y} = \sigma_{v_x}$$

$$(\sigma_{13})^{-1}\sigma_{v_x}\sigma_{13} = \sigma_{v_y}$$

$$(\sigma_{24})^{-1}\sigma_{v_x}\sigma_{24} = \sigma_{v_y}$$

可得 σ_{v_x}和 σ_{v_y} 互相**共軛**，所以屬於同一**類**，即 $\mathscr{C}_4\{\sigma_{v_x}, \sigma_{v_y}\}$。

[5] 由下列運算結果可知哪些**元素**和 σ_{13} 是同一**類**，

$$E^{-1}\sigma_{13}E = \sigma_{13}$$

$$(C_{4z}^{+})^{-1}\sigma_{13}C_{4z}^{+} = \sigma_{24}$$

$$C_{2z}^{-1}\sigma_{13}C_{2z} = \sigma_{13}$$

$$(C_{4z}^{-})^{-1}\sigma_{13}C_{4z}^{-} = \sigma_{24}$$

$$(\sigma_{v_x})^{-1}\sigma_{13}\sigma_{v_x} = \sigma_{24}$$

$$(\sigma_{v_y})^{-1}\sigma_{13}\sigma_{v_y} = \sigma_{24}$$

$$(\sigma_{13})^{-1}\sigma_{13}\sigma_{13} = \sigma_{13}$$

$$(\sigma_{24})^{-1}\sigma_{13}\sigma_{24} = \sigma_{13}$$

可得 σ_{13} 和 σ_{24} 互相**共軛**，所以屬於同一**類**，即 $\mathscr{C}_5 = \{\sigma_{13}, \sigma_{24}\}$。

綜合以上[1]、[2]、[3]、[4]、[5]的結果可以將**群** C_{4v} 的元素分類如下：

$\mathscr{C}_1 = \{E\}$、$\mathscr{C}_2 = \{C_{4z}^{+}, C_{4z}^{-}\}$、$\mathscr{C}_3 = \{C_{2z}\}$、

$\mathscr{C}_4 = \{\sigma_{v_x}, \sigma_{v_y}\}$、$\mathscr{C}_5 = \{\sigma_{13}, \sigma_{24}\}$。

由 C_{3v} **群**和 C_{4v} **群**分**類**的結果，我們可以稍微的領略出**類**的幾何意義，以例 1.11 的結果為例，C_{4v} **群**的 C_{4z}^{+} 和 C_{4z}^{-} 的**操作**「相同」，所以可以歸成「同一**類**」；σ_{v_x} 和 σ_{v_y} 的**操作**「相同」，所以可以歸成「同一**類**」；σ_{13} 和 σ_{24} 的**操作**「相同」，所以可以歸成「同一**類**」；而 E 單獨成一**類**；C_{2z} 單獨成一**類**。

1.4.5 類的乘法

如果 $\mathscr{C}_i$ 和 $\mathscr{C}_j$ 是群 H 的二個類，則其乘積結果可以用群 H 中的類作線性展開，即 $\mathscr{C}_i\mathscr{C}_j = \sum_k c_{ij,k}\,\mathscr{C}_k$，其中**類乘係數**（Class multiplication coefficient）$c_{ij,\,k}$ 是一個整數。這個數字告訴我們 $\mathscr{C}_k$ 類在 $\mathscr{C}_i$ 類和 $\mathscr{C}_j$ 類的乘積結果中出現的次數。讓我們以 C_{3v} 群中所包含的類作說明如下：

令 C_{3v} 群中所包含的三個類為

$$\mathscr{C}_1 = \{E\}、\mathscr{C}_2 = \{C_3,\, C_3^2\}、\mathscr{C}_3 = \{\sigma_{v_a},\, \sigma_{v_b},\, \sigma_{v_c}\}$$

則 $\mathscr{C}_3$ 和 $\mathscr{C}_2$ 的乘積為：

$$\begin{aligned}
\mathscr{C}_3\mathscr{C}_2 &= \{\sigma_{v_a},\, \sigma_{v_b},\, \sigma_{v_c}\}\{C_3,\, C_3^2\}\\
&= \sigma_{v_a}\{C_3,\, C_3^2\} + \sigma_{v_b}\{C_3,\, C_3^2\} + \sigma_{v_c}\{C_3,\, C_3^2\}\\
&= \sigma_{v_a}C_3 + \sigma_{v_a}C_3^2 + \sigma_{v_b}C_3 + \sigma_{v_b}C_3^2 + \sigma_{v_c}C_3, + \sigma_{v_c}C_3^2\\
&= \sigma_{v_b} + \sigma_{v_c} + \sigma_{v_c} + \sigma_{v_a} + \sigma_{v_a} + \sigma_{v_b}\\
&= 2\sigma_{v_a} + 2\sigma_{v_b} + 2\sigma_{v_c}\\
&= 2\mathscr{C}_3
\end{aligned}$$

即 $\mathscr{C}_3\mathscr{C}_2 = 2\mathscr{C}_3 = c_{32,\,3}\mathscr{C}_3$，即 $c_{32,\,3} = 2$。

同理，我們可求得 $\mathscr{C}_3\mathscr{C}_3 = 3\mathscr{C}_1 = 1\mathscr{C}_2$，即 $c_{33,1} = 3$，$c_{33,2} = 3$。

例 1.12 用例 1.11 的分類結果找出**類乘係數** $c_{12,2}$、$c_{23,2}$、$c_{33,1}$、$c_{45,2}$、$c_{55,1}$、$c_{55,3}$。

解：例 1.11 的群 C_{4v} 分類結果為

$\mathscr{C}_1 = \{E\}$、$\mathscr{C}_2 = \{C_{4z}^+, C_{4z}^-\}$、$\mathscr{C}_3 = \{C_{2z}\}$、$\mathscr{C}_4 = \{\sigma_{v_x}, \sigma_{v_y}\}$、$\mathscr{C}_5 = \{\sigma_{13}, \sigma_{24}\}$，

則 $\mathscr{C}_1\mathscr{C}_2 = \{E\}\{C_{4z}^+, C_{4z}^-\}$

$=\{C_{4z}^+, C_{4z}^-\} = 1\mathscr{C}_2 = c_{12,2}\mathscr{C}_2$，即 $c_{12,2} = 1$。

$\mathscr{C}_2\mathscr{C}_3 = \{C_{4z}^+, C_{4z}^-\}\{C_{2z}\}$

$= C_{4z}^+\{C_{2z}\} + C_{4z}^-\{C_{2z}\} = \{C_{4z}^-\} + \{C_{4z}^+\} = 1\mathscr{C}_2$

$= c_{23,2}\mathscr{C}_2$，即 $c_{23,2} = 1$

$\mathscr{C}_3\mathscr{C}_3 = \{C_{2z}\}\{C_{2z}\}$

$= \{E\} = 1\mathscr{C}_1 = c_{33,1}\mathscr{C}_1$，即 $c_{33,1} = 1$

$\mathscr{C}_4\mathscr{C}_5 = \{\sigma_{v_x}, \sigma_{v_y}\}\{\sigma_{13}, \sigma_{24}\}$

$= \sigma_{v_x}\{\sigma_{13}, \sigma_{24}\} + \sigma_{v_y}\{\sigma_{13}, \sigma_{24}\}$

$= C_{4z}^- + C_{4z}^+ + C_{4z}^+ + C_{4z}^- = 2\{C_{4z}^+, C_{4z}^-\} = c_{45,2}\mathscr{C}_2$，

即 $c_{45,2} = 2$

$\mathscr{C}_5\mathscr{C}_5 = \{\sigma_{13}, \sigma_{24}\}\{\sigma_{13}, \sigma_{24}\}$

$= \sigma_{13}\{\sigma_{13}, \sigma_{24}\} + \sigma_{24}\{\sigma_{13}, \sigma_{24}\}$

$= E + C_{2z} + C_{2z} + E = 2\{E\} + 2\{C_{2z}\}$

$= c_{55,1}\mathscr{C}_1 + c_{55,3}\mathscr{C}_3$，即 $c_{55,1} = 2$，$c_{55,3} = 2$ ◪

1.4.6 同構群和同態群

如果二個群的元素是一對一（One-to-one）的對應關係，則這二個群稱為是同構的。

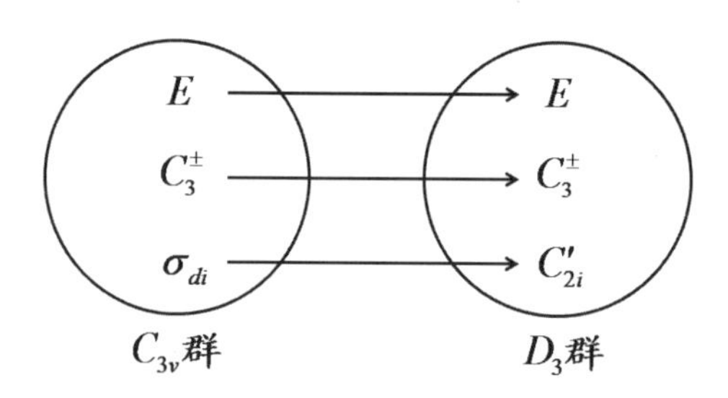

圖1.4．二個群是同構的示意圖

這個對應關係在這二個群乘表之間也成立，也就是說，如果任何二個的群乘表是相等的，則這二個群是同構的，或者簡單的說，這二個群是「相同的群」。例如：C_{3v} 群、S_3 群和 D_3 群三個群是同構的，其中 C_{3v} 群和 D_3 群是屬於 32 個晶體點群當中的兩個群，而 S_3 群是一個置換群，可參考 3.5 列出的 32 晶體點群的特徵值表。

現在我們以 S_3 群來說明，假設 S_3 群的三個元素所產生的六個操作定義如下：

$$S_1S_2S_3 = E$$

$$S_2S_3S_1 = A$$

$$S_3S_1S_2 = B$$

$$S_3S_2S_1 = C$$

$$S_1S_3S_2 = D$$

$$S_2S_1S_3 = F$$

則這個 S_3 群的**群乘表**如表 1.4 所示為

表 1.4．**置換群 S_3 的群乘表**

S_3	E	A	B	C	D	F
E	E	A	B	C	D	F
A	A	B	E	D	F	C
B	B	E	A	F	C	D
C	C	F	D	E	B	A
D	D	C	F	A	E	B
F	F	D	C	B	A	E

如果我們把 S_3 群和 C_{3v} 群的**對稱元素**做以下的對應，則我們會發現表 1.4 和表 1.2 是相同的，即 S_3 群和 C_{3v} 群是**同構的**。

S_3	E	A	B	C	D	F
C_{3v}	E	C_3^2	C_3	σ_{v_b}	σ_{v_a}	σ_{v_c}

如果二個**群**的**對稱元素**是多對一（Many-to-one）的對應關係，則稱為這二個**群**是**同態的**（Homomorphous），且二個**群乘積表**也存在著相同的對應關係。

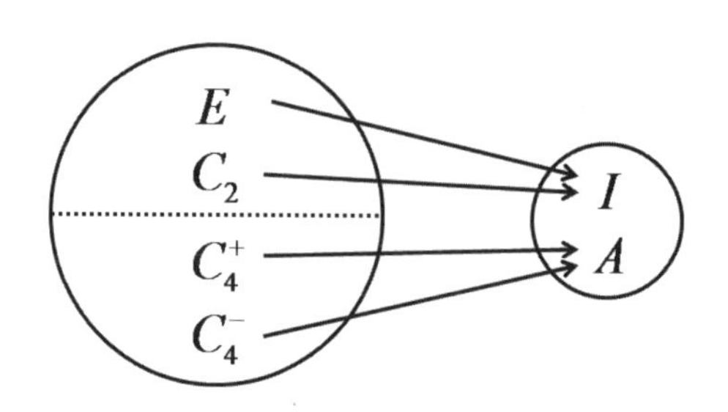

圖1-5．二個群是同態的示意圖

例 1.13 C_4 **群**是一個 4 **階**的**群**，其**元素**為：

元素	**操作**
C_4^+	順時鐘繞 z 軸轉 90°
C_2	繞 z 軸轉 180°
C_4^-	逆時鐘繞 z 軸轉 90°
E	等同元素

其**群乘積表**如表 1.5 所示：

表1.5．群 C_4 的群乘積表

C_4	E	C_4^+	C_2	C_4^-
E	E	C_4^+	C_2	C_4^-
C_4^+	C_4^+	C_2	C_4^-	E
C_2	C_2	C_4^-	E	C_4^+
C_4^-	C_4^-	E	C_4^+	C_2

考慮一個 2 **階**的**群**，其**元素**如下：

元素	**操作**
I	乘 1
A	乘 −1

試說明當這二個**群**是**同態的**，則其**乘積表**也存在著**同態的**關係。

解：如果我們做一個對應如下：

$$E, C_2 \Rightarrow I$$

$$C_4^+, C_4^- \Rightarrow A$$

則我們依一般代數的乘法運算方法定義出它的**乘積表**，如表 1.6 所示。

表 1.6 · 一個 2 階群的群乘表

	I	A
I	I	A
A	A	I

這個結果就好像下表的形式：

C_4	E	C_2	C_4^+	C_4^-
E	E	C_2	C_4^+	C_4^-
C_2	C_2	E	C_4^-	C_4^+
C_4^+	C_4^+	C_4^-	C_2	E
C_4^-	C_4^-	C_4^+	E	C_2

很明顯的看出當這二個**群**是**同態的**，則這個**同態的**關係也同時存在它們所對應的**乘積表**。

習題

1. 請依據**群**的定義來判斷以下的**元素**及其組合方式所成的集合是否構成**群**？如果不構成**群**，請指出不滿足之處。

   (1) 在乘法運算下的所有有理數（不包含零）。

   (2) 在加法運算下的所有非負整數。

   (3) 在加法運算下的所有偶數。

   (4) 在乘法運算下的 1 之 n 次根，即 $e^{i\frac{2\pi}{n}m}$ 其中 $m = 0, 1, 2, \ldots, n-1$。

   (5) 在減法運算下的所有整數。

2. (1) 在例 1.2 中 [1, −1, i, −i] 在乘法運算下可以構成**群**，然而在加法、減法、除法運算下還可以構成**群**嗎？

   (2) 在例 1.2 中 [1, 0, −1] 在加法運算下無法構成**群**，然而在減法、乘法、除法運算下可以構成**群**嗎？

3. 已知**點群** C_{3v} 是 6 **階群**$\{E, C_3, C_3^{-1}, \sigma_{v_a}, \sigma_{v_b}, \sigma_{v_c}\}$，其實 C_{3v} 群的 6 個**對稱元素**可以由 2 個**生成元素**（Generator）$\{C_3, \sigma_{v_a}\}$產生出來。

   $E = (C_3)^3$，$C_3 = (C_3)^4$，$C_3^{-1} = (C_3)^2$，$\sigma_{v_a} = (C_3)^3\sigma_{v_a}$，$\sigma_{v_b} = (C_3)^2\sigma_{v_a}$，$\sigma_{v_c} = C_3\sigma_{v_a}$。現已知 C_{4v} 群是一個 8 **階群**$\{E, C_{4z}^+, C_{2z}, C_{4z}^-, \sigma_{v_x}, \sigma_{v_y}, \sigma_{13}, \sigma_{24}\}$且其**生成元素**為$\{C_{4z}^+, \sigma_{v_x}\}$，則請依照上述的方法產生這 8 個元素。

4. 例題 1.3 的**置換群**一般稱為 S_3 群，試以**群乘法**找出所有的 2 **階子群**及所有的 3 **階子群**。

5. 如例題 1.3 所定義的**置換群** S_3，

   (1) 試求**子群** $H = [E, A]$ 的**右陪集**。

   (2) 試求**子群**$\{E, A, B\}$的**右陪集**。

(3) 試求子群$\{E, A, B\}$左陪集。

(4) $\{E, A, B\}$是 S_3 的**正規子群**嗎？

6. 若 $A=\begin{bmatrix} 0 & 0 & -1 \\ 0 & 2 & 0 \\ -1 & 0 & 0 \end{bmatrix}$ 和 $X=\begin{bmatrix} \frac{-1}{\sqrt{2}} & \frac{i}{\sqrt{2}} & 0 \\ 0 & 0 & 1 \\ \frac{1}{\sqrt{2}} & \frac{i}{\sqrt{2}} & 0 \end{bmatrix}$ 是群的 2 個元素，則

試由 $B = X^{-1}AX$ 的**相似轉換**找出 A 的**共軛元素** B。

7. 今有一個 6 **階群** G_6^2 的**群乘表**如下

G_6^2	E	P	P^2	Q	PQ	P^2Q
E	E	P	P^2	Q	PQ	P^2Q
P	P	P^2	E	PQ	P^2Q	Q
P^2	P^2	E	P	P^2Q	Q	PQ
Q	Q	P^2Q	PQ	E	P^2	P
PQ	PQ	Q	P^2Q	P	E	P^2
P^2Q	P^2Q	PQ	Q	P^2	P	E

則請找出群 G_6^2 所有的**類**及所有的**類乘係數**。

8. 已知**點群** C_{3v} 的 3 個類分別為 $\mathscr{C}_1 = \{E\}$, $\mathscr{C}_2 = \{C_3, C_3^2\}$, $\mathscr{C}_3 = \{\sigma_{v_a}\ \sigma_{v_b}\ \sigma_{v_c}\}$。試以類的乘法運算完成下表。

C_{3v}	$\mathscr{C}_1 = \{E\}$	$\mathscr{C}_2 = \{C_3, C_3^2\}$	$\mathscr{C}_3 = \{\sigma_{v_a}\ \sigma_{v_b}\ \sigma_{v_c}\}$
$\mathscr{C}_1 = \{E\}$	?	?	?
$\mathscr{C}_2 = \{C_3, C_3^2\}$	?	?	?
$\mathscr{C}_3 = \{\sigma_{v_a}\ \sigma_{v_b}\ \sigma_{v_c}\}$	?	?	?

9. 試以一個正三角形的**對稱操作**來說明

(1) 習題 1.4 中**置換群** S_3 的 2 **階子群**，3 **階子群**的意義。

(2) **置換群** S_3 和**點群** C_{3v} 是**同構**的嗎？

第 2 章

基礎群表示論

1 群的表示
2 對稱操作的主動與被動的解釋
3 旋轉操作和反射操作之矩陣表示
4 基底不同之矩陣表示
5 正規表示
6 可約表示與不可約表示
7 可約表示的分解

人法地　地法天　天法道　道法自然

2.1　群的表示

表示理論（Representation theorem）在**群論**的闡述中佔有非常重要的地位。這一章的內容將設定以矩陣的代數運算來介紹**群**的**表示理論**。首先簡單的說明何謂「**表示**」？如果有一個**對稱操作**的作用是把原來的座標(x, y, z)移到新的座標(x', y', z')，且 x', y', z' 是 x, y, z 的線性組合，即

$$\begin{cases} x' = r_{11}x + r_{12}y + r_{13}z \\ y' = r_{21}x + r_{22}y + r_{23}z \\ z' = r_{31}x + r_{32}y + r_{33}z \end{cases}$$

或者寫成 $\begin{bmatrix} x' \\ y' \\ z' \end{bmatrix} = R \begin{bmatrix} x \\ y \\ z \end{bmatrix}$，其中矩陣 $R = \begin{bmatrix} r_{11} & r_{12} & r_{13} \\ r_{21} & r_{22} & r_{23} \\ r_{31} & r_{32} & r_{33} \end{bmatrix}$，

其中 $r_{11}, r_{12}, \ldots, r_{33}$ 是與**操作**有關的常數，那麼我們可以說：**對稱操作**可以被矩陣 R 所**表示**，R 就是**對稱操作**的**矩陣表示**（Matrix representation），而函數(x, y, z)是這個**表示**的**基函數**（Basis）。

在**群**中的一組矩陣中的每一個單一矩陣都有單一個**運算操作**與之對應，而且這些矩陣可以用一個類似於**群乘法表**的方式來做各種組合。現在我們考慮一個由**正交單位向量**（Orthogonal unit vectors）ϕ_r，$r = 1$、2、$3 \ldots n$ 所構成的完整集合（Complete set），其正交歸一（Orthonormality）的條件要求其內積（Inner product）的結果為

$$\langle \phi_i | \phi_j \rangle = \delta_{ij}，其中\ \delta_{ij} = \begin{cases} 1 & 當\ i=j \\ 0 & 當\ i \neq j \end{cases} \qquad (2.1)$$

若 S 為這個**群**的任何一個**操作**，ϕ_i 是在這一個向量空間中的任何一個向量，則因為 ϕ_r 是一個完整的集合，所以 $S\phi_i$ 可以被分解成 ϕ_r 的線性組合，即

$$S\phi_i = \sum_r \phi_r \Gamma(S)_{ri} \qquad (2.2)$$

其中，$\Gamma(S)_{ri}$ 為線性展開的係數。

由於（ 2.2 ）式可適用於 $i = 1$、2、...、n，所以我們稱這個形成的矩陣形式為「**操作** S 的**表示**」（Representative of the operator S）。如果以 $\langle\phi|$ 來標示列向量分量（Row vector component）$\phi_1, \phi_2, ..., \phi_n$，則

$$S\langle\phi| = \langle\phi|\Gamma(S) \qquad (2.3)$$

所以矩陣 $\Gamma(S)$ 將會隨著我們定義不同的單位向量集合而改變，而向量 $\langle\phi|$ 就被稱為這個**表示**的**基底**（ Basis of the representation ）。

如果這個矩陣 $\Gamma(S)$ 的集合是對應在**群**中的**操作**，則矩陣的乘法結果也可以從**群乘法表**獲得。從數學上來說，若 $RS = T$，其中 R、S、T 是**群**中的**操作**，則

$$\Gamma(RS) = \Gamma(T) = \Gamma(R) \times \Gamma(S) \qquad (2.4)$$

我們可以簡單的證明

$$S\phi_i = \sum_r \phi_r \Gamma(S)_{ri}$$

$$R\phi_r = \sum_r \phi_s \Gamma(S)_{sr}$$

$$RS\phi_i = R(S\phi_i) = R\sum_r \phi_r \Gamma(S)_{ri}$$

$$= \sum_r R\phi_r \Gamma(S)_{ri}$$

$$= \sum_s \phi_s \Gamma(R)_{sr} \sum_r \Gamma(S)_{ri}$$

$$= \sum_s \phi_s \sum_r \Gamma(R)_{sr}\Gamma(S)_{ri}$$

則 $$RS\phi_i = \sum_s \phi_s [\Gamma(R)\Gamma(S)]_{si} \tag{2.5}$$

由（2.5）式可看出**矩陣表示**的乘法和**操作**的乘法方式是相同的。如表 2.1 所示為 C_{3v} **群**的**表示**，可以得到「**群**的**矩陣表示**的乘法和表 1.2 的**群乘表**乘法規則是相同的」的結果。

表 2.1．C_{3v} 群的矩陣表示

表示	E	C_3	C_3^2	σ_{v_a}	σ_{v_b}	σ_{v_c}
Γ_1	(1)	(1)	(1)	(1)	(1)	(1)
Γ_2	(1)	(1)	(1)	(1)	(1)	(1)
Γ_3	$\begin{bmatrix}1 & 0\\0 & 1\end{bmatrix}$	$\begin{bmatrix}-\frac{1}{2} & \frac{\sqrt{3}}{2}\\-\frac{\sqrt{3}}{2} & -\frac{1}{2}\end{bmatrix}$	$\begin{bmatrix}-\frac{1}{2} & -\frac{\sqrt{3}}{2}\\\frac{\sqrt{3}}{2} & -\frac{1}{2}\end{bmatrix}$	$\begin{bmatrix}-1 & 0\\0 & 1\end{bmatrix}$	$\begin{bmatrix}\frac{1}{2} & -\frac{\sqrt{3}}{2}\\-\frac{\sqrt{3}}{2} & -\frac{1}{2}\end{bmatrix}$	$\begin{bmatrix}\frac{1}{2} & \frac{\sqrt{3}}{2}\\\frac{\sqrt{3}}{2} & -\frac{1}{2}\end{bmatrix}$

例 2.1 若群 G 操作的 Γ 表示如下：

$$E=\begin{bmatrix}1&0\\0&1\end{bmatrix}\quad A=\begin{bmatrix}-\frac{1}{2}-\frac{i\sqrt{3}}{2}&0\\0&-\frac{1}{2}+\frac{i\sqrt{3}}{2}\end{bmatrix}$$

$$B=\begin{bmatrix}-\frac{1}{2}+\frac{i\sqrt{3}}{2}&0\\0&-\frac{1}{2}-\frac{i\sqrt{3}}{2}\end{bmatrix}$$

$$C=\begin{bmatrix}0&1\\1&0\end{bmatrix}\quad D=\begin{bmatrix}0&-\frac{1}{2}+\frac{i\sqrt{3}}{2}\\-\frac{1}{2}-\frac{i\sqrt{3}}{2}&0\end{bmatrix}$$

$$F=\begin{bmatrix}0&-\frac{1}{2}-\frac{i\sqrt{3}}{2}\\-\frac{1}{2}+\frac{i\sqrt{3}}{2}&0\end{bmatrix}$$

則請判斷 Γ^* 和 Γ^{-1} 是否為群 G 的表示？

解：因為只要這些矩陣的乘積表和群 G 的群乘表相同，則這些矩陣就可以是群 G 的一個表示，根據這個原則，所以先要建立群 G 的群乘表如下：

	E	A	B	C	D	F
E	E	A	B	C	D	F
A	A	B	E	F	C	D
B	B	E	A	D	F	C
C	C	D	F	E	A	B
D	D	F	C	B	E	A
F	F	C	D	A	B	E

[1] 先求出 Γ* 的矩陣：

$$E^* = \begin{bmatrix} 1 & 0 \\ 0 & 1 \end{bmatrix}$$

$$A^* = \begin{bmatrix} -\frac{1}{2}+\frac{i\sqrt{3}}{2} & 0 \\ 0 & -\frac{1}{2}-\frac{i\sqrt{3}}{2} \end{bmatrix}$$

$$B^* = \begin{bmatrix} -\frac{1}{2}-\frac{i\sqrt{3}}{2} & 0 \\ 0 & -\frac{1}{2}+\frac{i\sqrt{3}}{2} \end{bmatrix}$$

$$C^* = \begin{bmatrix} 0 & 1 \\ 1 & 0 \end{bmatrix}$$

$$D^* = \begin{bmatrix} 0 & -\frac{1}{2}-\frac{i\sqrt{3}}{2} \\ -\frac{1}{2}+\frac{i\sqrt{3}}{2} & 0 \end{bmatrix}$$

$$F^* = \begin{bmatrix} 0 & -\frac{1}{2}+\frac{i\sqrt{3}}{2} \\ -\frac{1}{2}-\frac{i\sqrt{3}}{2} & 0 \end{bmatrix}$$

則矩陣的乘積表為

	E^*	A^*	B^*	C^*	D^*	F^*
E^*	E^*	A^*	B^*	C^*	D^*	F^*
A^*	A^*	B^*	E^*	F^*	C^*	D^*
B^*	B^*	E^*	A^*	D^*	F^*	C^*
C^*	C^*	D^*	F^*	E^*	A^*	B^*
D^*	D^*	F^*	C^*	B^*	E^*	A^*
F^*	F^*	C^*	D^*	A^*	B^*	E^*

矩陣表示 Γ* 的乘積表和**群** G 的**群乘表**相同，所以 Γ* 可以是**群** G 的一個**表示**。

[2] 對 Γ^{-1} 而言，顯然 C^{-1}、D^{-1}、F^{-1} 是不存在的，所以 Γ^{-1} 不是群 G 的一個表示。

2.2 對稱操作的主動與被動的解釋

如果**對稱操作** R 定義為「將點 q 以逆時鐘的方向旋轉一個角度 α」，則 R^{-1} 是另一個**對稱操作**為「將點 q 以順時鐘的方向旋轉一個角度 α」，如圖 2.1(a) 所示，這個**操作**把 q 移動到 q'，我們把它寫成：

$$R^{-1}q = q' \tag{2.6}$$

只要是在 xy 座標軸保持固定不動的情況，改變點的位置或向量的位置之**對稱操作**，就稱為**主動操作**（Active operation），一般而言，我們都採用這個方式。然而，如圖 2-1(b) 所示，使點 q 保持固定不動，但是座標軸以逆時鐘方向旋轉 α 角度使 xy 軸轉到 $x'y'$ 的位置，則也可以得到和圖 2-1(a) 相同的結果，這樣的**操作**稱為**被動操作**（Passive operation）。

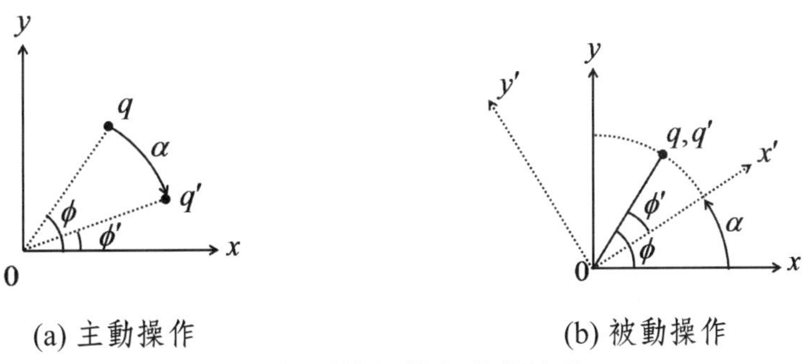

圖2-1．**對稱操作**的主動與被動

如果我們有一個**群** G，其**對稱操作**包含有 $E, R, S, T...$，且存在一個函數 $f(q)$ 可以被這些**操作**作用，且假設這些**操作**都是旋轉的動作，則作用在函數上的運算規則，數學上可寫成為

$$Rf(q) = f(q') = f(R^{-1}q) \qquad (2.7)$$

所作用在 $f(q)$ 的二個**操作**的乘法規則為

$$\begin{aligned} RSf(q) &= R[Sf(q)] = Sf(R^{-1}q) \\ &= f(S^{-1}R^{-1}q) \\ &= f(T^{-1}q) \\ &= Tf(q) \end{aligned}$$

即

$$RSf(q) = Tf(q) \qquad (2.8)$$

其中，R、S、T 都是在**群** G 中的**操作**。

2.3 旋轉操作和反射操作之矩陣表示

2.3.1 旋轉操作與反射操作

接著我們將試著找出**旋轉操作**及**反射操作**的**矩陣表示**，在習慣上我們將使用「C」這個符號來標示**旋轉操作**，以「σ」來標示**反射操作**。

令 C_α 為繞 z 軸旋轉 α 角度的**旋轉操作**，而所選擇**基函數**則為我們熟知的 P_x 和 P_y 的軌道函數，定義為

$$\begin{cases} P_x = \sin\theta \cdot \cos\phi \\ P_y = \sin\theta \cdot \sin\phi \end{cases} \tag{2.9}$$

因為在球座標中，只要是有關 θ 和 ϕ 的**對稱操作**，其歸一化常數（Normalization constant）並不太重要，所以我們在（2.9）式中忽略不寫。實際上，（2.9）式是 Schröinger's 方程式在中心力場系統（Central field system）中的解。由（2.7）式可得

$$\begin{aligned} C_\alpha P_x &= \sin\alpha \cdot \cos(C_\alpha^{-1}\phi) \\ &= \sin\theta \cdot \cos(\phi + \alpha) \\ &= \sin\theta(\cos\phi \cdot \cos\alpha - \sin\phi \cdot \sin\alpha) \end{aligned}$$

$$= P_x\cos\alpha - P_y\sin\alpha \qquad (2.10)$$

同理，

$$\begin{aligned} C_\alpha P_y &= \sin\theta \cdot \sin(C^{-1}{}_\alpha\phi) \\ &= \sin\theta \cdot \sin(\phi + \alpha) \\ &= \sin\theta(\sin\phi \cdot \cos\alpha + \cos\phi \cdot \sin\alpha) \\ &= P_y\cos\alpha + P_x\sin\alpha \\ &= P_x\sin\alpha + P_y\cos\alpha \qquad (2.11) \end{aligned}$$

這二個方程式可以建構出一個對於這些基函數作**旋轉操作** C_α 的**矩陣表示**。由（2.10）和（2.11）可得

$$\begin{aligned} C_\alpha \langle P_x P_y| &= \langle P_x P_y| \begin{bmatrix} \cos\alpha & \sin\alpha \\ -\sin\alpha & \cos\alpha \end{bmatrix} \qquad (2.12) \\ &= \langle P_x P_y| \Gamma(C_\alpha) \end{aligned}$$

即**旋轉操作** C_α 的**矩陣表示**為

$$\Gamma(C_\alpha) = \begin{bmatrix} \cos\alpha & \sin\alpha \\ -\sin\alpha & \cos\alpha \end{bmatrix} \qquad (2.13)$$

相同的過程，如果我們考慮**反射操作** σ_{v_y}（和圖 1.1 的 σ_{v_a} 一樣的**操作**），則

$$\sigma_{v_y} P_x = \sin\theta\cos(\sigma_{v_y}^{-1}\varphi)$$

$$= \sin\theta\cos(\varphi + \pi) \tag{2.14}$$

$$= \sin\theta\cos\varphi$$

$$= -P_x$$

即 $\sigma_{v_y} P_x = -P_x$

同理得 $\sigma_{v_y} P_y = P_y$ （2.15）

所以（2.14）、（2.15）可以寫成

$$\sigma_{v_y} \langle P_x P_y | = \langle P_x P_y | \begin{bmatrix} -1 & 0 \\ 0 & 1 \end{bmatrix} \tag{2.16}$$

$$= \langle P_x P_y | \Gamma(\sigma_{v_y})$$

即 $\Gamma(\sigma_{v_y}) = \begin{bmatrix} -1 & 0 \\ 0 & 1 \end{bmatrix}$ （2.17）

一般來說，一個**反射操作**的**矩陣表示**都具有

$$\Gamma(\sigma) = \begin{bmatrix} \cos 2\Phi & \sin 2\Phi \\ \sin 2\Phi & -\cos 2\Phi \end{bmatrix} \text{ 的型式，} \tag{2.18}$$

其中 Φ 為鏡射面（Mirror plane）的方位角（Azimuth）。

2.3.2 基函數轉換與座標轉換的關係

特別要說明的是**群論**的**矩陣表示**基本上可以藉由考慮 (1) **基函數**轉換（Basic function transformation）(2) 座標轉換（Coordinate transformation）二個方法來獲得，其中**基函數**的轉換同義於基向量轉換（Basic vector transformation）。一般而言以**基函數**轉換所獲得的**矩陣表示**在計算應用上範圍較為廣泛，所以常常拿來作為**矩陣表示**的標準型式；但是有時候座標轉換的計算比較簡單且直觀。兩個方法所獲得的結果雖然不相同，然而相互之間轉換的關係卻非常簡單，即「互為逆矩陣」。現在我們來談談這個關係：

在 n 維的向量空間中的一個任意向量 $\vec{t}$ 可以用映射在每一個相互之間是線性獨立的基向量（Basic vector）上的分量（Components）α_i 來標示，即

$$\vec{t}=a_1\hat{e}_1+a_2\hat{e}_2+\cdots+a_n\hat{e}_n$$

我們可以用$(1\times n)$列矩陣（Row matrix）來標示 $\hat{e}_i$；用$(n\times 1)$行矩陣（Column matrix）來標示 α_i，即

$$\boldsymbol{e}=[e_1e_2\cdots e_n] \quad \boldsymbol{a}=\begin{bmatrix}a_1\\a_2\\\vdots\\a_n\end{bmatrix}$$

則 $\vec{t} = \boldsymbol{ea}$。

當然我們也可以用另外一組不同的基向量 $\boldsymbol{e'}$ 和分量 $\boldsymbol{a'}$ 來標示相同的 $\vec{t}$，即

$$\vec{t} = \sum_i a_i \hat{e}_i = \sum_j a'_j \hat{e}'_j$$

$$\vec{t} = \boldsymbol{ea} = \boldsymbol{e'a'}。$$

然而第二組基向量 $\boldsymbol{e'}$ 當然可以被原來的基向量 $\boldsymbol{e}$ 作線性的展開，即

$\hat{e}'_j = \sum_i \hat{e}_i A_{ij}$，其中 A_{ij} 是一個$(n \times n)$的矩陣且 $j = 1, 2 \ldots n$，

或 $\boldsymbol{e'} = \boldsymbol{eA}$

$$\begin{aligned} \text{則 } \vec{t} &= \sum_j a'_j \hat{e}'_j = \sum_j a'_j \left(\sum_i \hat{e}_i A_{ij}\right) \\ &= \sum_i \sum_j a'_j \hat{e}'_i A_{ij} \\ &= \sum_i \left(\sum_j A_{ij} a'_j\right) \hat{e}_i \\ &= \sum_i a_i \hat{e}_i \end{aligned}$$

其中 $a_i = \sum_j A_{ij} a'_j$ 或 $\boldsymbol{a} = \boldsymbol{Aa'}$。

綜合以上所述得

$$\begin{cases} \boldsymbol{e'} = \boldsymbol{eA} \\ \boldsymbol{a'} = \boldsymbol{A}^{-1}\boldsymbol{a} \end{cases} \text{或} \begin{cases} \boldsymbol{e} = \boldsymbol{e'A}^{-1} \\ \boldsymbol{a} = \boldsymbol{Aa'} \end{cases},$$

我們很明顯的可以由這個結果看出以**基函數**轉換所獲得的結果 $\boldsymbol{A}$ 和以座標轉換所獲得的結果 $\boldsymbol{A}^{-1}$ 互為逆矩陣。

所以當我們採取座標轉換的方法，則（2.13）式**旋轉操作**的**矩陣表示**應為

$$\Gamma(C_\alpha)=\begin{bmatrix}\cos\alpha & -\sin\alpha \\ \sin\alpha & \cos\alpha\end{bmatrix} \tag{2.19}$$

而（2.18）式**反射操作**的**矩陣表示**應為

$$\Gamma(\sigma)=\begin{bmatrix}\cos 2\Phi & \sin 2\Phi \\ \sin 2\Phi & -\cos 2\Phi\end{bmatrix} \tag{2.20}$$

2.4 基底不同之矩陣表示

現在我們來看看當所選擇的**基底**或基函數不同的形況下，**對稱操作**的**矩陣表示**也會隨之改變的現象。

選擇 1：二維垂直軸

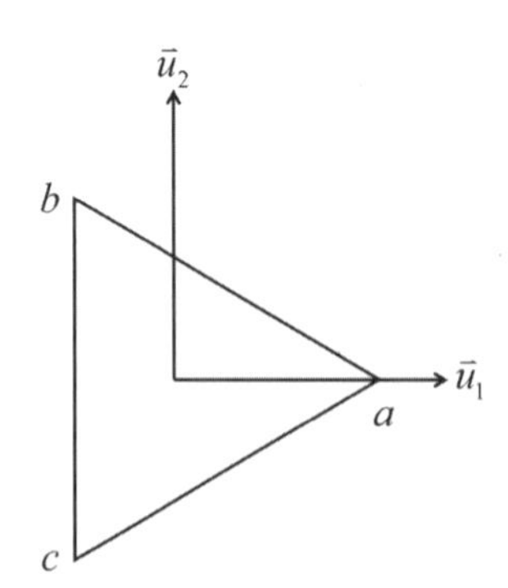

利用（2.13）和（2.18）式，可得 C_{3v} 群的所有操作的(2×2)矩陣表示如下：

$$\Gamma(E)=\begin{bmatrix}1 & 0\\ 0 & 1\end{bmatrix},\ \Gamma(C_3)=\begin{bmatrix}\frac{-1}{2} & \frac{\sqrt{3}}{2}\\ \frac{-\sqrt{3}}{2} & \frac{-1}{2}\end{bmatrix}$$

$$\Gamma(C_3^2)=\begin{bmatrix}-\frac{1}{2} & \frac{-\sqrt{3}}{2}\\ \frac{\sqrt{3}}{2} & \frac{-1}{2}\end{bmatrix},\ \Gamma(\sigma_{v_a})=\begin{bmatrix}1 & 0\\ 0 & -1\end{bmatrix} \quad (2.21)$$

$$\Gamma(\sigma_{v_b})=\begin{bmatrix}\frac{-1}{2} & \frac{-\sqrt{3}}{2}\\ \frac{-\sqrt{3}}{2} & \frac{1}{2}\end{bmatrix},\ \Gamma(\sigma_{v_c})=\begin{bmatrix}\frac{-1}{2} & \frac{\sqrt{3}}{2}\\ \frac{\sqrt{3}}{2} & \frac{1}{2}\end{bmatrix}$$

選擇 2：三維垂直軸

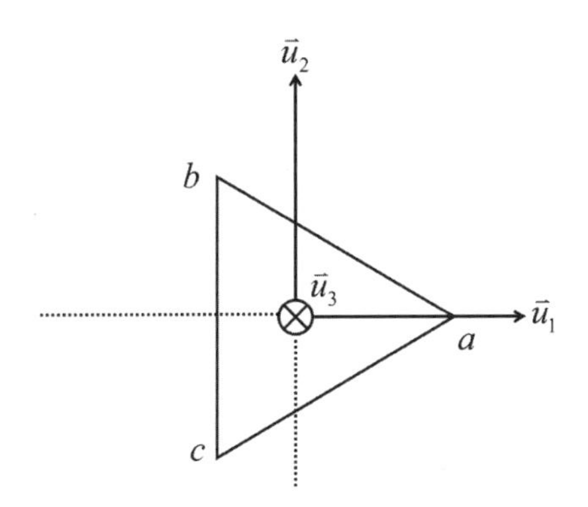

等同元素 E 的轉換操作為 $E(\vec{u}_1,\vec{u}_2,\vec{u}_3)=(\vec{u}_1,\vec{u}_2,\vec{u}_3)$ ，則

$$\Gamma(E)=\begin{bmatrix}1&0&0\\0&1&0\\0&0&1\end{bmatrix}$$

C_3 的**轉換操作**則為

$$\begin{aligned}C_3\,(\vec{u}_1,\vec{u}_2,\vec{u}_3)&=(C_3\vec{u}_1,\,C_3\vec{u}_2,\,C_3\vec{u}_3)\\&=(\vec{u}_1,\vec{u}_2,\vec{u}_3)\begin{bmatrix}\frac{-1}{2}&\frac{\sqrt{3}}{2}&0\\\frac{-\sqrt{3}}{2}&\frac{-1}{2}&0\\0&0&1\end{bmatrix}\end{aligned}$$

我們可以用相似的步驟去找出 $\vec{u}_1$、$\vec{u}_2$、$\vec{u}_3$在 C_{3v} **群**中相對應的轉換。這些垂直軸的(3×3)**矩陣表示**分別為：

$$\Gamma(E)=\begin{bmatrix}1&0&0\\0&1&0\\0&0&1\end{bmatrix}\quad\Gamma(C_3)=\begin{bmatrix}\frac{-1}{2}&\frac{\sqrt{3}}{2}&0\\\frac{-\sqrt{3}}{2}&\frac{-1}{2}&0\\0&0&1\end{bmatrix}$$

$$\Gamma(C_3^2)=\begin{bmatrix}\frac{-1}{2}&\frac{-\sqrt{3}}{2}&0\\\frac{\sqrt{3}}{2}&\frac{-1}{2}&0\\0&0&1\end{bmatrix}\quad\Gamma(\sigma_{v_a})=\begin{bmatrix}1&0&0\\0&-1&0\\0&0&1\end{bmatrix}\qquad(2.22)$$

$$\begin{bmatrix} \frac{-1}{2} & \frac{-\sqrt{3}}{2} & 0 \\ \frac{-\sqrt{3}}{2} & \frac{1}{2} & 0 \\ 0 & 0 & 1 \end{bmatrix}, \Gamma(\sigma_{v_c}) = \begin{bmatrix} \frac{-1}{2} & \frac{\sqrt{3}}{2} & 0 \\ \frac{\sqrt{3}}{2} & \frac{1}{2} & 0 \\ 0 & 0 & 1 \end{bmatrix}$$

選擇 3：傾斜軸

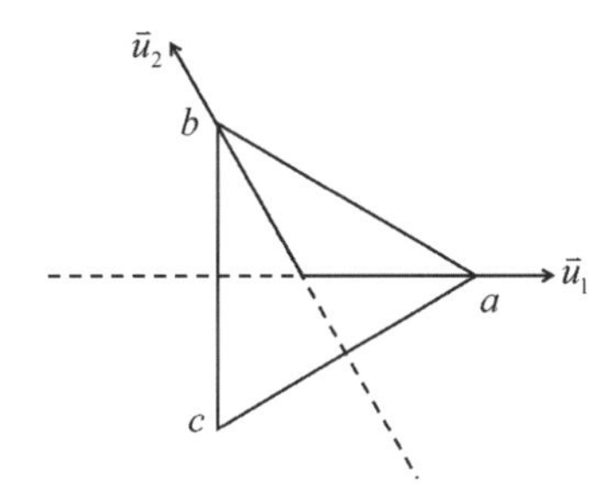

我們可以明確的看出以 $\vec{u}_1$、$\vec{u}_2$ 所定義出的傾斜軸在群 C_{3v} 的 (2×2)矩陣表示如下

$$\Gamma(E) = \begin{bmatrix} 1 & 0 \\ 0 & 1 \end{bmatrix} \quad \Gamma(C_3) = \begin{bmatrix} -1 & 1 \\ -1 & 0 \end{bmatrix}$$
$$\Gamma(C_3^2) = \begin{bmatrix} 0 & -1 \\ 1 & -1 \end{bmatrix} \quad \Gamma(\sigma_{v_a}) = \begin{bmatrix} 1 & -1 \\ 0 & -1 \end{bmatrix} \qquad (2.23)$$
$$\Gamma(\sigma_{v_b}) = \begin{bmatrix} 0 & 1 \\ 1 & 0 \end{bmatrix} \quad \Gamma(\sigma_{v_c}) = \begin{bmatrix} -1 & 0 \\ -1 & 1 \end{bmatrix}$$

例 2.2　試找出滿足**群** C_{4v} **操作**的(2×2)**矩陣表示**及(3×3)**矩陣表示**，並證明這些矩陣是滿足**群**的定義，即**群**的四個特性。

解：基本上，群 C_{4v} 操作的矩陣表示有無窮多種可能。現在我們嘗試以座標轉換的方法，在例 1.4(b) 的圖形來建構(2×2)矩陣表示及(3×3)矩陣表示。

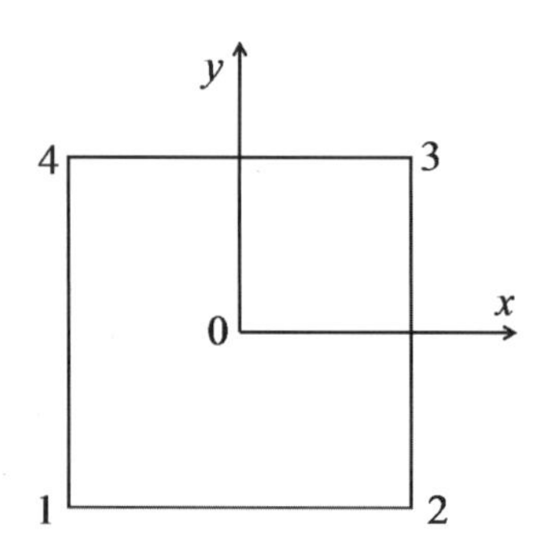

[1] (2×2)矩陣表示

$$\Gamma(E)=\begin{bmatrix}1&0\\0&1\end{bmatrix}\quad \Gamma(C_{4z}^{+})=\begin{bmatrix}0&-1\\1&0\end{bmatrix}$$

$$\Gamma(C_{4z}^{-})=\begin{bmatrix}0&1\\-1&0\end{bmatrix}\quad \Gamma(C_{2z})=\begin{bmatrix}-1&0\\0&-1\end{bmatrix}$$

$$\Gamma(\sigma_{v_x})=\begin{bmatrix}1&0\\0&-1\end{bmatrix}\quad \Gamma(\sigma_{v_y})=\begin{bmatrix}-1&0\\0&1\end{bmatrix}$$

$$\Gamma(\sigma_{13})=\begin{bmatrix}0&1\\1&0\end{bmatrix}\quad \Gamma(\sigma_{24})=\begin{bmatrix}0&-1\\-1&0\end{bmatrix}$$

[2] (3×3)矩陣表示

$$\Gamma(E)=\begin{bmatrix}1&0&0\\0&1&0\\0&0&1\end{bmatrix}\quad \Gamma(C_{4z}^{+})=\begin{bmatrix}0&-1&0\\1&0&0\\0&0&1\end{bmatrix}$$

$$\Gamma(C_{4z}^{-})=\begin{bmatrix}0&1&0\\-1&0&0\\0&0&1\end{bmatrix}\quad \Gamma(C_{2z})=\begin{bmatrix}-1&0&0\\0&-1&0\\0&0&1\end{bmatrix}$$

$$\Gamma(\sigma_{v_x})=\begin{bmatrix}1&0&0\\0&-1&0\\0&0&1\end{bmatrix}\quad \Gamma(\sigma_{v_y})=\begin{bmatrix}-1&0&0\\0&1&0\\0&0&1\end{bmatrix}$$

$$\Gamma(\sigma_{13})=\begin{bmatrix}0&1&0\\1&0&0\\0&0&1\end{bmatrix}\quad \Gamma(\sigma_{24})=\begin{bmatrix}0&-1&0\\-1&0&0\\0&0&1\end{bmatrix}$$

[1]和[2]的結果都可以透過以下和 C_{4v} 的**群乘表**相同的矩陣乘表來證明這些**矩陣表示**是滿足**群**的四個特性。

C_{4v}	$\Gamma(E)$	$\Gamma(C_{4z}^+)$	$\Gamma(C_{2z})$	$\Gamma(C_{4z}^-)$	$\Gamma(\sigma_{v_x})$	$\Gamma(\sigma_{v_y})$	$\Gamma(\sigma_{13})$	$\Gamma(\sigma_{24})$
$\Gamma(E)$	$\Gamma(E)$	$\Gamma(C_{4z}^+)$	$\Gamma(C_{2z})$	$\Gamma(C_{4z}^-)$	$\Gamma(\sigma_{v_x})$	$\Gamma(\sigma_{v_y})$	$\Gamma(\sigma_{13})$	$\Gamma(\sigma_{24})$
$\Gamma(C_{4z}^+)$	$\Gamma(C_{4z}^+)$	$\Gamma(C_{2z})$	$\Gamma(C_{4z}^-)$	$\Gamma(E)$	$\Gamma(\sigma_{13})$	$\Gamma(\sigma_{24})$	$\Gamma(\sigma_{v_y})$	$\Gamma(\sigma_{v_x})$
$\Gamma(C_{2z})$	$\Gamma(C_{2z})$	$\Gamma(C_{4z}^-)$	$\Gamma(E)$	$\Gamma(C_{4z}^+)$	$\Gamma(\sigma_{v_y})$	$\Gamma(\sigma_{v_x})$	$\Gamma(\sigma_{24})$	$\Gamma(\sigma_{13})$
$\Gamma(C_{4z}^-)$	$\Gamma(C_{4z}^-)$	$\Gamma(E)$	$\Gamma(C_{4z}^+)$	$\Gamma(C_{2z})$	$\Gamma(\sigma_{24})$	$\Gamma(\sigma_{13})$	$\Gamma(\sigma_{v_x})$	$\Gamma(\sigma_{v_y})$
$\Gamma(\sigma_{v_x})$	$\Gamma(\sigma_{v_x})$	$\Gamma(\sigma_{24})$	$\Gamma(\sigma_{v_y})$	$\Gamma(\sigma_{13})$	$\Gamma(E)$	$\Gamma(C_{2z})$	$\Gamma(C_{4z}^-)$	$\Gamma(C_{4z}^+)$
$\Gamma(\sigma_{v_y})$	$\Gamma(\sigma_{v_y})$	$\Gamma(\sigma_{13})$	$\Gamma(\sigma_{v_x})$	$\Gamma(\sigma_{24})$	$\Gamma(C_{2z})$	$\Gamma(E)$	$\Gamma(C_{4z}^+)$	$\Gamma(C_{4z}^-)$
$\Gamma(\sigma_{13})$	$\Gamma(\sigma_{13})$	$\Gamma(\sigma_{v_x})$	$\Gamma(\sigma_{24})$	$\Gamma(\sigma_{v_y})$	$\Gamma(C_{4z}^+)$	$\Gamma(C_{4z}^-)$	$\Gamma(E)$	$\Gamma(C_{2z})$
$\Gamma(\sigma_{24})$	$\Gamma(\sigma_{24})$	$\Gamma(\sigma_{v_y})$	$\Gamma(\sigma_{13})$	$\Gamma(\sigma_{v_x})$	$\Gamma(C_{4z}^-)$	$\Gamma(C_{4z}^+)$	$\Gamma(C_{2z})$	$\Gamma(E)$

例 2.3 試以兩個**對稱元素** C_{4z}^+ 和 σ_{v_x} 產生出 C_{4v} **群**的所有**元素**。

解：我們可以利用例 1.4 的 C_{4v} **群乘表**結果來產生出 C_{4v} **群**的另外 6 個元素，即

$$(C_{4z}^+)^2=\begin{bmatrix}0&-1\\1&0\end{bmatrix}\begin{bmatrix}0&-1\\1&0\end{bmatrix}=\begin{bmatrix}-1&0\\0&-1\end{bmatrix}=C_{2z}$$

$$(C_{4z}^+)^3=\begin{bmatrix}0&-1\\1&0\end{bmatrix}\begin{bmatrix}0&-1\\1&0\end{bmatrix}\begin{bmatrix}0&-1\\1&0\end{bmatrix}=\begin{bmatrix}0&1\\-1&0\end{bmatrix}=C_{4z}^-$$

$$C_{4z}^{+}\sigma_{v_x}=\begin{bmatrix}0 & -1\\1 & 0\end{bmatrix}\begin{bmatrix}1 & 0\\0 & -1\end{bmatrix}=\begin{bmatrix}0 & 1\\1 & 0\end{bmatrix}=\sigma_{13}$$

$$\sigma_{v_x}\sigma_{v_x}=\begin{bmatrix}1 & 0\\0 & -1\end{bmatrix}\begin{bmatrix}1 & 0\\0 & -1\end{bmatrix}=\begin{bmatrix}1 & 0\\0 & 1\end{bmatrix}=E$$

$$\sigma_{v_x}C_{4z}^{+}=\begin{bmatrix}1 & 0\\0 & -1\end{bmatrix}\begin{bmatrix}0 & -1\\1 & 0\end{bmatrix}=\begin{bmatrix}0 & -1\\-1 & 0\end{bmatrix}=\sigma_{24}$$

$$\sigma_{v_x}(C_{4z})^2=\begin{bmatrix}0 & 1\\1 & 0\end{bmatrix}\begin{bmatrix}0 & 1\\-1 & 0\end{bmatrix}\begin{bmatrix}0 & 1\\-1 & 0\end{bmatrix}=\begin{bmatrix}-1 & 0\\0 & 1\end{bmatrix}=\sigma_{v_y}$$

2.5 正規表示

我們由 2.4 節的介紹可知，對任何一個**群**而言，有寫出很多種**矩陣表示**的可能，其中最特別的是**對稱群**的所謂**正規表示**（Regular representation）。**正規表示**在**群表示論**的發展中佔有很重要的地位，但是詳細的內容業已超出本書所設定的範圍，所以我們僅介紹寫出**對稱群正規表示**的方法如下：

[1] 寫出該**群**的**乘積表**。

[2] 固定行的**元素**次序，重新安排與之對應的列的**元素**次序；或固定列的**元素**次序，重新安排與之對應的行**元素**次序，使等同**元素**永遠出現在**乘積表**的對角位置。

[3] 如果要得到在**群**中的任何一個**操作**的**正規表示**，則在該**操作**出現的**乘積表**位置上標示 1；其他的位置則標示成 0。

例 2.4 試找出 C_{3v} **群**中的 E 和 C_3 的**正規表示**。

解：為找出 C_{3v} **群操作**的**正規表示**，必須先調整表 1.2 的相對位置，得下表：

C_{3v}	E	C_2^3	C_3	σ_{v_a}	σ_{v_b}	σ_{v_c}
$E^{-1}=E$	E	C_2^3	C_3	σ_{v_a}	σ_{v_b}	σ_{v_c}
$(C_3^2)^{-1}=C_3$	C_3	E	C_2^3	σ_{v_c}	σ_{v_a}	σ_{v_b}
$C_3^{-1}=C_3^2$	C_2^3	C_3	E	σ_{v_b}	σ_{v_c}	σ_{v_a}
$(\sigma_{v_a})^{-1}=\sigma_{v_a}$	σ_{v_a}	σ_{v_c}	σ_{v_b}	E	C_3	C_2^3
$(\sigma_{v_b})^{-1}=\sigma_{v_b}$	σ_{v_b}	σ_{v_a}	σ_{v_c}	C_2^3	E	C_3
$(\sigma_{v_c})^{-1}=\sigma_{v_c}$	σ_{v_c}	σ_{v_b}	σ_{v_a}	C_3	C_2^3	E

則**操作** E 和 C_3^2 的**正規表示**的矩陣如下表所示：

$$\Gamma(E)=\begin{bmatrix}1&0&0&0&0&0\\0&1&0&0&0&0\\0&0&1&0&0&0\\0&0&0&1&0&0\\0&0&0&0&1&0\\0&0&0&0&0&1\end{bmatrix}$$

$$\Gamma(C_3^2)=\begin{bmatrix}0&1&0&0&0&0\\0&0&1&0&0&0\\1&0&0&0&0&0\\0&0&0&0&0&1\\0&0&0&1&0&0\\0&0&0&0&1&0\end{bmatrix}$$

如果我們定義**特徵值**（Character）為「**矩陣表示**的對角元素之和」，則由以上的例子會發現一個重要的性質：「只有**等同操作**的**正規表示**的**特徵值**才不等於 0」，我們會在第三章介紹**特徵值**相關的內容。

例 2.5 試分別寫出 C_{4v} **群**中的 C_{4z}^{+} 和 C_{2z} 的**正規表示**的矩陣。

解：要重新安排例 1.4 中 C_{4v} 群的**乘積表**，使等同元素 E 出現在**乘積表**的對角位置，即

C_{4v}	E	C_{4z}^{+}	C_{2z}	C_{4z}^{-}	σ_{v_x}	σ_{v_y}	σ_{13}	σ_{24}
E	E	C_{4z}^{+}	C_{2z}	C_{4z}^{-}	σ_{v_x}	σ_{v_y}	σ_{13}	σ_{24}
C_{4z}^{-}	C_{4z}^{-}	E	C_{4z}^{+}	C_{2z}	σ_{24}	σ_{13}	σ_{v_x}	σ_{v_y}
C_{2z}	C_{2z}	C_{4z}^{-}	E	C_{4z}^{+}	σ_{v_y}	σ_{v_x}	σ_{24}	σ_{13}
C_{4z}^{+}	C_{4z}^{+}	C_{2z}	C_{4z}^{-}	E	σ_{13}	σ_{24}	σ_{v_y}	σ_{v_x}
σ_{v_x}	σ_{v_x}	σ_{24}	σ_{v_y}	σ_{13}	E	C_{2z}	C_{4z}^{-}	C_{4z}^{+}
σ_{v_y}	σ_{v_y}	σ_{13}	σ_{v_x}	σ_{24}	C_{2z}	E	C_{4z}^{+}	C_{4z}^{-}
σ_{13}	σ_{13}	σ_{v_x}	σ_{24}	σ_{v_y}	C_{4z}^{+}	C_{4z}^{-}	E	C_{2z}
σ_{24}	σ_{24}	σ_{v_y}	σ_{13}	σ_{v_x}	C_{4z}^{-}	C_{4z}^{+}	C_{2z}	E

則 C_{4z}^{+} 的正規表示為

$$\begin{bmatrix} 0 & 1 & 0 & 0 & 0 & 0 & 0 & 0 \\ 0 & 0 & 1 & 0 & 0 & 0 & 0 & 0 \\ 0 & 0 & 0 & 1 & 0 & 0 & 0 & 0 \\ 1 & 0 & 0 & 0 & 0 & 0 & 0 & 0 \\ 0 & 0 & 0 & 0 & 0 & 0 & 0 & 1 \\ 0 & 0 & 0 & 0 & 0 & 0 & 1 & 0 \\ 0 & 0 & 0 & 0 & 1 & 0 & 0 & 0 \\ 0 & 0 & 0 & 0 & 0 & 1 & 0 & 0 \end{bmatrix}$$

C_{2z} 的正規表示為

$$\begin{bmatrix} 0 & 0 & 1 & 0 & 0 & 0 & 0 & 0 \\ 0 & 0 & 0 & 1 & 0 & 0 & 0 & 0 \\ 1 & 0 & 0 & 0 & 0 & 0 & 0 & 0 \\ 0 & 1 & 0 & 0 & 0 & 0 & 0 & 0 \\ 0 & 0 & 0 & 0 & 0 & 1 & 0 & 0 \\ 0 & 0 & 0 & 0 & 1 & 0 & 0 & 0 \\ 0 & 0 & 0 & 0 & 0 & 0 & 0 & 1 \\ 0 & 0 & 0 & 0 & 0 & 0 & 1 & 0 \end{bmatrix}$$

2.6 可約表示與不可約表示

假設 Γ 是標示群的矩陣表示 $\Gamma(E)$、$\Gamma(A)$、$\Gamma(B)\cdots$，如果我們可以找到一個么正矩陣（Unitary matrix），經過一次相似轉換後，所有 Γ 表示的矩陣都被放在對角的區塊（Block diagonal）位置上，如下所示：

$$\Gamma(A') = U^{-1}\Gamma(A)U = \begin{bmatrix} \boxed{\Gamma_1(A')} & & & 0 \\ & \boxed{\Gamma_2(A')} & & \\ & & \boxed{\Gamma_3(A')} & \\ 0 & & & \boxed{\Gamma_4(A')} \end{bmatrix} \tag{2.24}$$

$$\Gamma(B')=U^{-1}\Gamma(B)U=\begin{bmatrix} \boxed{\Gamma_1(B')} & & & 0 \\ & \boxed{\Gamma_2(B')} & & \\ & & \boxed{\Gamma_3(B')} & \\ 0 & & & \boxed{\Gamma_4(B')} \end{bmatrix}$$

（2.25）

同樣的方法步驟也可以得到 $\Gamma(E')$、$\Gamma(C')$、$\Gamma(D')\cdots$。

則我們可以說「Γ 表示是一個可約表示（Reducible representation）」，而且新的矩陣集合也將形成這個群的一個表示。

（2.22）（2.23）式通常可以寫成

$$\Gamma(A') = \Gamma_1(A') \oplus \Gamma_2(A') \oplus \Gamma_3(A') \oplus \Gamma_4(A')$$
$$\Gamma(B') = \Gamma_1(B') \oplus \Gamma_2(B') \oplus \Gamma_3(B') \oplus \Gamma_4(B') \qquad (2.26)$$

其中「$\oplus$」為直和（Direct sum）的符號，Γ_n 為屬於群的對稱操作矩陣表示的對角項。所以

$$\Gamma_1 = \Gamma_1(E'), \Gamma_1(A'), \Gamma_1(B'), \Gamma_1(C')...$$
$$\Gamma_2 = \Gamma_2(E'), \Gamma_2(A'), \Gamma_2(B'), \Gamma_2(C')...$$
$$\Gamma_3 = \Gamma_3(E'), \Gamma_3(A'), \Gamma_3(B'), \Gamma_3(C')...$$

如果可以用么正矩陣 U 把原來的表示 Γ 分解成二個或二個以上的表示 $\Gamma_1, \Gamma_2, \Gamma_3...$，則稱 Γ 是可約表示，如果這些新的表示($\Gamma_1, \Gamma_2, \Gamma_3...$)無法再被其它的么正矩陣約化、化簡，則這些新的表示可稱為這

個群的不可約表示（Irreducible representation）。稍後，我們將會發現群的不可約表示對於晶體物理特性的**對稱描述**，佔有相當重要的地位。

例 2.6 試證明矩陣

$$U=\begin{bmatrix} \frac{1}{2}(1+i) & \frac{i}{\sqrt{3}} & \frac{3+i}{2\sqrt{15}} \\ -\frac{1}{2} & \frac{1}{\sqrt{3}} & \frac{4+3i}{2\sqrt{15}} \\ \frac{1}{2} & \frac{-i}{\sqrt{3}} & \frac{5i}{2\sqrt{15}} \end{bmatrix}$$

是一個**么正矩陣**。

解：只要求出 U 的伴隨矩陣（Adjoint matrix）U^{+} 且 $UU^{+}=I=\begin{bmatrix} 1 & 0 & 0 \\ 0 & 1 & 0 \\ 0 & 0 & 1 \end{bmatrix}$ 即可。

由 $U=\begin{bmatrix} \frac{1}{2}(1+i) & \frac{i}{\sqrt{3}} & \frac{3+i}{2\sqrt{15}} \\ -\frac{1}{2} & \frac{1}{\sqrt{3}} & \frac{4+3i}{2\sqrt{15}} \\ \frac{1}{2} & \frac{-i}{\sqrt{3}} & \frac{5i}{2\sqrt{15}} \end{bmatrix}$

$$
則\ U^{+}=\frac{1}{|U|}\begin{bmatrix}
\begin{vmatrix}\frac{1}{\sqrt{3}} & \frac{4+3i}{2\sqrt{15}}\\ \frac{-i}{\sqrt{3}} & \frac{5i}{2\sqrt{15}}\end{vmatrix} & -\begin{vmatrix}\frac{-1}{2} & \frac{4+3i}{2\sqrt{15}}\\ \frac{1}{2} & \frac{5i}{2\sqrt{15}}\end{vmatrix} & \begin{vmatrix}\frac{-1}{2} & \frac{1}{\sqrt{3}}\\ \frac{1}{2} & \frac{-i}{\sqrt{3}}\end{vmatrix}\\
-\begin{vmatrix}\frac{i}{\sqrt{3}} & \frac{3+i}{2\sqrt{15}}\\ \frac{-i}{\sqrt{3}} & \frac{5i}{2\sqrt{15}}\end{vmatrix} & \begin{vmatrix}\frac{1+i}{2} & \frac{3+i}{2\sqrt{15}}\\ \frac{1}{2} & \frac{5i}{2\sqrt{15}}\end{vmatrix} & -\begin{vmatrix}\frac{1+i}{2} & \frac{i}{\sqrt{3}}\\ \frac{1}{2} & \frac{-i}{\sqrt{3}}\end{vmatrix}\\
\begin{vmatrix}\frac{i}{\sqrt{3}} & \frac{3+i}{2\sqrt{15}}\\ \frac{1}{\sqrt{3}} & \frac{4+3i}{2\sqrt{15}}\end{vmatrix} & -\begin{vmatrix}\frac{1+i}{2} & \frac{3+i}{2\sqrt{15}}\\ \frac{-1}{2} & \frac{4+3i}{2\sqrt{15}}\end{vmatrix} & \begin{vmatrix}\frac{1+i}{2} & \frac{i}{\sqrt{3}}\\ \frac{-1}{2} & \frac{i}{\sqrt{3}}\end{vmatrix}
\end{bmatrix}^{T}
$$

$$
=\begin{bmatrix}
\frac{1-i}{2} & -\frac{1}{2} & \frac{1}{2}\\
\frac{-i}{\sqrt{3}} & \frac{1}{\sqrt{3}} & \frac{i}{\sqrt{3}}\\
\frac{3-i}{2\sqrt{15}} & \frac{4-3i}{2\sqrt{15}} & \frac{-5i}{2\sqrt{15}}
\end{bmatrix}
$$

$$
得\ UU^{+}=\begin{bmatrix}1 & 0 & 0\\ 0 & 1 & 0\\ 0 & 0 & 1\end{bmatrix}=I
$$

所以 U 是一個么正矩陣。◪

2.7 可約表示的分解

我們將建構一個簡單的屬於 C_{3v} 群的**可約表示**，而且介紹如何把它分解成**不可約表示**。如圖 2-2 所示的 C_{3v} 群，對於**基底** a_1、a_2、a_3，我們可以得到一個所有**對稱操作**的轉換表，如表 2.2 所示。

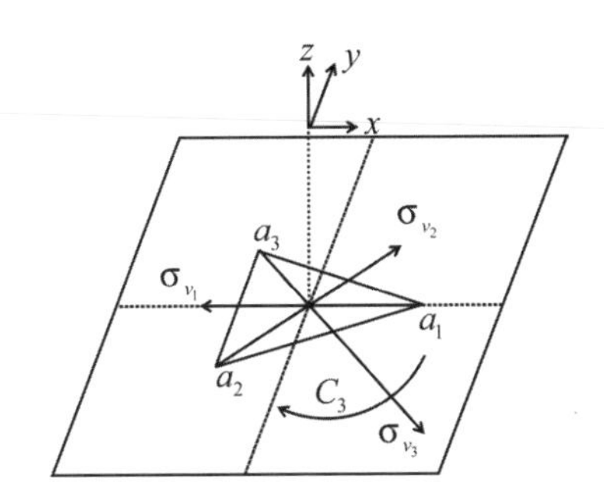

圖 2-2．以 a_1、a_2、a_3 為**基底**的 C_{3v} 群

表 2.2．a_1、a_2、a_3 的轉換特性

對稱操作	a_1	a_2	a_3
E	a_1	a_2	a_3
C_3	a_3	a_1	a_2
C_3^2	a_2	a_3	a_1
σ_{v_1}	a_1	a_3	a_2
σ_{v_2}	a_3	a_2	a_1
σ_{v_3}	a_2	a_1	a_3

我們現在可以獲得這些**操作**的**矩陣表示**，如表 2.3 所示，很容易的可以證明這些矩陣的乘法關係和**群操作**的**乘表**關係相同。

表 2.3．a_1、a_2、a_3 的轉換特性

E	C_3	C_3^2	σ_{v_1}	σ_{v_2}	σ_{v_3}
$\begin{bmatrix}1&0&0\\0&1&0\\0&0&1\end{bmatrix}$	$\begin{bmatrix}0&0&1\\1&0&0\\0&1&0\end{bmatrix}$	$\begin{bmatrix}0&1&0\\0&0&1\\1&0&0\end{bmatrix}$	$\begin{bmatrix}1&0&0\\0&0&1\\0&1&0\end{bmatrix}$	$\begin{bmatrix}0&0&1\\0&1&0\\1&0&0\end{bmatrix}$	$\begin{bmatrix}0&1&0\\1&0&0\\0&0&1\end{bmatrix}$

如果我們找到一個**么正矩陣** U 為

$$U=\begin{bmatrix}\frac{1}{\sqrt{3}} & \frac{-\sqrt{2}}{\sqrt{3}} & 0\\ \frac{1}{\sqrt{3}} & \frac{1}{\sqrt{6}} & \frac{-1}{\sqrt{2}}\\ \frac{1}{\sqrt{3}} & \frac{1}{\sqrt{6}} & \frac{1}{\sqrt{2}}\end{bmatrix} \tag{2.27}$$

而 U^{-1} 為

$$U^{-1}=\begin{bmatrix}\frac{1}{\sqrt{3}} & \frac{1}{\sqrt{3}} & \frac{1}{\sqrt{3}}\\ \frac{-\sqrt{2}}{\sqrt{3}} & \frac{1}{\sqrt{6}} & \frac{1}{\sqrt{6}}\\ 0 & \frac{-1}{\sqrt{2}} & \frac{1}{\sqrt{2}}\end{bmatrix} \tag{2.28}$$

如果 R 是 C_{3v} 群的一個**對稱運算**，則可以透過 $U^{-1}RU$ 的運算過程把表 2.3 分解成表 2.4，即對角化的(1×1)或(2×2)的矩陣。

表 2.4・以矩陣 U 對表 2.3 的矩陣做相似轉換

E	C_3	C_3^2	σ_{v_1}	σ_{v_2}	σ_{v_3}
$\begin{bmatrix}1&0&0\\0&1&0\\0&0&1\end{bmatrix}$	$\begin{bmatrix}1&0&0\\0&-\frac{1}{2}&-\frac{\sqrt{3}}{2}\\0&\frac{\sqrt{3}}{2}&-\frac{1}{2}\end{bmatrix}$	$\begin{bmatrix}1&0&0\\0&\frac{1}{2}&\frac{\sqrt{3}}{2}\\0&-\frac{\sqrt{3}}{2}&-\frac{1}{2}\end{bmatrix}$	$\begin{bmatrix}1&0&0\\0&1&0\\0&0&-1\end{bmatrix}$	$\begin{bmatrix}1&0&0\\0&-\frac{1}{2}&-\frac{\sqrt{3}}{2}\\0&-\frac{\sqrt{3}}{2}&\frac{1}{2}\end{bmatrix}$	$\begin{bmatrix}1&0&0\\0&-\frac{1}{2}&\frac{\sqrt{3}}{2}\\0&\frac{\sqrt{3}}{2}&\frac{1}{2}\end{bmatrix}$

於是我們可以說，我們用**么正矩陣** U 把表 2.3 的**表示**分解成二個**表示**，即一個(1×1)的矩陣和一個(2×2)的矩陣。其實，表 2.4 的矩陣與以（2.22）和垂直軸上所建構的矩陣相似。

例 2.7 如下圖所示，$\hat{x}$，$\hat{y}$ 分別是沿 x 軸，y 軸方向的單位向量，而 $\hat{z}$ 則是垂直於紙面的 z 軸單位向量。

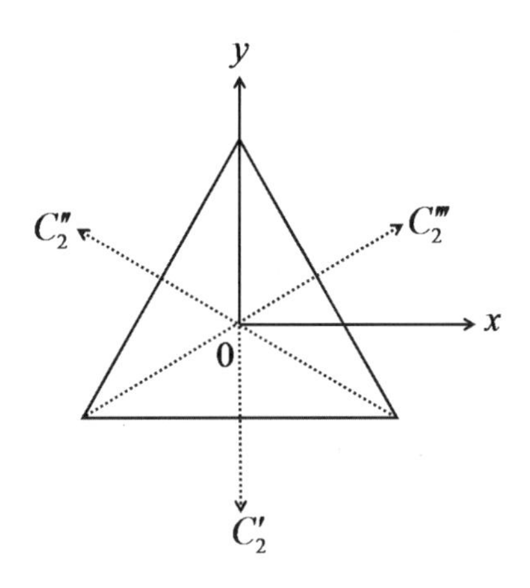

現在定義幾個**操作**如下：

C_3^1：以 z 軸為軸心順時鐘旋轉 120° 的**操作**；

C_3^2：以 z 軸為軸心順時鐘旋轉 240° 的**操作**；

C_3^3：以 z 軸為軸心順時鐘旋轉 360° 的**操作**，即**等同操作** E；

C'_2、C''_2、C'''_2 分別是以 x–y 平面上的三個軸為軸心旋轉 180° 的**操作**。

試找出這個**群**的(3×3)**矩陣表示**、(2×2)**矩陣表示**及(1×1)**矩陣表示**。

解：假設以 z 軸為軸心以順時鐘任意旋轉一個角度 θ，即

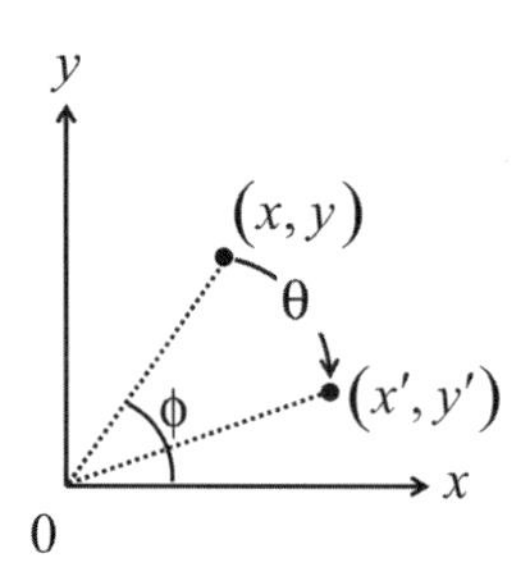

則在原 $x-y$ 座標系的座標為

$$\begin{cases} x=\alpha\cos\phi \\ y=\alpha\sin\phi \end{cases}$$

變成在 $x'-y'$ 座標系的

$$\begin{cases} x'=\alpha\cos(\phi-\theta) \\ y'=\alpha\sin(\phi-\theta) \end{cases}$$

所以

$$\begin{cases} x'=\alpha(\cos\theta\cos\phi+\sin\theta\sin\phi)=x\cos\theta-y\sin\theta \\ y'=\alpha(\sin\theta\cos\phi-\cos\theta\sin\phi)=-x\sin\theta+y\cos\theta \end{cases}$$

即

$$\begin{bmatrix} x' \\ y' \end{bmatrix}=\begin{bmatrix} \cos\theta & \sin\theta \\ -\sin\theta & \cos\theta \end{bmatrix}\begin{bmatrix} x \\ y \end{bmatrix}$$

因為 z 軸位置沒有改變，所以上式在 $x-y-z$ 的空間座標中可改寫為

$$\begin{bmatrix} x' \\ y' \\ z' \end{bmatrix}=\begin{bmatrix} \cos\theta & \sin\theta & 0 \\ -\sin\theta & \cos\theta & 0 \\ 0 & 0 & 1 \end{bmatrix}\begin{bmatrix} x \\ y \\ z \end{bmatrix}$$

所以 C_3^1 的(3×3)矩陣表示$(\theta=120°)$為 $\Gamma(C_3^1)=\begin{bmatrix} -\frac{1}{2} & \frac{\sqrt{3}}{2} & 0 \\ \frac{-\sqrt{3}}{2} & -\frac{1}{2} & 0 \\ 0 & 0 & 1 \end{bmatrix}$

$$C_3^2 \text{ 的}(3\times3)\textbf{矩陣表示}(\theta=240°)\text{為 } \Gamma(C_3^2)=\begin{bmatrix} -\frac{1}{2} & \frac{-\sqrt{3}}{2} & 0 \\ \frac{\sqrt{3}}{2} & -\frac{1}{2} & 0 \\ 0 & 0 & 1 \end{bmatrix}$$

$$C_3^3=E \text{ 的}(3\times3)\textbf{矩陣表示}(\theta=360°)\text{為}\Gamma(C_3^3)=\begin{bmatrix} 1 & 0 & 0 \\ 0 & 1 & 0 \\ 0 & 0 & 1 \end{bmatrix}$$

現在我們要來討論對應 C'_2、C''_2、C'''_2 **操作**的**矩陣表示**，對於達成這三個**操作**，其實有兩個不同的方法：

[1] 旋轉（Rotation）：繞著**對稱軸**旋轉。

[2] 反射（Reflection）：依**對稱軸**反射。

這兩個不同的方式將會產生兩個不同的二**維表示**，說明如下：

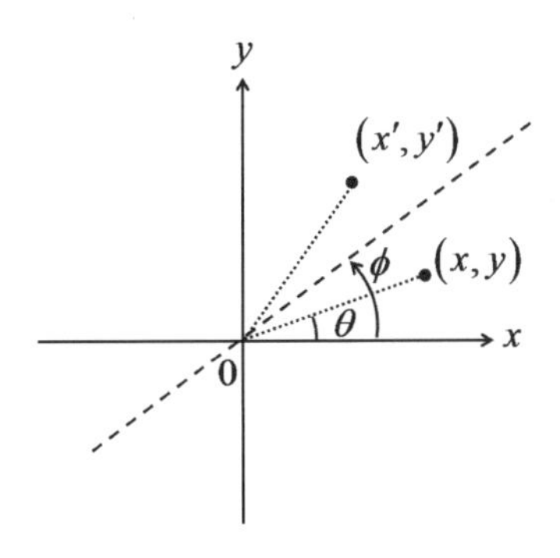

首先說明無論是**旋轉操作**或是**反射操作**，在 $x-y$ 平面上的圖形由(x, y)被操作到(x', y')，如上圖所示，其轉換的關係都是

$$\begin{cases} x=\alpha\cos\theta \\ y=\alpha\sin\theta \end{cases}$$

$$\begin{cases} x'=\alpha\cos(2\phi-\theta)=\alpha[\cos2\phi\cos\theta+\sin2\phi\sin\theta]=x\cos2\phi+y\sin2\phi \\ y'=\alpha\sin(2\phi-\theta)=\alpha[\sin2\phi\cos\theta-\cos2\phi\sin\theta]=x\sin2\phi-y\cos2\phi \end{cases}$$

即 $\begin{bmatrix} x' \\ y' \end{bmatrix} = \begin{bmatrix} \cos 2\phi & \sin 2\phi \\ \sin 2\phi & -\cos 2\phi \end{bmatrix} \begin{bmatrix} x \\ y \end{bmatrix}$

但是 z 軸座標會因為**操作**的不同而不同，

[1] 旋轉使 z 軸分量變號：$z \Rightarrow -z$，如下圖所示，

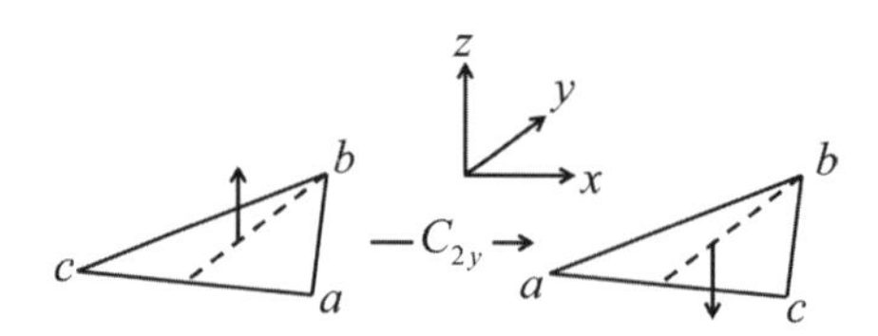

[2] 反射不會改變 z 軸分量：$z \Rightarrow z$，如下圖所示，

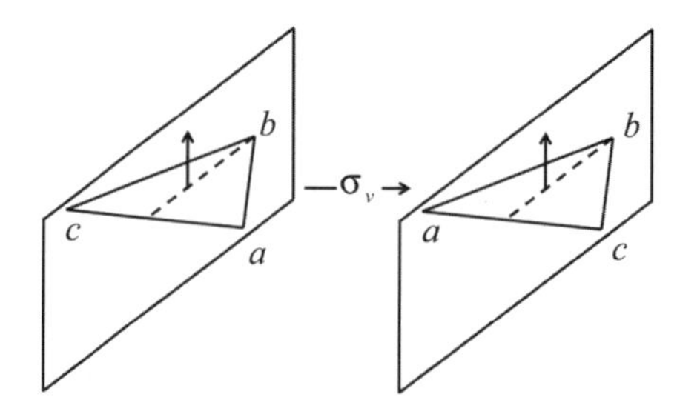

所以 C'_2 的(3×3)**矩陣表示**$(\phi = 90°)$為

[1] 旋轉：$\Gamma(C'_2) = \begin{bmatrix} -1 & 0 & 0 \\ 0 & 1 & 0 \\ 0 & 0 & -1 \end{bmatrix}$

[2] 反射：$\Gamma(C'_2) = \begin{bmatrix} -1 & 0 & 0 \\ 0 & 1 & 0 \\ 0 & 0 & 1 \end{bmatrix}$

C''_2 的(3×3)**矩陣表示**$(\phi = 120°)$為

[1] 旋轉：$\Gamma(C''_2) = \begin{bmatrix} \frac{1}{2} & -\frac{\sqrt{3}}{2} & 0 \\ -\frac{\sqrt{3}}{2} & -\frac{1}{2} & 0 \\ 0 & 0 & -1 \end{bmatrix}$

$$[2]\quad 反射：\Gamma(C''_2)=\begin{bmatrix} \frac{1}{2} & -\frac{\sqrt{3}}{2} & 0 \\ -\frac{\sqrt{3}}{2} & -\frac{1}{2} & 0 \\ 0 & 0 & 1 \end{bmatrix}$$

C'''_2 的(3×3)矩陣表示$(\phi=30°)$為

$$[1]\quad 旋轉：\Gamma(C'''_2)=\begin{bmatrix} \frac{1}{2} & \frac{\sqrt{3}}{2} & 0 \\ \frac{\sqrt{3}}{2} & -\frac{1}{2} & 0 \\ 0 & 0 & -1 \end{bmatrix}$$

$$[2]\quad 反射：\Gamma(C'''_2)=\begin{bmatrix} \frac{1}{2} & \frac{\sqrt{3}}{2} & 0 \\ \frac{\sqrt{3}}{2} & -\frac{1}{2} & 0 \\ 0 & 0 & 1 \end{bmatrix}$$

綜合以上所討論的結果可以寫出由座標轉換得到的 C_{3v} 群的三個不可約表示，即兩個一維不可約表示，一個二維不可約表示，列表如下：

C_{3v}	E	C_3	C_3^2	C'_2	C''_2	C'''_2
Γ_1	1	1	1	1	1	1
Γ_2	1	1	1	−1	−1	−1
Γ_3	$\begin{bmatrix}1&0\\0&1\end{bmatrix}$	$\begin{bmatrix}-\frac{1}{2}&\sqrt{\frac{3}{4}}\\-\sqrt{\frac{3}{4}}&-\frac{1}{2}\end{bmatrix}$	$\begin{bmatrix}-\frac{1}{2}&-\sqrt{\frac{3}{4}}\\\sqrt{\frac{3}{4}}&-\frac{1}{2}\end{bmatrix}$	$\begin{bmatrix}-1&0\\0&1\end{bmatrix}$	$\begin{bmatrix}\frac{1}{2}&-\sqrt{\frac{3}{4}}\\-\sqrt{\frac{3}{4}}&-\frac{1}{2}\end{bmatrix}$	$\begin{bmatrix}\frac{1}{2}&\sqrt{\frac{3}{4}}\\\sqrt{\frac{3}{4}}&-\frac{1}{2}\end{bmatrix}$
Γ_4	$\begin{bmatrix}1&0&0\\0&1&0\\0&0&1\end{bmatrix}$	$\begin{bmatrix}-\frac{1}{2}&\sqrt{\frac{3}{4}}&0\\-\sqrt{\frac{3}{4}}&-\frac{1}{2}&0\\0&0&1\end{bmatrix}$	$\begin{bmatrix}-\frac{1}{2}&-\sqrt{\frac{3}{4}}&0\\\sqrt{\frac{3}{4}}&-\frac{1}{2}&0\\0&0&1\end{bmatrix}$	$\begin{bmatrix}-1&0&0\\0&1&0\\0&0&-1\end{bmatrix}$	$\begin{bmatrix}\frac{1}{2}&-\sqrt{\frac{3}{4}}&0\\-\sqrt{\frac{3}{4}}&-\frac{1}{2}&0\\0&0&-1\end{bmatrix}$	$\begin{bmatrix}\frac{1}{2}&\sqrt{\frac{3}{4}}&0\\\sqrt{\frac{3}{4}}&-\frac{1}{2}&0\\0&0&-1\end{bmatrix}$

其中 Γ_4 表示是依題意所給的旋轉操作所得的(3×3)可約表示。

可以簡單的「逆矩陣」的關係得到**基函數**轉換所得的 C_{3v} **群不可約表示**為

C_{3v}	E	C_3	C_3^2	C'_2	C''_2	C'''_2
Γ_1	1	1	1	1	1	1
Γ_2	1	1	1	-1	-1	-1
Γ_3	$\begin{bmatrix}1&0\\0&1\end{bmatrix}$	$\begin{bmatrix}-\frac{1}{2}&-\sqrt{\frac{3}{4}}\\\sqrt{\frac{3}{4}}&-\frac{1}{2}\end{bmatrix}$	$\begin{bmatrix}-\frac{1}{2}&\sqrt{\frac{3}{4}}\\-\sqrt{\frac{3}{4}}&-\frac{1}{2}\end{bmatrix}$	$\begin{bmatrix}1&0\\0&-1\end{bmatrix}$	$\begin{bmatrix}-\frac{1}{2}&\sqrt{\frac{3}{4}}\\\sqrt{\frac{3}{4}}&\frac{1}{2}\end{bmatrix}$	$\begin{bmatrix}-\frac{1}{2}&-\sqrt{\frac{3}{4}}\\-\sqrt{\frac{3}{4}}&\frac{1}{2}\end{bmatrix}$
Γ_4	$\begin{bmatrix}1&0&0\\0&1&0\\0&0&1\end{bmatrix}$	$\begin{bmatrix}-\frac{1}{2}&-\sqrt{\frac{3}{4}}&0\\\sqrt{\frac{3}{4}}&-\frac{1}{2}&0\\0&0&1\end{bmatrix}$	$\begin{bmatrix}-\frac{1}{2}&\sqrt{\frac{3}{4}}&0\\-\sqrt{\frac{3}{4}}&-\frac{1}{2}&0\\0&0&1\end{bmatrix}$	$\begin{bmatrix}1&0&0\\0&-1&0\\0&0&-1\end{bmatrix}$	$\begin{bmatrix}-\frac{1}{2}&\sqrt{\frac{3}{4}}&0\\\sqrt{\frac{3}{4}}&\frac{1}{2}&0\\0&0&-1\end{bmatrix}$	$\begin{bmatrix}-\frac{1}{2}&-\sqrt{\frac{3}{4}}&0\\-\sqrt{\frac{3}{4}}&\frac{1}{2}&0\\0&0&-1\end{bmatrix}$

本例題要說明的重點是如果**基函數**的選擇不同則**表示**就會不同。雖然我們用了幾個簡單的運算找出了 C_{3v} **群**的所有**不可約表示**，但是其實一般而言要找出一個**群**的所有**不可約表示**並非容易的工作，必須要應用一些矩陣的理論方可求出。◪

雖然我們在例 2.7 中用了幾個簡單的運算找出了 C_{3v} **群**的所有**不可約表示**，但是其實一般而言要找出一個**群**的所有**不可約表示**並非容易的工作，必須要應用一些矩陣的理論方可求出。然而，因為**群**的定義所定義出來的 32 個晶體**點群**，每個**點群**都分別有 1 至 3 個**生成元素**（Generator），這些**生成元素**可以分成 8 種結構，如下列表：

表 2.5・點群與生成元素

點群		生成元素	
C_n	C_1	$\{C_n\}$	$\{C_1\}$
	C_2		$\{C_2\}$

點群		生成元素	
	C_3		$\{C_3\}$
	C_4		$\{C_4\}$
	C_6		$\{C_6\}$
C_{nv}	C_{2v}	$\{\mathrm{C}_n, \sigma^{(1)}\}$	$\{C_2, \sigma_v\}$
	C_{3v}		$\{C_3, \sigma_v\}$
	C_{4v}		$\{C_4, \sigma_v\}$
	C_{6v}		$\{C_6, \sigma_v\}$
C_{nh}	C_{1h}	$\{C_n, \sigma_h\}$	$\{C_1, \sigma_h\}$ 或 $\{\sigma_h\}$
	C_{2h}		$\{C_2, \sigma_h\}$
	C_{3h}		$\{C_3, \sigma_h\}$
	C_{4h}		$\{C_4, \sigma_h\}$
	C_{6h}		$\{C_6, \sigma_h\}$
S_n	$S_2 = C_i$	$\{S_n\}$	$\{i = S_1\}$
	$S_4 = C_{4i}$		$\{\mathrm{S}_4\}$
	$S_6 = C_{3i}$		$\{\mathrm{S}_6\}$
D_n	D_2	$\{C_n, C_2^{(1)}\}$	$\{C_2, C_2^{(1)}\}$
	D_3		$\{C_3, C_2^{(1)}\}$
	D_4		$\{C_4, C_2^{(1)}\}$
	D_6		$\{C_6, C_2^{(1)}\}$
D_{nd}	D_{2d}	$\{C_n, C_2^{(1)}, \sigma^{(12)}\}$	$\{C_2, C_2^{(1)}, \sigma_d\}$
	D_{3d}		$\{C_3, C_2^{(1)}, \sigma_d\}$
D_{nh}	D_{2h}	$\{C_n, C_2^{(1)}, \sigma_h\}$	$\{C_2, C_2^{(1)}, \sigma_h\}$
	D_{3h}		$\{C_3, C_2^{(1)}, \sigma_h\}$
	D_{4h}		$\{C_4, C_2^{(1)}, \sigma_h\}$
	D_{6h}		$\{C_6, C_2^{(1)}, \sigma_h\}$
Cubic	T	$\begin{Bmatrix} C_n^{\alpha}, C_n^{\alpha\beta}, C_n^{\alpha\beta\gamma} \\ \sigma^{\alpha}, \sigma^{\alpha\beta}, \sigma^{\alpha\beta\gamma} \end{Bmatrix}$	$\{C_2^z, C_3^{xyz}\}$
	T_h		$\{C_2^z, C_3^{xyz}, \mathrm{i}\}$
	T_d	$\alpha, \beta, \Gamma = x, y, z, \bar{x}, \bar{y}, \bar{z}$	$\{(S_4^z)^{-1} = (\sigma^{\bar{x}y} C_2^x)^{-1}, C_3^{xyz}\}$
	O		$\{C_4^z, C_3^{xyz}\}$
	O_h		$\{C_4^z, C_3^{xyz}, i\}$

所以如果知道所有**生成元素**的**不可約矩陣表示**，如下列表，則可獲得 32 個**點群**的**不可約矩陣表示**。

表 2.6・32 點群與其生成元素

C_3	C_3
E	$\begin{bmatrix} \frac{-1}{2} & \frac{-\sqrt{3}}{2} \\ \frac{\sqrt{3}}{2} & \frac{-1}{2} \end{bmatrix}$

D_3	C_3	C_2
C_3^v	C_3	σ_v
E	$\begin{bmatrix} \frac{-1}{2} & \frac{-\sqrt{3}}{2} \\ \frac{\sqrt{3}}{2} & \frac{-1}{2} \end{bmatrix}$	$\begin{bmatrix} 1 & 0 \\ 0 & -1 \end{bmatrix}$

D_{3d}	C_3	C_2	I
E_g	$\begin{bmatrix} \frac{-1}{2} & \frac{-\sqrt{3}}{2} \\ \frac{\sqrt{3}}{2} & \frac{-1}{2} \end{bmatrix}$	$\begin{bmatrix} 1 & 0 \\ 0 & -1 \end{bmatrix}$	$\begin{bmatrix} 1 & 0 \\ 0 & 1 \end{bmatrix}$
E_n	$\begin{bmatrix} \frac{-1}{2} & \frac{-\sqrt{3}}{2} \\ \frac{\sqrt{3}}{2} & \frac{-1}{2} \end{bmatrix}$	$\begin{bmatrix} 1 & 0 \\ 0 & -1 \end{bmatrix}$	$\begin{bmatrix} -1 & 0 \\ 0 & -1 \end{bmatrix}$

$S_6 = C_{3i}$		S_6
	C_6	C_6
E_n	E_1	$\begin{bmatrix} \frac{1}{2} & \frac{-\sqrt{3}}{2} \\ \frac{\sqrt{3}}{2} & \frac{-1}{2} \end{bmatrix}$
E_g	E_2	$\begin{bmatrix} \frac{-1}{2} & \frac{\sqrt{3}}{2} \\ \frac{\sqrt{3}}{2} & \frac{-1}{2} \end{bmatrix}$

C_{3h}	C_3	σ_h
E'	$\begin{bmatrix} \frac{-1}{2} & \frac{-\sqrt{3}}{2} \\ \frac{\sqrt{3}}{2} & \frac{-1}{2} \end{bmatrix}$	$\begin{bmatrix} 1 & 0 \\ 0 & 1 \end{bmatrix}$
E''	$\begin{bmatrix} \frac{-1}{2} & \frac{-\sqrt{3}}{2} \\ \frac{\sqrt{3}}{2} & \frac{-1}{2} \end{bmatrix}$	$\begin{bmatrix} -1 & 0 \\ 0 & -1 \end{bmatrix}$

D_{3h}	C_3	C_2	σ_h
E'	$\begin{bmatrix} \frac{-1}{2} & \frac{-\sqrt{3}}{2} \\ \frac{\sqrt{3}}{2} & \frac{-1}{2} \end{bmatrix}$	$\begin{bmatrix} 1 & 0 \\ 0 & -1 \end{bmatrix}$	$\begin{bmatrix} 1 & 0 \\ 0 & 1 \end{bmatrix}$
E''	$\begin{bmatrix} \frac{-1}{2} & \frac{-\sqrt{3}}{2} \\ \frac{\sqrt{3}}{2} & \frac{-1}{2} \end{bmatrix}$	$\begin{bmatrix} 1 & 0 \\ 0 & -1 \end{bmatrix}$	$\begin{bmatrix} -1 & 0 \\ 0 & -1 \end{bmatrix}$

D_6	C_6	$C_2^{(1)}$
C_{6v}	C_6	σ_v
E_1	$\begin{bmatrix} \frac{1}{2} & \frac{-\sqrt{3}}{2} \\ \frac{\sqrt{3}}{2} & \frac{-1}{2} \end{bmatrix}$	$\begin{bmatrix} 1 & 0 \\ 0 & -1 \end{bmatrix}$
E_2	$\begin{bmatrix} \frac{-1}{2} & \frac{\sqrt{3}}{2} \\ \frac{-\sqrt{3}}{2} & \frac{-1}{2} \end{bmatrix}$	$\begin{bmatrix} 1 & 0 \\ 0 & -1 \end{bmatrix}$

C_{6h}	C_6	σ_h
E_{1g}	$\begin{bmatrix} \frac{1}{2} & \frac{-\sqrt{3}}{2} \\ \frac{\sqrt{3}}{2} & \frac{1}{2} \end{bmatrix}$	$\begin{bmatrix} -1 & 0 \\ 0 & -1 \end{bmatrix}$
E_{1u}	$\begin{bmatrix} \frac{1}{2} & \frac{-\sqrt{3}}{2} \\ \frac{\sqrt{3}}{2} & \frac{-1}{2} \end{bmatrix}$	$\begin{bmatrix} 1 & 0 \\ 0 & 1 \end{bmatrix}$
E_{2g}	$\begin{bmatrix} \frac{-1}{2} & \frac{\sqrt{3}}{2} \\ \frac{-\sqrt{3}}{2} & \frac{-1}{2} \end{bmatrix}$	$\begin{bmatrix} 1 & 0 \\ 0 & 1 \end{bmatrix}$
E_{2u}	$\begin{bmatrix} \frac{-1}{2} & \frac{\sqrt{3}}{2} \\ \frac{-\sqrt{3}}{2} & \frac{-1}{2} \end{bmatrix}$	$\begin{bmatrix} -1 & 0 \\ 0 & -1 \end{bmatrix}$

D_{6h}	C_6	$C_2^{(1)}$	σ_h
E_{1g}	$\begin{bmatrix} \frac{1}{2} & \frac{-\sqrt{3}}{2} \\ \frac{\sqrt{3}}{2} & \frac{-1}{2} \end{bmatrix}$	$\begin{bmatrix} 1 & 0 \\ 0 & -1 \end{bmatrix}$	$\begin{bmatrix} -1 & 0 \\ 0 & -1 \end{bmatrix}$
E_{1u}	$\begin{bmatrix} \frac{1}{2} & \frac{-\sqrt{3}}{2} \\ \frac{\sqrt{3}}{2} & \frac{-1}{2} \end{bmatrix}$	$\begin{bmatrix} 1 & 0 \\ 0 & -1 \end{bmatrix}$	$\begin{bmatrix} 1 & 0 \\ 0 & 1 \end{bmatrix}$
E_{2g}	$\begin{bmatrix} \frac{-1}{2} & \frac{\sqrt{3}}{2} \\ \frac{-\sqrt{3}}{2} & \frac{-1}{2} \end{bmatrix}$	$\begin{bmatrix} 1 & 0 \\ 0 & -1 \end{bmatrix}$	$\begin{bmatrix} 1 & 0 \\ 0 & 1 \end{bmatrix}$
E_{2u}	$\begin{bmatrix} \frac{-1}{2} & \frac{\sqrt{3}}{2} \\ \frac{-\sqrt{3}}{2} & \frac{-1}{2} \end{bmatrix}$	$\begin{bmatrix} 1 & 0 \\ 0 & -1 \end{bmatrix}$	$\begin{bmatrix} -1 & 0 \\ 0 & -1 \end{bmatrix}$

$S_4 = C_{4i}$	S_4
C_4	C_4
E	$\begin{bmatrix} 0 & -1 \\ 1 & 0 \end{bmatrix}$

C_{4v}	C_4	σ_v
D_4	C_4	$C_2^{(1)}$
E	$\begin{bmatrix} 0 & -1 \\ 1 & 0 \end{bmatrix}$	$\begin{bmatrix} 1 & 0 \\ 0 & -1 \end{bmatrix}$

C_{4h}	C_4	σ_v
E_g	$\begin{bmatrix} 0 & -1 \\ 1 & 0 \end{bmatrix}$	$\begin{bmatrix} -1 & 0 \\ 0 & -1 \end{bmatrix}$
E_u	$\begin{bmatrix} 0 & -1 \\ 1 & 0 \end{bmatrix}$	$\begin{bmatrix} 1 & 0 \\ 0 & 1 \end{bmatrix}$

D_{2d}	S_4	$C_2^{(1)}$	σ_d
E	$\begin{bmatrix} 0 & -1 \\ 1 & 0 \end{bmatrix}$	$\begin{bmatrix} 1 & 0 \\ 0 & -1 \end{bmatrix}$	$\begin{bmatrix} 1 & 0 \\ 0 & 1 \end{bmatrix}$

D_{4h}	C_4	$C_2^{(1)}$	σ_h
E_g	$\begin{bmatrix} 0 & -1 \\ 1 & 0 \end{bmatrix}$	$\begin{bmatrix} 1 & 0 \\ 0 & -1 \end{bmatrix}$	$\begin{bmatrix} -1 & 0 \\ 0 & -1 \end{bmatrix}$
E_u	$\begin{bmatrix} 0 & -1 \\ 1 & 0 \end{bmatrix}$	$\begin{bmatrix} 1 & 0 \\ 0 & -1 \end{bmatrix}$	$\begin{bmatrix} 1 & 0 \\ 0 & 1 \end{bmatrix}$

T	C_3^{xyz}	C_2^z
E	$\begin{bmatrix} \frac{-1}{2} & \frac{-\sqrt{3}}{2} \\ \frac{\sqrt{3}}{2} & \frac{-1}{2} \end{bmatrix}$	$\begin{bmatrix} 1 & 0 \\ 0 & 1 \end{bmatrix}$
F	$\begin{bmatrix} 0 & 0 & 1 \\ 1 & 0 & 0 \\ 0 & 1 & 0 \end{bmatrix}$	$\begin{bmatrix} -1 & 0 & 0 \\ 0 & -1 & 0 \\ 0 & 0 & -1 \end{bmatrix}$

T_h	C_3^{xyz}	C_2^z	I
E_g	$\begin{bmatrix} \frac{-1}{2} & \frac{-\sqrt{3}}{2} \\ \frac{\sqrt{3}}{2} & \frac{-1}{2} \end{bmatrix}$	$\begin{bmatrix} 1 & 0 \\ 0 & 1 \end{bmatrix}$	$\begin{bmatrix} 1 & 0 \\ 0 & 1 \end{bmatrix}$
E_u	$\begin{bmatrix} \frac{-1}{2} & \frac{-\sqrt{3}}{2} \\ \frac{\sqrt{3}}{2} & \frac{-1}{2} \end{bmatrix}$	$\begin{bmatrix} 1 & 0 \\ 0 & 1 \end{bmatrix}$	$\begin{bmatrix} -1 & 0 \\ 0 & -1 \end{bmatrix}$
F_g	$\begin{bmatrix} 0 & 0 & 1 \\ 1 & 0 & 0 \\ 0 & 1 & 0 \end{bmatrix}$	$\begin{bmatrix} -1 & 0 & 0 \\ 0 & -1 & 0 \\ 0 & 0 & -1 \end{bmatrix}$	$\begin{bmatrix} 1 & 0 & 0 \\ 0 & 1 & 0 \\ 0 & 0 & 1 \end{bmatrix}$

T_h	C_3^{xyz}	C_2^z	I
F_u	$\begin{bmatrix} 0 & 0 & 1 \\ 1 & 0 & 0 \\ 0 & 1 & 0 \end{bmatrix}$	$\begin{bmatrix} -1 & 0 & 0 \\ 0 & -1 & 0 \\ 0 & 0 & 1 \end{bmatrix}$	$\begin{bmatrix} -1 & 0 & 0 \\ 0 & -1 & 0 \\ 0 & 0 & -1 \end{bmatrix}$

O	C_4^z	C_3^{xyz}
T_d	$(S_4^z)^{-1}$	C_3^{xyz}
E	$\begin{bmatrix} 1 & 0 \\ 0 & -1 \end{bmatrix}$	$\begin{bmatrix} \frac{-1}{2} & \frac{-\sqrt{3}}{2} \\ \frac{\sqrt{3}}{2} & \frac{-1}{2} \end{bmatrix}$
F_1	$\begin{bmatrix} 0 & -1 & 0 \\ 1 & 0 & 0 \\ 0 & 0 & 1 \end{bmatrix}$	$\begin{bmatrix} 0 & 0 & 1 \\ 1 & 0 & 0 \\ 0 & 1 & 0 \end{bmatrix}$
F_2	$\begin{bmatrix} 0 & -1 & 0 \\ -1 & 0 & 0 \\ 0 & 0 & -1 \end{bmatrix}$	$\begin{bmatrix} 0 & 0 & 1 \\ 1 & 0 & 0 \\ 0 & 1 & 0 \end{bmatrix}$

O_h	C_4^z	C_3^{xyz}	I
E_g	$\begin{bmatrix} 1 & 0 \\ 0 & -1 \end{bmatrix}$	$\begin{bmatrix} \frac{-1}{2} & \frac{-\sqrt{3}}{2} \\ \frac{\sqrt{3}}{2} & \frac{-1}{2} \end{bmatrix}$	$\begin{bmatrix} 1 & 0 \\ 0 & 1 \end{bmatrix}$
E_u	$\begin{bmatrix} 1 & 0 \\ 0 & -1 \end{bmatrix}$	$\begin{bmatrix} \frac{-1}{2} & \frac{-\sqrt{3}}{2} \\ \frac{\sqrt{3}}{2} & \frac{-1}{2} \end{bmatrix}$	$\begin{bmatrix} -1 & 0 \\ 0 & -1 \end{bmatrix}$
E_{1g}	$\begin{bmatrix} 0 & -1 & 0 \\ 1 & 0 & 0 \\ 0 & 0 & 1 \end{bmatrix}$	$\begin{bmatrix} 0 & 0 & 1 \\ 1 & 0 & 0 \\ 0 & 1 & 0 \end{bmatrix}$	$\begin{bmatrix} 0 & 0 & 1 \\ 1 & 0 & 0 \\ 0 & 1 & 0 \end{bmatrix}$

O_h	C_4^z	C_3^{xyz}	I
E_{1u}	$\begin{bmatrix} 0 & -1 & 0 \\ 1 & 0 & 0 \\ 0 & 0 & 1 \end{bmatrix}$	$\begin{bmatrix} 0 & 0 & 1 \\ 1 & 0 & 0 \\ 0 & 1 & 0 \end{bmatrix}$	$\begin{bmatrix} -1 & 0 & 0 \\ 0 & -1 & 0 \\ 0 & 0 & -1 \end{bmatrix}$
E_{2g}	$\begin{bmatrix} 0 & 1 & 0 \\ -1 & 0 & 0 \\ 0 & 0 & -1 \end{bmatrix}$	$\begin{bmatrix} 0 & 0 & 1 \\ 1 & 0 & 0 \\ 0 & 1 & 0 \end{bmatrix}$	$\begin{bmatrix} 1 & 0 & 0 \\ 0 & 1 & 0 \\ 0 & 0 & 1 \end{bmatrix}$
E_{2u}	$\begin{bmatrix} 0 & 1 & 0 \\ -1 & 0 & 0 \\ 0 & 0 & -1 \end{bmatrix}$	$\begin{bmatrix} 0 & 0 & 1 \\ 1 & 0 & 0 \\ 0 & 1 & 0 \end{bmatrix}$	$\begin{bmatrix} -1 & 0 & 0 \\ 0 & -1 & 0 \\ 0 & 0 & -1 \end{bmatrix}$

習題

1. 在例 1.3 的 6 **階置換群** $S_3 = \{E, A, B, C, D, F\}$中，我們可以用（3×3）的矩陣來標示 E，即 $E=\begin{bmatrix} a & b & c \\ a & b & c \end{bmatrix} \rightarrow \Gamma(E)=\begin{bmatrix} 1 & 0 & 0 \\ 0 & 1 & 0 \\ 0 & 0 & 1 \end{bmatrix}$，則請寫出其他 5 個元素的**矩陣表示**。

2. 水分子（H_2O）是典型的 C_{2v} **對稱**。如果我們以實驗室的 Z 軸為旋轉軸對 H_2O 作 $C_{2(z)}$ 的**操作**如下：

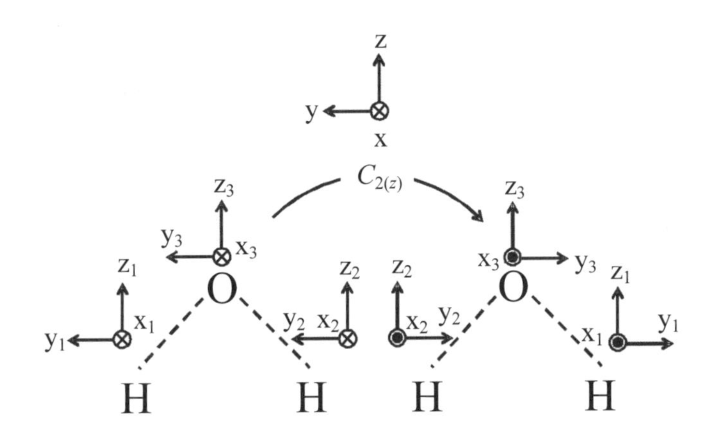

試建立對應於 $C_{2(z)}$ **操作**的（9×9）**矩陣表示**，即

$$\begin{bmatrix} x_1' \\ y_1' \\ z_1' \\ x_2' \\ y_2' \\ z_2' \\ x_3' \\ y_3' \\ z_3' \end{bmatrix} = C_{2z} \begin{bmatrix} x_1 \\ y_1 \\ z_1 \\ x_2 \\ y_2 \\ z_2 \\ x_3 \\ y_3 \\ z_3 \end{bmatrix} = [9 \times 9] \begin{bmatrix} x_1 \\ y_1 \\ z_1 \\ x_2 \\ y_2 \\ z_2 \\ x_3 \\ y_3 \\ z_3 \end{bmatrix}$$ 。

3. 在例 1.4 中我們已經知道了**點群** C_{4v} 的 8 個**對稱操作**，試以 σ_{v_y} **操作**在不同的**基函數**上：

(1) x，y。

(2) $x+y$，$x-y$。

(3) x^2，y^2。

分別找出其二**維矩陣表示**。

4. 在 2.4 節中，我們知道當所選擇的**基底**不同的形況下，**對稱操作**的**矩陣表示**也會隨之改變。試證

(1) **基底**為二維垂直軸：

$$\Gamma(E) = \begin{bmatrix} 1 & 0 \\ 0 & 1 \end{bmatrix}、\Gamma(C_3) = \begin{bmatrix} \frac{-1}{2} & \frac{\sqrt{3}}{2} \\ \frac{-\sqrt{3}}{2} & \frac{-1}{2} \end{bmatrix}、$$

$$\Gamma(C_3^2) = \begin{bmatrix} -\frac{1}{2} & \frac{-\sqrt{3}}{2} \\ \frac{\sqrt{3}}{2} & \frac{-1}{2} \end{bmatrix}、\Gamma(\sigma_{v_a}) = \begin{bmatrix} -1 & 0 \\ 0 & 1 \end{bmatrix}、$$

$$\Gamma(\sigma_{v_b})=\begin{bmatrix}\frac{1}{2} & \frac{-\sqrt{3}}{2}\\ \frac{-\sqrt{3}}{2} & \frac{-1}{2}\end{bmatrix}、\Gamma(\sigma_{v_c})=\begin{bmatrix}\frac{1}{2} & \frac{\sqrt{3}}{2}\\ \frac{\sqrt{3}}{2} & \frac{-1}{2}\end{bmatrix}。$$

(2) **基底**為三維垂直軸：

$$\Gamma(E)=\begin{bmatrix}1 & 0 & 0\\ 0 & 1 & 0\\ 0 & 0 & 1\end{bmatrix}、\Gamma(C_3)=\begin{bmatrix}\frac{-1}{2} & \frac{\sqrt{3}}{2} & 0\\ \frac{-\sqrt{3}}{2} & \frac{-1}{2} & 0\\ 0 & 0 & 1\end{bmatrix}$$

$$\Gamma(C_3^2)=\begin{bmatrix}\frac{-1}{2} & \frac{-\sqrt{3}}{2} & 0\\ \frac{\sqrt{3}}{2} & \frac{-1}{2} & 0\\ 0 & 0 & 1\end{bmatrix}、\Gamma(\sigma_{v_a})=\begin{bmatrix}1 & 0 & 0\\ 0 & -1 & 0\\ 0 & 0 & 1\end{bmatrix}、$$

$$\Gamma(\sigma_{v_b})=\begin{bmatrix}\frac{-1}{2} & \frac{-\sqrt{3}}{2} & 0\\ \frac{\sqrt{3}}{2} & \frac{-1}{2} & 0\\ 0 & 0 & 1\end{bmatrix}、\Gamma(\sigma_{v_c})=\begin{bmatrix}\frac{-1}{2} & \frac{-\sqrt{3}}{2} & 0\\ \frac{-\sqrt{3}}{2} & \frac{-1}{2} & 0\\ 0 & 0 & 1\end{bmatrix}。$$

(3) **基底**為傾斜軸：

$$\Gamma(E)=\begin{bmatrix}1 & 0\\ 0 & 1\end{bmatrix}、\Gamma(C_3)=\begin{bmatrix}-1 & 1\\ -1 & 0\end{bmatrix}、$$

$$\Gamma(C_3^2)=\begin{bmatrix}0 & -1\\ 1 & -1\end{bmatrix}、\Gamma(\sigma_{v_a})=\begin{bmatrix}1 & -1\\ 0 & -1\end{bmatrix}、$$

$$\Gamma(\sigma_{v_b})=\begin{bmatrix}-1 & 0\\ -1 & 1\end{bmatrix}、\Gamma(\sigma_{v_c})=\begin{bmatrix}0 & 1\\ 1 & 0\end{bmatrix}。$$

5. 請列出 C_{3v} 群中所有**操作**的**正規表示**。

6. 有二個矩陣 $A=\begin{bmatrix} a & b \\ c & d \end{bmatrix}$，$B=\begin{bmatrix} e & f \\ g & h \end{bmatrix}$，若⊕、⊗分別代表矩陣的**直和**與**直積**，則試求：

(1) $A \oplus B$。

(2) $B \oplus A$。

(3) $A \otimes B$。

(4) $B \otimes A$。

7. 在習題 2-1 中**置換群** S_3 的**矩陣表示**是**可約表示**，現有一矩陣

$$U=\begin{bmatrix} \frac{1}{\sqrt{3}} & 0 & \sqrt{\frac{2}{3}} \\ \frac{1}{\sqrt{3}} & \frac{-1}{\sqrt{2}} & \frac{-1}{\sqrt{6}} \\ \frac{1}{\sqrt{3}} & \frac{1}{\sqrt{3}} & \frac{-1}{\sqrt{6}} \end{bmatrix}$$，則

(1) 試證明 U 為**么正矩陣**。

(2) 藉由 U 把習題 2-1 中**置換群** S_3 的**矩陣表示**化成**不可約表示**，並以**直和**標示。

8. 請參考表 2.6，由 C_{4v} **群**的**生成元素**的**不可約表示**，求出 C_{4v} **群**的 (2×2)**不可約矩陣表示**。

9. 已知 C_{3v} **群**是一個 6 **階群**，且其**對稱操作**的三維**表示**為

$$M^{11}=\begin{bmatrix} 1 & 0 & 0 \\ 0 & 1 & 0 \\ 0 & 0 & 1 \end{bmatrix}、M^{12}=\begin{bmatrix} 0 & 1 & -1 \\ 1 & 0 & 1 \\ -1 & -2 & 0 \end{bmatrix}、M^{13}=\begin{bmatrix} 2 & 2 & 1 \\ -1 & -1 & -1 \\ -2 & -1 & -1 \end{bmatrix}$$

$$M^{14}=\begin{bmatrix} 0 & -1 & 1 \\ -1 & 0 & -1 \\ 0 & 0 & -1 \end{bmatrix}、M^{15}=\begin{bmatrix} -1 & 0 & 0 \\ 0 & -1 & 0 \\ 2 & 1 & 1 \end{bmatrix}、M^{16}=\begin{bmatrix} -2 & -2 & -1 \\ 1 & 1 & -1 \\ 1 & 2 & 0 \end{bmatrix}$$

試由一么正矩陣 $S=\begin{bmatrix}1 & -1 & 1\\ 0 & 1 & -1\\ -1 & 1 & 0\end{bmatrix}$、將這些三維可約矩陣表示轉換成不可約矩陣表示。

10.如例 1.4 所述，一個正三角形是屬於 C_{3v} 群的，若已知其三維矩陣表示為

$$\Gamma'(E)=\begin{bmatrix}1 & 0 & 0\\ 0 & 1 & 0\\ 0 & 0 & 1\end{bmatrix}、\Gamma'(C_3)=\begin{bmatrix}-7 & -1 & 2\\ 5 & 2 & -2\\ -19 & -2 & 5\end{bmatrix}、\Gamma'(C_3^2)=\begin{bmatrix}6 & 1 & -2\\ 13 & 3 & -4\\ 28 & 5 & -9\end{bmatrix}$$

$$\Gamma'(\sigma_{v_a})=\begin{bmatrix}7 & 1 & -2\\ 12 & 3 & -4\\ 30 & 5 & -9\end{bmatrix}、\Gamma'(\sigma_{v_b})=\begin{bmatrix}-6 & -1 & 2\\ 7 & 2 & -2\\ -14 & -2 & 5\end{bmatrix}、\Gamma'(\sigma_{v_c})=\begin{bmatrix}-1 & 0 & 0\\ -1 & 1 & 0\\ 7 & 0 & 1\end{bmatrix},$$

則

(1) 現有一矩陣 $S=\begin{bmatrix}0 & 1 & 0\\ 2 & 0 & 1\\ 1 & 3 & 1\end{bmatrix}$，試證 S 為一么正矩陣。

(2) 若 R 為 C_{3v} 群的操作，則試通過相似轉換把 $\Gamma'(R)$ 表示化成不可約表示的直和。

(3) 如 2.4 節所述，這些不可約表示是建立在哪一種基底的選擇之上的？

11.(1) 試證 $U=\begin{bmatrix}\frac{1}{\sqrt{3}} & \frac{-\sqrt{2}}{\sqrt{3}} & 0\\ \frac{1}{\sqrt{3}} & \frac{1}{\sqrt{6}} & \frac{-1}{\sqrt{2}}\\ \frac{1}{\sqrt{3}} & \frac{1}{\sqrt{6}} & \frac{1}{\sqrt{2}}\end{bmatrix}$ 是一個么正矩陣。

(2) 試以么正矩陣 U 把表 2.3 的 6 個矩陣表示作相似轉換為表 2.4。

第 3 章

不可約表示的特性

執大象　天下往

著名的**群論**、物理學者 E. Wigner 博士曾經把**群論**在物理上的應用分成三個階段，如圖 3-1 所示：

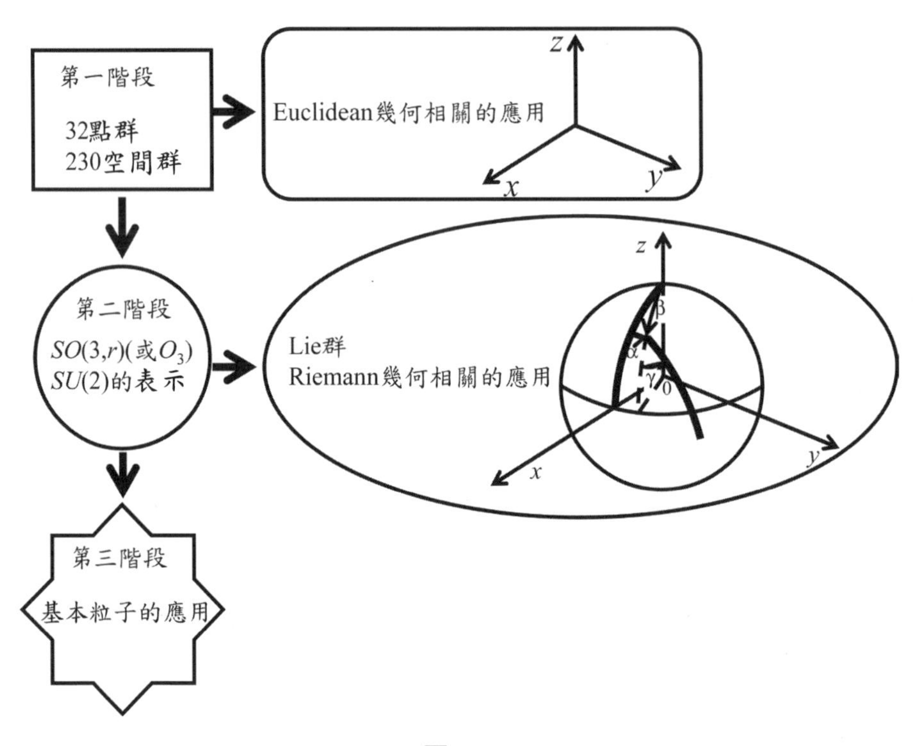

圖 3-1

第一個階段是固態物理的應用，因為晶體的週期性排列可以用 32 個**點群**和 230 個**空間群**來描述，所以我們可以直接的用**群論**的方式來討論固態物質的特性，如果以幾何的語彙來說，第一個階段的基本應用就是在 Euclidean 空間（Euclidean space）中的應用。

第二個階段是在考慮電子自旋之後所衍生的應用，如果再配合所對應的微分方程式，就可以把第一個階段的加減乘除運算擴展到微積分的運算，以幾何的語彙來說，就是從 Euclidean 空間中的應用再擴充到 Riemann 空間（Riemann space）中的應用。

第三個階段的應用是基於第一個階段和第二個階段的成功經驗來對基本粒子的探索，希望能揭開宇宙與物質的奧秘。

所以在瞭解了**群論**的抽象定義及其**表示**之後，我們將開始進入較具體的第一個階段的應用，本章將介紹**群特徵值表**（Group character table）或簡稱**特徵值表**，如圖 3-2 所示的是 C_{3v} 群的**特徵值表**，我們將說明圖表中所有對一般固態物理比較重要的標示的意義。

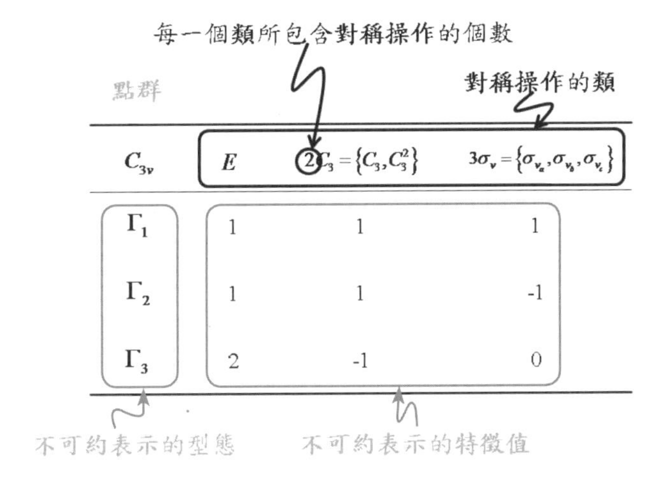

圖 3-2・**群特徵值表的意義**

3.1　不可約表示的特徵值

我們把**群**的**不可約矩陣表示**的對角元素之和，也就是矩陣的**跡**

（Trace），稱為這個**不可約表示**的**特徵值**，並且用「χ」這個符號來標示它，則由（2.19）式可求得 C_{3v} **群**的 Γ_3 表示的**特徵值**為

$$\chi(E)=2 \quad \chi(C_3)=-1 \quad \chi(C_3^2)=-1$$
$$\chi(\sigma_{v_a})=0 \quad \chi(\sigma_{v_b})=0 \quad \chi(\sigma_{v_c})=0 \tag{3.1}$$

完整的 C_{3v} **群特徵值表**，如表 3.1 所示，

表 3.1．C_{3v} 群的特徵值表

C_{3v}	E	$2C_3=\{C_3, C_3^2\}$	$3\sigma_v=\{\sigma_{v_a}, \sigma_{v_b}, \sigma_{v_c}\}$
Γ_1	1	1	1
Γ_2	1	1	−1
Γ_3	2	−1	0

如果我們再把 D_3 及 C_{3v} 這兩個**同構的群特徵值表**列在一起如下：

C_{3v}	E	$2C_3=\{C_3, C_3^2\}$	$3\sigma_v=\{\sigma_{v_a}, \sigma_{v_b}, \sigma_{v_c}\}$
D_3	E	$2C_3$	$3C_2'$
Γ_1	1	1	1
Γ_2	1	1	−1
Γ_3	2	−1	0

就會知道如果兩個**群**如果是**同構的**，則兩個**群特徵表**是相同的。

其實，我們不一定要找出**群**的**表示**，才可獲得這個**表示**的**特徵值**，有好幾種方法可茲使用。事實上，所有的**晶體對稱群**的**特徵值**都已經可以從既有的文獻上查表得知，我們將簡單的敘述其相關的特性，並著重在它們的應用上。

3.2　不可約表示的維度

一個**不可約表示的維度**（Dimension），可以由其**矩陣表示**看出來，例如：如果一個**群**的**不可約表示**是由一個（2×2）的矩陣集合所構成的，則這個**不可約表示的維度**等於 2，我們以「l」這個符號來標示**不可約表示的維度**。實際上，一個**不可約表示的維度**可以簡單的藉由求出 $\chi(E)$ 的數值而獲得，因為**等同矩陣表示** E 的**跡** $\chi(E)$ 就是**不可約表示的維度**。所以，由（3.1）式的 $\chi(\mathrm{E}) = 2$ 可知這是一個二維的不可約表示。

3.3　廣義正交理論

我們將用數學的方式來介紹一個非常重要的理論-**廣義正交理論**（The great orthogonality theorem），並舉幾個範例來說明這個理論的特性，這個理論的証明是非常基本而且重要的，可以在大部分介紹**群論**的書當中見到，在此我們直接使用其結果而不作證明。

首先說明一下符號，若 R 為**群** G 中的一個**元素**，且其第 i 個**不可約表示**的某個 (m, n) **矩陣元素**標示為 $\Gamma_i(R)_{mn}$，則這個理論的數學型式為

$$\sum_{\substack{\text{在群 } G \text{ 中} \\ \text{所有的 } R}} \Gamma_i(R)^*_{mn}\Gamma_j(R)_{m'n'} = \frac{h}{l_i}\delta_{ij}\delta_{mm'}\delta_{nn'} \qquad (3.2)$$

其中 h 為**群** G 的**階**，即**群** G 所包含的**元素**個數；

l_i 為第 i 個**不可約表示**的**維度**；

$$\delta_{ij} = \begin{cases} 1 & 當\ i=j \\ 0 & 當\ i \neq j \end{cases} \quad (\text{Kronecker delta 函數})$$

如果我們把（3.2）式分成 (a)(b)(c) 三個比較簡單的關係式來看，會更容易解釋得清楚：

(a) 若 $i \neq j$，則 $\sum_{\substack{\text{在群 } G \text{ 中} \\ \text{所有的 } R}} \Gamma_i(R)_{mn}\Gamma_j(R)_{mn} = 0$ （3.3）

(b) 若 $m \neq m'$ 或 $n \neq n'$，則 $\sum_{\substack{\text{在群 } G \text{ 中} \\ \text{所有的 } R}} \Gamma_i(R)_{mn}\Gamma_i(R)_{m'n'} = 0$ （3.4）

(c) $\sum_{\substack{\text{在群 } G \text{ 中} \\ \text{所有的 } R}} \Gamma_i(R)_{mn}\Gamma_i(R)_{mn} = \frac{h}{l_i}$ （3.5）

其中 (a) 又被稱為「列的正交性」（Row orthognality）；(b) 和 (c) 又被稱為「行的正交性」（Column Orthognality）。

以下我們將用三個範例分別說明（3.3）、（3.4）、（3.5）式。

> **例 3.1** 試以 C_{3v} **群**來驗證三個**不可約矩陣表示**之間的正交關係。

解：C_{3v} 群有二個一維不可約表示和一個二維不可約表示，所以我們取 $m=1$、$n=1$，由例 2.7 座標轉換得到的 C_{3v} 群的三個**不可約表示**可得：

$$\sum_R \Gamma_1(R)_{11}\Gamma_2(R)_{11} = (1\times 1)+(1\times 1)+(1\times 1)+(1\times(-1))$$
$$+(1\times(-1))+(1\times(-1))$$
$$=1+2-3=0$$

$$\sum_R \Gamma_2(R)_{11}\Gamma_3(R)_{11} = (1\times 1)+\left[1\times\left(-\frac{1}{2}\right)\right]+\left[1\times\left(-\frac{1}{2}\right)\right]+$$
$$[(-1)\times(-1)]+\left[(-1)\times\frac{1}{2}\right]$$
$$+\left[(-1)\times\frac{1}{2}\right]$$
$$=1-\frac{1}{2}-\frac{1}{2}+1-\frac{1}{2}-\frac{1}{2}=0$$

$$\sum_R \Gamma_1(R)_{11}\Gamma_3(R)_{11} = (1\times 1)+\left[1\times\left(-\frac{1}{2}\right)\right]+\left[1\times\left(-\frac{1}{2}\right)\right]$$
$$+[1\times(-1)]+\left(1\times\frac{1}{2}\right)+\left(1\times\frac{1}{2}\right)$$
$$=1-\frac{1}{2}-\frac{1}{2}-1+\frac{1}{2}+\frac{1}{2}=0$$

所以 C_{3v} 群的三個**不可約矩陣表示**之間滿足（3.3）正交關係。◪

例 3.2 試以 C_{3v} 群的**二維不可約矩陣表示**來驗證同一個**不可約表示**的**矩陣元素**之間的正交關係。

解：首先必須明確的知道 C_{3v} 群的二維**不可約表示** Γ_3 的**矩陣元素**，其結果如表 2.1 所示。我們把 m、n、m'、n' 之間的關係分成三部分來驗證：

(1) $m=m'$，$n\neq n'$ (2) $m\neq m'$，$n=n'$ (3) $m\neq m'$，$n\neq n'$。

(1) 若 $m=1$、$n=1$，即矩陣的 (1, 1) 元素；若 $m'=1$、$n'=2$，即矩陣的 (1, 2) 元素，則 C_{3v} 群的二維不可約表示 Γ_3 的每一個操作之矩陣元素乘積 $\Gamma_3(R)_{11}\times\Gamma_3(R)_{12}$ 如下：

由 $\Gamma_3(E)_{11}=1$，$\Gamma_3(E)_{12}=0$，則 $\Gamma_3(E)_{11}\times\Gamma_3(E)_{12}=0$；

由 $\Gamma_3(C_3)_{11}=-\dfrac{1}{2}$，$\Gamma_3(C_3)_{12}=\dfrac{-\sqrt{3}}{2}$，則 $\Gamma_3(C_3)_{11}\times\Gamma_3(C_3)_{12}=\dfrac{\sqrt{3}}{4}$；

由 $\Gamma_3(C_3^2)_{11}=-\dfrac{1}{2}$，$\Gamma_3(C_3^2)_{12}=\dfrac{\sqrt{3}}{2}$，則 $\Gamma_3(C_3^2)_{11}\times\Gamma_3(C_3^2)_{12}=\dfrac{-\sqrt{3}}{4}$；

由 $\Gamma_3(\sigma_{v_a})_{11}=-1$，$\Gamma_3(\sigma_{v_a})_{12}=0$，則 $\Gamma_3(\sigma_{v_a})_{11}\times\Gamma_3(\sigma_{v_a})_{12}=0$；

由 $\Gamma_3(\sigma_{v_b})_{11}=\dfrac{1}{2}$，$\Gamma_3(\sigma_{v_b})_{12}=-\dfrac{\sqrt{3}}{2}$，則 $\Gamma_3(\sigma_{v_b})_{11}\times\Gamma_3(\sigma_{v_b})_{12}=-\dfrac{\sqrt{3}}{4}$；

由 $\Gamma_3(\sigma_{v_c})_{11}=\dfrac{1}{2}$，$\Gamma_3(\sigma_{v_c})_{12}=\dfrac{\sqrt{3}}{2}$，則 $\Gamma_3(\sigma_{v_c})_{11}\times\Gamma_3(\sigma_{v_c})_{12}=\dfrac{\sqrt{3}}{4}$；

所以 $\sum_R\Gamma_3(R)_{11}\Gamma_3(R)_{12}=0+\dfrac{\sqrt{3}}{4}-\dfrac{\sqrt{3}}{4}+0-\dfrac{\sqrt{3}}{4}+\dfrac{\sqrt{3}}{4}=0$ 滿足（3.4）的正交關係。

(2) 若 $m=1$、$n=1$，即矩陣的 (1, 1) 元素；若 $m'=2$、$n'=1$，即矩陣的 (2, 1) 元素，則 C_{3v} 群的二維不可約表示 Γ_3 的每一個操作之矩陣元素乘積 $\Gamma_3(R)_{11}\times\Gamma_3(R)_{21}$ 如下：

由 $\Gamma_3(E)_{11}=1$，$\Gamma_3(E)_{21}=0$，則 $\Gamma_3(E)_{11}\times\Gamma_3(E)_{21}=0$；

由 $\Gamma_3(C_3)_{11}=-\dfrac{1}{2}$，$\Gamma_3(C_3)_{21}=\dfrac{-\sqrt{3}}{2}$，則 $\Gamma_3(C_3)_{11}\times\Gamma_3(C_3)_{21}=\dfrac{-\sqrt{3}}{4}$；

由 $\Gamma_3(C_3^2)_{11}=-\dfrac{1}{2}$，$\Gamma_3(C_3^2)_{21}=\dfrac{\sqrt{3}}{2}$，則 $\Gamma_3(C_3^2)_{11}\times\Gamma_3(C_3^2)_{21}=\dfrac{\sqrt{3}}{4}$；

由 $\Gamma_3(\sigma_{v_a})_{11}=-1$，$\Gamma_3(\sigma_{v_a})_{21}=0$，則 $\Gamma_3(\sigma_{v_a}\})_{11}\times\Gamma_3(\sigma_{v_a})_{21}=0$；

由 $\Gamma_3(\sigma_{v_b})_{11}=\dfrac{1}{2}$，$\Gamma_3(\sigma_{v_b})_{12}=-\dfrac{\sqrt{3}}{2}$，則 $\Gamma_3(\sigma_{v_b})_{11}\times\Gamma_3(\sigma_{v_b})_{21}=-\dfrac{\sqrt{3}}{4}$；

由 $\Gamma_3(\sigma_{v_c})_{11}=\dfrac{1}{2}$，$\Gamma_3(\sigma_{v_c})_{21}=\dfrac{\sqrt{3}}{2}$，則 $\Gamma_3(\sigma_{v_c})_{11}\times\Gamma_3(\sigma_{v_c})_{21}=-\dfrac{\sqrt{3}}{4}$；

所以 $\sum\limits_R \Gamma_3(R)_{11}\Gamma_3(R)_{21}=0-\dfrac{\sqrt{3}}{4}+\dfrac{\sqrt{3}}{4}+0-\dfrac{\sqrt{3}}{4}+\dfrac{\sqrt{3}}{4}=0$ 滿足（3.4）的正交關係。

(3) 若 $m=1$、$n=2$，即矩陣的 (1, 2) 元素；若 $m'=2$、$n'=1$，即矩陣的 (2, 1) 元素，則 C_{3v} **群**的**二維不可約表示** Γ_3 的每一個**操作**之**矩陣元素**乘積 $\Gamma_3(R)_{12}\times\Gamma_3(R)_{21}$ 如下：

由 $\Gamma_3(E)_{12}=0$，$\Gamma_3(E)_{21}=0$，則 $\Gamma_3(E)_{12}\times\Gamma_3(E)_{21}=0$；

由 $\Gamma_3(C_3)_{12}=\dfrac{-\sqrt{3}}{2}$，$\Gamma_3(C_3)_{21}=\dfrac{\sqrt{3}}{2}$，則 $\Gamma_3(C_3)_{12}\times\Gamma_3(C_3)_{21}=-\dfrac{\sqrt{3}}{4}$；

由 $\Gamma_3(C_3^2)_{12}=\dfrac{\sqrt{3}}{2}$，$\Gamma_3(C_3^2)_{21}=\dfrac{-\sqrt{3}}{2}$，則 $\Gamma_3(C_3^2)_{12}\times\Gamma_3(C_3^2)_{21}=-\dfrac{\sqrt{3}}{4}$；

由 $\Gamma_3(\sigma_{v_a})_{12}=0$，$\Gamma_3(\sigma_{v_a})_{21}=0$，則 $\Gamma_3(\sigma_{v_a})_{12}\times\Gamma_3(\sigma_{v_a})_{21}=0$；

由 $\Gamma_3(\sigma_{v_b})_{12}=-\dfrac{\sqrt{3}}{2}$，$\Gamma_3(\sigma_{v_b})_{21}=-\dfrac{\sqrt{3}}{2}$，則 $\Gamma_3(\sigma_{v_b})_{12}\times\Gamma_3(\sigma_{v_b})_{21}=\dfrac{3}{4}$；

由 $\Gamma_3(\sigma_{v_c})_{12}=\dfrac{\sqrt{3}}{2}$，$\Gamma_3(\sigma_{v_c})_{21}=\dfrac{\sqrt{3}}{2}$，則 $\Gamma_3(\sigma_{v_c})_{12}\times\Gamma_3(\sigma_{v_c})_{21}=\dfrac{3}{4}$；

所以 $\sum\limits_R \Gamma_3(R)_{12}\Gamma_3(R)_{21}=0-\dfrac{3}{4}-\dfrac{3}{4}+0+\dfrac{3}{4}+\dfrac{3}{4}=0$ 滿足（3.4）的正交關係。

綜合 (1)、(2)、(3) 的結果可知同一個**不可約表示**的**矩陣元素**之間的正交關係。這個結果同時意味著：「如果相同的**不可約表示**，不同的**矩陣元素**所構成的矩陣向量（Matrix vector）是相互正交的」。

例 3.3 試以 C_{3v} **群**的**二維不可約矩陣**表示來驗證（3.5）式的關係成立。

解：C_{3v}群的 $h=6$，二維不可約矩陣表示 Γ_3 的 $l_3=2$，由表 2.1 可得：

(1) 若 $m=1$、$n=1$，則

$$\sum_R \Gamma_3(R)_{11}\Gamma_3(R)_{11} = 1^2 + \left(-\frac{1}{2}\right)^2 + \left(-\frac{1}{2}\right)^2 + (-1)^2 + \left(\frac{1}{2}\right)^2 + \left(\frac{1}{2}\right)^2$$
$$= 1 + \frac{1}{4} + \frac{1}{4} + 1 + \frac{1}{4} + \frac{1}{4} = 3 = \frac{6}{2} = \frac{h}{l_3}$$

(2) 若 $m=1$、$n=2$，則

$$\sum_R \Gamma_3(R)_{12}\Gamma_3(R)_{12} = 0^2 + \left(\frac{\sqrt{3}}{2}\right)^2 + \left(-\frac{\sqrt{3}}{2}\right)^2 + 0^2 + \left(-\frac{\sqrt{3}}{2}\right)^2 + \left(\frac{\sqrt{3}}{2}\right)^2$$
$$= 0 + \frac{3}{4} + \frac{3}{4} + 0 + \frac{3}{4} + \frac{3}{4} = 3 = \frac{6}{2} = \frac{h}{l_3}$$

(3) 若 $m=2$、$n=1$，則

$$\sum_R \Gamma_3(R)_{21}\Gamma_3(R)_{21} = 0^2 + \left(-\frac{\sqrt{3}}{2}\right)^2 + \left(\frac{\sqrt{3}}{2}\right)^2 + 0^2 + \left(-\frac{\sqrt{3}}{2}\right)^2 + \left(\frac{\sqrt{3}}{2}\right)^2$$
$$= 0 + \frac{3}{4} + \frac{3}{4} + 0 + \frac{3}{4} + \frac{3}{4} = 3 = \frac{6}{2} = \frac{h}{l_3}$$

(4) 若 $m=2$、$n=2$，則

$$\sum_R \Gamma_3(R)_{22}\Gamma_3(R)_{22} = 1^2 + \left(-\frac{1}{2}\right)^2 + \left(-\frac{1}{2}\right)^2 + 1^2 + \left(-\frac{1}{2}\right)^2 + \left(-\frac{1}{2}\right)^2$$
$$= 1 + \frac{1}{4} + \frac{1}{4} + 1 + \frac{1}{4} + \frac{1}{4} = 3 = \frac{6}{2} = \frac{h}{l_3}$$

綜合 (1)、(2)、(3)、(4) 的結果可知（3.5）式的關係成立。

由**廣義正交理論**，我們可以推論得到以下幾個重要的性質：

廣意正交理論性質 1：這個性質又稱為 Burnside 理論（Burnside's theorem）或**維度理論**（Dimensionality theorem 把**群**的每一個**不可約表示**的**維度**的平方加起來的總和等於**群**的**階**。

即 $\sum\limits_{\substack{\text{所有在}\\ \text{群 } G \text{ 中所有的 } R}} l_i^2 = l_1^2 + l_2^2 + \cdots = h$ （3.6）

例 3.4 試以 C_{3v} 群的特徵值表驗證 Burnside 理論。

解：因為等同操作 E 的特徵值就是該不可約表示的維度，所以由表 3.1 的 C_{3v} 群可得

$$l_1^2 + l_2^2 + l_3^2 = [\chi_1(E)]^2 + [\chi_2(E)]^2 + [\chi_3(E)]^2 = 1^2 + 1^2 + 2^2 = 6 = h$$

（C_{3v} 的階）。

廣義正交理論性質 2：任何一個不可約表示的特徵值平方和，等於群的階，即

$$\sum_i [\chi_i(R)]^2 = h \quad (3.7)$$

例 3.5 試由 C_{3v} 群的特徵值表，驗證不可約表示的特徵值和階的關係。

解：如表 3.1 所示，由 C_{3v} 群的 Γ_1 表示可得

$$[\chi_1(E)]^2 + [\chi_1(C_3)]^2 + [\chi_1(C_3^2)]^2 + [\chi_1(\sigma_{v_a})]^2 + [\chi_1(\sigma_{v_b})]^2 + [\chi_1(\sigma_{v_c})]^2$$

$$= 1(1)^2 + 2(1)^2 + 3(1)^2 = 1 + 2 + 3 = 6 = h$$

由 Γ_2 表示可得

$$[\chi_2(E)]^2 + [\chi_2(C_3)]^2 + [\chi_2(C_3^2)]^2 + [\chi_2(\sigma_{v_a})]^2 + [\chi_2(\sigma_{v_b})]^2 + [\chi_2(\sigma_{v_c})]^2$$

$$= 1(1)^2 + 2(1)^2 + 3(-1)^2 = 1 + 2 + 3 = 6 = h$$

由 Γ 表示可得

$$[\chi_3(E)]^2+[\chi_3(C_3)]^2+[\chi_3(C_3^2)]^2+[\chi_3(\sigma_{v_a})]^2+[\chi_3(\sigma_{v_b})]^2+[\chi_3(\sigma_{v_c})]^2$$

$$=1(2)^2+2(1)^2+3(0)^2=4+2+0=6=h$$

廣義正交理論性質 3：如果有兩個矩陣向量的組成元素分別是由兩個不同的**不可約表示**的**特徵值**所構成，則這兩個向量是正交的。即

$$\text{若 } i\neq j\text{，則 } [\chi_i(R)\,\chi_j(R)]=0 \tag{3.8}$$

仔細觀察可以發現**廣義正交理論**的性質 3 和（3.3）式相似。

> **例 3.6** 試以 C_{3v} 群的**特徵值表**驗證兩個不同的**不可約表示**的**特徵值**所構成的向量之正交關係。

解：由表 3.1 Γ_1 和 Γ_2 表示的**特徵值**，得

$$\chi_1(E)\times\chi_2(E)+2[\chi_1(C_3)\times\chi_2(C_3)]+3[\chi_1(\sigma_v)\times\chi_2(\sigma_v)]$$

$$=1\times1+2(1\times1)+3[1\times(-1)]$$

$$=1+2-3$$

$$=0$$

由 Γ_2 和 Γ_3 表示的**特徵值**，得

$$\chi_2(E)\times\chi_3(E)+2[\chi_2(C_3)\times\chi_3(C_3)]+3[\chi_2(\sigma_v)\times\chi_3(\sigma_v)]$$

$$=1\times2+2[1\times(-1)]+3[(-1)\times0]$$

$$=2-2+0$$

$$=0$$

由 Γ_1 和 Γ_3 表示的**特徵值**，得

$$\chi_1(E)\times\chi_3(E)+2[\chi_1(C_3)\times\chi_3(C_3)]+3[\chi_1(\sigma_v)\times\chi_3(\sigma_v)]$$

$$=1\times 2+2[1\times(-1)]+3[1\times 0]$$

$$=2-2+0$$

$$=0$$

所以兩個不同的**不可約表示**的**特徵值**所構成的向量互相正交。◪

例 3.7 試證明例 2.7 的三個**不可約表示**滿足（3.8）式的正交關係。

解：例 2.7 的**特徵值表**為

C_{3v}	E	C_3	C_3^2	C_2'	C_2''	C_2'''
Γ_1	1	1	1	1	1	1
Γ_2	1	1	1	−1	−1	−1
Γ_3	2	−1	−1	0	0	0

所以 $\chi_1(E)\times\chi_2(E)+2[\chi_1(C_3)\times\chi_2(C_3)]+3[\chi_1(C_2')\times\chi_2(C_2')]$

$$=1\times 1+2[1\times 1]+3[1\times(-1)]$$

$$=1+2-3$$

$$=0$$

且 $\chi_2(E)\times\chi_3(E)+2[\chi_2(C_3)\times\chi_3(C_3)]+3[\chi_2(C_2')\times\chi_3(C_2')]$

$$=1\times 2+2[1\times(-1)]+3[(-1)\times 0]$$

$$=2-2-0$$

$$=0$$

又 $\chi_1(E)\times\chi_3(E)+2[\chi_1(C_3)\times\chi_3(C_3)]+3[C_3(C_2')\times\chi_3(C_2')]$

$$=1\times 2+2[1\times(-1)]+3[1\times 0]$$

$= 2 - 2 + 0$

$= 0$

三個**不可約表示**滿足（3.8）式的正交關係。

由（3.3）及（3.8）式可以得到一個**特徵值**的正交關係，即**特徵值表**中的列與列之間的關係式：

$$\sum_{\substack{\text{群中所有的}\\\text{不可約表示}}} (\chi_k^{(\alpha)})^* \chi_l^{(\alpha)} = \frac{h}{r_k} \delta_{kl} \tag{3.9}$$

其中 r_k 為第 k 個類的**階**，即同一類的**操作**個數；$\chi_k^{(\alpha)}$ 為 α **不可約表示**的**特徵值**；h 為群的**階**。

例 3.8 試由 C_{3v} 群的**特徵值表**，驗證

[1] 不同類的**不可約表示**的**特徵值**的正交關係。

[2] 同類的**不可約表示**的**特徵值**的正交關係。

解：C_{3v} 群的**特徵值表**如下：

C_{3v}	E	$2C_3$	$3\sigma_v$
Γ_1	1	1	1
Γ_2	1	1	-1
Γ_3	2	-1	0

[1] 不同類的**不可約表示**的**特徵值**的正交關係。

E 類和 $2C_3$ 類：$1\times1 + 1\times1 + 2\times(-1) = 0$

E 類和 $3\sigma_v$ 類：$1\times1 + 1\times(-1) + 2\times0 = 0$

$2C_3$類和 $3\sigma_v$類：$1\times1+1\times(-1)+(-1)\times0=0$

[2] 同類的**不可約表示**的**特徵值**的正交關係。

E 類：$1\times1+1\times1+2\times2=6=\frac{6}{1}$

$2C_3$類：$1\times1+1\times1+(-1)\times(-1)=3=\frac{6}{2}$

$3\sigma_v$類：$1\times1+(-1)\times(-1)+0\times0=2=\frac{6}{3}$

廣義正交理論性質 4：同一類的**可約表示**或**不可約表示**的**特徵值**相等。

例 3.9 試由 C_{3v} **群**的**元素**，驗證同一**類**的**不可約表示**具有相同的**特徵值**。

解：在 C_{3v} 群中的**等同操作**$\{E\}$自成一類，三個**不可約表示**當然具有相同的**特徵值**分別為 1、1、2；

旋轉操作$\{C_3, C_3^2\}$組成一類，這兩個**操作**的三個**不可約表示**的**特徵值**分別皆為 1、1、−1；

反射操作$\{\sigma_{v_a}, \sigma_{v_b}, \sigma_{v_c}\}$組成一類，這三個**操作**的三個**不可約表示**的**特徵值**分別皆為 1、1、0。

所以同一**類**的**操作**有相同的**特徵值**，從表 3.1 亦可看出這個結果。

廣義正交理論性質 5：**群**的**不可約表示**的數目等於**群類**的數目。

例 3.10 試由 C_{3v} **群**的**元素**，驗證**不可約表示**與**群類**的關係。

解：C_{3v} 群有三類$\{E\}$、$\{C_3, C_3^2\}$、$\{\sigma_{v_a}, \sigma_{v_b}, \sigma_{v_c}\}$而從表 3.1 可以看出有三種不可約表示：$\Gamma_1$、$\Gamma_2$、$\Gamma_3$。

例 3.11 試由表 6.1 所示的**立方群** O **特徵值表**，證明滿足上述**廣義正交理**論的性質 1、性質 2、性質 3 的關係。

解：立方群的**特徵值表**為

O	E	$3C_4^2$	$6C_2$	$8C_3$	$6C_4$
Γ_1	1	1	1	1	1
Γ_2	1	1	−1	1	−1
Γ_3	2	2	0	−1	0
Γ_4	3	−1	−1	0	1
Γ_5	3	−1	1	0	−1

則性質 1：$[\chi_1(E)]^2+[\chi_2(E)]^2+[\chi_3(E)]^2+[\chi_4(E)]^2+[\chi_5(E)]^2$

$=1^2+1^2+2^2+3^2+3^2$

$=24$

滿足**廣義正交理論**的性質 1。

性質 2：$[\chi_1(E)]^2+3[\chi_1(C_4^2)]^2+6[\chi_1(C_2)]^2+8[\chi_1(C_3)]^2+6[\chi_1(C_4)]^2$

$=1+3\times1+6\times1+8\times1+6\times1$

$=24$

$[\chi_2(E)]^2+3[\chi_2(C_4^2)]^2+6[\chi_2(C_2)]^2+8[\chi_2(C_3)]^2+6[\chi_2(C_4)]^2$

$=1+3\times1+6\times1+8\times1+6\times1$

$=24$

$$[\chi_3(E)]^2+3[\chi_3(C_4^2)]^2+6[\chi_3(C_2)]^2+8[\chi_3(C_3)]^2+6[\chi_3(C_4)]^2$$
$$=4+3\times 4+6\times 0+8\times 1+6\times 0$$
$$=24$$
$$[\chi_4(E)]^2+3[\chi_4(C_4^2)]^2+6[\chi_4(C_2)]^2+8[\chi_4(C_3)]^2+6[\chi_4(C_4)]^2$$
$$=9+3\times 1+6\times 1+8\times 0+6\times 1$$
$$=24$$
$$[\chi_5(E)]^2+3[\chi_5(C_4^2)]^2+6[\chi_5(C_2)]^2+8[\chi_5(C_3)]^2+6[\chi_5(C_4)]^2$$
$$=9+3\times 1+6\times 1+8\times 0+6\times 1$$
$$=24$$

滿足**廣義正交理論**的性質 2。

性質 3：任取兩個**不可約表示**，如 Γ_2、Γ_5

$$\chi_2(E)\times\chi_5(E)+3[\chi_2(C_4^2)\times\chi_5(C_4^2)]+6[\chi_2(C_2)\times\chi_5(C_2)]$$
$$+8[\chi_2(C_3)\times\chi_5(C_3)]+6[\chi_2(C_4)\times\chi_5(C_4)]$$
$$=1\times 3+3\times 1\times(-1)+6\times(-1)+8\times 1\times 0+6\times(-1)\times(-1)$$
$$=3-3-6+0+6$$
$$=0$$

滿足**廣義正交理論**的性質 3。◩

在介紹了這些正交性質之後，我們已經有足夠的能力來建構出完整的**群特徵值表**了。

> 例 3.12 試分別建構出 [1] C_{3v} **群**的**特徵值表**和 [2] C_{4v} **群**的**特徵值表**。

解：首先列出建構**群特徵值表**的幾個基本關係式如下：

(a) $\sum_{\substack{\text{群 }G\text{ 中所有的}\\\text{不可約表示}}} l_i^2 = h$ 或 $\sum_{\substack{\text{任何一個}\\\text{不可約表示}\\\text{的所有操作}}} r_i|\chi_i|^2 = h$

其中 l_i 為第 i 個**操作**的**不可約表示**的**維度**；

χ_i 為第 i 個操作的**特徵值**；

r_i 為第 i 個**類**的**階**，即同一**類**的**操作**個數；

h 為**群**的**階**。

即「**群**的所有**不可約表示**的**維度**平方值之和等於**群**的**階**」或「任一**不可約表示**的**特徵值**平方之和等於**群**的**階**」。其實這個關係式也被視為是**不可約表示**的正交關係的一部份。

(b) $\mathscr{C}_i\mathscr{C}_j = \sum_k c_{ij,\,k}\,\mathscr{C}_k$，其中 $c_{ij,\,k}$ 為**類乘係數**。

這是**類**的乘法規則。

(c) $r_ir_j\chi_i^{(\alpha)}\chi_j^{(\alpha)} = 1^{(\alpha)}c_{ij,\,k}\,r_k\chi_k^{(\alpha)}$

這是在相同的 α **表示**中的**特徵值**乘法規則。

[1] C_{3v} **群**的**特徵值表**

因為 C_{3v} **群**有三個**不可約表示**，且其**維度**分別為 $l_1 = 1$，$l_2 = 1$，$l_2 = 2$。所以由**不可約表示**的正交關係可得

$$\sum l_i^2 = l_1^2 + l_2^2 + l_3^2 = 1^2 + 1^2 + 2^2 = 6$$

如果 C_{3v} **群**的三個**類**為 $\mathscr{C}_1 = \{E\}$，$\mathscr{C}_2 = \{C_3, C_3^2\}$，$\mathscr{C}_3\{\sigma_1, \sigma_2, \sigma_3\}$，即 $\mathscr{C}_1$ **類**的**階數**為 $r_1 = 1$；$\mathscr{C}_2$ **類**的**階數**為 $r_2 = 2$；$\mathscr{C}_3$ **類**的**階數**為 $r_3 = 3$。因為有三個**類**，所以由**類**的乘法規則可以得到 9 個**類乘關係**：

$$\mathscr{C}_1\mathscr{C}_1 = \mathscr{C}_1$$

$$\mathscr{C}_2\mathscr{C}_2 = \mathscr{C}_2$$

$$\mathscr{C}_1\mathscr{C}_3 = \mathscr{C}_3$$

$$\mathscr{C}_2\mathscr{C}_1 = \mathscr{C}_2$$

$$\mathscr{C}_2\mathscr{C}_2 = 2\mathscr{C}_1 + 1\mathscr{C}_2$$

$$\mathscr{C}_2\mathscr{C}_3 = 2\mathscr{C}_3$$

$$\mathscr{C}_3\mathscr{C}_1 = \mathscr{C}_3$$

$$\mathscr{C}_3\mathscr{C}_2 = 2\mathscr{C}_3$$

$$\mathscr{C}_3\mathscr{C}_3 = 3\mathscr{C}_1 + 3\mathscr{C}_2$$

然而由於 $\mathscr{C}_1 = \{E\}$，所以 $\mathscr{C}_1$ **類**和其它兩**類**相乘都等同於沒有作用，也就是有利於找出**特徵值**的**類乘係數**只有 6 個：$c_{22,\,1} = 2$、$c_{22,\,1} = 1$、$c_{23,\,3} = 2$、$c_{32,\,3} = 2$、$c_{33,\,1} = 3$、$c_{33,\,2} = 3$。現在我們將在同一個**表示**中來討論每一個**操作**的**特徵值**，即上述的 (c) 關係式，

$$r_i r_j \chi_i^{(\alpha)} \chi_j^{(\alpha)} = l^{(\alpha)} c_{ij,\,k} r_k \chi_k^{(\alpha)}$$

則 (1) 當 $i = j = 2$，則

$$r_2 r_2 \chi_2 \chi_2 = l(c_{22,\,1} r_1 \chi_1 + c_{22,\,2} r_2 \chi_2 + c_{22,\,3} r_3 \chi_3)$$

又 $r_2 = 2$，$r_1 = 1$，$\chi_1 = l$（因為**等同操作**的**不可約表示**的**特徵值**就是該**不可約表示**的**維度**數值，即 $\chi_1 = \chi(E)$），$c_{22,\,1} = 2$，$c_{22,\,2} = 1$，$c_{22,\,3} = 0$，所以

$$2 \cdot 2 \cdot \chi_2 \cdot \chi_2 = l(2 \cdot 1 \cdot l + 1 \cdot 2 \cdot \chi_2 + 0 \cdot 3 \cdot \chi_3)$$

$$\Rightarrow 4\chi_2^2 = l(2l + 2\chi_2)$$

得 $\chi_2 = l$ 或 $-\dfrac{l}{2}$

(2) 當 $i=j=3$，則

$$r_3 r_3 \chi_3 \chi_3 = l(c_{33,1} r_1 \chi_1 + c_{33,2} r_2 \chi_2 + c_{33,3} r_3 \chi_3)$$

又 $r_3=3$，$r_1=1$，$c_{33,1}=3$，$\chi_1=1$，$c_{33,2}=3$，$c_{33,3}=0$，所以

$$3 \cdot 3 \cdot \chi_3 \cdot \chi_3 = l(3 \cdot 1 \cdot l + 3 \cdot 2 \cdot \chi_2 + 0 \cdot 3 \cdot \chi_3)$$

$$\Rightarrow 9\chi_3^2 = l(3l + 6\chi_2)$$

(3) 當 $i=2$，$j=3$，則

$$r_2 r_3 \chi_2 \chi_3 = l(c_{23,1} r_1 \chi_1 + c_{23,2} r_2 \chi_2 + c_{23,3} r_3 \chi_3)$$

又 $r_2=2$，$r_3=3$，$c_{23,1}=0$，$\chi_1=1$，$c_{23,2}=0$，$c_{23,3}=2$，所以

$$2 \cdot 3 \cdot \chi_2 \cdot \chi_3 = l(0 \cdot 1 \cdot l + 0 \cdot 2 \cdot \chi_2 + 2 \cdot 3 \cdot \chi_3)$$

$$\Rightarrow 6\chi_2 \chi_3 = l(6\chi_3)$$

得 $\chi_2 = l$ 或 $\chi_3 = 0$

現在有了 (1)、(2)、(3) 的**特徵值**之間的關係之後，就可以開始分別討論 1 維**不可約表示**和 2 維**不可約表示**：

<i> 1 維**不可約表示**：即 $l=1$ 且 $\chi_1=1$，則

由 (1) 的結果得 $\chi_2=1$ 或 $-\dfrac{1}{2}$

若 $\chi_2=1$，則由 (2) 得；$9\chi_3^2=9$ 得 $\chi_3=\pm1$

若 $\chi_2=-\dfrac{1}{2}$，則由 (2) $9\chi_3^2=0$ 得 $\chi_3=0$。

因為 1 維**不可約表示**的**特徵值**不會是 0（否則這個**操作**會使被**操作**的主體「消失」），

所以當 $l=1$，則 $\chi_1=1$、$\chi_2=1$、$\chi_3=1$；

或 $\chi_1=1$、$\chi_2=1$、$\chi_3=-1$。

將這些值填入**特徵值表**即為：

C_{3v}	$\mathscr{C}_1$	$\mathscr{C}_2$	$\mathscr{C}_3$
Γ_1	1	1	1
Γ_2	1	1	−1
Γ_3	2	?	?

<ii>2 維**不可約表示**：，即 $l=2$ 且 $\chi_1=2$，則

由 (1) 的結果得 $\chi_2=-1$ 或 2；

由 (2) 得 $9\chi_3^2=2\,(6+12)$，則 $\chi_3^2=4$，即 $\chi_3=\pm 2$

但是 χ_2 有二個可能的解，

若 $\chi_2=-1$，則 (2) $9\chi_3^2=0$ 得 $\chi_3=0$；

若 $\chi_2=2$，則 (2) $9\chi_3^2=2(6+12)$ 及 (3) $\chi_2=2$、$\chi_3=0$ 的結果是無法同時成立的，所以 $\chi_2=2$ 不會是 2 維**不可約表示**的**特徵值**。

所以只有 $\chi_1=2$、$\chi_2=-1$、$\chi_3=0$ 是 2 維**不可約表示**的**特徵值**。

綜合以上<i>1 維**不可約表示**<ii>2 維**不可約表示**的結果可得 C_{3v} **群特徵值表**為：

C_{3v}	$\mathscr{C}_1$	$\mathscr{C}_2$	$\mathscr{C}_3$
Γ_1	1	1	1
Γ_2	1	1	−1
Γ_3	2	−1	0

[2] C_{4v} **群**的**特徵值表**

除了沿用上述 [1] 的方法之外，我們也可以採取另外一種計算方式，主要是要使用到剛開始的 (a)、(b) 關係式。

首先我們已經知道 C_{4v} **群**的 8 個**操作**可分成 5 個**類**，當然也就有 5 個**不可約表示** Γ_1、Γ_2、Γ_3、Γ_4、Γ_5。如果這 5 個**不可約表示**的**維度**分別為 l_1、l_2、l_3、l_4、l_5，則由

$$l_1^2+l_2^2+l_3^2+l_4^2+l_5^2=h=8$$

可得到唯一整數解為 $l_1=1$、$l_2=1$、$l_3=1$、$l_4=1$、$l_5=2$，此外**特徵值表**的第一列標示著每一類的最簡單的**不可約表示**的**特徵值**，所以都是 1。將這些值填入**特徵值表**即為：

C_{4v}	$\mathscr{C}_1=E$	$\mathscr{C}_2=C_4, C_4^3$	$\mathscr{C}_3=C_4^2$	$\mathscr{C}_4=\sigma_{v_x}, \sigma_{v_y}$	$\mathscr{C}_5=\sigma_{13}, \sigma_{24}$
Γ_1	1	1	1	1	1
Γ_2	1	?	?	?	?
Γ_3	1	?	?	?	?
Γ_4	1	?	?	?	?
Γ_5	2	?	?	?	?

如我們所熟知的，**等同操作**的**不可約表示**的**特徵值**等於這個**不可約表示**的**維度**，所以可得知 Γ_1、Γ_2、Γ_3、Γ_4 是 1 維的；而 Γ_5 是 2 維的。

<i>1 維的**不可約表示**：

對於 1 維的**不可約表示**而言，其**特徵值**就等於這個**不可約表示**，即**不可約表示** Γ_1、Γ_2、Γ_3、Γ_4 就是一個數值，然而因為**不可約表示**必須滿足**群乘表**，當然這些數值也要滿足**群乘表**，C_{4v} 的**群乘表**如下：

C_{4v}	E	C_4	C_4^2	C_4^3	σ_{v_x}	σ_{v_y}	σ_{13}	σ_{24}
E	E	C_4	C_4^2	C_4^3	σ_{v_x}	σ_{v_y}	σ_{13}	σ_{24}
C_4^3	C_4^3	E	C_4	C_4^2	σ_{24}	σ_{13}	σ_{v_x}	σ_{v_y}
C_4^2	C_4^2	C_4^3	E	C_4	σ_{v_y}	σ_{v_x}	σ_{24}	σ_{13}
C_4	C_4	C_4^2	C_4^3	E	σ_{13}	σ_{24}	σ_{v_y}	σ_{v_x}
σ_{v_x}	σ_{v_x}	σ_{24}	σ_{v_y}	σ_{13}	E	C_4^2	C_4^3	C_4
σ_{vy}	σ_{v_y}	σ_{13}	σ_{v_x}	σ_{24}	C_4^2	E	C_4	C_4^3
σ_{13}	σ_{13}	σ_{v_x}	σ_{24}	σ_{v_y}	C_4	C_4^3	E	C_4^2
σ_{24}	σ_{24}	σ_{v_y}	σ_{13}	σ_{v_x}	C_4^3	C_4	C_4^2	E

對於那些平方之後等於**等同操作**的**操作**，即 C_4^2、σ_{v_x}、σ_{v_y}、

σ_{13}、σ_{24}，因為 $(C_4^2)^2 = E = 1$、$(\sigma_{v_x})^2 = E = 1$、⋯，所以 C_4^2、σ_{v_x}、σ_{v_y}、σ_{13}、σ_{24} 的**特徵值**只可能等於 ±1。又因為 $\sigma_{v_x}\sigma_{v_y} = C_4^2$ 及 $\sigma_{13}\sigma_{24} = C_4^2$，且 σ_{v_x} 和 σ_{v_y} 是同一**類**；σ_{13} 和 σ_{24} 是同一**類**，所以其**特徵值**相同，即 $\chi(\sigma_{v_x}) = \chi(\sigma_{v_y})$ 且 $\chi(\sigma_{13}) = \chi(\sigma_{24})$，則無論它們同為 +1 或同為 −1，它們的乘積都等於 1，所以 C_4^2 **操作**所有的**特徵值**都為+1。再接著討論 C_4 和 C_4^3 的**特徵值**，因為 $(C_4)^2 = (C_4^3)^2 = C_4^2 = 1$，所以 $\chi(C_4) = \chi(C_4^2) = \pm 1$。將這些值填入**特徵值表**即為：

C_{4v}	$C_1 = E$	$C_2 = C_4, C_4^3$	$C_3 = C_4^2$	$C_4 = \sigma_{v_x}, \sigma_{v_y}$	$C_4 = \sigma_{13}, \sigma_{24}$
Γ_1	1	1	1	1	1
Γ_2	1	±1	1	±1	±1
Γ_3	1	±1	1	±1	±1
Γ_4	1	±1	1	±1	±1
Γ_5	2	?	?	?	?

因為**不可約表示**的相互正交性質，所以可以依序找出 Γ_2、Γ_3、Γ_4 的**特徵值**。

若 $\chi_2(C_4) = +1$，則由（3.8）式：

$$\sum_R [\chi_1(R)\chi_2(R)] = 1 + 1 + 1 + 1 + (\pm1) + (\pm1) + (\pm1) + (\pm1)$$

$$= 1 + 2 + 1 + 2(\pm1) + 2(\pm1)$$

$$= 4 + 2\chi_2(\sigma_{v_x}) + 2\chi_2(\sigma_{13})$$

$$= 0$$

所以 $\chi_2(\sigma_{v_x}) = -1$ 且 $\chi_2(\sigma_{v_y}) = -1$；

若 $\chi_3(C_4) = -1$，則由（3.8）式：

$$\sum_R [\chi_1(R)\chi_3(R)] = 1 - 1 - 1 + 1 + (\pm1) + (\pm1) + (\pm1) + (\pm1)$$

$$= 1 + 2(-1) + 1 + 2(\pm1) + 2(\pm1)$$

$= 0 + 2\chi_2(\sigma_{v_x}) + 2\chi_2(\sigma_{13})$

$= 0$

所以 $\chi_3(\sigma_{v_x}) = +1$ 且 $\chi_3(\sigma_{13}) = -1$；或 $\chi_3(\sigma_{v_x}) = -1$ 且 $\chi_3(\sigma_{13}) = +1$。將這些值填入**特徵值表**即為：

C_{4v}	$\mathscr{C}_1 = E$	$\mathscr{C}_2 = C_4, C_4^3$	$\mathscr{C}_3 = C_4^2$	$\mathscr{C}_4 = \sigma_{v_x}, \sigma_{v_y}$	$\mathscr{C}_5 = \sigma_{13}, \sigma_{24}$
Γ_1	1	1	1	1	1
Γ_2	1	1	1	−1	−1
Γ_3	1	−1	1	1	−1
Γ_4	1	−1	1	−1	1
Γ_5	2	?	?	?	?

<ii>2 維的**不可約表示**：

$$\text{由} \sum_{\substack{\text{群中所有的}\\ \text{不可約表示}}} (\chi_k^{(\alpha)})^* \chi_l^{(\alpha)} = \frac{h}{r_k}\delta_{kl} \qquad (3.9)$$

其中 r_k 為第 k 個類的**階**，即同一**類**的**操作**個數；$\chi_k^{(\alpha)}$ 為 α **不可約表示**的特徵值；h 為**群**的**階**。

則當 $k = 1$ 且 $l = 1$，則由 $\sum_{\alpha=\Gamma_1,\Gamma_2\ldots\Gamma_5} (\chi_1^{(\alpha)})^* \chi_1^{(\alpha)} = 1 \times 1 + 1 \times 1 + 1 \times 1 + 1 \times 1 + 2 \times 2 = \frac{8}{1}\delta_{11} = 8$；

當 $k = 1$ 且 $l = 2$，則由 $\sum_{\alpha=\Gamma_1,\Gamma_2\ldots\Gamma_5} (\chi_1^{(\alpha)})^* \chi_2^{(\alpha)} = 1 \times 1 + 1 \times 1 + 1 \times (-1) + 1 \times (-1) + 2 \times \chi_2^{(\Gamma_5)} = 0$ 得 $\chi_2^{(\Gamma_5)} = 0$；

當 $k = 1$ 且 $l = 3$，則由 $\sum_{\alpha=\Gamma_1,\Gamma_2\ldots\Gamma_5} (\chi_1^{(\alpha)})^* \chi_3^{(\alpha)} = 1 \times 1 + 1 \times 1 + 1 \times 1 + 1 \times 1 + 2 \times \chi_3^{(\Gamma_5)} = 0$ 得 $\chi_3^{(\Gamma_5)} = -2$；

當 $k = 1$ 且 $l = 4$，則由 $(\chi_1^{(\alpha)})^* \chi_4^{(\alpha)} = 1 \times 1 + 1 \times (-1) + 1 \times 1 + 1 \times (-1) + 2 \times \chi_4^{(\Gamma_5)} = 0$ 得 $\chi_4^{(\Gamma_5)} = 0$；

當 $k = 1$ 且 $l = 5$，則由

$$\sum_{\alpha=\Gamma_1,\Gamma_2\ldots\Gamma_5}(\chi_1^{(\alpha)})^*\chi_5^{(\alpha)}=1\times(-1)+1\times(-1)+1\times(1)+1\times1+2\times\chi_5^{(\Gamma_5)}=0 \text{ 得 } \chi_5^{(\Gamma_5)}=0;$$

綜合 <i> 1 維的**不可約表示** <ii> 2 維的**不可約表示**的結果可得 C_{4v} **群特徵值表**為：

C_{4v}	$\mathscr{C}_1=E$	$\mathscr{C}_2=C_4, C_4^3$	$\mathscr{C}_3=C_4^2$	$\mathscr{C}_4=\sigma_{v_x}, \sigma_{v_y}$	$\mathscr{C}_5=\sigma_{13}, \sigma_{24}$
Γ_1	1	1	1	1	1
Γ_2	1	1	1	−1	−1
Γ_3	1	−1	1	1	−1
Γ_4	1	−1	1	−1	1
Γ_5	2	0	−2	0	0

3.4 不可約表示和可約表示的關係

通常透過幾次的**相似轉換**之後，我們可以把**可約表示** Γ 完全的轉換成對角化區塊的形式，如 2.6 所介紹的，而這些對角的矩陣就是構成這些群的**不可約表示**，但是這些**不可約表示**可能會不只一次的出現在**可約表示**對角化的矩陣中，示意如下：

$$\begin{bmatrix} \boxed{X} & & & & \\ & \boxed{X} & & & \\ & & \boxed{\begin{matrix} a_{11} & a_{12} \\ a_{21} & a_{22} \end{matrix}} & & \\ & & & \boxed{\begin{matrix} a_{11} & a_{12} \\ a_{21} & a_{22} \end{matrix}} & \\ & & & & \boxed{\begin{matrix} b_{11} & b_{12} & b_{13} \\ b_{21} & b_{22} & b_{23} \\ b_{31} & b_{32} & b_{33} \end{matrix}} \end{bmatrix}$$

令 Γ_1 為 (1×1) 的矩陣，標示為 X；Γ_2 為 (2×2) 的矩陣，標示為 $\begin{bmatrix} a_{11} & a_{12} \\ a_{21} & a_{22} \end{bmatrix}$，$\Gamma_3$ 為 (3×3) 的矩陣，標示為 $\begin{bmatrix} b_{11} & b_{12} & b_{13} \\ b_{21} & b_{22} & b_{23} \\ b_{31} & b_{32} & b_{33} \end{bmatrix}$，則 $\Gamma = 2\Gamma_1 + 2\Gamma_2 + \Gamma_3$，即

$$\Gamma(R) = \sum_i a_i \Gamma_i(R) \tag{3.10}$$

其中 $\Gamma(R)$ 為屬於**群**中的**操作** R 之**可約矩陣表示**；

a_i 為 $\Gamma(R)$ 在經過必須的**相似轉換**之後，完全的轉換化成區塊對角化矩陣表示之後，其**不可約表示** Γ_i 出現在對角化矩陣的次數。

在介紹了**可約矩陣表示**與**不可約矩陣表示**之間的大致關係之後，接著我們更進一步的目標是尋找分解**可約表示**的另一種方法。

我們可將（3.10）式改寫為

$$\chi(R)=\sum_i a_i\chi_i(R) \qquad (3.11)$$

以 $\chi_j(R)$ 乘（3.10）式的二邊，且把在**群**中所有的**操作** R 全部跑一遍加起來，再套用（3.7）式，即

$$\begin{aligned}\sum_R[\chi(R)\chi_j(R)]&=\sum_R\sum_i[a_i\chi_i(R)\chi_j(R)]\\&=\sum_i\sum_R[a_i\chi_i(R)\chi_j(R)]\\&=ha_j\end{aligned}$$

則

$$a_j=\frac{1}{h}\sum_R\chi(R)\chi_j(R)$$

如果我們考慮一個具有複數**特徵值操作**的情況，則上式可改寫成

$$a_j=\frac{1}{h}\sum_R\chi^*(R)\chi_j(R) \qquad (3.12)$$

（3.12）式也可以不用對**群**的**操作**求和，而改以對**群**所有的**類**求和，即

$$a_j=\frac{1}{h}\sum_\rho\chi^*(\rho)\chi_j(\rho)g_\rho \qquad (3.13)$$

其中，$\chi(\rho)$ 為**可約表示**的**特徵值**；$\chi_j(\rho)$ 是**類** j 的**特徵值**；g_ρ 是

類 ρ 的**階數**。接下來，我們將以 C_{3v} **群**為例，展示如何以**不可約表示** Γ_1、Γ_2、Γ_3 來分解**可約表示** D，如表 3.2 所示：

表 3.2．以 C_{3v} **群的不可約表示** Γ_1、Γ_2、Γ_3 **及可約表示** D、Γ

C_{3v}	E	$2C_3$	$3\sigma_v$
Γ_1	1	1	1
Γ_2	1	1	−1
Γ_3	2	−1	0
D	7	1	−3
Γ	3	0	1

假設 $D = a_1\Gamma_1 + a_2\Gamma_2 + a_3\Gamma_3$

則由（3.13）式可得

$$a_1 = \frac{1}{6}\,[7\times1\times1 + 1\times1\times2 + (-3)\times1\times3] = 0$$

$$a_2 = \frac{1}{6}\,[7\times1\times1 + 1\times1\times2 + (-3)\times(-1)\times3] = 3$$

$$a_3 = \frac{1}{6}\,[7\times2\times1 + 1\times(-1)\times2 + (-3)\times0\times3] = 2$$

即 $D = 3\Gamma_2 + 2\Gamma_3$。

實際上，（3.13）式也可以用來判斷一個表示是否為**不可約表示**的依據，只要藉由**表示**本身的純量乘積值即可得知，如果係數 a_j 大於 1，則這個表示就是**可約表示**。

例 3.13 在表 3.2 的 Γ 是**不可約表示**嗎？

解：

因為 $a_\Gamma = \frac{1}{6}\,[3\times3\times1+0\times0\times2+1\times1\times3] = \frac{12}{6} = 2 > 1$

所以，**表示 Γ 是可約表示**。

假設 $\Gamma = a_1\Gamma_1 + a_2\Gamma_2 + a_3\Gamma_3$，

則 $a_1 = \frac{1}{6}\,[3\times1\times1+0\times1\times2+1\times1\times3] = 1$

$a_2 = \frac{1}{6}\,[3\times1\times1+0\times1\times2+1\times(-1)\times3] = 0$

$a_3 = \frac{1}{6}\,[3\times2\times1+0\times(-1)\times2+1\times0\times3] = 1$

即 $\Gamma = \Gamma_1 + \Gamma_3$。

例 3.14 若已知**群** Γ_d 的**特徵值表**為

Γ_d	E	$8\mathscr{C}_3$	$3\mathscr{C}_2$	$6\mathscr{S}_4$	$6\sigma_d$
Γ_1	1	1	1	1	1
Γ_2	1	1	1	−1	−1
Γ_3	2	−1	2	0	0
Γ_4	3	0	−1	1	−1
Γ_5	3	0	−1	−1	1
Γ	9	0	1	−1	3

則試以**群** Γ_d 的**不可約表示**分解 Γ **表示**。

解：假設 $\Gamma = a_1\Gamma_1 + a_2\Gamma_2 + a_3\Gamma_3 + a_4\Gamma_4 + a_5\Gamma_5$

則由 $a_i = \frac{1}{h}\sum_{\rho}\chi^*(\rho)\chi_i(\rho)g_\rho$ 可求得

$$a_1=\frac{1}{24}[9\times1\times1+0\times1\times8+1\times1\times3+(-1)\times1\times6+3\times1\times6]=1$$

$$a_2=\frac{1}{24}[9\times1\times1+0\times1\times8+1\times1\times3+(-1)\times(-1)\times6+3\times(-1)\times6]=0$$

$$a_3=\frac{1}{24}[9\times2\times1+0\times(-1)\times8+1\times2\times3+(-1)\times0\times6+3\times0\times6]=1$$

$$a_4=\frac{1}{24}[9\times3\times1+0\times0\times8+1\times(-1)\times3+(-1)\times1\times6+3\times(-1)\times6]=0$$

$$a_5=\frac{1}{24}[9\times3\times1+0\times0\times8+1\times(-1)\times3+(-1)\times(-1)\times6+3\times1\times6]=2$$

所以 $\Gamma=\Gamma_1+\Gamma_3+2\Gamma_5$ ◪

3.5 32 點群的特徵值表

固態物理學、化學、和光譜學用的符號並不相同，其所慣用的**特徵值表**，也都可以在相關的文獻中查到。表 3.3 所示為 32 **晶體點群**的**特徵值表**，我們列出了 Mulliken 和 Bethe 兩種符號來標示**群**的**不可約表示**，而共用一個**特徵值表**的兩個**點群**，就是**同構的**關係，因為我們並未意欲討論各**表示**的**基函數**，於是沒有列出**基函數**，所以在**表示**符號的使用上必須謹慎。

表 3-3・32 晶體點群的特徵值表

($\omega = \exp(2\pi i / 3)$)

$1(C_1)$		E
A	Γ_1	1

$\bar{1}\ (C_i, S_2)$						E	I
		$2(C_2)$				E	C_{2z}
				$m\ (C_{1h}, C_s)$		E	σ_z
A_g	Γ_1^+	A	Γ_1	A'	Γ_1	1	1
A_u	Γ_1^-	B	Γ_2	A''	Γ_2	1	−1

$2/m = 2\otimes\bar{1}\ (C_{2h} = C_2\otimes C_i)$

$mm2\ (C_{2v})$				E	C_{2z}	σ_y	σ_x
		$222(D_2)$		E	C_{2z}	σ_{2y}	σ_{2x}
A_1	Γ_1	A	Γ_1	1	1	1	1
B_2	Γ_4	B_3	Γ_4	1	−1	−1	1
A_2	Γ_3	B_1	Γ_3	1	1	−1	−1
B_1	Γ_2	B_2	Γ_2	1	−1	1	−1

$mmm = 222\otimes\bar{1}\ (D_{2h} = D_2\otimes C_i)$

$4(C_4)$				E	C_{2z}	C_{4z}^+	C_{4z}^-
		$\bar{4}\ (S_4 = C_{4i})$		E	C_{2z}	S_{4z}^-	S_{4z}^+
A	Γ_1	A	Γ_1	1	1	1	1
B	Γ_2	B	Γ_2	1	1	−1	−1
${}^1E$	Γ_4	${}^1E$	Γ_4	1	−1	$-i$	$-i$
${}^2E$	Γ_3	${}^2E$	Γ_3	1	−1	i	$-i$

$4/m = 4\otimes\bar{1}\ (C_{4h} = C_4\otimes C_i)$

$3(C_3)$		E	C_3^+	C_3^-
A	Γ_1	1	1	1
${}^1E$	Γ_3	1	ω^*	ω
${}^2E$	Γ_2	1	ω	ω^*

$\bar{3} = 3\otimes\bar{1}$（$C_{3i}$, $S_6 = C_3\otimes C_i$）

$320(D_3)$				E	$C_3^{\pm}$	C_{2i}'
		$3m(C_{3v})$		E	$C_3^{\pm}$	σ_{di}
A_1	Γ_1	A_1	Γ_1	1	1	1
A_2	Γ_2	A_2	Γ_2	1	1	−1
E	Γ_3	E	Γ_3	2	−1	0

$\bar{3}\,m = 32\otimes\bar{1}$（$D_{3d} = D_3\otimes C_i$）

$6(C_6)$				E	C_6^+	C_3^+	C_2	C_3^-	C_6^-
		$\bar{6}(C_{3h})$		E	S_3^-	C_3^+	σ_h	C_3^-	S_3^+
A	Γ_1	A'	Γ_1	1	1	1	1	1	1
B	Γ_4	A''	Γ_4	1	−1	1	−1	1	−1
${}^1E_1$	Γ_6	${}^1E'$	Γ_3	1	ω	ω^*	1	ω	ω^*
${}^2E_1$	Γ_5	${}^2E'$	Γ_2	1	ω^*	ω	1	ω^*	ω
${}^1E_2$	Γ_3	${}^1E''$	Γ_6	1	$-\omega$	ω^*	−1	ω	$-\omega^*$
${}^2E_2$	Γ_2	${}^2E''$	Γ_5	1	$-\omega^*$	ω	−1	ω^*	$-\omega$

$6/m = 6\otimes\bar{1}$（$C_{6h} = C_6\otimes C_i$）

$422(D_4)$						E	C_{2z}	$C_{4z}^{\pm}$	C_{2x}, C_{2y}	C_{2a}, C_{2b}
		$4mm(C_{4v})$				E	C_{2z}	$C_{4z}^{\pm}$	σ_{v_x}, σ_{v_y}	σ_{da}, σ_{db}
				$\bar{4}2m(D_{2d})$		E	C_{2z}	$S_{4z}^{\pm}$	C_{2x}, C_{2y}	σ_{da}, σ_{db}
A_1	Γ_1	A_1	Γ_1	A_1	Γ_1	1	1	1	1	1
A_2	Γ_2	A_2	Γ_2	A_2	Γ_2	1	1	1	−1	−1
B_1	Γ_3	B_1	Γ_3	B_1	Γ_3	1	1	−1	1	−1
B_2	Γ_4	B_2	Γ_4	B_2	Γ_4	1	1	−1	−1	1
E	Γ_5	E	Γ_5	E	Γ_5	2	−2	0	0	0

4/mmm = 422⊗$\bar{1}$（$D_{4h}=D_4 \otimes C_i$）

622(D_6)		6mm(C_{6v})		$\bar{6}2m(D_{3h})$							
						E	C_2	$C_3^{\pm}$	$C_6^{\pm}$	C_{2i}'	C_{2i}''
						E	C_2	$C_3^{\pm}$	$C_6^{\pm}$	σ_{di}	σ_{vi}
						E	σ_h	$C_3^{\pm}$	$S_6^{\pm}$	C_{2i}'	σ_{vi}
A_1	Γ_1	A_1	Γ_1	A_1	Γ_1	1	1	1	1	1	1
A_2	Γ_2	A_2	Γ_2	A_2	Γ_2	1	1	1	1	−1	−1
B_1	Γ_3	B_1	Γ_3	B_1	Γ_3	1	−1	1	−1	1	−1
B_2	Γ_4	B_2	Γ_4	B_2	Γ_4	1	−1	1	−1	−1	1
E_2	Γ_6	E_2	Γ_6	E_2	Γ_6	2	2	−1	−1	0	0
E_1	Γ_5	E_1	Γ_5	E''	Γ_5	2	−2	−1	1	0	0

6/mmm = 622⊗$\bar{1}$（$D_{6h}=D_6 \otimes C_i$）

23(T)		E	C_{2m}	C_{3j}^{+}	C_{3j}^{-}
A	Γ_1	1	1	1	1
^1E	Γ_2	1	1	ω	ω^*
^2E	Γ_3	1	1	ω^*	ω
T	Γ_4	3	−1	0	0

m3 = 23⊗$\bar{1}$（$T_h=T \otimes C_i$）

432(O)		$\bar{4}3m(T_d)$						
				E	C_{3j}^{+}	C_{2m}	C_{2p}	$C_{4m}^{\pm}$
				E	C_{3j}^{+}	C_{2m}	σ_{dp}	$S_{4m}^{\pm}$
A_1	Γ_1	A_1	Γ_1	1	1	1	1	1
A_2	Γ_2	A_2	Γ_2	1	1	1	−1	−1
E	Γ_3	E	Γ_3	2	−1	2	0	0
T_2	Γ_5	T_2	Γ_5	3	0	−1	1	−1
T_1	Γ_4	T_1	Γ_4	3	0	−1	−1	1

m3m = 432⊗$\bar{1}$（$O_h=O \otimes C_i$）

顯然，我們並未羅列出全部的**特徵值表**，有些是必須做一些演算的，以下的範例將介紹一種方法，由已知兩個**群特徵值表**求出兩個**群**相乘之後所產生新的**群特徵值表**。

例 3.15 一個正方形的**對稱操作**可以構成 D_4 **群**，

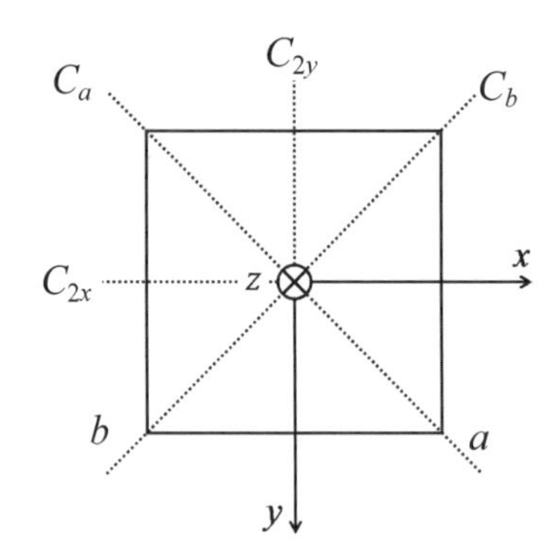

E：**等同操作**；

$C_{4z}^{+}, C_{2z}, C_{4z}^{-}$：分別以 z 軸為軸心順時鐘旋轉 $90°$，$180°$，$270°$ 的**旋轉操作**；

C_{2x}, C_{2y}：分別以 x 軸、y 軸為軸心順時鐘旋轉 $180°$ 的**旋轉操作**；

C_{2a}, C_{2b}：分別以對角軸 a，b 為軸心順時鐘旋轉 $180°$ 的**旋轉操作**；

如果已知 D_4 **群**的**特徵值表**為：

D_4	E	C_{4z}^{+}, C_{4z}^{-}	C_{2z}	C_{2x}, C_{2y}	C_{2a}, C_{2b}
Γ_1	1	1	1	1	1
Γ_2	1	1	1	−1	−1
Γ_3	1	−1	1	1	−1
Γ_4	1	−1	1	−1	1
Γ_5	2	0	−2	0	0

若**群** $D_{4h} = D_4 \otimes C_i$，其中 C_i 是一個 2 **階群**，只包含**反操作** I（Inversion operation）和**等同操作** E 兩個**元素**，則試求 D_{4h} **群**的**特徵值表**。

解：如果二個比較小的**群特徵值表**是已知的，則這二個**群**相乘之後所得到較大的**群特徵值表**，一般而言可以透過以下相仿的步驟求得。

因為 D_4 群有 5 個類：$\mathscr{C}_1 = \{E\}$、$\mathscr{C}_2 = \{C_{4z}^+, C_{4z}^-\}$、$\mathscr{C}_3 = \{C_{2z}\}$、$\mathscr{C}_4 = \{C_{2x}, C_{2y}\}$、$\mathscr{C}_5 = \{C_{2a}, C_{2b}\}$；而 C_i 群有 2 個類：E、I。

所以 $D_{4h} = D_4 \otimes C_i$ 會有 10 個類：$\mathscr{C}_1$、$\mathscr{C}_2$、$\mathscr{C}_3$、$\mathscr{C}_3$、$\mathscr{C}_5$、$\mathscr{C}_6 = \mathscr{C}_5 \times I$、$\mathscr{C}_7 = \mathscr{C}_2 \times I$、$\mathscr{C}_8 = \mathscr{C}_3 \times I$、$\mathscr{C}_9 = \mathscr{C}_4 \times I$、$\mathscr{C}_{10} = \mathscr{C}_5 \times I$；$D_{4h} = D_4 \otimes C_i$ 當然就會有 10 個**不可約表示**。

由 C_i 群的**特徵值表**：

C_i	E	I
Γ_1	1	1
Γ_2	1	−1

因為 D_4 群和 C_i 群是**可交換的**，所以 $D_{4h} = D_4 \otimes C_i = C_i \otimes D_4$。

可得 D_{4h} 群的**特徵值表**為

	D_{4h}	$\mathscr{C}_1$	$\mathscr{C}_2$	$\mathscr{C}_3$	$\mathscr{C}_4$	$\mathscr{C}_5$	$\mathscr{C}_6$	$\mathscr{C}_7$	$\mathscr{C}_8$	$\mathscr{C}_9$	$\mathscr{C}_{10}$	
(*I*)	Γ_1	1	1	1	1	1	1	1	1	1	1	(*II*)
	Γ_2	1	1	1	−1	−1	1	1	1	−1	−1	
	Γ_3	1	−1	1	1	−1	1	−1	1	1	−1	
	Γ_4	1	−1	1	−1	1	1	−1	1	−1	1	
	Γ_5	2	0	−2	0	0	2	0	−2	0	0	
(*III*)	Γ_6	1	1	1	1	1	−1	−1	−1	−1	−1	(*IV*)
	Γ_7	1	1	1	−1	−1	−1	−1	−1	1	1	
	Γ_8	1	−1	1	1	−1	−1	−1	−1	−1	1	
	Γ_9	1	−1	1	−1	1	−1	1	−1	1	−1	
	Γ_{10}	2	0	−2	0	0	−2	0	2	0	0	

仔細觀察 D_{4h} **群**的**特徵值表**是如何由 D_4 **群**和 C_i **群**的**特徵值表**所建構出來的：

(1) 標示著 (I) 的區塊是 $D_4 \times \chi_{C_i}(\Gamma_1^E)$ 所構成，即 $D_4 \times 1 = D_4$；

(2) 標示著 (II) 的區塊是 $D_4 \times \chi_{C_i}(\Gamma_1^I)$ 所構成，即 $D_4 \times 1 = D_4$；

(3) 標示著 (III) 的區塊是 $D_4 \times \chi_{C_i}(\Gamma_2^E)$ 所構成，即 $D_4 \times 1 = D_4$；

(4) 標示著 (IV) 的區塊是 $D_4 \times \chi_{C_i}(\Gamma_2^I)$ 所構成，即 $D_4 \times -1 = -D_4$；

其中符號的意義為：

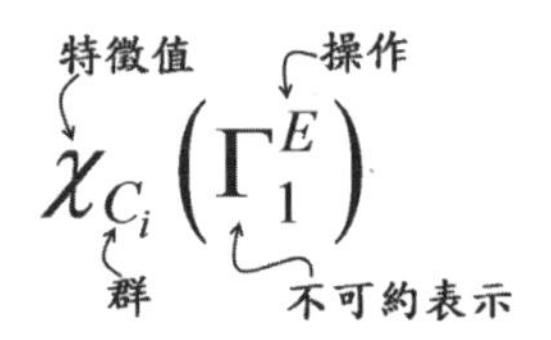

習題

1. 如果現已知習題 2-7 所得之**點群** C_{4v} 的（2×2）**不可約矩陣表示**是否可以檢驗**廣義正交理論**的 3 個關係（3.3）、（3.4）、（3.5）？試檢驗之。

2. 已知**點群** C_{3v} 的**基函數**如下：

C_{3v}	E	$2C_3$	$3\sigma_v$	基函數
Γ_1	?	?	?	z
Γ_2	?	?	?	R_z
Γ_3	?	?	?	(x, y)，(R_x, R_y)

試建立 C_{3v} 群的**特徵值表**。

3. 試分解以下的**可約表示**：

D_4	E	C_{2z}	$C^{\pm}_{4z}$	C_{2x}, C_{2y}	C_{2a}, C_{2b}
Γ_1	3	−1	−1	1	−1
Γ_2	2	2	2	0	0
Γ_3	8	0	0	0	0
Γ_4	4	0	−2	−2	2

4. 試由 D_3 群及 C_i 群的**特徵值表**，求出 D_{3d} 的**特徵值表**。

D_{3d}	E	$C^{\pm}_3$	C'_{2i}	I	$IC^{\pm}_3$	IC'_{2i}
Γ_1	?	?	?	?	?	?
Γ_2	?	?	?	?	?	?
Γ_3	?	?	?	?	?	?
Γ_4	?	?	?	?	?	?
Γ_5	?	?	?	?	?	?
Γ_6	?	?	?	?	?	?

5. 具有 C_{3v} **對稱**特性的 NH_3 分子的三個氫原子軌域 ϕ_1、ϕ_2、ϕ_3，如

下圖所示

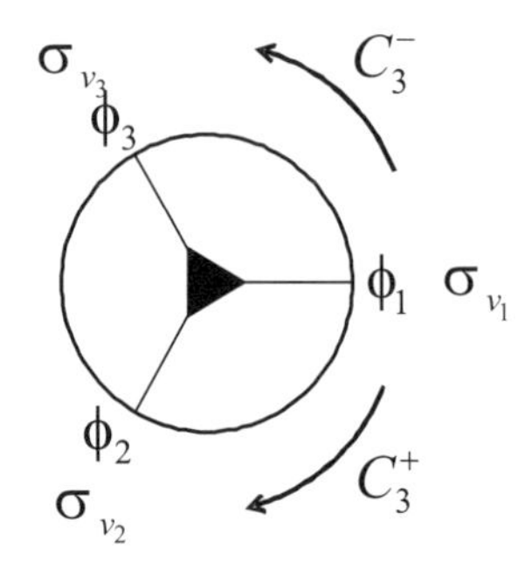

C_{3v} 群的**特徵值表**為

C_{3v}	E	$2C_3=\{C_3, C_3^2\}$	$3\sigma_v=\{\sigma_{v_a}, \sigma_{v_b}, \sigma_{v_c}\}$
Γ_1	1	1	1
Γ_2	1	1	−1
Γ_3	2	−1	0

若 $\psi_1=\phi_1+\phi_2+\phi_3$；

$\psi_2=\phi_2-\phi_3$；

$\psi_3=2\phi_1-\phi_2-\phi_3$，

其中為了計算方便，我們省略了歸一化係數。

則 (1) 試驗證 ψ_1 可以滿足 Γ_1 **表示**；(ψ_2, ψ_3)可以滿足 Γ_3 **表示**。

(2) 試驗證 ψ_1 和 ψ_2 是正交的。

6. 因為**同構群**有相同的**特徵值表**，所以我們可以藉由**同構群**的關係，找出 32 個**點群**的**特徵值表**。若以「≅」代表**同構**，則

$$S_{2n}\cong C_{2n}、C_{2h}\cong D_2、T_d\cong O、D_{nh}\cong D_{4n}$$

且由 $C_6\cong C_3\otimes C_2$、$C_{nh}\cong C_n\otimes C_2$、$D_{nh}\cong D_n\otimes C_2$、$D_{2n+1,\,d}\cong D_{2n+1}\otimes C_2$、

$$T_h=T\otimes C_2、O_h=O\otimes C_2、D_2=C_2\otimes C_2、D_6=D_3\otimes C_2$$

所以只要找出 7 個**點群**的**特徵值表**，即 C_2、C_3、C_4、D_3、D_4、T、

O，就可以推導出整個 32 個**點群**的**特徵值表**。

試找出 C_2、C_3、C_4、D_3、D_4、T、O **點群**的**特徵值表**。

第 4 章

晶體的對稱

昔之得一者，天得一以清，地得一以寧，神得一者靈，谷得一以盈，萬物得一以生，侯王得一以為天下貞

4.1 前言

為了能把目前我們所介紹的**對稱**的理論運用在各種的晶體物理特性，所以我們必須熟悉 14 種 Bravais 晶格（Bravais lattices），7 個晶系（Crystal systems）及 32 個**晶類**（Crystal classes）等等相關的基本相關知識，以下簡單地描述以後的章節要用到的一些固態物理或晶體學概念及重要定義。

4.2 晶體結構

固態物理的研究有很大的部分和晶體的幾合形狀有關係，所有的固態物質可以大致分成二大部分：

[1] 晶態（Crystals）：晶態物質是由一些基礎的單位，例如：原子、離子、分子或原子團，以規律的週期或**對稱**的方式排列在三度空間中，稱為**空間晶格**（Space lattice）。

[2] 非晶態（Amorphous）：非晶態物質是基礎單位沒有次序的排列在三度空間中。

晶態物質的一個典型的例子就是鑽石，鑽石呈現非常高的**對稱性**；而非晶態物質就如同塑膠和玻璃之類的物質。如果固態物質包含了許多小的晶體結構，彼此相對地散亂地排列著，則稱為多晶物質（Polycrystalline）和非晶體材料是不同的。無論是有次序的或是無次序的，所有的基礎單位在三度空間中的排列都是由相互之間的鍵結力或鍵結型態所決定的，這些鍵結力和排列的方式也主導著固態物質的性質。雖然探索鍵結的型態對於描述晶體的物理和化學特性也非常重要，然而由鍵結型態來作固態物質的分類並不是唯一的，因為實際上大部分固態物質的鍵結型態會有二種以上的理想鍵結的特性，所以固態的性質是這些組合的綜合表現，而非單一基礎單元所呈現的單一特性。當然基礎單元的特性，即尺寸、電荷、極化、原子結構⋯等等，也非常的重要，但是它們會強烈的受到缺陷、雜質、或物質受熱的過程的影響，然而這不是我們在此所要深入探究的，本節的內容主要在於固態晶體和結構的介紹，當我們提到「晶體結構」，就是指各別的基礎單位在三度空間上的排列情形，稱為**空間晶格**（Crystal space lattice）。我們定義**晶體空間晶格**為無限多的數學點在三度空間上的分佈，而這些點分佈必須滿足一個重要的條件，就是在這個三度空間上的任何一點的週遭環境，都必須和另一個在此三度空間上的點完全相同。我們由**對稱**的角度也可以分別的定義出一維、二維、三維的**空間群**（Space group）、**點群**、晶格，當然它們的種類與數量是不同的，如表 4.1 所示：

表 4.1．一維、二維、三維空間群、點群、晶格的數量

	空間群	點群	晶格
一維	2	2	1
二維	17	10	5
三維	230	32	14

晶體的**點群**可由 *X* 射線的繞射圖案推得；晶體的**空間群**則可由 *X* 射線射斑點的特徵所推得。

對晶格（Lattice）來說，

[1] 在一維空間中，有 1 種晶格，如圖 Fig 4.1(a) 所示。

[2] 在二維空間中，有 5 種晶格，如圖 Fig 4.1(b) 所示。

[3] 在三維空間中，有 14 種晶格（或稱為 14 種 Bravais 晶格），如圖 Fig 4.1(c) 所示。

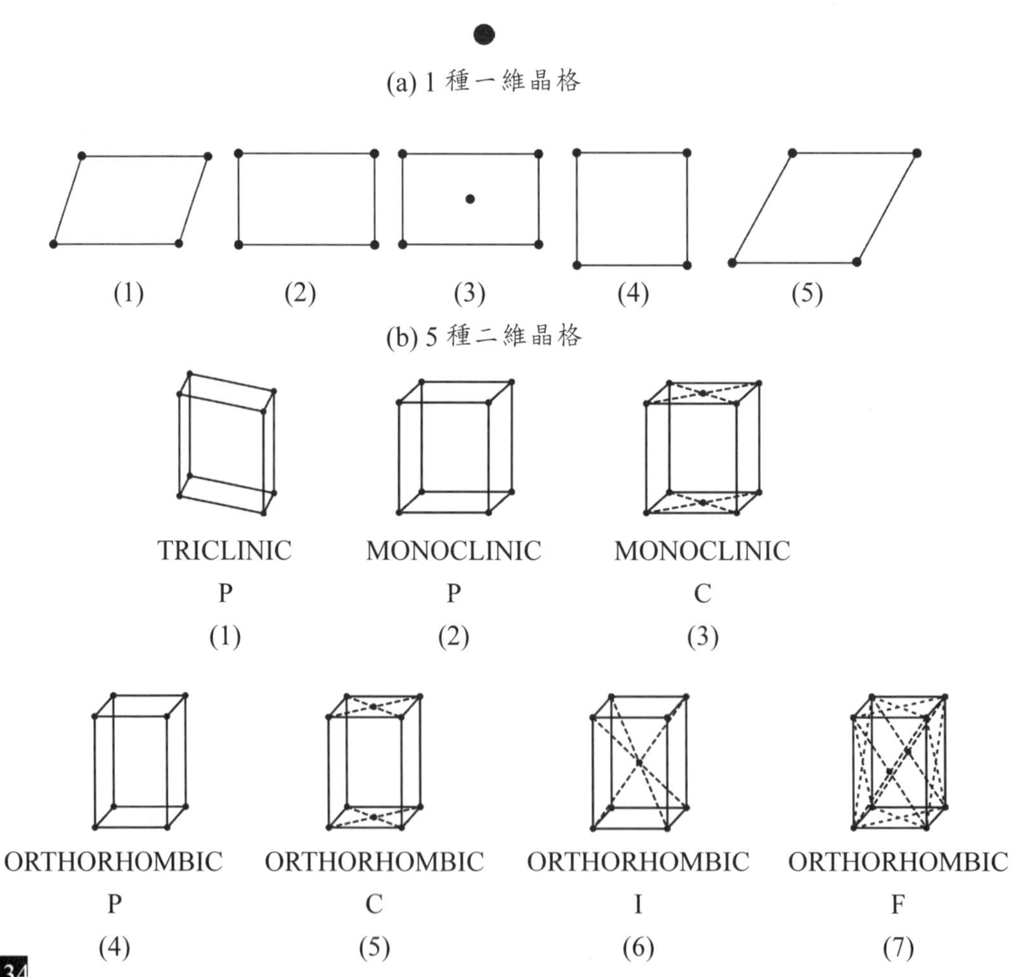

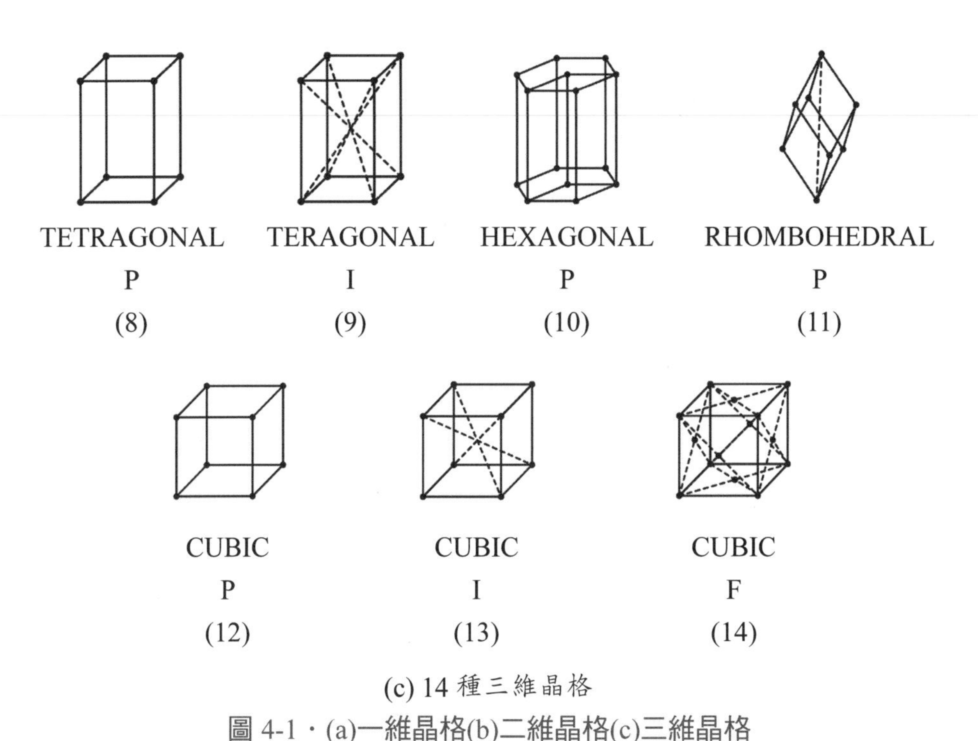

(c) 14 種三維晶格

圖 4-1．(a)一維晶格(b)二維晶格(c)三維晶格

對**點群**或**晶類**來說，

[1]　在一維空間中，有 2 種**點群**，如圖 4-2(a) 所示。

[2]　在二維空間中，有 10 種**點群**，如圖 4-2(b) 所示。

[3]　在三維空間中，有 32 種**點群**，如圖 4-9 所示。

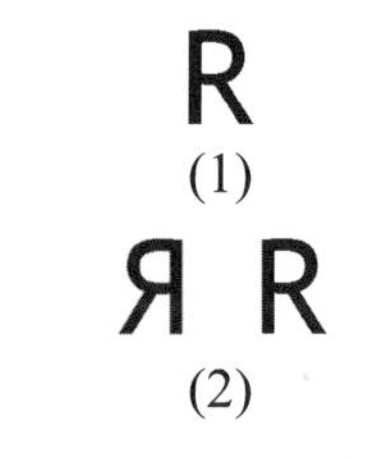

(a) 2 種一維點群

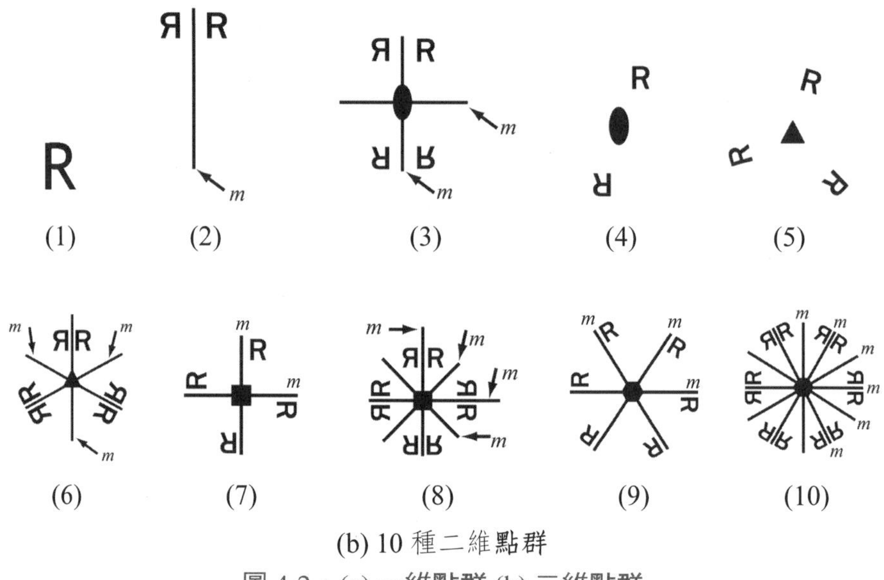

(b) 10 種二維點群

圖 4-2・(a) 一維點群 (b) 二維點群

對空間群來說：

[1] 在一維空間中，有 2 種空間群，如圖 4-3(a) 所示。

[2] 在二維空間中，有 17 種空間群，如圖 4-3(b) 所示。

[3] 在三維空間中，有 230 種空間群，採用 Mouguin-Hermann 符號，則如表 4.2 所示。

表 4.2・230 空間群

晶系	點群	空間群					
Triclinic	1	$P1$					
	$\bar{1}$	$P\bar{1}$					
Monoclinic	2	$P2$	$P2_1$	$A2(C2)$			
	m	Pm	$Pa(Pc)$	$Am(Cm)$	$Aa(Cc)$		
	$2/m$	$P2/m$	$P2_1/m$	$A2/m(C2/m)$	$P2/a(P2/c)$	$P2_1/a(P2_1/c)$	$A2/a(C2/c)$
Orthorhombic	222	$P222$	$P222_1$	$P2_12_12$	$P2_12_12_1$	$C222_1$	$C222$
		$F222$	$I222$	$I2_12_12_1$			
	$mm2$	$Pmm2$	$Pmc2_1$	$Pcc2$	$Pma2$	$Pca2_1$	$Pnc2$
		$Pmn2_1$	$Pba2$	$Pna2_1$	$Pnn2$	$Cmm2$	$Cmc2_1$
		$Ccc2$	$Amm2$	$Abm2$	$Ama2$	$Aba2$	$Fmm2$
		$Fdd2$	$Imm2$	$Iba2$	$Iba2$		
	mmm	$Pmmm$	$Pnnn$	$Pccm$	$Pban$	$pmma$	$Pnna$
		$Pmna$	$Pcca$	$Pbam$	$Pccn$	$Pbcm$	$Pnnm$
		$Pmmn$	$Pbcn$	$Pbca$	$Pnma$	$Cmcm$	$Cmca$
		$Cmmm$	$Cccm$	$Cmma$	$Ccca$	$Fmmm$	$Fddd$
		$Immm$	$Ibam$	$Ibca$	$Imma$		
Tetragonal	4	$P4$	$P4_1$	$P4_2$	$P4_3$	$I4$	$I4_1$
	$\bar{4}$	$P\bar{4}$	$I\bar{4}$				
	4/m	$P4/m$	$P4_2/m$	$P4/n$	$P4_2/n$	$I4/n$	$I4_1/n$
	422	$P422$	$P42_12$	$P4_122$	$P4_12_12$	$P4_222$	$P4_12_12$
		$P4_322$	$P4_32_12$	$I422$	$I4_122$		
	$4mm$	$P4mm$	$P4bm$	$P4_2cm$	$P4_2nm$	$P4cc$	$P4nc$
		$P4_2mc$	$P4_2bc$	$I4mm$	$I4cm$	$I4_1md$	$I4_1cd$
	$\bar{4}2m$	$P\bar{4}2m$	$P\bar{4}2c$	$P\bar{4}2_1m$	$P\bar{4}2_1c$	$P\bar{4}m2$	$P\bar{4}c2$
		$P\bar{4}b2$	$P\bar{4}n2$	$P\bar{4}m2$	$I\bar{4}c2$	$I\bar{4}2m$	$I\bar{4}2d$
	$4/mmm$	$P4/mmm$	$P4/mcc$	$P4/nbm$	$P4/nnc$	$P4/mbm$	$P4/mnc$
		$P4/nmm$	$P4/ncc$	$P4_2/mmc$	$P4_2/mcm$	$P4_2/nbc$	$P4_2/nnm$
		$P4_2/mbc$	$P4_2/mnm$	$P4_2/nmc$	$P4_2/ncm$	$I4/mmm$	$I4/mcm$
		$I4_1/amd$	$I4_1/acd$				
Trigonal	3	$P3$	$P3_1$	$P3_2$	$R3$		
	$\bar{3}$	$P\bar{3}$	$R\bar{3}$				
	32	$P312$	$P321$	$P3_112$	$P3_121$	$P3_212$	$P3_221$
		$R32$					

晶系	點群	空間群					
	$3m$	$P3m1$	$P31m$	$P3c1$	$P31c$	$R3m$	$R3c$
	$\bar{3}m$	$P\bar{3}1m$	$P\bar{3}1c$	$P\bar{3}m1$	$P\bar{3}c1$	$R\bar{3}m$	$R\bar{3}c$
Hexagonal	6	$P6$	$P6_1$	$P6\bar{5}$	$P6_2$	$P6\bar{4}$	$P6_3$
	$\bar{6}$	$P\bar{6}$					
	$6/m$	$P6/m$	$P6_3/m$				
	622	$P622$	$P6_122$	$P6\bar{5}22$	$P6_222$	$P6\bar{4}22$	$P6_322$
	$6mm$	$P6mm$	$P6cc$	$P6_3cm$	$P6_3mc$		
	$\bar{6}m2$	$P\bar{6}m2$	$P\bar{6}c2$	$P\bar{6}2m$	$P\bar{6}2c$		
	$6/mmm$	$P6/mcc$	$P6/mcc$	$P6_3/mcm$	$P6_3/mmc$		
Cubic	23	$P23$	$F23$	$I23$	$P2_13$	$I2_13$	
	$m3$	$Pm3$	$Pn3$	$Fm3$	$Fd3$	$Im3$	$Pa3$
		$Ia3$					
	432	$P432$	$P4_232$	$F432$	$F4_132$	$I432$	$P4_332$
		$P4_132$	$I4_132$				
	$\bar{4}3m$	$P\bar{4}3m$	$F\bar{4}3m$	$I\bar{4}3m$	$P\bar{4}3n$	$F\bar{4}3c$	$I\bar{4}3d$
	$m3m$	$Pm3m$	$Pn3n$	$Pm3n$	$Pn3m$	$Fm3m$	$Fm3c$
		$Fd3m$	$Fd3c$	$Im3m$	$Ia3d$		

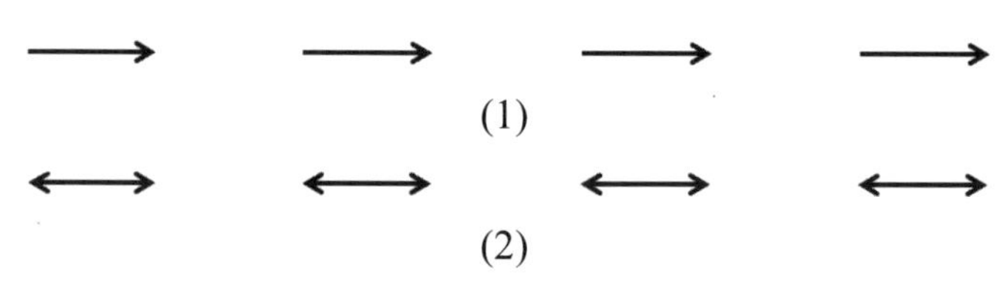

(a) 2 種一維空間群

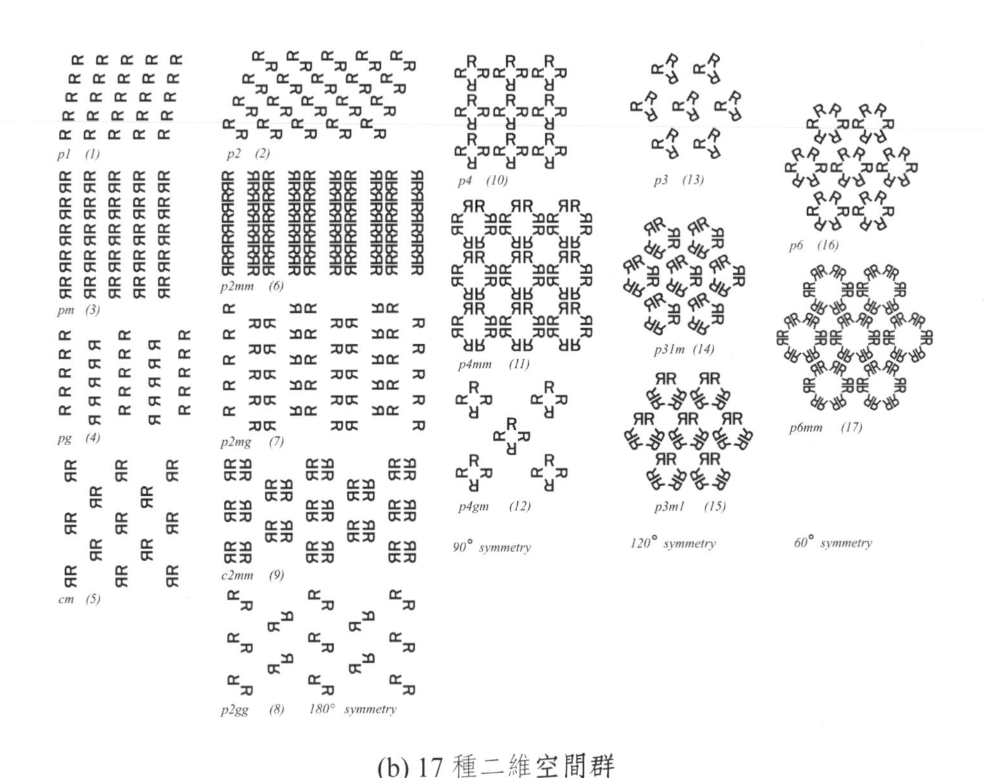

(b) 17 種二維空間群

圖 4-3．(a) 一維空間群 (b) 二維空間群

在非人為的自然條件下的晶態物質的空間週期大多是三維的，然而：

[1] 隸屬 32 個**點群**的晶體數量並非都是一樣多的，真實的晶體中，完全沒有屬於**點群** 432 = 43 和 $\overline{6}$ = 3/*m*，大約有 50% 的無機晶體屬於**點群** *m* = $\overline{2}$ 和 2/*m*。有機化合物中，**點群** 2/*m* 是最重要的，而對生物學的重要物質，包含左手對映（Left-handed enantiomorphic）和右手對映（Right-handed enantiomorphic）分子，則有屬於**點群** 2 的傾向。在任何晶體系統中，**全對稱**（Holosymmetric）類，意即擁有最高**對稱性**的一類，是最

常見的一個**點群**類，而具有最高**對稱性**的**全對稱**立方晶類（Holosymmetric cubic）$m3m$，雖然只有幾個百分比的晶體屬於此類，但仍然包含了許多商品化的陶瓷等材料。

[2] 並非 230 個**空間群**都是一樣多的，有許多**空間群**完全沒有真實的晶體與之對應。大約有 70% 的元素屬於**空間群** $Fm3m$、$Im3m$、$Fd3m$（同屬**點群** $m3m$）、$F\bar{4}3m$（同屬**點群** $\bar{4}3m$）和 $P6_3/mmc$（同屬**點群** $6/mmm$）；超過 60% 的有機無機晶體屬於**空間群** $P2_1/C$、$P2/C$、$P2_1$、$P\bar{1}$、$Pbca$ 和 $P2_12_12_1$。其中**空間群** $P2_1/C$（屬**點群** $2/m$）是最常見的。

值得注意的是晶體晶格（Crystal lattice）和晶體結構（Crystal structure）的差異。一個晶格結構是由基礎原子或鍵結單位以一種相同的方式來安置排列而成的，即

基底 + 晶格 = 結構

(Basis + Lattice = Structure)

例如圖 4-4 所示，以相同的正方晶格配合不同的基底原子就可構成不同的晶體結構。

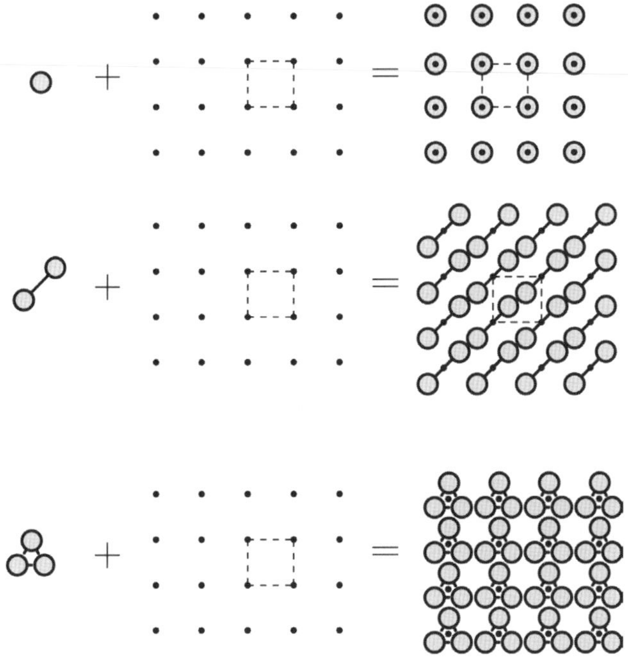

圖 4-4．相同晶格配合不同的基底所構成的不同晶體結構

4.3 單位晶胞和 Bravais 晶格的平移群

我們以初始立方 Bravais 晶格（Primitive cubic Bravais lattice）為例，如圖 4-5 所示。

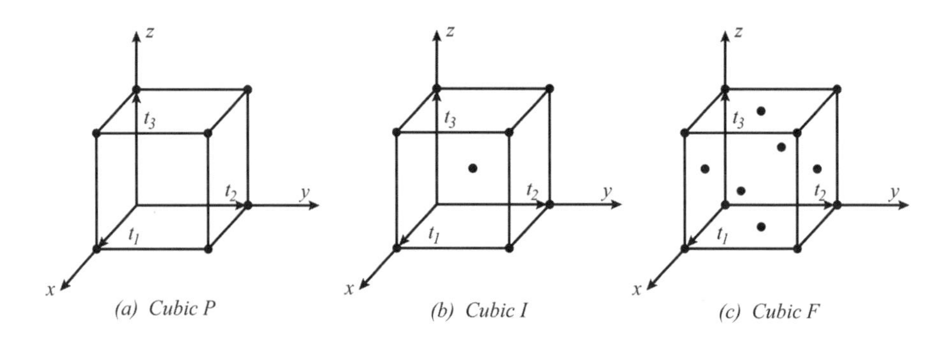

圖 4-5・初始立方 Bravais 晶格

假設晶方體的每一邊長為 a，則我們可以定義一組向量

$$\vec{t}_1 = a\hat{i},\ \vec{t}_2 = a\hat{j},\ \vec{t}_3 = a\hat{k} \tag{4.1}$$

其中 $\hat{i}$ 、$\hat{j}$ 、$\hat{k}$ 分別為沿著 x、y、z 三個軸的單位向量。

所以晶格中的每一點都可以藉由向量 $\overrightarrow{T_n}$ 來確定，即

$$\overrightarrow{T_n} = n_1\vec{t}_1 + n_2\vec{t}_2 + n_3\vec{t}_3 \tag{4.2}$$

其中，n_1、n_2、n_3 都是整數或零。

在（4.1）式中的三個向量定義出晶格空間的單位晶胞（Unit cell），這三個向量稱為基礎向量（Basis vector 或 fundamental vector）。如果被這些基礎向量所定義出來的晶胞，僅含有一個晶格點，則這個晶胞被稱為初始晶胞（Primitive cell），而這些基礎向量則稱為**初始平移向量**（Primitive translation vector），另一方面，如果所選擇的基礎向量定義出的晶胞，包含了一個以上的晶格點，則此晶

胞稱為非初始晶胞（Non-primitive cell），這些基礎向量也稱為**非初始平移向量**（Non-primitive translation vector），我們可以根據以下的情況計算出在一個晶胞內的晶格點數：

每一個晶胞的每個角落各有 $\frac{1}{8}$ 個點；

每一個晶胞的每個邊緣各有 $\frac{1}{4}$ 個點；

每一個晶胞的每個面各有 $\frac{1}{2}$ 個點；

每一個晶胞的內部都有完整的一個點。

所以圖 4-5(a) 的初始晶胞只包含一個晶格點；圖 4-5(b) 的非初始晶胞包含三個晶格點；圖 4-5(c) 的非初始晶胞包含四個晶格點

然而我們可以透過定義不同的**初始平移向量**來獲得初始晶胞。

圖 4-5(b) 所示的 BCC 晶格，如果把原點定在晶格中央的那一個晶格點，而定義三個**初始平移向量**為

$$\vec{t}_1=\frac{a}{2}(\hat{i}+\hat{j}-\hat{k}), \vec{t}_2=\frac{a}{2}(-\hat{i}+\hat{j}+\hat{k}), \vec{t}_3=\frac{a}{2}(\hat{i}-\hat{j}+\hat{k}) \quad (4.3)$$

就可以獲得如圖 4-6(a) 所示的 BCC 初始晶胞。

相似的方法，如圖 4-6(b) 所示的 FCC 的初始晶胞，其**初始平移向量**就是定義為

$$\vec{t}_1=\frac{a}{2}(\hat{i}+\hat{j}), \vec{t}_2=\frac{a}{2}(\hat{j}+\hat{k}), \vec{t}_3=\frac{a}{2}(\hat{i}+\hat{k}) \quad (4.4)$$

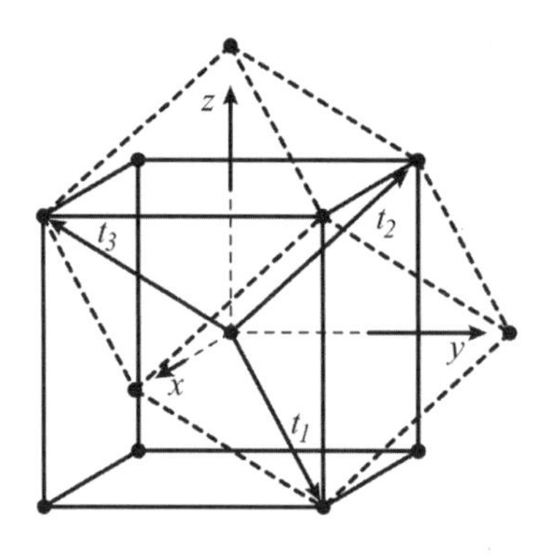

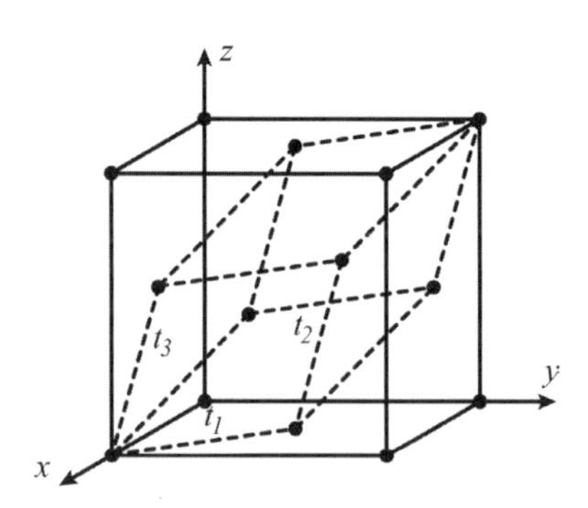

圖 4-6．(a) 體心立方的**初始平移向量** (b) 面心立方的**初始平移向量**

我們還可以透過以下三個步驟來求得其他有用的初始晶胞：

[1]　任意選定一個晶格點作為原點。

[2]　由原點出發，到鄰近所有同義的格點，畫出晶格向量。

[3]　通過所有這些向量的中點，建構出與其垂直的平面。

Wigner-Seitz 晶胞（Wigner-Seitz cell），或對稱單位晶胞（Symmetrical unit cell）就是依據以上所敘述的步驟所得出的初始晶胞，如圖 4-7 所示。

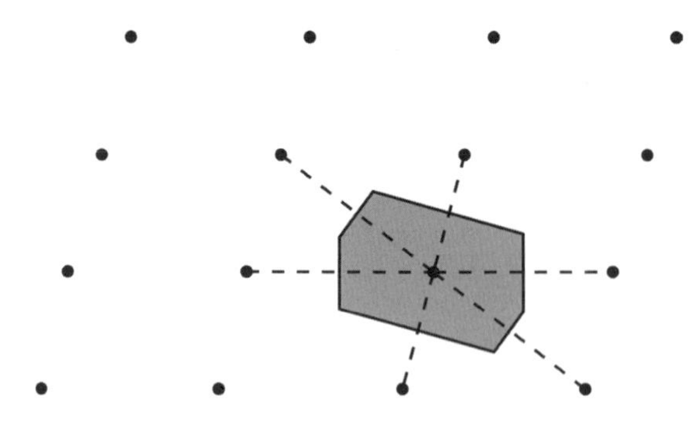

圖 4-7．二維 Wigner-Seitz 晶胞

被這些相互交錯平面圍在原點四周所圍成的最小的體積即為 Wigner-Seitz 初始晶胞，因為 Wigner-Seitz 初始晶胞展現了晶體所有的**對稱**性質，所以最常被使用。

因為定義出了晶格的平行位移，所以（4.2）式中的向量 $\overrightarrow{T_n}$ 就是**平移運算子**（Translational operator），**平移操作** $\overrightarrow{T_n}$ 中所有的整數 n_1、n_2、n_3 就構成為晶格**平移群**（Translation group）。很明顯的可看出，以 $\overrightarrow{t_1}$、$\overrightarrow{t_2}$、$\overrightarrow{t_3}$ 作用在一個單位晶胞上的**平移群**，可以對應到整個晶格，我們將會瞭解**平移群**在處理固態物理的**對稱**相關問題的重要性。

4.4 晶格的對稱特性

如同我們在 4.2 所介紹的內容，Bravais 晶格的特性與晶格點在空間上的排列位置有關係，以下我們將列出一些比較重要的特性：

[1] 每一個 Bravais 晶格點都是**反對稱中心**（Center of inversion symmetry），也就是如果有一個晶格點在位置 x、y、z，則一定有一個相同的晶格點在位置 $-x$、$-y$、$-z$。所以，若我們參考（4.2）式，定義任何一個晶格點，

$$\vec{T}(n)=\sum_{i=1}^{3} n_i\vec{t}_i$$

$$則\ \vec{T}(-n)=\sum_{i=1}^{3}(-n_i)\vec{t}_i$$

$$=\sum_{i=1}^{3} n_i\bar{t}_i$$

$$= -\vec{T}(n)$$

由於**反對稱中心**的存在，導致晶體的另一側出現了成對的平行面。

[2] Bravais 晶格的一個**二重旋轉軸**（Two-fold rotation axis），必須永遠垂直於**反射對稱**的平面；反過來說，二重旋轉之後，在**反對稱**的結果等於**反射**的結果。

[3] 二個**反射對稱面**所交的軸，是一個**旋轉對稱**的 $n = \frac{\pi}{\alpha}$ **重旋轉軸**，其中 α 為二個平面的夾角，例如 $\alpha = 60°$，則 $n = \frac{180}{60} = 3$ **重旋轉軸**。

[4] 如果 Bravais 晶格具有一個 n 重（n-fold）對稱軸，則此 Bravais 晶格上的每一個晶格點也必具有 n 重對稱。

[5] 一個 Bravais 晶格僅存在著一重（One-fold）**旋轉軸**、二重（Two-fold）**旋轉軸**、三重（Three-fold）**旋轉軸**、四重（Four-fold）**旋轉軸**或六重（Six-fold）**旋轉軸**。

4.5 32 個晶體點群

表 4.3 以 Schoenflies **符號**列出了 32 個**晶格點群**（Crystallographic point group），而且有一些簡單的描述，晶體學者經常使用的**簡化的**（Short）**國際符號**和**完整的**（Full）**國際符號**也列在其中。

表 4.3・32 個晶格點群的 Schoenflies 符號與簡化的和完整的國際符號

編號	群的符號	定義	點群的符號			點群的數量
			Schoenflies	國際		
				簡化的	完整的	
1	C_n	具有 n 重旋轉對稱軸	C_1	1	1	5
			C_2	2	2	
			C_3	3	3	
			C_4	4	4	
			C_6	6	6	
2	C_{nv}	v 代表除 n 重軸外還有通過	C_{2v}	$2mm$	$2mm$	4
		該軸的垂直對稱面	$C_{3v}=S_3$	$2m$	2m	
			C_{4v}	$4mm$	$4mm$	
			C_{6v}	$6mm$	$6mm$	
3	C_{nh}	h 代表除 n 重軸外還有與	$C_{1h}=C_s$	$m=\overline{2}$	$m=\overline{2}$	5
		該軸垂直的對稱面	C_{2h}	2/m	$\frac{2}{m}$	
			C_{3h}	$\overline{6}$	$\overline{6}$	
			C_{4h}	$4/m$	$\frac{4}{m}$	
			C_{6h}	$6/m$	$\frac{6}{m}$	
4	S_n	經 n 重旋轉後再經垂直	$S_2=C_i$	$\overline{1}$	$\overline{1}$	3
		該軸的平面的鏡像	$S_4=C_{4i}$	$\overline{4}$	$\overline{4}$	
			S_6	$\overline{3}$	$\overline{3}$	5
5	D_n	具有 n 重旋轉軸及 n 個與	D_2	222	222	4
		之垂直的二重旋轉軸	D_3	32	32	

編號	群的符號	定義	點群的符號			點群的數量
			Schoenflies	國際		
				簡化的	完整的	
			D_4	422	422	
			D_6	622	622	
6	D_{nd}	d 代表還有一個平分兩個**二重旋轉軸**間夾角的**對稱面**	D_{2d}	$\bar{4}2m$	$\bar{4}2m$	2
			D_{3d}	$\bar{3}m$	$\bar{3}\frac{2}{m}$	
7	D_{nh}	h 代表除 n **重軸**外還有與該軸垂直的**對稱面**	D_{2h}	mmm	$\frac{2}{m}\frac{2}{m}\frac{2}{m}$	4
			D_{3h}	$\bar{6}m2$	$\bar{6}\text{m}2$	
			D_{4h}	$4/mmm$	$\frac{4}{m}\frac{2}{m}\frac{2}{m}$	
			D_{6h}	$6/mmm$	$\frac{6}{m}\frac{2}{m}\frac{2}{m}$	
8	Cubic	T 代表四個**三重旋轉軸**和三個**二重旋轉軸**。	T	23	23	5
		d 代表還有一個平分兩個**二重旋轉軸**間夾角的**對稱面**	T_d	$\bar{4}3m$	$\bar{4}3m$	
		h 代表除 n **重軸**外還有與該軸垂直的**對稱面**	T_h	$m3$	$\bar{3}$	
		O 代表三個互相垂直的**四重旋轉軸**和六個**二重旋轉軸**、四個**三重旋轉軸**	O	432	432	
			O_h	$m3m$	$\frac{4}{m}\bar{3}\frac{2}{m}$	

我們可以用一個屬**立方群**（Cubic group）的正立方體，找出其所

擁有的 24 個對稱元素，圖中我們用了標準的繪圖符號，如表 4.4 所示，說明如下：

[1]　三個四重旋轉對稱軸（$3C\bar{4}$），如圖 4-8(a) 所示。

[2]　四個三重旋轉對稱軸（$4C_3$），如圖 4-8(b) 所示。

[3]　六個二重旋轉對稱軸（$6C_2$），如圖 4-8(c) 所示。

[4]　六個對角反射面（$6\sigma_d$），如圖 4-8(d) 所示。

[5]　三個垂直反射面（$3\sigma_v$），如圖 4-8(e) 所示。

[6]　一個反對稱中心（I），如圖 4-8(f) 所示。

[7]　等同操作（E）。

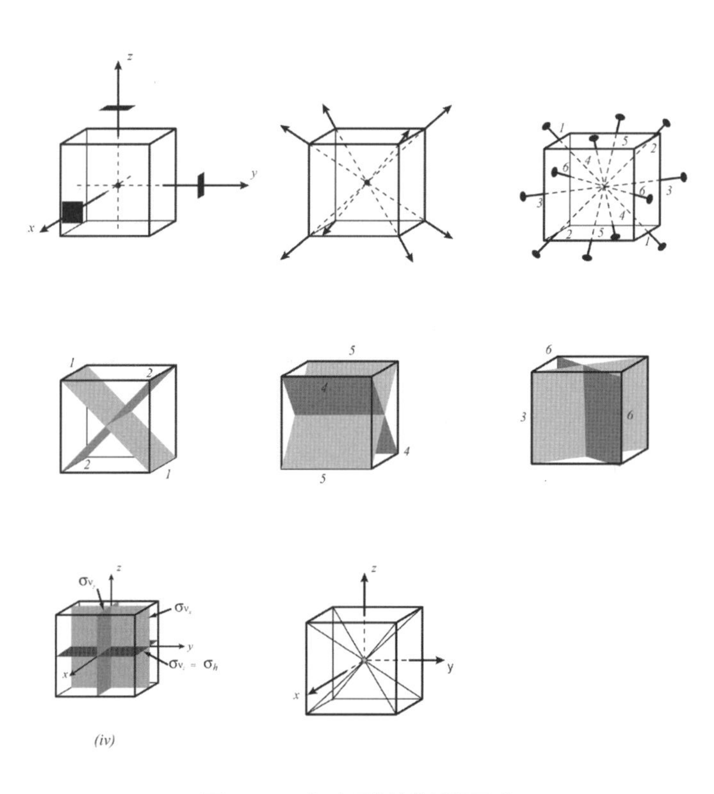

圖 4-8．立方群的對稱元素

表 4.4．繪圖符號

對稱操作	繪圖符號
二重旋轉（Rotation: diad）（C_2）	⬮
三重旋轉（Rotation: triad）（C_3）	▲
四重旋轉（Rotation: tetrad）（C_4）	■
六重旋轉（Rotation: hexad）（C_6）	⬢
反操作（Inversion）（I）	○
反射面（Reflection plane）（σ）	—

我們可以嘗試著列舉出所有的 32 個**點群**的立體投影（Stereo graphic projections），這是一個很平常的**對稱操作**練習，如圖 4-9 所示。表 4.5 列出了圖中所用的符號。

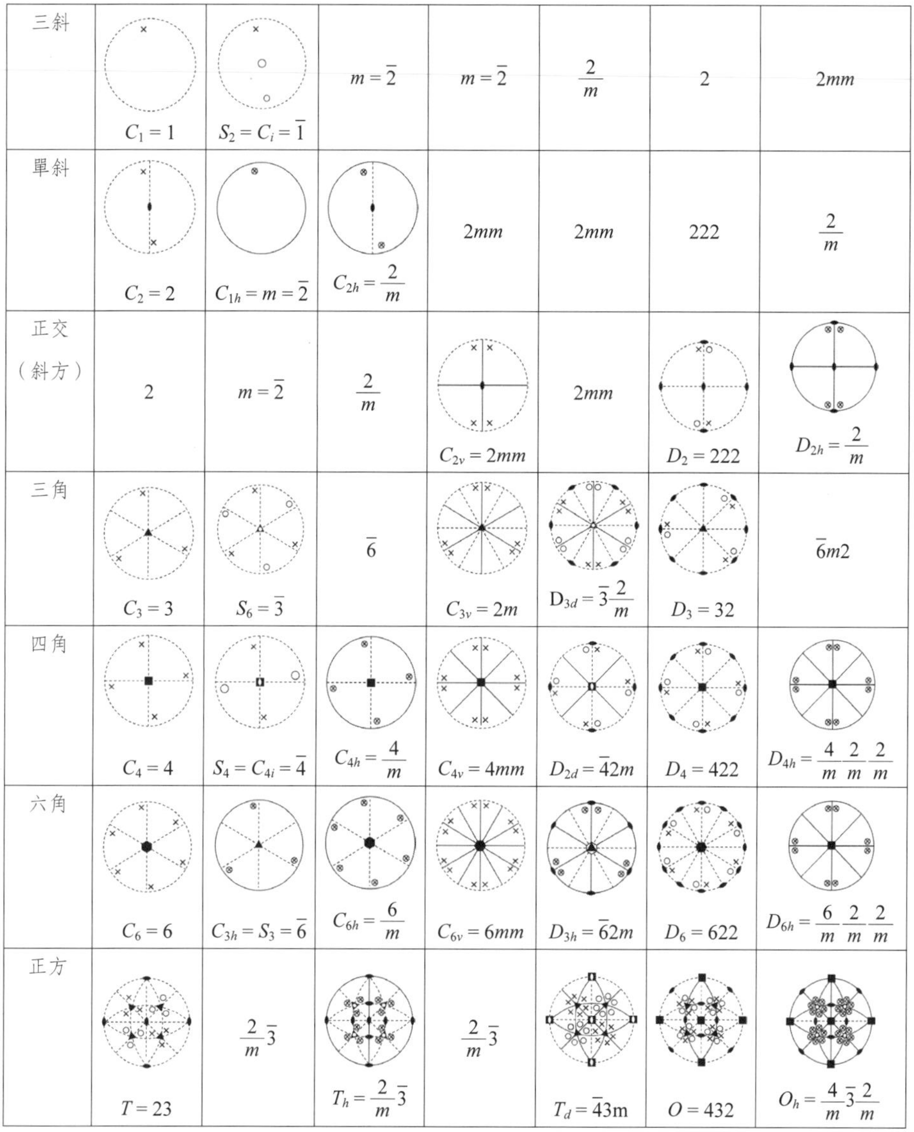

三斜	$C_1 = 1$	$S_2 = C_i = \bar{1}$	$m = \bar{2}$	$m = \bar{2}$	$\frac{2}{m}$	2	$2mm$
單斜	$C_2 = 2$	$C_{1h} = m = \bar{2}$	$C_{2h} = \frac{2}{m}$	$2mm$	$2mm$	222	$\frac{2}{m}$
正交（斜方）	2	$m = \bar{2}$	$\frac{2}{m}$	$C_{2v} = 2mm$	$2mm$	$D_2 = 222$	$D_{2h} = \frac{2}{m}$
三角	$C_3 = 3$	$S_6 = \bar{3}$	$\bar{6}$	$C_{3v} = 2m$	$D_{3d} = \bar{3}\frac{2}{m}$	$D_3 = 32$	$\bar{6}m2$
四角	$C_4 = 4$	$S_4 = C_{4i} = \bar{4}$	$C_{4h} = \frac{4}{m}$	$C_{4v} = 4mm$	$D_{2d} = \bar{4}2m$	$D_4 = 422$	$D_{4h} = \frac{4}{m}\frac{2}{m}\frac{2}{m}$
六角	$C_6 = 6$	$C_{3h} = S_3 = \bar{6}$	$C_{6h} = \frac{6}{m}$	$C_{6v} = 6mm$	$D_{3h} = \bar{6}2m$	$D_6 = 622$	$D_{6h} = \frac{6}{m}\frac{2}{m}\frac{2}{m}$
正方	$T = 23$	$\frac{2}{m}\bar{3}$	$T_h = \frac{2}{m}\bar{3}$	$\frac{2}{m}\bar{3}$	$T_d = \bar{4}3\text{m}$	$O = 432$	$O_h = \frac{4}{m}\bar{3}\frac{2}{m}$

圖 4-9．32 個點群的立體投影

表 4.5・立體投影所用的符號

符號	說明／**操作**
	反射面 σ_h 垂直主軸
	有 σ_v 和 σ_d，但是沒有 σ_h
×	在紙面上方的點
○	在紙面下方的點
	$2mm(C_{2v})$
	$3m(C_{3v})$
	$4mm(C_{4v})$
	$6mm(C_{6v})$
	$\frac{2}{m}(C_{2h})$
或	$\frac{3}{m}=\bar{6}(C_{3h})$
	$\frac{4}{m}(C_{4h})$
	$\frac{6}{m}(C_{6h})$
	$\bar{3}(S_6)$
或 或	$\bar{4}(S_4)$
或	$\bar{6}(C_{3h})$

其中

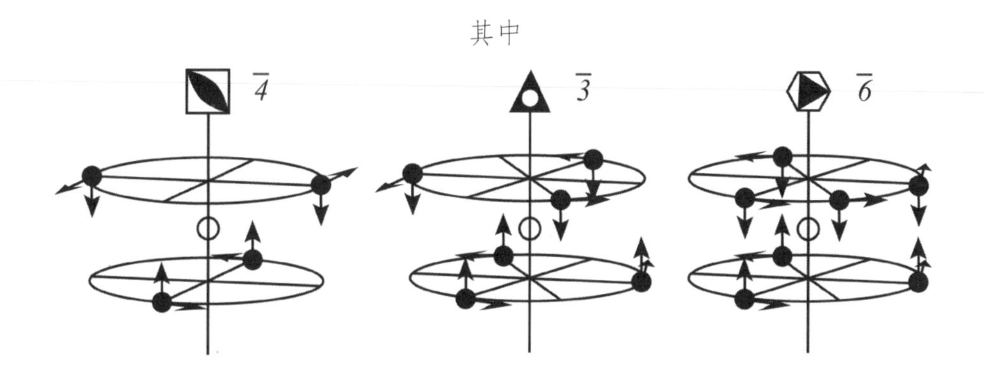

4.6　空間群

在 4.5 節中，我們列舉了 32 種**晶體點群**，它們滿足了晶格**平移**的**對稱**。由於晶格受到**點群對稱**的限制，所以只可能有 14 種不同的 Bravais 晶格結構且隸屬於 7 種晶體系統。在圖 4-10 中再做一次分類，先從光學折射率開始，再劃分出 7 種晶體系統、14 種 Bravais 晶格結構與 32 種**點群**。

		Crystal system	Hermann–Mauguin	Schoenflies	Symmetry elements
Anisotropic	Biaxial	Triclinic	I	C_1	E
			$\overline{I}$	C_i	Ei
		Monoclinic	m	C_s	$E\sigma_h$
			2	C_2	EC_2
			$2/m$	C_{2h}	$EC_2i\sigma_h$
		Orthorhombic	$2mm$	D_{2v}	$EC_2\sigma_v'\sigma_v''$
			222	D_2	$EC_2C_2'C_2''$
			mmm	D_{2h}	$EC_2C_2'C''i\sigma_h\sigma_v'\sigma_v''$
	Uniaxial	Tetragonal	4	C_4	$E2C_4C_2$
			$\overline{4}$	S_4	$E2S_4C_2$
			$4/m$	C_{4h}	$E2C_4C_2i2S_4\sigma_h$
			$4mm$	C_{4v}	$E2C_4C_22\sigma_v'2\sigma_d$
			$\overline{4}2m$	D_{2d}	$EC_2C_2'C_2''2\sigma_d2S_4$
			422	D_4	$E2C_4C_22C_2'2C_2''$
			$4/mmm$	D_{4h}	$E2C_4C_22C_2'2C_2''i2S_4\sigma_h2\sigma_v'2\sigma_h$
		Rhombohedral (Trigonal)	3	C_3	$E2C_3$
			$\overline{3}$	S_6	$E2C_3i2S_6$
			$3m$	C_{3v}	$E2C_33\sigma_v$
			32	D_3	$E2C_33C_2$
			$\overline{3}m$	D_{3d}	$E2C_33C_2i2S_63\sigma_d$
		Hexagonal	$\overline{6}$	C_{3h}	$E2C_3\sigma_h2S_3$
			6	C_6	$E2C_62C_3C_2$
			$6/m$	C_{6h}	$E2C_62C_3C_2i2S_32S_6\sigma_h$
			$\overline{6}m2$	D_{3h}	$E2C_33C_2\sigma_h2S_33\sigma_v$
			$6mm$	C_{6v}	$E2C_62C_3C_23\sigma_v3\sigma_d$
			622	D_6	$E2C_62C_3C_23C_2'3C_2''$
			$6/mmm$	D_{6h}	$E2C_62C_3C_23C_2'3C_2''i2S_32S_6\sigma_h3\sigma_d3\sigma_v$
Isotropic		Cubic	23	T	$E4C_34C_3^23C_2$
			$m3$	T_h	$E4C_34C_3^23C_2i8S_63\sigma_h$
			$\overline{4}3m$	T_d	$E8C_33C_26\sigma_d6S_4$
			432	O	$E8C_33C_26C_2'6C_4$
			$m3m$	O_h	$E8C_33C_26C_2'6C_4i8S_63\sigma_h6\sigma_d6S_4$

圖 4-10．7 種晶體系統、14 種 Bravais 晶格結構與 32 種點群

然而，這樣的認知，還是無法全然的描述一個晶體所有的**對稱**關係，一個固態晶體的**全對稱群**（Full symmetry group）必須除了**點群**的**操作**之外，還包含了**平移對稱操作**（Translation symmetry operation）的**空間群**，當所有的**點群操作**，結合了在 Bravais 晶格內各種可能的**平移操作**之後，就形成了 230 種不同的**空間群**，又稱為 Federov 群（Federov group）。

如同**點群**一樣，現在我們要介紹在**空間群**中**對稱操作**的符號。這套符號使用的非常廣泛，被稱為 Seitz **空間群**符號（Seitz space-group symbols）。在這套符號中，$\{R|\vec{t}\}$ 標示一個**空間群操作**，其中 R 標示諸如**旋轉**或**反射**之類的**點群操作**；$\vec{t}$ 標示晶體的**平移操作**。$\{R|\vec{t}\}$ 作用在向量的效果被定義為

$$\{R|\vec{t}\}\vec{x}=R\vec{x}+\vec{t}=\vec{x}' \quad （4.5）$$

由此定義可輕易得知個**空間群操作**的乘法規律為

$$\{R|\vec{t}\}\{S|\vec{t}'\}=\{RS|R\vec{t}'+\vec{t}\} \quad （4.6）$$

當然，如 1.3.3 所介紹的**封閉律**，所以 RS 必須一定是屬於這個**群**的**操作**。相似的作法可得$\{R|\vec{t}\}$的**反運算**為

$$\{R|\vec{t}\}^{-1}=\{R^{-1}|-R^{-1}\vec{t}\} \quad （4.7）$$

簡單的做驗算，即

$$
\begin{aligned}
\{R|\vec{t}\}^{-1}\{R|\vec{t}\} &= \{R^{-1}|-R^{-1}\vec{t}\}\{R|\vec{t}\} \\
&= \{E|R^{-1}\vec{t}-R^{-1}\vec{t}\} \\
&= \{E|0\}
\end{aligned}
$$

如果**晶體點群**是屬於 R 的**對稱操作**，則這些**空間群**就稱為屬於同一種種類的晶體。

例 4.1 如果 C_{2x}, C_{2y}, C_{2z} 分別是以 x- 軸、y- 軸、z- 軸為軸心旋轉 $180°$ 的**操作**，則

[1] 試求出下列**空間群操作**的乘積：

(a) $\left\{C_{2x}\left|\left(\frac{1}{2}\frac{1}{2}0\right)\right.\right\}\left\{C_{2x}\left|\left(\frac{1}{2}\frac{1}{2}0\right)\right.\right\}$

(b) $\{C_{2x}|(xyz)\}\{C_{2z}|0\}$。

[2] $\{E|(000)\}, \left\{C_{2x}\left|\left(\frac{1}{2}\frac{1}{2}0\right)\right.\right\}, \left\{C_{2y}\left|\left(\frac{1}{2}\frac{1}{2}0\right)\right.\right\}, \{C_{2z}|(000)\}$

這四個**空間群操作**是否可以構成**群**？

解：[1] 由 $\{R|\vec{t}\}\{S|\vec{t}'\}=\{RS|R\vec{t}'+\vec{t}\}$ 可得

$$
\begin{aligned}
&(a)\left\{C_{2x}\left|\left(\frac{1}{2}\frac{1}{2}0\right)\right.\right\}\left\{C_{2x}\left|\left(\frac{1}{2}\frac{1}{2}0\right)\right.\right\} \\
&=\left\{C_{2x}C_{2x}\left|C_{2x}\left(\frac{1}{2}\frac{1}{2}0\right)+\left(\frac{1}{2}\frac{1}{2}0\right)\right.\right\} \\
&=\left\{E\left|\left(\frac{1}{2}\frac{-1}{2}0\right)+\left(\frac{1}{2}\frac{1}{2}0\right)\right.\right\} \\
&=\{E|(100)\}
\end{aligned}
$$

$$
(b)\left\{C_{2x}\left|(x\,y\,z)\right.\right\}\left\{C_{2z}\left|0\right.\right\}
$$

$$=\left\{C_{2x}C_{2z}\middle| C_{2x}0+(x\,y\,z)\right\}$$

$$=\left\{C_{2y}\middle|(x\,y\,z)\right\}$$

[2] 這四個**空間群操作**顯然無法構成**群**，因為[1](a)的結果 $\left\{C_{2x}\middle|\left(\frac{1}{2}\,\frac{1}{2}\,0\right)\right\}\left\{C_{2x}\middle|\left(\frac{1}{2}\,\frac{1}{2}\,0\right)\right\}=\{E|(1\,0\,0)\}$ 就不滿足**群**的定義中的**封閉性**。

例 4.2 試證明下列**空間群操作**的乘積結果

$$\left\{C_{2x}\middle|(x\,y\,z)\right\}^{-1}\{I|0\}\left\{C_{2x}\middle|(x\,y\,z)\right\}=\{I|\vec{T}\}$$

其中 $\vec{T}=\vec{t}_1+\vec{t}_2+\vec{t}_3$ 且 $\vec{t}_1=-2x\hat{i}$，$\vec{t}_2=2y\hat{j}$，$\vec{t}_3=2z\hat{k}$；

$\hat{i}$、$\hat{j}$、$\hat{k}$ 分別為沿 x, y, z 方向的單位向量；

C_{2x}：以 x- 軸為軸心旋轉 180° 的**點群操作**；

I：**反操作**。

解：

$$\left\{C_{2x}\middle|(x\,y\,z)\right\}^{-1}\{I|0\}\left\{C_{2x}\middle|(x\,y\,z)\right\}$$

$$=\left\{C_{2x}^{-1}\middle|-C_{2x}^{-1}(x\,y\,z)\right\}\left\{IC_{2x}\middle|(\overline{x\,y\,z})\right\}$$

$$=\left\{C_{2x}^{-1}\middle|-(x\,\overline{y\,z})\right\}\left\{IC_{2x}\middle|(\overline{x\,y\,z})\right\}$$

$$=\{C_{2x}^{-1}IC_{2x}|C_{2x}^{-1}(\overline{x\,y\,z})-(x\overline{y\,z})\}$$

$$=\{I|(\bar{x}\,y\,z)+(\bar{x}\,y\,z)\}$$

$$=\{I|(2\bar{x}+2y+2z)\}$$

$$=\{I|(\vec{t}_1+\vec{t}_2+\vec{t}_3)\}$$

$$=\{I|\vec{T}\}$$

例 4.3 試求出**空間群操作** $\left\{C_{2x}\middle|\frac{1}{2}(xyz)\right\}$ 的**反運算**？且試證明此**空間群操作**與其**反操作**乘積結果為 $\{E\,|\,0\}$。

解：由 $\{R\,|\,\vec{t}\}^{-1}=\left\{R^{-1}\middle|-R^{-1}\vec{t}\right\}$，則

$$\left\{C_{2x}\middle|\frac{1}{2}(xyz)\right\}^{-1}=\left\{C_{2x}^{-1}\middle|-C_{2x}^{-1}\frac{1}{2}(xyz)\right\}$$
$$=\left\{C_{2x}\middle|-C_{2x}\frac{1}{2}(xyz)\right\}$$
$$=\left\{C_{2x}\middle|-\frac{1}{2}(x\bar{y}\bar{z})\right\}$$
$$=\left\{C_{2x}\middle|\frac{1}{2}(\bar{x}yz)\right\}$$

且 $\left\{C_{2x}\middle|\frac{1}{2}(xyz)\right\}\left\{C_{2x}\middle|\frac{1}{2}(xyz)\right\}^{-1}$

$$=\left\{C_{2x}\middle|\frac{1}{2}(xyz)\right\}\left\{C_{2x}\middle|\frac{1}{2}(\bar{x}yz)\right\}$$
$$=\left\{E\middle|C_{2x}\frac{1}{2}(\bar{x}yz)+\frac{1}{2}(xyz)\right\}$$
$$=\left\{E\middle|\frac{1}{2}(\bar{x}\bar{y}\bar{z})+\frac{1}{2}(xyz)\right\}$$
$$=\{E\,|\,0\}$$

如果**空間群操作**的**平移**部分 $\vec{t}$ 包含了**非初始平移**（Non-primitive translation），則這個**空間群操作**可以寫成

$$\{R\,|\,\vec{t_n}+\vec{\tau}\} \tag{4.11}$$

其中 $\vec{\tau}$ 為**非初始平移**，無論這個**群**包含了**螺旋軸**（Screw axes）

或**滑移面**（Glide planes）時，$\vec{\tau}$ 都會出現。**螺旋軸**是一個複合的**對稱操作**，包含了**旋轉**且沿著**旋轉軸**平行方向的**平移**；而**滑移面**則由**反射**和平行**平移**（Parallel translation）所組成，如圖 4-11 所示分別為二重**螺旋軸**、三重**螺旋軸**、四重**螺旋軸**、六重**螺旋軸**。

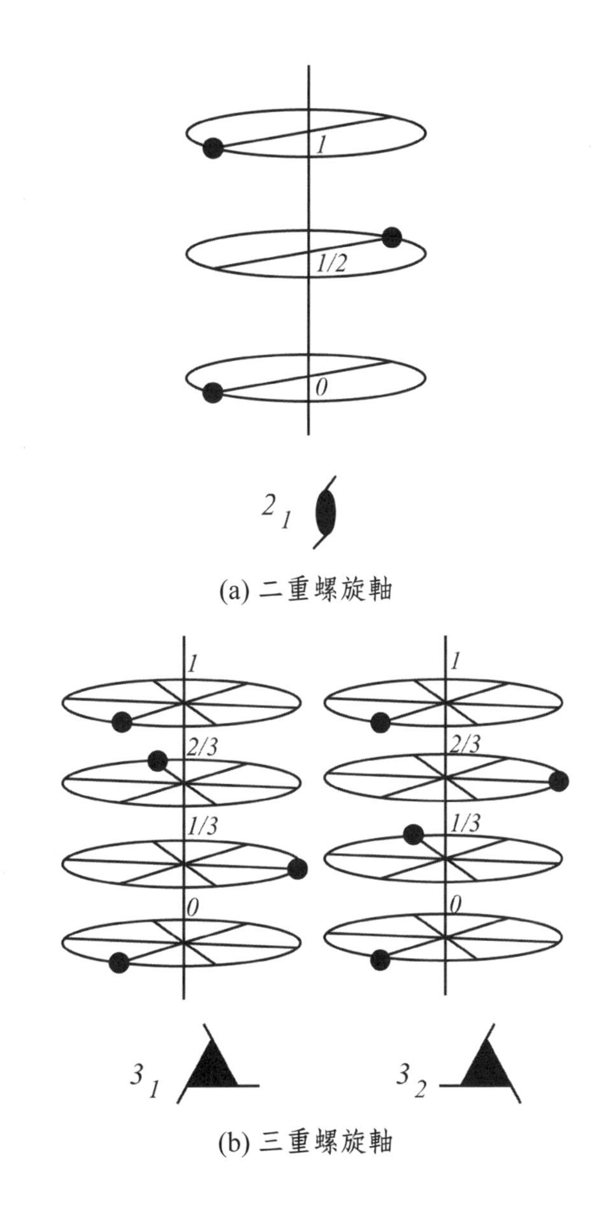

(a) 二重螺旋軸

(b) 三重螺旋軸

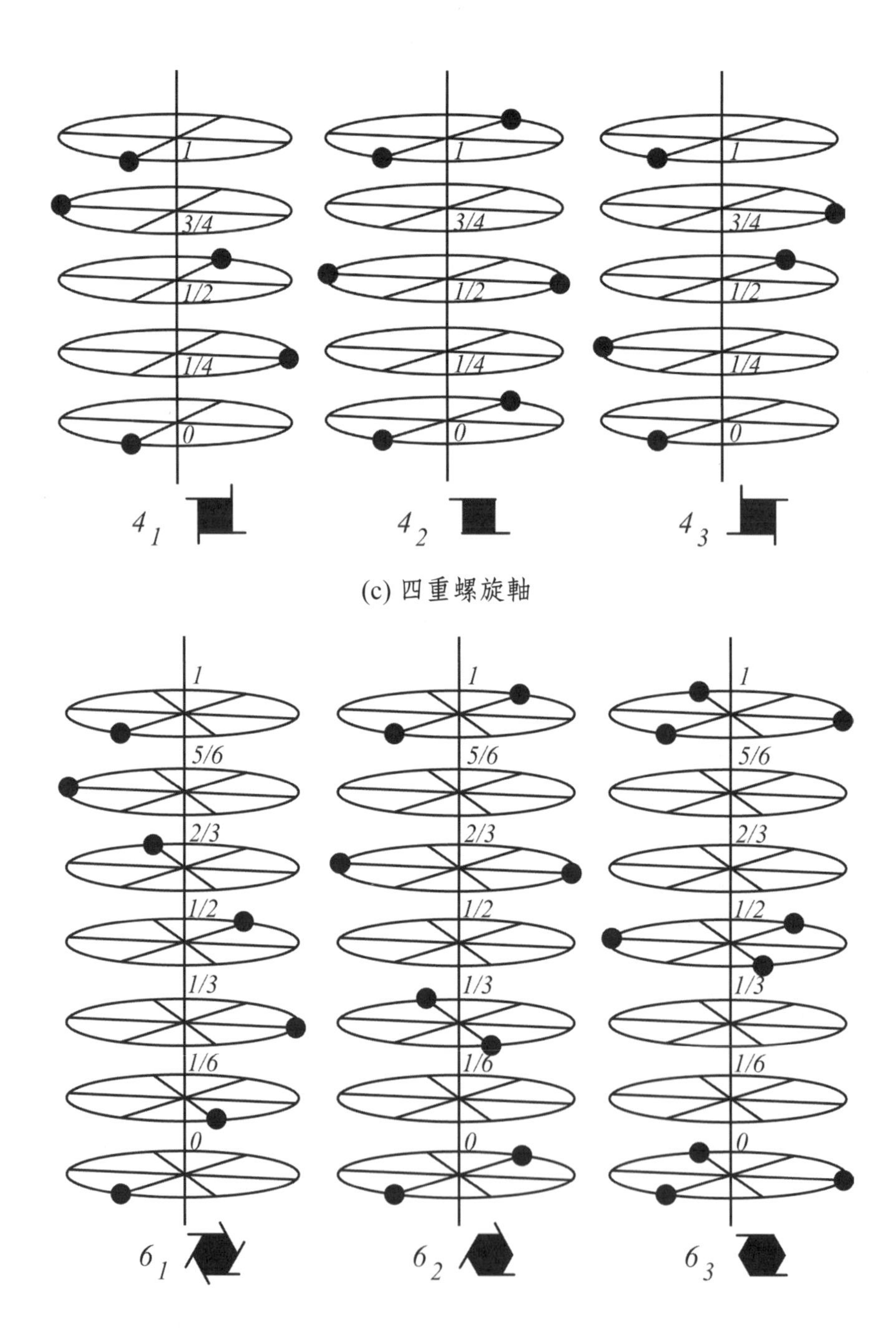

(c) 四重螺旋軸

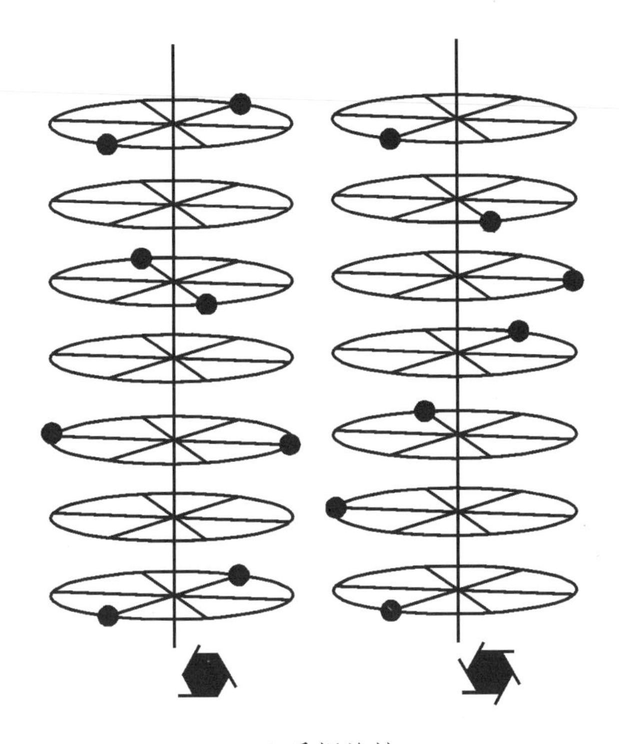

(d) 六重螺旋軸

圖 4-11 · 二重螺旋軸、四重螺旋軸、六重螺旋軸

圖 4-12 所示為**滑移反射操作**(Glide reflection operation),其所伴隨的**平行平移**就是**非初始平移**$\vec{\tau}$。

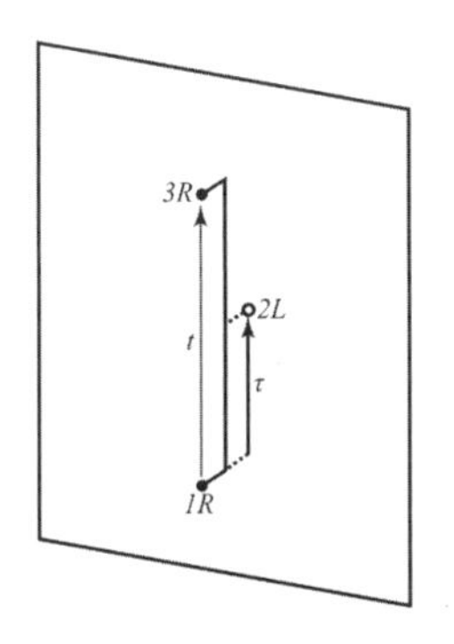

圖 4-12 · 滑移反射操作

有 73 種的**空間群**不含有向量$\vec{\tau}$，即 $\vec{\tau}=0$，這些**空間群**被稱為**簡單空間群**（Symmorphic space groups）；而對於剩下的 157 種**空間群**（230−73 = 157），即**非初始平移向量** $\vec{\tau}\neq 0$，則被稱為**非簡單空間群**（Non-Symmorphic 或 Asymmorphic space group）。

習題

1. 試證明 $\{R|\vec{t}\}\vec{x}+\{R|\vec{t}\}\vec{y}\neq\{R|\vec{t}\}(\vec{x}+\vec{y})$ 。
2. 試證明 $\{\alpha|\vec{a}\}^{-1}\{\beta|\vec{b}\}\{\alpha|\vec{a}\}=\{\alpha^{-1}\beta\alpha|\alpha^{-1}(\vec{b}+\beta\vec{a}-\vec{a})\}$ 。
3. 試證明 $\{\alpha|\vec{a}\}^{-1}\{E|\vec{t}\}\{\alpha|\vec{a}\}=\{E|\alpha^{-1}\vec{t}\}$ 。
4. 試證明 $\{E|\vec{t}\}\{\alpha|0\}\{E|\vec{t}\}^{-1}=\{\alpha|\vec{t}-\alpha\vec{t}\}$ 。
5. 如圖所示的二維晶體是屬於 $p2mm$ 的二維空間群，

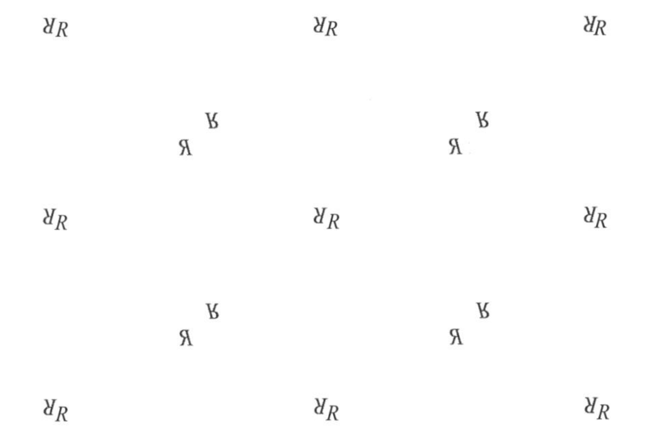

若 $\vec{a}$ 、$\vec{b}$ 為二個晶格平移操作（Lattice translation operation），即

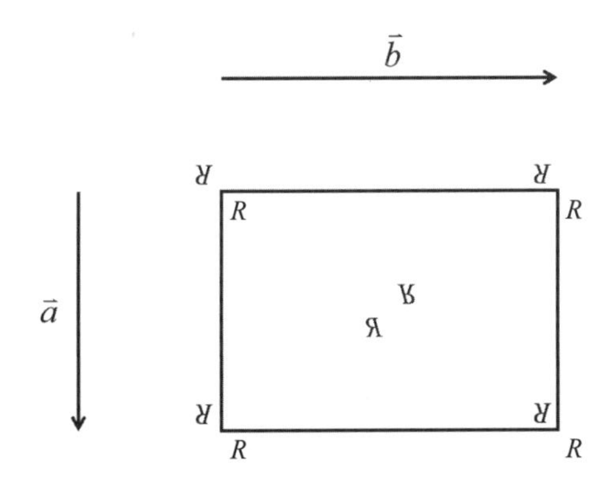

試說明這個二維晶體可以（如下圖所示）從第一個 R，即 R_1，作為起始點，

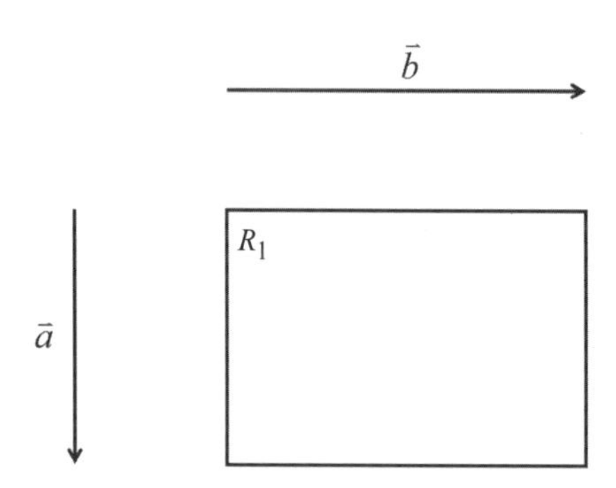

藉由二個**晶格平移操作**：$\vec{a}$、$\vec{b}$；和四個**滑移操作**（Glide operation）：g_1、g_2、g_3、g_4 分別為四個**滑移面**，

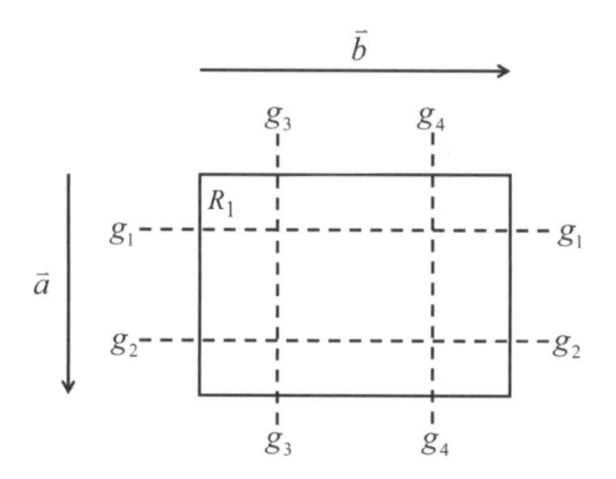

可構成此二維晶體。

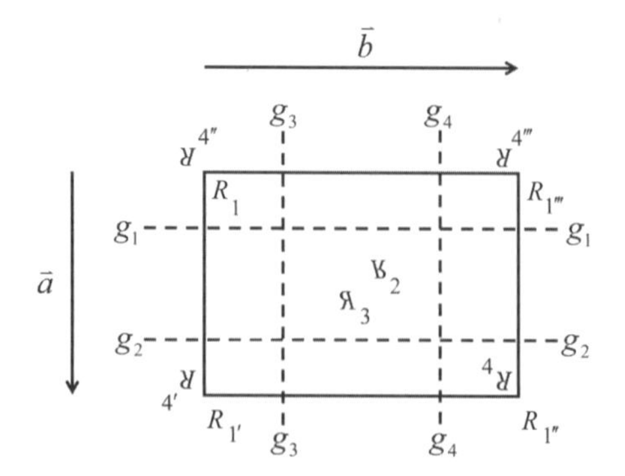

第 5 章

三維旋轉群

萬物負陰而抱陽，沖氣以為和

5.1 基礎旋轉群表示理論

在簡單的說明固態晶體中幾種**點群對稱操作**之後，如果要再考慮電子的自旋現象，我們就必須要介紹三**維旋轉群**（Three-dimensional rotation group）的**表示理論**也就是 E.Wigner 博士所說的**群論**第二階段的應用，通常我們以「O_3」這個符號來標示三**維旋轉群**。因為**旋轉群**是最簡單的**李群**（Lie group），所以本章的內容也是鑽研**李群**的初步練習。每一個列在表 4.2 的**純旋轉群**（Pure rotation group）都是**全旋轉群**（Full rotation group）O_3 的一個**子群**，而這些**子群**也包含著某些正規的三維晶體（Regular three-dimensional crystals）的**對稱操作**。**旋轉群** O_3 是一個**無限階**的**群**，涵蓋了一個圓球的所有**操作**，因為有關**旋轉群**的代數運算都相當複雜而且抽象，已經超出本書所設定的範圍了，所以我們並無意於仔細的描述**對稱旋轉操作**或討論**連續群**（又稱為**拓撲群**）（Continuous group, Topological group）的特性，只有簡單的介紹一些**旋轉群表示**，即便如此，我們安排了一些習題，希望有助於瞭解課本正文的內容。

O_3 的**基函數**為球諧函數（Spherical harmonic functions）$Y_l^{m_l}$，也就是原子光譜問題中經常遇到的函數，例如：氫原子的解：

$$\left[\frac{1}{\sin\theta}\frac{\partial}{\partial\theta}\left(\sin\theta\frac{\partial}{\partial\theta}\right)+\frac{1}{\sin^2\theta}\frac{\partial^2}{\partial\phi^2}\right]Y_l^{m_l}(\theta,\phi)=l(l+1)\,Y_l^{m_l}(\theta,\phi) \quad (5.1)$$

其中 θ、ϕ 是極座標角（Polar angles）；

l 是零或正整數；

m_1 是介於 $-l$ 到 $+l$ 之間的整數。

（5.1）式中的運算子（Operator）只是 Laplacian $\nabla^2 = \frac{\partial^2}{\partial x^2} + \frac{\partial^2}{\partial y^2} + \frac{\partial^2}{\partial z^2}$ 中角度部分的運算子，它將呈現出**旋轉不變**（Rotation invariant）的特性，所以它的本徵函數（Eigenfunction）$Y_l^{m_l}(\theta, \phi)$ 就形成了**旋轉群表示**的**基底**。

球諧函數定義如下：

$$Y_l^{m_l}(\theta, \phi) = N_{lm_l} P_l^{m_l}(\cos\theta)\exp(im_l\phi) \tag{5.2}$$

其中，N_{lm_l} 為歸一化常數（Normalization constant）；$P_l^{m_l}(\cos\theta)$ 是以 $\cos\theta$ 為變數的一個多項式，稱為伴隨 Legendre 函數（Associated Legendre function）。因為 m_l 的值是介於 $-l$ 到 $+l$ 之間的整數，所以**旋轉群表示** D^l 是 $(2l+1)$ 維的。

例 5.1 **旋轉群** O_2 包含了所有以 z 軸為中心的**旋轉操作**，所以是一個**無限階**的**群**。如果 $R_z(\phi)$ 是**群**的一個**元素**，其中 ϕ 是在 $0 \le \phi \le 2\pi$ 範圍內的連續參數，則

[1] 試求 $R_z(\phi)$ 的矩陣轉換或**旋轉群** O_2 的組成規則。

[2] **等同元素**為何？

[3] $R_z(\phi)$ 的**反元素**為何？

[4] 試求 O_3 **旋轉群**的 $R_z(\phi)$ 的轉換矩陣。

解：[1] 其實 $R_z(\phi)$ 可視為作用在直角座標 (x, y) 平面上的一個圓的**操作**：

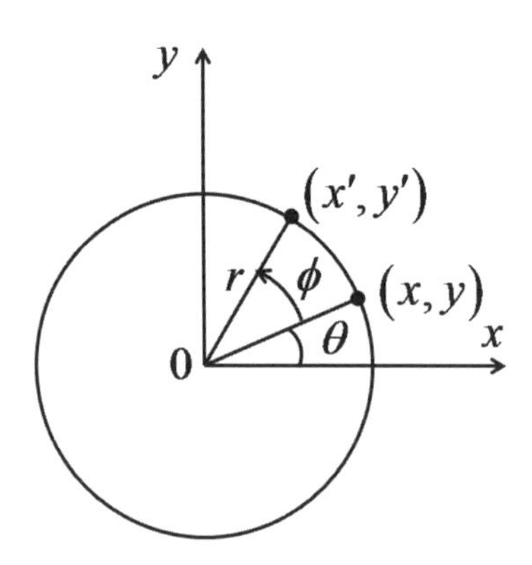

則 $\begin{cases} x = r\cos\theta \\ y = r\sin\theta \end{cases}$

且 $\begin{cases} x' = r\cos(\phi+\theta) = r\cos\theta\cos\phi - r\sin\theta\sin\phi = x\cos\phi - y\sin\phi \\ y' = r\sin(\phi+\theta) = r\sin\phi\cos\theta + r\cos\phi\sin\theta = x\sin\phi + y\cos\phi \end{cases}$

即 $R_z(\phi) = \begin{bmatrix} \cos\phi & -\sin\phi \\ \sin\phi & \cos\phi \end{bmatrix}$

若考慮以**基函數**做轉換，則為 $R_z(\phi) = \begin{bmatrix} \cos\phi & \sin\phi \\ -\sin\phi & \cos\phi \end{bmatrix}$

[2] 由 $R_z(\phi)$ 的二維**矩陣表示**可得

$$R_z(\phi)\mathrm{R}(\theta) = \mathrm{R}(\phi+\theta)$$

所以**等同元素**的作用為 $ER(\phi) = R(\phi) = R(0)R(\phi)$，即 $E = R(0)$。

[3] 和 [2] 相仿的計算步驟，**反元素**的作用為

$$R_z^{-1}(\phi)R_z(\phi) = \begin{bmatrix} 1 & 0 \\ 0 & 1 \end{bmatrix}$$

$$= \begin{bmatrix} \cos(2\pi-\phi) & -\sin(2\pi-\phi) \\ \sin(2\pi-\phi) & \cos(2\pi-\phi) \end{bmatrix}\begin{bmatrix} \cos\phi & -\sin\phi \\ \sin\phi & \cos\phi \end{bmatrix}$$

$$= R_z(2\pi-\phi)R_z(\phi)$$

即 $R_z^{-1}(\phi) = R_z(2\pi-\phi)$。

[4] 因為是以 z 軸為軸心作旋轉，所以 $R_z(\phi)$ 的轉換矩陣為

$$R_z(\phi) = \begin{bmatrix} \cos\phi & -\sin\phi & 0 \\ \sin\phi & \cos\phi & 0 \\ 0 & 0 & 1 \end{bmatrix}$$

如果把例 5.1 的結果再稍加擴充，就可以得到三維的球與二維的圓之間的一個很重要的**同態**關係。

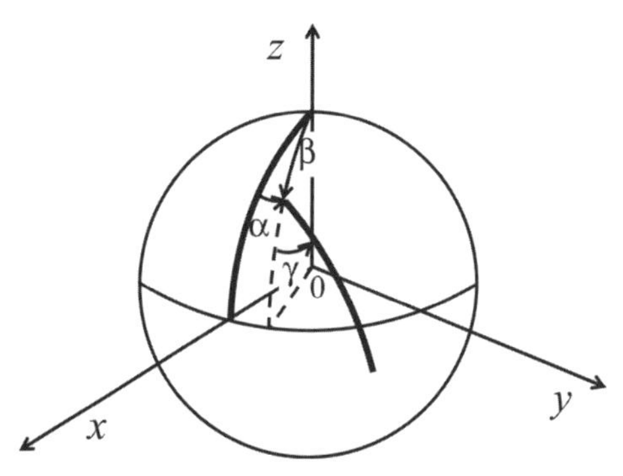

圖 5-1．球 $R(\theta) = R(\alpha, \beta, \gamma)$ 的示意圖

如圖 5-1 所示，若 $R(\theta) = R(\alpha, \beta, \gamma) = R(0, 0, \gamma)R(0, \beta, 0)R(\alpha, 0, 0)$ 為三維旋轉**操作**，$S(\theta) = S(\alpha, \beta, \gamma) = S(0, 0, \gamma)S(0, \beta, 0)S(\alpha, 0, 0)$ 為二維旋轉**操作**，則我們可以藉由以下的對應關係：

$$R(\alpha, 0, 0) \Leftrightarrow S(\alpha, 0, 0)$$

$$\begin{bmatrix} \cos\alpha & -\sin\alpha & 0 \\ \sin\alpha & \cos a & 0 \\ 0 & 0 & 1 \end{bmatrix} \Leftrightarrow \begin{bmatrix} e^{i\frac{\alpha}{2}} & e^{i\frac{\alpha}{2}} \\ e^{-i\frac{\alpha}{2}} & e^{-i\frac{\alpha}{2}} \end{bmatrix} \text{其中 } 0 \le \alpha \le 2\pi，$$

$$R(0, \beta, 0) \Leftrightarrow S(0, \beta, 0)$$

$$\begin{bmatrix} \cos\beta & 0 & \sin\beta \\ 0 & 1 & 0 \\ -\sin\beta & 0 & \cos\beta \end{bmatrix} \Leftrightarrow \begin{bmatrix} \cos\frac{\beta}{2} & \sin\frac{\beta}{2} \\ -\sin\frac{\beta}{2} & \cos\frac{\beta}{2} \end{bmatrix}\text{，其中 } 0 \leq \beta \leq 2\pi\text{，}$$

$$R(0, 0, \gamma) \Leftrightarrow S(0, 0, \gamma)$$

$$\begin{bmatrix} \cos\gamma & -\sin\gamma & 0 \\ \sin\gamma & \cos\gamma & 0 \\ 0 & 0 & 1 \end{bmatrix} \Leftrightarrow \begin{bmatrix} e^{i\frac{\gamma}{2}} & 0 \\ 0 & e^{-i\frac{\gamma}{2}} \end{bmatrix}\text{，其中 } 0 \leq \gamma \leq 2\pi\text{，}$$

分別帶入 $R(\theta) = R(\alpha, \beta, \gamma) = R(0, 0, \gamma)R(0, \beta, 0)R(\alpha, 0, 0)$ 及 $S(\theta) = S(\alpha, \beta, \gamma) = S(0, 0, \gamma)S(0, \beta, 0)S(\alpha, 0, 0)$，即

$$R(\theta) = R(\alpha, \beta, \gamma) = R(0, 0, \gamma)R(0, \beta, 0)R(\alpha, 0, 0)$$

$$= \begin{bmatrix} \cos\gamma & -\sin\gamma & 0 \\ \sin\gamma & \cos\gamma & 0 \\ 0 & 0 & 1 \end{bmatrix} \begin{bmatrix} \cos\beta & 0 & \sin\beta \\ 0 & 1 & 0 \\ -\sin\beta & 0 & \cos\beta \end{bmatrix} \begin{bmatrix} \cos\alpha & -\sin\alpha & 0 \\ \sin\alpha & \cos a & 0 \\ 0 & 0 & 1 \end{bmatrix}$$

$$= \begin{bmatrix} \cos\alpha\cos\beta\cos\gamma - \sin\alpha\sin\gamma & \cos\alpha\cos\beta\sin\gamma + \sin\alpha\cos\gamma & -\cos\alpha\sin\beta \\ -\sin\alpha\cos\beta\cos\gamma - \cos\alpha\sin\gamma & -\sin\alpha\cos\beta\sin\gamma - \cos\alpha\cos\gamma & \sin\alpha\sin\beta \\ \sin\beta\cos\gamma & \sin\beta\sin\gamma & \cos\beta \end{bmatrix};$$

且 $S(\theta) = S(\alpha, \beta, \gamma) = S(0, 0, \gamma)S(0, \beta, 0)S(\alpha, 0, 0)$

$$= \begin{bmatrix} e^{i\frac{1}{2}(\alpha+\gamma)}\cos\frac{\beta}{2} & e^{i\frac{1}{2}(\alpha-\gamma)}\sin\frac{\beta}{2} \\ -e^{-i\frac{1}{2}(\alpha-\gamma)}\sin\frac{\beta}{2} & -e^{-i\frac{1}{2}(\alpha+\gamma)}\cos\frac{\beta}{2} \end{bmatrix}$$

則 $R(\alpha, \beta, \gamma) \rightarrow \pm S(\alpha, \beta, \gamma)$，這就是 $SO(3, r)$（或 O_3^+）$= \{R(\theta)\}$ 群和 $SU(2) = \{\pm S(\theta)\}$ 之間 1-2 對應的**同態**關係。

5.2　旋轉群的特徵值

如果我們定義 R_α 為角度 α 的**旋轉操作**，則當 R_α **操作**在函數 $Y_l^{m_l}$ 上的結果為（可參考 5.2）。

$$R_\alpha Y_l^{m_l}(\theta, \phi) = Y_l^{m_l}(\theta, \phi-\alpha) \qquad (5.3)$$
$$= \exp(-im_l\alpha) Y_l^{m_l}(\theta, \phi)$$

因為 m_l 可能的數值由 $-l$ 到 $+l$ 之間的所有整數，所以這個**操作**的**表示**是一個對角化的矩陣：

$$\Gamma^l(\alpha) = \begin{bmatrix} e^{-il\alpha} & 0 & 0 & \cdots & 0 \\ 0 & e^{-i(l-1)\alpha} & & & \vdots \\ 0 & & \ddots & & 0 \\ \vdots & & & e^{i(l-1)\alpha} & 0 \\ 0 & \cdots & 0 & 0 & e^{il\alpha} \end{bmatrix} \qquad (5.4)$$

一個旋**轉群**中的**操作**，如果是代表一個 α 角度的**對稱操作**，則其**特徵值**為：

$$\chi^l(\alpha) = \mathrm{tr}\Gamma^l(\alpha) = \exp(-il\alpha) + \exp[-i(l-1)\alpha] + \ldots$$
$$+ \exp[i(l-1)\alpha] + \exp(il\alpha)$$

$$=\frac{\sin\left(l+\frac{1}{2}\right)\alpha}{\sin\frac{1}{2}\alpha} \tag{5.5}$$

很明顯的，因為 l 是零或正整數，所以這個表示的**維度**是一個奇數 $(2l+1)$。

5.3 雙群表示

如果自旋量子數（Spin quantum number）s 是一個半整數（Half-integral value），而 l 是零或正整數，所以量子數 $j=l+s$ 是一個半奇數（Half-odd-integer），該**旋轉**表示將是一個**偶數維度表示**（Even-dimensional representation），我們將（5.5）式的 l 換成 j，則可得到 j 表示的**特徵值** $\chi^j(\alpha)$，即

$$\chi^j(\alpha)=\frac{\sin\left(j+\frac{1}{2}\right)\alpha}{\sin\frac{1}{2}\alpha} \tag{5.6}$$

現在我們來看看代表**偶數維度表示**（5.6）式和代表**奇數維度表示**（Odd-dimensional representation）（5.5）式有什麼差異。

如果 j 是個半奇數，則當旋轉 2π（或再多旋轉 2π）之後，（5.6）式的分子部分為

$$\sin\left[\left(j+\frac{1}{2}\right)(\alpha+2\pi)\right]=\sin\left(j+\frac{1}{2}\right)\alpha \tag{5.7}$$

同理，如果 l 是一個整數，則（5.5）式的分子部分則為

$$\sin\left[\left(l+\frac{1}{2}\right)(\alpha+2\pi)\right]=-\sin\left(l+\frac{1}{2}\right)\alpha \tag{5.8}$$

而（5.5）和（5.6）式的分母部分經過的旋轉之後變成

$$\sin\frac{1}{2}(\alpha+2\pi)=-\sin\frac{1}{2}\alpha \tag{5.9}$$

於是我們獲得了一個對於**半整數表示**（Half-integer representation）非常重要的結果，即

$$\chi^{j}(\alpha+2\pi)=-\chi^{j}(\alpha) \tag{5.10}$$

$$\text{而}\ \chi^{l}(\alpha+2\pi)=\chi^{l}(\alpha) \tag{5.11}$$

由（5.10）式可看出半整數表示在旋轉了 2π 之後不再是一個**等同操作**；而必須旋轉 4π 才會是**等同操作**。為了處理這樣的情況，我們引入一個新的**對稱元素** $\overline{E}$（讀成 E bar，或 bar E），$\overline{E}$ 的幾個重要特性為：

[1] $\overline{E}$ 代表只旋轉 2π 角度。

[2] $\overline{E}$ 和**群**中所有的**元素**都是**可交換的**。

[3] $\overline{E}$ 自己形成一**類**。

我們把 $\overline{E}$ 引入前面所介紹的**點群**會產生新的**對稱群**，這些新的**對稱群**被稱為**雙群**（Double groups）；而原來的**對稱群**被稱為**單值群**（Single-valued group）。**雙群**的重要特性為：

[1] **雙群**所含的**操作元素**比**單值群**的**操作元素**多一倍。

[2] **雙群**所含的**類**比**單值群**的**類**多，但是不一定多一倍。

[3] **雙群**的**類**比**單值群**的**類**增加了幾個，**雙群**的**不可約表示**也就比**單值群**的**不可約表示**增加了幾個。

[4] **雙群**滿足**廣義正交理論**所有的特性。

[5] **雙群表示**（Double-group representation）對應著**偶數維度表示**的**對稱群**。

雙群相關概念的基本應用為：

[1] 電子自旋所造成的能態分裂。

[2] **時逆對稱**（Time-reversal symmetry）的分析。

[3] 磁性物質的**色群**（Color groups）或 Shubnikov 群（Shubnikov groups）。

我們將在第六章介紹因**雙群**而造成的能態分裂現象。

對於獲得一個完整的**雙群特徵值表**，首先要判斷**雙群**所增加的**類**，Opechowski 提出了 3 個規則（Opechowski's rules）：

[1] 若且唯若有另外一個垂直於 **n** 方向的 C_2 軸**旋轉操作**，則 $\overline{C}_{2n} = \overline{E}C_{2\mathbf{n}}$ 和 $C_{2\mathbf{n}}$ 是同一**類**。

[2] 若 $n \neq 2$，則 $\overline{C}_n = \overline{EC}_n$ 和 C_{2n} 一定不是同一**類**。

[3] 若 $n > 2$，則 $\overline{C}_n^k$ 和 $\overline{C}_n^{-k}$ 是同一**類**；C_n^k 和 C_n^{-k} 是同一**類**，其中 $C_n^{2n} = E$，$C_n^n = \overline{E}$ 且 $C_n^{-k} = C_n^{2n-k} = \overline{E}C_n^{n-k}$。

例 5.2 試建構出**雙群** ^dO 的**特徵值表**。

解：首先寫出 O 群的**特徵值表**

O		E	$3C_2$	$8C_3$	$6C_4$	$6C_2'$
Γ_1	A_1	1	1	1	1	1
Γ_2	A_2	1	1	1	−1	−1
Γ_3	E	2	2	−1	0	0
Γ_4	T_1	3	−1	0	1	−1
Γ_5	T_2	3	−1	0	−1	1

可由 Opechowski 規則來判斷**雙群** ^dO 所新增加的**類**：

$\overline{E}$……………規則 2

$3\overline{C_2}$, $3C_2$………規則 1

$8\overline{C_3}$……………規則 2

$6\overline{C_4}$……………規則 2

$6\overline{C_2'}$, $6C_2'$………規則 1

所以只增加了 3 個新的**類**，當然對應的也增加了 3 個新的**不可約表示**，填入**雙群** ^dO 的**特徵值表**為：

^dO			$3\overline{C_2}$			$6\overline{C_2'}$	$\overline{E}$	$8\overline{C_3}$	$6\overline{C_4}$
		E	$3C_2$	$8C_3$	$6C_4$	$6C_2'$			
Γ_1	A_1	1	1	1	1	1	1	1	1
Γ_2	A_2	1	1	1	−1	−1	1	1	−1
Γ_3	E	2	2	−1	0	0	2	−1	0
Γ_4	T_1	3	−1	0	1	−1	3	0	1
Γ_5	T_2	3	−1	0	−1	1	3	0	−1
Γ_6	?	?	?	?	?	?	?	?	?
Γ_7	?	?	?	?	?	?	?	?	?
Γ_8	?	?	?	?	?	?	?	?	?

因為 ^dO 雙群比 O 群的元素多了一倍，也多了 24 個元素。則

$$l_6^2 + l_7^2 + l_8^2 = \frac{\overline{h}}{2} = h = 24，$$

可得 $l_6 = 2$、$l_7 = 2$、$l_8 = 4$。

所以填入 ^dO 雙群的特徵值表為：

^dO			$3\overline{C_2}$			$6\overline{C_2'}$	$\overline{E}$	$8\overline{C_3}$	$6\overline{C_4}$
		E	$3C_2$	$8C_3$	$6C_4$	$6C_2'$			
Γ_1	A_1	1	1	1	1	1	1	1	1
Γ_2	A_2	1	1	1	−1	−1	1	1	−1
Γ_3	E	2	2	−1	0	0	2	−1	0
Γ_4	T_1	3	−1	0	1	−1	3	0	1
Γ_5	T_2	3	−1	0	−1	1	3	0	−1
Γ_6	?	2	?	?	?	?	?	?	?
Γ_7	?	2	?	?	?	?	?	?	?
Γ_8	?	4	?	?	?	?	?	?	?

因為多了三個不可約表示，所以先考慮 $J = \frac{1}{2}$、$J = \frac{3}{2}$、$J = \frac{5}{2}$。

對於總角動量為 $J = \frac{1}{2}$、$J = \frac{3}{2}$、$J = \frac{5}{2}$，由（5.6）式可得下表：

	E	C_2	C_3	C_4
ϕ	0	$\frac{2\pi}{2}$	$\frac{2\pi}{3}$	$\frac{2\pi}{4}$
$\chi(\Gamma_J)$	$2J+1$	0	$\begin{cases}1 & (J=1/2, 7/2\cdots) \\ -1 & (J=3/2, 9/2\cdots) \\ 0 & (J=5/2, 11/2\cdots)\end{cases}$	$\begin{cases}\sqrt{2}(J=1/2, 9/2\cdots) \\ 0(J=3/2, 7/2\cdots) \\ -\sqrt{2}(J=5/2, 13/2\cdots)\end{cases}$
$J=\frac{1}{2}$	2	0	1	$\sqrt{2}$
$J=\frac{3}{2}$	4	0	-1	0
$J=\frac{5}{2}$	6	0	0	$-\sqrt{2}$

可以再將之列於**雙群** ^dO 的**特徵值表**內為：

^dO			$3\overline{C_2}$			$6\overline{C_2'}$	$\overline{E}$	$8\overline{C_3}$	$6\overline{C_4}$
		E	$3C_2$	$8C_3$	$6C_4$	$6C_2'$			
Γ_1	A_1	1	1	1	1	1	1	1	1
Γ_2	A_2	1	1	1	-1	-1	1	1	-1
Γ_3	E	2	2	-1	0	0	2	-1	0
Γ_4	T_1	3	-1	0	1	-1	3	0	1
Γ_5	T_2	3	-1	0	-1	1	3	0	-1
Γ_6	?	2	?	?	?	?	?	?	?
Γ_7	?	2	?	?	?	?	?	?	?
Γ_8	?	4	?	?	?	?	?	?	?
$\Gamma_{1/2}$	–	2	?	?	?	?	?	?	?
$\Gamma_{3/2}$	–	4	?	?	?	?	?	?	?
$\Gamma_{5/2}$	–	6	?	?	?	?	?	?	?

其中在 $\Gamma_{1/2}$、$\Gamma_{3/2}$、$\Gamma_{5/2}$ 之後的「–」意味著目前沒有標示的必要。

因為**特徵值表**內要求的是**不可約表示**，所以接著我們要在 $\Gamma_{1/2}$、$\Gamma_{3/2}$、$\Gamma_{5/2}$ 中找出三個**不可約表示**填進去。一般而言有兩個方法

可以確定 $\Gamma_{1/2}$、$\Gamma_{3/2}$、$\Gamma_{5/2}$ 是否為**不可約表示**：

(1) 檢視**雙群** ^{d}G 中所有的**類**。

(2) 檢視**雙群** ^{d}G 中相對於**群** G 所增加出來的**類**。

由

$$\begin{cases} \chi[R(\phi)] = \chi_J(\phi) = \dfrac{\sin\left[\dfrac{(2j+1)\phi}{2}\right]}{\sin\left(\dfrac{\phi}{2}\right)} \\ \chi[\overline{R}(\phi)] = \overline{\chi}_J(\phi) = \chi_J(\phi+2\pi) = (-1)^{2J}\chi_J(\phi) \end{cases}$$

當 $J=\dfrac{1}{2}$，則 $\chi_{1/2}(\overline{E}) = -\chi_{1/2}(E) = -2$

$\chi_{1/2}(C_2) = 0$，$\chi_{1/2}(\overline{C_2}) = 0$，

$\chi_{1/2}(C_3) = 1$，$\chi_{1/2}(\overline{C_3}) = -1$，

$\chi_{1/2}(C_4) = \sqrt{2}$，$\chi_{1/2}(\overline{C_4}) = -\sqrt{2}$，

$\chi_{1/2}(C_2') = 0$，$\chi_{1/2}(\overline{C_2'}) = 0$

當 $J=\dfrac{3}{2}$，則 $\chi_{3/2}(\overline{E}) = -\chi_{3/2}(E) = -4$

$\chi_{3/2}(C_2) = 0$，$\chi_{3/2}(\overline{C_2}) = 0$，

$\chi_{3/2}(C_3) = -1$，$\chi_{3/2}(\overline{C_3}) = 1$，

$\chi_{3/2}(C_4) = 0$，$\chi_{3/2}(\overline{C_4}) = 0$，

$\chi_{3/2}(C_2') = 0$，$\chi_{3/2}(\overline{C_2'}) = 0$

當 $J=\dfrac{5}{2}$，則 $\chi_{5/2}(\overline{E}) = -\chi_{5/2}(E) = -6$

$\chi_{5/2}(C_2) = 0$，$\chi_{5/2}(\overline{C_2}) = 0$，

$\chi_{5/2}(C_3) = 0$，$\chi_{5/2}(\overline{C_3}) = 0$，

$\chi_{5/2}(C_4) = -\sqrt{2}$，$\chi_{5/2}(\overline{C_4}) = \sqrt{2}$，

$\chi_{5/2}(C_2') = 0$，$\chi_{5/2}(\overline{C_2'}) = 0$

綜合 $J=\dfrac{1}{2}$，$\dfrac{3}{2}$，$\dfrac{5}{2}$ 的結果填入**雙群** ${}^{d}O$ 的**特徵值表**得

^dO			$3\overline{C_2}$			$6\overline{C_2'}$	$\overline{E}$	$8\overline{C_3}$	$6\overline{C_4}$
		E	$3C_2$	$8C_3$	$6C_4$	$6C_2'$			
Γ_1	A_1	1	1	1	1	1	1	1	1
Γ_2	A_2	1	1	1	-1	-1	1	1	-1
Γ_3	E	2	2	-1	0	0	2	-1	0
Γ_4	T_1	3	-1	0	1	-1	3	0	1
Γ_5	T_2	3	-1	0	-1	1	3	0	-1
Γ_6	?	2	?	?	?	?	?	?	?
Γ_7	?	2	?	?	?	?	?	?	?
Γ_8	?	4	?	?	?	?	?	?	?
$\Gamma_{1/2}$	–	2	0	1	$\sqrt{2}$	0	-2	-1	$-\sqrt{2}$
$\Gamma_{3/2}$	–	4	0	-1	0	0	-4	1	0
$\Gamma_{5/2}$	–	6	0	0	$-\sqrt{2}$	0	-6	0	$\sqrt{2}$

我們可以發現如果 R 和 $\overline{R}$ 是屬於同一個類，則

$$\chi_J(R) = \chi_J(\overline{R}) = 0$$

接著要分別檢驗的**不可約性**（Irreducibility），因為必須要是**不可約表示**才可以填入**特徵表**內，然而在判斷該**表示**是否為**可約表示**的方法，如前所述，基本上有兩個，第一個方法當然是把**雙群**中所有的**類**都跑一遍；第二個方法是只要把**雙群**中多出來的**類**跑一遍即可。以下我們將同時演練這兩個方法。

$\Gamma_{1/2}$：

$$\sum_{\substack{T= \\ E, C_2, \overline{C_2}, C_3, C_4, C_2', \overline{C_2'} \\ \overline{E}, \overline{C_3}, \overline{C_4}}} |\chi_{1/2}(T)|^2 = 1 \cdot (2)^2 + 3 \cdot (0)^2 + 3 \cdot (0)^2 + 8 \cdot (-1)^2 + 6 \cdot (\sqrt{2})^2 + 6 \cdot (0)^2 + 6 \cdot (0)^2 + 1 \cdot (-2)^2 + 8 \cdot (-1)^2 + 6 \cdot (-\sqrt{2})^2 = 48 = \overline{h}$$

或

$$\sum_{T=\overline{E},\overline{C_3},\overline{C_4}} |\chi_{1/2}(T)|^2 = 1\cdot(-2)^2 + 8\cdot(-1)^2 + 6\cdot(-\sqrt{2})^2$$
$$= 24 = \frac{\overline{h}}{2}$$

所以 $\Gamma_{1/2}$ 是**不可約表示**，可以被填入**特徵表**中，被稱為 Γ_6 或 $E_{1/2}$。

^dO			$3\overline{C_2}$			$6\overline{C_2'}$	$\overline{E}$	$8\overline{C_3}$	$6\overline{C_4}$
		E	$3C_2$	$8C_3$	$6C_4$	$6C_2'$			
Γ_1	A_1	1	1	1	1	1	1	1	1
Γ_1	A_2	1	1	1	-1	-1	1	1	-1
Γ_3	E	2	2	-1	0	0	2	-1	0
Γ_4	T_1	3	-1	0	1	-1	3	0	1
Γ_5	T_2	3	-1	0	-1	1	3	0	-1
Γ_6	$E_{1/2}$	2	0	1	$\sqrt{2}$	0	-2	-1	$-\sqrt{2}$
Γ_7	?	2	?	?	?	?	?	?	?
Γ_8	?	4	?	?	?	?	?	?	?
$\Gamma_{1/2}$	–	2	0	1	$\sqrt{2}$	0	-2	-1	$-\sqrt{2}$
$\Gamma_{3/2}$	–	4	0	-1	0	0	-4	1	0
$\Gamma_{5/2}$	–	6	0	0	$-\sqrt{2}$	0	-6	0	$\sqrt{2}$

接著再來檢驗 $\Gamma_{3/2}$，

$$\Gamma_{3/2}: \sum_{\substack{T=\\E,C_2,\overline{C_2},C_3,C_4,C_2',\overline{C_2'}\\\overline{E},\overline{C_3},\overline{C_4}}} |\chi_{3/2}(T)|^2 = 1\cdot(4)^2 + 3\cdot(0)^2 + 3\cdot(0)^2 + 8\cdot(-1)^2 + 6\cdot(0)^2 + 6\cdot(0)^2 + 6\cdot(0)^2 + 1\cdot(-4)^2 + 8\cdot(1)^2 + 6\cdot(0)^2 = 48 = \overline{h}$$

$$\text{或} \sum_{T=\overline{E},\overline{C_3},\overline{C_4}} |\chi_{1/2}(T)|^2 = 1\cdot(-4)^2 + 8\cdot(1)^2 + 6\cdot(0)^2 = 24 = \frac{\overline{h}}{2}$$

所以 $\Gamma_{3/2}$ 也是**不可約表示**，也可以被填入**特徵表**中，被稱為 Γ_8 或 $F_{3/2}$。

^dO			$3\overline{C_2}(=\overline{C_4^2})$			$6\overline{C_2'}(=\overline{C_2'})$	$\overline{E}$	$8\overline{C_3}$	$6\overline{C_4}$
		E	$3C_2(=C_4^2)$	$8C_3$	$6C_4$	$6C_2'(=C_2)$			
Γ_1	A_1	1	1	1	1	1	1	1	1
Γ_2	A_2	1	1	1	−1	−1	1	1	−1
Γ_3	E	2	2	−1	0	0	2	−1	0
Γ_4	T_1	3	−1	0	1	−1	3	0	1
Γ_5	T_2	3	−1	0	−1	1	3	0	−1
Γ_6	$E_{1/2}$	2	0	1	$\sqrt{2}$	0	−2	−1	$-\sqrt{2}$
Γ_7	?	2	?	?	?	?	?	?	?
Γ_8	$F_{3/2}$	4	0	−1	0	0	−4	1	0
$\Gamma_{1/2}$	−	2	0	1	$\sqrt{2}$	0	−2	−1	$-\sqrt{2}$
$\Gamma_{3/2}$	−	4	0	−1	0	0	−4	1	0
$\Gamma_{5/2}$	−	6	0	0	$-\sqrt{2}$	0	−6	0	$\sqrt{2}$

同樣的步驟來檢驗 $\Gamma_{5/2}$，

$$\Gamma_{5/2}: \sum_{\substack{T= \\ E,C_2\overline{C_2},C_3,C_4, \\ C_2',\overline{C_2'},\overline{E},\overline{C_3},\overline{C_4}}} |\chi_{5/2}(T)|^2 = 1\cdot(6)^2+3\cdot(0)^2+3\cdot(0)^2+8\cdot(0)^2+ 6\cdot(-\sqrt{2})^2+6\cdot(0)^2+6\cdot(0)^2+1\cdot (-6)^2+8\cdot(0)^2+6\cdot(\sqrt{2})^2=96>\overline{h}$$

$$\text{或} \sum_{\substack{T= \\ \overline{E},\overline{C_3},\overline{C_4}}} |\chi_{5/2}(T)|^2 = 1\cdot(-6)^2+8\cdot(0)^2+6\cdot(\sqrt{2})^2=48>\frac{\overline{h}}{2}$$

顯然 $\Gamma_{5/2}$ 是**可約表示**，然而我們的目標是要找出**雙群**的**不可約表示**，所以現在先要把 $\Gamma_{5/2}$ 以**不可約表示**分解開來以找出除了 Γ_6 和 Γ_8 以外的第三個**不可約表示** Γ_7。分解的方法基本上也有兩個，和判斷是否為**可約表示**的方法相似，第一個方法是包含**雙群**中所有的**元素**；第二個方法是只考慮相對於原來**單值群**多出的**不可約表示**，且以**單值群**的**元素**計算。

由 $$a(\Gamma_i)=\frac{1}{h}\sum_{\rho}\chi_i^*(\mathscr{C}_\rho)\chi(\mathscr{C}_\rho)g_\rho$$

因為**雙群**的**不可約表示**是不同於原來**單值群**的**不可約表示**，所以第三個**不可約表示** Γ_7 只可能和 Γ_6 和 Γ_8 有關，也就是可以直接寫出 $a(\Gamma_1)=0$、$a(\Gamma_2)=0$、$a(\Gamma_3)=0$、$a(\Gamma_4)=0$、$a(\Gamma_5)=0$，驗證如下：

$$a(\Gamma_1)=\frac{1}{48}\sum_{\rho}\chi_1^*(\mathscr{C}_\rho)\chi_{5/2}(\mathscr{C}_\rho)g_\rho$$
$$=\frac{1}{48}\begin{bmatrix}6\cdot1\cdot1+0\cdot1\cdot3+0\cdot1\cdot3+0\cdot1\cdot8+(-\sqrt{2})\cdot1\cdot6+0\cdot1\cdot6\\+0\cdot1\cdot6+(-6)\cdot1\cdot1+0\cdot1\cdot8+\sqrt{2}\cdot1\cdot6\end{bmatrix}$$
$$=0$$

$$a(\Gamma_2)=\frac{1}{48}\sum_{\rho}\chi_2^*(\mathscr{C}_\rho)\chi_{5/2}(\mathscr{C}_\rho)g_\rho$$
$$=\frac{1}{48}\begin{bmatrix}6\cdot1\cdot1+0\cdot1\cdot3+0\cdot1\cdot3+0\cdot1\cdot8+(-\sqrt{2})\cdot(-1)\cdot6+0\cdot(-1)\cdot6\\+0\cdot1\cdot6+(-6)\cdot1\cdot1+0\cdot1\cdot8+\sqrt{2}\cdot(-1)\cdot6\end{bmatrix}$$
$$=0$$

$$a(\Gamma_3)=\frac{1}{48}\sum_{\rho}\chi_3^*(\mathscr{C}_\rho)\chi_{5/2}(\mathscr{C}_\rho)g_\rho$$
$$=\frac{1}{48}\begin{bmatrix}6\cdot2\cdot1+0\cdot2\cdot3+0\cdot2\cdot3+0\cdot(-1)\cdot8+(-\sqrt{2})\cdot0\cdot6+0\cdot0\cdot6\\+0\cdot0\cdot6+(-6)\cdot2\cdot1+0\cdot(-1)\cdot8+\sqrt{2}\cdot0\cdot6\end{bmatrix}$$
$$=0$$

$$a(\Gamma_4)=\frac{1}{48}\sum_{\rho}\chi_4^*(\mathscr{C}_\rho)\chi_{5/2}(\mathscr{C}_\rho)g_\rho$$
$$=\frac{1}{48}\begin{bmatrix}6\cdot3\cdot1+0\cdot(-1)\cdot3+0\cdot(-1)\cdot3+0\cdot0\cdot8+(-\sqrt{2})\cdot1\cdot6+0\cdot(-1)\cdot6\\+0\cdot(-1)\cdot6+(-6)\cdot3\cdot1+0\cdot0\cdot8+\sqrt{2}\cdot1\cdot6\end{bmatrix}$$
$$=0$$

$$a(\Gamma_5)=\frac{1}{48}\sum_{\rho}\chi_5^*(\mathscr{C}_\rho)\chi_{5/2}(\mathscr{C}_\rho)g_\rho$$
$$=\frac{1}{48}\begin{bmatrix}6\cdot3\cdot1+0\cdot(-1)\cdot3+0\cdot(-1)\cdot3+0\cdot0\cdot8+(-\sqrt{2})\cdot(-1)\cdot6+0\cdot1\cdot6\\+0\cdot1\cdot6+(-6)\cdot3\cdot1+0\cdot0\cdot8+\sqrt{2}\cdot(-1)\cdot6\end{bmatrix}$$

$= 0$

而 $a(\Gamma_6) = \frac{1}{48} \sum_{\rho} \chi_6^*(\mathscr{C}_\rho)\chi_{5/2}(\mathscr{C}_\rho)g_\rho$

$$= \frac{1}{48}\begin{bmatrix} 6 \cdot 2 \cdot 1 + 0 \cdot 0 \cdot 3 + 0 \cdot 0 \cdot 3 + 1 \cdot 0 \cdot 8 + \sqrt{2} \cdot (-\sqrt{2}) \cdot 6 + 0 \cdot 6 \cdot 6 \\ +(-2) \cdot (-6) \cdot 1 + (-1) \cdot 0 \cdot 8 + (-\sqrt{2}) \cdot \sqrt{2} \cdot 6 \end{bmatrix}$$

$= 0$

$a(\Gamma_8) = \frac{1}{48} \sum_{\rho} \chi_8^*(\mathscr{C}_\rho)\chi_{5/2}(\mathscr{C}_\rho)g_\rho$

$$= \frac{1}{48}\begin{bmatrix} 6 \cdot 4 \cdot 1 + 0 \cdot 0 \cdot 3 + 0 \cdot 0 \cdot 3 + 0 \cdot (-1) \cdot 8 + (-\sqrt{2}) \cdot 0 \cdot 6 + 0 \cdot 0 \cdot 6 \\ +(-6) \cdot (-4) \cdot 1 + 1 \cdot 0 \cdot 8 + \sqrt{2} \cdot 0 \cdot 6 \end{bmatrix}$$

$= 1$

或採取第二個方法計算 $a(\Gamma_6)$ 與 $a(\Gamma_8)$，相對於原來**單值群**多出的**不可約表示**之**單值群**的元素為

${}^dO$	E	$3C_2$	$8C_3$	$6C_4$	$6C_2'$
Γ_6	2	0	1	$\sqrt{2}$	0
Γ_7	–	–	–	–	–
Γ_8	4	0	–1	0	0

，即

$$a(\Gamma_6) = \frac{1}{24}[6 \cdot 2 \cdot 1 + 0 \cdot 0 \cdot 3 + 0 \cdot 1 \cdot 8 + (-\sqrt{2}) \cdot \sqrt{2} \cdot 6 + 0 \cdot 0 \cdot 6] = 0$$

$$a(\Gamma_8) = \frac{1}{24}[6 \cdot 4 \cdot 1 + 0 \cdot 0 \cdot 3 + 0 \cdot (-1) \cdot 8 + (-\sqrt{2}) \cdot 0 \cdot 6 + 0 \cdot 0 \cdot 6] = 1$$

所以 $\Gamma_{5/2} - \Gamma_8 = \{2 \;\; 0 \;\; 1 \;\; -\sqrt{2} \;\; 0 \;\; -2 \;\; -1 \;\; \sqrt{2}\} = \Gamma_7 = E_{5/2}$

所以**雙群** ${}^dO$ 的**特徵值表**為：

^dO			$3\overline{C_2}$			$6\overline{C_2'}$	$\overline{E}$	$8\overline{C_3}$	$6\overline{C_4}$
		E	$3C_2$	$8C_3$	$6C_4$	$6C_2'$			
Γ_1	A_1	1	1	1	1	1	1	1	1
Γ_2	A_2	1	1	1	−1	−1	1	1	−1
Γ_3	E	2	2	−1	0	0	2	−1	0
Γ_4	T_1	3	−1	0	1	−1	3	0	1
Γ_5	T_2	3	−1	0	−1	1	3	0	−1
Γ_7	$E_{1/2}$	2	0	1	$\sqrt{2}$	0	−2	−1	$-\sqrt{2}$
Γ_7	$E_{5/2}$	2	0	1	$-\sqrt{2}$	0	−2	−1	$\sqrt{2}$
Γ_8	$F_{3/2}$	4	0	−1	0	0	−4	1	0

對於獲得一個完整的**雙群乘積表**，可以參考以下四個原則來簡單得到：

[1] **雙群表**（Double-group table）是**單群表**（Single-group table）的四倍大。

[2] **沒有橫槓操作**（Unbarred operator）的乘積等於二個對應的**沒有橫槓操作**乘積結果，再加上橫槓，反之亦然。

[3] **有橫槓操作**（Barred operator）和**沒有橫槓操作**的乘積的結果，和 [2] 相同。

[4] 二個**有橫槓操作**的乘積和，二個對應的**沒有橫槓操作**的乘積相同。

例 5.3 已知**單值群** C_{3v} 的**乘積表**如下，試建構出**雙群** $^{d}C_{3v}$ 的**乘積表**。

C_{3v}	E	C_3	C_3^2	σ_{v_a}	σ_{v_b}	σ_{v_c}
E	E	C_3	C_3^2	σ_{v_a}	σ_{v_b}	σ_{v_c}
C_3	C_3	$\overline{C_3^2}$	E	σ_{v_c}	σ_{v_a}	σ_{v_b}
C_3^2	C_3^2	E	$\overline{C_3}$	σ_{v_b}	σ_{v_c}	σ_{v_a}
σ_{v_a}	σ_{v_a}	σ_{v_b}	σ_{v_c}	$\overline{E}$	$\overline{C_3}$	$\overline{C_3^2}$
σ_{v_b}	σ_{v_b}	σ_{v_c}	σ_{v_a}	$\overline{C_3^2}$	$\overline{E}$	C_3
σ_{v_c}	σ_{v_c}	σ_{v_a}	σ_{v_b}	$\overline{C_3}$	C_3^2	$\overline{E}$

解： 雖然我們在此沒有介紹如何獲得**雙群** $^{d}C_{3v}$ 的**乘積表**中原屬於**單值群** C_{3v} 的**乘積表**，但是可以依據上述的四個原則可得**雙群** $^{d}C_{3v}$ 的**乘積表**，如下表所示：

$^{d}C_{3v}$	E	C_3	C_3^2	σ_{v_a}	σ_{v_b}	σ_{v_c}	$\overline{E}$	$\overline{C_3}$	$\overline{C_3^2}$	σ_{v_a}	σ_{v_b}	σ_{v_c}
E	E	C_3	C_3^2	σ_{v_a}	σ_{v_b}	σ_{v_c}	$\overline{E}$	$\overline{C_3}$	$\overline{C_3^2}$	σ_{v_a}	σ_{v_b}	σ_{v_c}
C_3	C_3	$\overline{C_3^2}$	E	σ_{v_c}	σ_{v_a}	σ_{v_b}	$\overline{C_3}$	C_3^2	$\overline{E}$	σ_{v_c}	σ_{v_a}	σ_{v_b}
C_3^2	C_3^2	E	$\overline{C_3}$	σ_{v_b}	σ_{v_c}	σ_{v_a}	$\overline{C_3^2}$	$\overline{E}$	C_3	σ_{v_b}	σ_{v_c}	σ_{v_a}
σ_{v_a}	σ_{v_a}	σ_{v_b}	σ_{v_c}	$\overline{E}$	$\overline{C_3}$	$\overline{C_3^2}$	σ_{v_a}	σ_{v_b}	σ_{v_c}	E	C_3	C_3^2
σ_{v_b}	σ_{v_b}	σ_{v_c}	σ_{v_a}	$\overline{C_3^2}$	$\overline{E}$	C_3	σ_{v_b}	σ_{v_c}	σ_{v_a}	C_3^2	E	$\overline{C_3}$
σ_{v_c}	σ_{v_c}	σ_{v_a}	σ_{v_b}	$\overline{C_3}$	C_3^2	$\overline{E}$	σ_{v_c}	σ_{v_a}	σ_{v_b}	C_3	$\overline{C_3^2}$	E
$\overline{E}$	$\overline{E}$	$\overline{C_3}$	$\overline{C_3^2}$	σ_{v_a}	σ_{v_b}	σ_{v_c}	E	C_3	C_3^2	σ_{v_a}	σ_{v_b}	σ_{v_c}
$\overline{C_3}$	$\overline{C_3}$	C_3^2	$\overline{E}$	σ_{v_c}	σ_{v_a}	σ_{v_b}	C_3	$\overline{C^2}_3$	E	σ_{v_c}	σ_{v_a}	σ_{v_b}
$\overline{C_3^2}$	$\overline{C_3^2}$	$\overline{E}$	C_3	σ_{v_b}	σ_{v_c}	σ_{v_a}	C_3^2	E	$\overline{C_3}$	σ_{v_b}	σ_{v_c}	σ_{v_a}
σ_{v_a}	σ_{v_a}	σ_{v_b}	σ_{v_c}	E	C_3	C_3^2	σ_{v_a}	σ_{v_b}	σ_{v_c}	$\overline{E}$	$\overline{C_3}$	$\overline{C_3^2}$
σ_{v_b}	σ_{v_b}	σ_{v_c}	σ_{v_a}	C_3^2	E	$\overline{C_3}$	σ_{v_b}	σ_{v_c}	σ_{v_a}	$\overline{C_3^2}$	$\overline{E}$	C_3
σ_{v_c}	σ_{v_c}	σ_{v_a}	σ_{v_b}	C_3	$\overline{C_3^2}$	E	σ_{v_c}	σ_{v_a}	σ_{v_b}	$\overline{C_3}$	C_3^2	$\overline{E}$

■

習題

1. 一個平面旋轉的緊緻李群（Compact Lie group）之實數么正表示（Real unitary representation）為

$$R_z(\theta)=\begin{bmatrix}\cos\theta & -\sin\theta\\ \sin\theta & \cos\theta\end{bmatrix}，其中\ \theta\ 為旋轉角度。$$

這個表示是可約的，試由么正矩陣 $S=\frac{1}{\sqrt{2}}\begin{bmatrix}1 & i\\ i & 1\end{bmatrix}$，藉相似轉換將 $R_z(\theta)$ 化成不可約表示。

2. 球諧函數定義為 $Y_l^{m_l}(\theta,\phi)=N_{lm_l}P_l^{m_l}(\cos\theta)\exp(im_l\phi)$，如果 R_α 為角度 α 的旋轉操作，則當 R_α 操作在函數 $Y_2^{m_2}$ 上的結果為

$$R_\alpha Y_2^{m_2}(\theta,\phi)=Y_2^{m_2}(\theta,\phi-\alpha)$$
$$=\exp(-im_2\alpha)Y_2^{m_2}(\theta,\phi)，m_2=-2,-1,0,1,2，$$

試證這個操作的表示是一個對角化的矩陣：

$$\Gamma^2(\alpha)=\begin{bmatrix}e^{-i2\alpha} & 0 & 0 & 0 & 0\\ 0 & e^{-i\alpha} & 0 & 0 & 0\\ 0 & 0 & 1 & 0 & 0\\ 0 & 0 & 0 & e^{i\alpha} & 0\\ 0 & 0 & 0 & 0 & e^{i2\alpha}\end{bmatrix}。$$

3. 試證明（5.5）式，即

$$\exp(-il\alpha)+\exp[-i(l-1)\alpha]+\cdots+\exp[i(l-1)\alpha]+\exp(il\alpha)$$
$$=\frac{\sin\left(l+\frac{1}{2}\right)\alpha}{\sin\frac{1}{2}\alpha}$$

4. 由 $\chi^J(\phi)=\sum_{M_J=-J}^{j}e^{iM_J\phi}=\frac{\sin[(2J+1)\phi/2]}{\sin(\phi/2)}$，其中 $J=\frac{1}{2},1,\frac{3}{2},2,\frac{5}{2}$

…，則當 $J=\frac{1}{2},\frac{3}{2},\frac{5}{2}\ldots$，試証：

(1) $\chi^J(2\pi)=-(2J+1)$。

(2) $\chi^J(2\pi+\phi)=-\chi^J(\phi)$。

(3) $\chi^J(4\pi+\phi)=-\chi^J(\phi)$。

5. 全旋轉群的特徵值為

$$\chi^j(\alpha)=\begin{cases}2j+1 & ，\alpha=0\\ \dfrac{\sin\left(j+\frac{1}{2}\right)\alpha}{\sin\frac{1}{2}\alpha} & ，\alpha\neq 0\end{cases}$$

，其中 α 為旋轉角度。

試完成全旋轉群的旋轉操作特徵值表。

Γ_j	E	C_2	C_3	C_4	C_6
Γ_0	?	?	?	?	?
Γ_1	?	?	?	?	?
Γ_2	?	?	?	?	?
Γ_3	?	?	?	?	?
Γ_4	?	?	?	?	?
Γ_5	?	?	?	?	?
Γ_6	?	?	?	?	?
Γ_7	?	?	?	?	?
$\Gamma_{1/2}$	?	?	?	?	?
$\Gamma_{3/2}$	?	?	?	?	?
$\Gamma_{5/2}$	?	?	?	?	?
$\Gamma_{7/2}$	?	?	?	?	?
$\Gamma_{9/2}$	?	?	?	?	?
$\Gamma_{11/2}$	?	?	?	?	?
$\Gamma_{13/2}$	?	?	?	?	?
$\Gamma_{15/2}$	?	?	?	?	?

6. 為了在能態分裂的分析中納入電子自旋的行為，1929 年 Bethe 提

出了**雙群**的方法。在考慮電子自旋之後，有一**單值群** $D_4(422)$ 的表示為：

$$E=\begin{bmatrix}\eta^8 & 0\\ 0 & \eta^8\end{bmatrix}、C_{2z}=\begin{bmatrix}\eta^2 & 0\\ 0 & \eta^6\end{bmatrix}、C_{4z}^+=\begin{bmatrix}\eta & 0\\ 0 & \eta^7\end{bmatrix}、C_{4z}^-=\begin{bmatrix}\eta^3 & 0\\ 0 & \eta^5\end{bmatrix}$$

$$C_{2x}=\begin{bmatrix}0 & \eta^2\\ \eta^2 & 0\end{bmatrix}、C_{2y}=\begin{bmatrix}0 & \eta^8\\ \eta^4 & 0\end{bmatrix}、C_{2\alpha}=\begin{bmatrix}0 & \eta^5\\ \eta^7 & 0\end{bmatrix}、C_{2b}=\begin{bmatrix}0 & \eta^7\\ \eta^5 & 0\end{bmatrix}$$

，其中 $\eta=\exp(i2\pi/8)$。

其**雙群** ${}^dD_4$ 的**自旋表示**如下：

$$E=\begin{bmatrix}\eta^8 & 0\\ 0 & \eta^8\end{bmatrix}、C_{2z}=\begin{bmatrix}\eta^2 & 0\\ 0 & \eta^6\end{bmatrix}、C_{4z}^+=\begin{bmatrix}\eta & 0\\ 0 & \eta^7\end{bmatrix}、C_{4z}^-=\begin{bmatrix}\eta^3 & 0\\ 0 & \eta^5\end{bmatrix}$$

$$\overline{E}=\begin{bmatrix}\eta^4 & 0\\ 0 & \eta^4\end{bmatrix}、\overline{C}_{2z}=\begin{bmatrix}\eta^6 & 0\\ 0 & \eta^2\end{bmatrix}、\overline{C}_{4z}^+=\begin{bmatrix}\eta^5 & 0\\ 0 & \eta^3\end{bmatrix}、\overline{C}_{4z}^-=\begin{bmatrix}\eta^7 & 0\\ 0 & \eta\end{bmatrix}$$

$$C_{2x}=\begin{bmatrix}0 & \eta^2\\ \eta^2 & 0\end{bmatrix}、C_{2y}=\begin{bmatrix}0 & \eta^8\\ \eta^4 & 0\end{bmatrix}、C_{2\alpha}=\begin{bmatrix}0 & \eta^5\\ \eta^7 & 0\end{bmatrix}、C_{2b}=\begin{bmatrix}0 & \eta^7\\ \eta^5 & 0\end{bmatrix}$$

$$\overline{C}_{2x}=\begin{bmatrix}0 & \eta^6\\ \eta^6 & 0\end{bmatrix}、\overline{C}_{2y}=\begin{bmatrix}0 & \eta^4\\ \eta^8 & 0\end{bmatrix}、\overline{C}_{2\alpha}=\begin{bmatrix}0 & \eta\\ \eta^3 & 0\end{bmatrix}、\overline{C}_{2b}=\begin{bmatrix}0 & \eta^3\\ \eta & 0\end{bmatrix}。$$

則

(1) 試採用例 5.3 的方法及**矩陣表示**的乘積分別找出**雙群** ${}^dD_4$ 的**乘積表**？這二個不同的方法所得的結果是否相同？

(2) 已知在不考慮電子自旋的條件下，$D_4(422)$ 群可以分成 5 個類，即 $\{E\}$、$\{C_{2z}\}$、$\{C_{4z}^+, C_{4z}^+\}$、$\{C_{2x}, C_{2y}\}$、$\{C_{2a}, C_{2b}\}$，試證**雙群** ${}^dD_4$ 可以分成 7 個類，即$\{E\}$、$\{\overline{E}\}$、$\{C_{2z}, \overline{C}_{2z}\}$、$\{C_{4z}^+, \overline{C}_{4z}^-\}$、$\{C_{4z}^-, \overline{C}_{4z}^+\}$、$\{C_{2x}, C_{2y}, \overline{C}_{2x}, \overline{C}_{2y}\}$、$\{C_{2a}, C_{2b}, \overline{C}_{2a}, \overline{C}_{2b}\}$。

(3) 則請完成如下的**雙群** ^dD **特徵值表**。

$^dD_4$		$\overline{E}$	$\overline{C}_{2z}$	$\overline{C}^-_{4z}$	$\overline{C}^+_{4z}$	$\overline{C}_{2x}, \overline{C}_{2y}$	$\overline{C}_{2a}, \overline{C}_{2b}$
	E		C_{2z}	C^+_{4z}	C^-_{4z}	C_{2x}, C_{2y}	C_{2a}, C_{2b}
Γ_1	1	?	1	1	1	1	1
Γ_2	1	?	1	1	1	−1	−1
Γ_3	1	?	1	−1	−1	1	−1
Γ_4	1	?	1	−1	−1	−1	1
Γ_5	2	?	−2	0	0	0	0
Γ_6	?	?	?	?	?	?	?
Γ_7	?	?	?	?	?	?	?

7. 在例 5.2 的結果有一些 ^dO **雙群**的（$2j+1$）維**雙值表示**分裂，請進一步完成下表，

j	1/2	3/2	5/2	7/2	9/2	11/2
不可約表示分量	Γ_6	Γ_8	$\Gamma_7+\Gamma_8$	?	?	?

8. 在例 5.2 中，我們很抽象的以 Opechowski 法則對**雙群**的**元素**做**分類**，在例 5.3 中，由已知的**單值群**來建構出**雙群**的**乘積表**，以下將簡單的以 C_{3v} **群**來作一些運算。

若已知**雙群** $^dC_{3v}$ 的二個**生成元素**為 $X_1=\begin{bmatrix} e^{i\frac{\pi}{3}} & 0 \\ 0 & e^{-i\frac{\pi}{3}} \end{bmatrix}$，$Y_0=\begin{bmatrix} 0 & -1 \\ 1 & 0 \end{bmatrix}$

則

(1) 試求**單值群** $C_{3v}=\{E=X_0, X_1, X_{-1}, Y_0, Y_1, Y_{-1}\}$6 個**元素**的（$2\times2$）**矩陣表示**。

(2) 完成 C_{3v} **單值群乘表**。

C_{3v}	X_0	X_1	X_{-1}	Y_0	Y_1	Y_{-1}
X_0	?	?	?	?	?	?
X_1	?	?	?	?	?	?
X_{-1}	?	?	?	?	?	?
Y_0	?	?	?	?	?	?
Y_1	?	?	?	?	?	?
Y_{-1}	?	?	?	?	?	?

(3) 試將**雙群** ${}^{d}C_{3v}$ 的 12 個元素 X_0、X_1、X_{-1}、Y_0、Y_1、Y_{-1}、$\overline{X}_0$、$\overline{X}_1$、$\overline{X}_{-1}$、$\overline{Y}_0$、$\overline{Y}_1$、$\overline{Y}_{-1}$ 作**分類**。

9. 如 5-1 節所述，$SO(3, r)$（或 O_3^+）和 $SU(2)$ 有**同態**的關係，以下我們在分別對球諧函數（Spatial function of spherical harmonic）和自旋角動量的特徵函數（Spin angular momentum eigenfunction）做相同的**旋轉操作**之後可以具體看出總角動量 J 為整數的**操作表示**和總角動量 J 為半整數的**操作表示**之間的差異與關係。

(1) 當 $l=1$ 時，球諧函數為

$$L_x = \frac{1}{\sqrt{2}}\begin{bmatrix} 0 & 1 & 0 \\ 1 & 0 & 1 \\ 0 & 1 & 0 \end{bmatrix}、L_y = \frac{1}{\sqrt{2}}\begin{bmatrix} 0 & -i & 0 \\ i & 0 & -i \\ 0 & i & 0 \end{bmatrix}、L_z = \frac{1}{\sqrt{2}}\begin{bmatrix} 1 & 0 & 0 \\ 0 & 0 & 0 \\ 0 & 0 & -1 \end{bmatrix}$$

且對應於**旋轉群**的**旋轉操作**為

$$\Gamma^1(\phi) = \begin{bmatrix} e^{-i\phi} & 0 & 0 \\ 0 & 1 & 0 \\ 0 & 0 & e^{i\phi} \end{bmatrix}$$

則透過 $\Gamma^1(\phi)$ 的**操作**，可以分別對 L_x、L_y、L_z 作**相似轉換**到新的座標系 L'_x、L'_y、L'_z 如下：

$$L'_x = (\Gamma^1(\phi))^{-1} L_x \Gamma^1(\phi) = aL_x + bL_y + cL_z$$

$$L'_y = (\Gamma^1(\phi))^{-1} L_y \Gamma^1(\phi) = dL_x + eL_y + fL_z$$

$$L'_z = (\,\Gamma^1(\phi))^{-1}\mathrm{L}_z\,\Gamma^1(\phi) = lL_x + mL_y + nL_z$$

試求 a、b、c、d、e、f、l、m、n。

或者我們可以將上面的結果寫成：

$$\begin{bmatrix} L'_x \\ L'_y \\ L'_z \end{bmatrix} = R_z(\phi)\begin{bmatrix} L_x \\ L_y \\ L_z \end{bmatrix}$$

則 $R_z(\phi) =$ ？

(2) 對 $J=\frac{1}{2}$ 的自旋角動量的（2×2）**么正矩陣**之一般型式為：

$U=\begin{bmatrix} ae^{i\alpha} & be^{i\beta} \\ -be^{-i\beta} & ae^{-i\alpha} \end{bmatrix}$ 其中 $a^2+b^2=1$，且 a、b、α、β 的絕對數值可以藉由 U 在自旋矩陣（Spin matrices 或 Pauli matrices）σ_x、σ_y、σ_z 的投影條件來決定。

若 $U=\Gamma^{1/2}(\phi)=\begin{bmatrix} e^{-i\phi/2} & 0 \\ 0 & e^{-\phi/2} \end{bmatrix}$，且 $\sigma_x=\begin{bmatrix} 0 & 1/2 \\ 1/2 & 0 \end{bmatrix}$，$\sigma_y=\begin{bmatrix} 0 & -\frac{i}{2} \\ i/2 & 0 \end{bmatrix}$，$\sigma_z=\begin{bmatrix} 1/2 & 0 \\ 0 & -1/2 \end{bmatrix}$，

則 $\sigma'_x = (\,\Gamma^{1/2}(\phi))^{-1}\sigma_x\Gamma^{1/2}(\phi) = a\sigma_x + b\sigma_y + c\sigma_z$

$\sigma'_y = (\,\Gamma^{1/2}(\phi))^{-1}\sigma_y\Gamma^{1/2}(\phi) = d\sigma_x + e\sigma_y + f\sigma_z$

$\sigma'_z = (\,\Gamma^{1/2}(\phi))^{-1}\sigma_z\Gamma^{1/2}(\phi) = l\sigma_x + m\sigma_y + n\sigma_z$

試求 a、b、c、d、e、f、l、m、n。

若 $\begin{bmatrix} \sigma'_x \\ \sigma'_y \\ \sigma'_z \end{bmatrix} = R_z(\phi)\begin{bmatrix} \sigma_x \\ \sigma_y \\ \sigma_z \end{bmatrix}$，則 $R_z(\phi) =$ ？

第6章

群論在固態物理的應用

大道氾兮 其可左右

6.1 前言

從前五章的基本的**群論**概念已經足夠應用在一些固態問題上，我們選了幾個主題來討論，依序包含：晶體場能階分裂（Crystal field splitting）、晶體中電子能態的**對稱**特性、晶體振動光譜（Vibration spectrum）的**對稱**特性、能帶結構計算中特徵行列式的分解。當中振動光譜的**對稱**說明稍微短了一些，因為即便是分子結構很簡單的水分子（H_2O）或氨分子（NH_3）的振動光譜的**對稱**分析皆囿於篇幅（或作者的能力）而無法做簡潔、有系統的描述，所以只得做最單純的介紹，並且加了一個習題。

6.2 晶體場分裂

我們在第一章曾經介紹了**點群**之間的**共軛子群**關係，如圖 1-3 所示，這一節的內容將可以使我們更具體的進一步作瞭解。當一個單一的自由原子被置於**晶體對稱場**中，如圖 6-1 所示，其簡併的原子能階分裂現象。通常晶體場理論（Crystal field theory）的起始點是羅列出在沒有任何外加電場或磁場的情況下，置於晶體電場（Crystalline electric field）的中心順磁離子（Central paramagnetic ion）之 Hamiltonian。

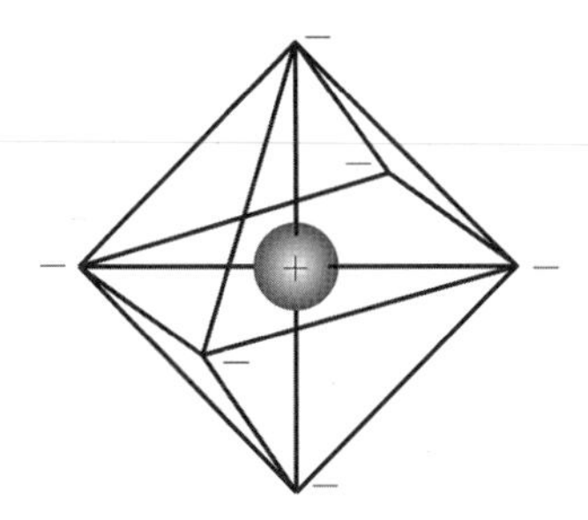

圖 6-1．置於晶體電場的中心順磁離子

以最簡單的方式來標示 Hamiltonian，即

$$H = H_F + \mathrm{V} \tag{6.1}$$

其中 H_F：自由離子的 Hamiltonian；

V：圍繞在中心正離子**對稱**分佈的負離子所提供的電位能，

即 $V = e\phi_c(\vec{r})$。

假設正負離子是互相不重疊的堅硬球體，則（6.1）式可以進一步寫成

$$\begin{aligned} H &= -\frac{h^2}{2m}\sum_i \nabla_i^2 - \sum_i \frac{Ze^2}{r_i} + \frac{1}{2}\sum_{i\neq j}\lambda_{ij}\hat{l}_i \cdot \hat{s}_i - \frac{1}{2}\sum_i e_i\phi_c(\vec{r}) \\ &= -\frac{h^2}{2m}\sum_i \nabla_i^2 - \sum_i \frac{Ze^2}{r_i} + \frac{1}{2}\sum_{i\neq j}\left[\frac{e^2}{r_{ij}} + \lambda_{ij}\hat{l}_i \cdot \hat{s}_i - e_i\phi_c(\vec{r}_i)\right] \end{aligned} \tag{6.2}$$

右側第一項是順磁離子內所有電子的動能；

第二項是電子和原子核之間的庫倫引力；

第三項是電子與電子間的交互作用或電子間的庫倫斥力；

第四項是自旋－軌道耦合（Spin-orbit coupling）的影響，耦合係數為 λ_{ij}，其中 i、j 必須要遍及所有的電子；

第五項是晶體場或電場和每一個電子 e_i 交互作用的效應，也是現在我們最重視的一項。

一般而言，若 $\lambda_{ij}\hat{l}_i \cdot \hat{s}_i > e_i\phi_c(\overline{r}_i)$，則稱為弱晶體場（Weak crystal field），以自旋－軌道耦合作用為主；

若 $\dfrac{e^2}{r_{ij}} > e_i\phi_c(\overline{r}_i) > \lambda_{ij}\hat{l}_i \cdot \hat{s}_i$，則稱為中晶體場（Medium crystal field），以電子之間的斥力作用最強；

若 $e_i\phi_c(\overline{r}_i) > \dfrac{e^2}{r_{ij}}$ 且 $e_i\phi_c(\overline{r}_i) \gg \lambda_{ij}\hat{l}_i \cdot \hat{s}_i$，則稱為強晶體場（Strong crystal field），晶體場的強度破壞了自旋－軌道耦合的作用。

其實（6.2）式的 Hamiltonian 通常還包含有其它的項：

[1] 精細結構分裂（Fine structure splittings）：由**軸對稱**（Axial symmetry）所造成的。

[2] 超精細結構分裂（Hyperfine structure splittings）：由電子自旋和原子核自旋的交互作用引起的。

[3] 四極矩分裂（Quadruple splittings）：原子核的四極矩（Nuclear quadruple moment），即原子核由球**對稱**到橢圓**對稱**的形變。

除了這些被稱為零場分裂（Zero field splitting）之外，外加電場會有 Stark 分裂（Stark splitting）；外加磁場會有 Zeeman 分裂（Zeeman splitting）。

我們並不打算探討所有晶體場的效應，只希望從**群論**的角度透過**對稱**的原則，引入**不可約分量**（Irreducible components）的概念來討論晶體場位能 $V=e_i\phi_c(\overline{r_i})$ 如何使自由原子或離子的能態分裂。為了盡量的簡化問題，我們把一個僅含有單一個沒有自旋的電子的原子放在**立方對稱**（Cubic symmetry）的晶體場中，觀察看看自由原子中原來的 f 能態的分裂情形。一般的步驟是先選定一個自由原子，如果該原子的 $l=3$，則該能態具有 $(2l+1)=7$ 個本徵函數（Eigenfunctions），這 7 個簡併的本徵函數在沒有外場效應作用下，將依**全旋轉群** O^3 的 $D^l\equiv D^3$ 來作轉換之後（參考第五章的介紹），再把 D^3 **表示**分解成**不可約分量**就可以瞭解能態分裂的情形。

因為這個原子是置於**立方對稱群** O **對稱**場內，所以可以先寫下**立方群** O 的**特徵值**表，如表 6.1 所示，

表 6.1．**立方群的特徵值表**

	$a=0$	$a=\pi$		$\alpha=\frac{2\pi}{3}$	$\alpha=\frac{\pi}{2}$
O	E	$3C_4^2\ (=C_{2m})$	$6C_2\ (=C_{2p})$	$8C_3\ (=C_{3j}^{\pm})$	$6C_4\ (=C_{4m}^{\pm})$
Γ_1	1	1	1	1	1
Γ_2	1	1	−1	1	−1
Γ_3	2	2	0	−1	0
Γ_4	3	−1	−1	0	1
Γ_5	3	−1	1	0	−1
$D^l\equiv D^3$	7	−1	−1	1	−1

可以在屬於 O 群的**對稱操作**下，再由（5.5）式，即

$$\chi^l(\alpha)=\frac{\sin\left(l+\frac{1}{2}\right)\alpha}{\sin\frac{1}{2}\alpha}\ ,$$

求得這 7 個 f 能態函數所產生的特徵值為：

$$\chi(E)=2l+1=7$$

$$\chi(C_4^2)=\chi(\pi)=\frac{\sin\left(3+\frac{1}{2}\right)\pi}{\sin\left(\frac{\pi}{2}\right)}=-1$$

$$\chi(C_2)=\chi(\pi)=-1$$

$$\chi(C_3)=\chi\left(\frac{2\pi}{3}\right)=\frac{\sin\left[\left(3+\frac{1}{2}\right)\frac{2\pi}{3}\right]}{\sin\left(\frac{2\pi}{6}\right)}=1$$

$$\chi(C_4)=\chi\left(\frac{\pi}{2}\right)=\frac{\sin\left[\left(3+\frac{1}{2}\right)\frac{\pi}{2}\right]}{\sin\left(\frac{\pi}{4}\right)}=-1$$

這些由 O **群操作**所產生的**特徵值**，依序羅列在表 6.1 的最下方的標示著 D^3 的那一列所示。實際上，在求**特徵值**的過程中，通常可以觀察到

$$\chi(E)=2l+1$$

$$\chi(C_2)=\chi(\pi)=(-1)^l$$

$$\chi(C_3)=\chi\left(\frac{2\pi}{3}\right)=\begin{cases}1, 若\ l=0,3,6,\ldots\\ 0, 若\ l=1,4,7,\ldots\\ -1, 若\ l=2,5,8,\ldots\end{cases} \quad (6.3)$$

$$\chi(C_4)=\chi\left(\frac{\pi}{2}\right)=\begin{cases}1, 若\ l=0,1,4,5,\ldots\\ -1, 若\ l=2,3,6,7,\ldots\end{cases}$$

接著再套用（3.12）式，把**可約表示** D^3 分解成**不可約表示**，當然我們可以由其**特徵值表**來驗證這個分解的正確與否，即

$$D^3 = \Gamma_2 + \Gamma_4 + \Gamma_5 \tag{6.4}$$

於是可以看到一個自由原子的七重簡併態 D^3 分裂成二個三重簡併態 Γ_4 和 Γ_5 以及一個非簡併態 Γ_2，如圖 6-2 所示。

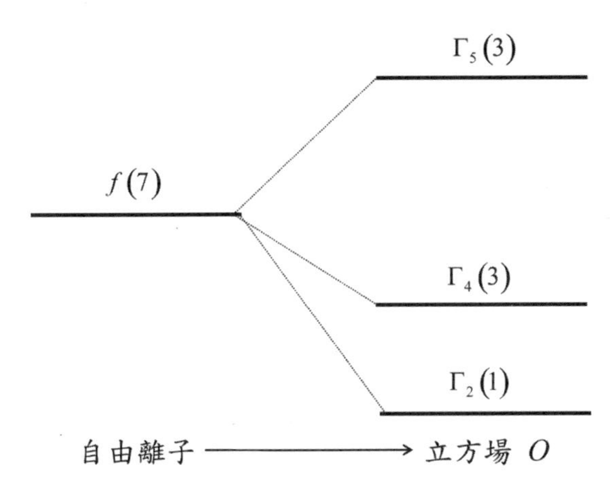

圖 6-2．七重簡併態 D^3 的分裂

要注意的是，依據**對稱**關係所產生的結果並無法顯示能態分裂的數值大小，或是分裂能態的順序，換言之，也就是無法依據**對稱**來判斷能態的高低。

例 6.1 若一個具有 ^3G 自由離子能階（Free-ion level）的過渡性金屬離子置於 D_{4h} **對稱**的晶體位置上，試由**特徵值表**求出晶體場分裂導致的能階數與**對稱**狀態。

解：處理這個問題的三個步驟如下：

(1) 找出 D_{4h} 的**特徵值表**。

(2) 找出全**旋轉群**在**點群** D_{4h} **操作**的（**可約**）**表示**的**特徵值**。

(3) 把這個表示分解為**不可約表示**。

為了簡化計算過程，我們打算用 D_4 **群**來代替 D_{4h} **群**，因為對於 ^3G，即 $L = 4$ 的離子而言，其波函數是偶函數，也是偶宇稱（Even parity），而 $D_{4h} = D_4 \otimes C_i$，所以用 D_4 **群**來做計算的結果和用 D_{4h} **群**做計算的結果是一樣的。

D_4 **群**的**特徵值表**為：

D_4	E	$2C_4\ (= C_{4m}^{\pm})$	$C_2\ (= C_{2z})$	$2C'_2\ (= C_{2x}, C_{2y})$	$2C''_2\ (= C_{2a}, C_{2b})$
Γ_1	1	1	1	1	1
Γ_2	1	1	1	−1	−1
Γ_3	1	−1	1	1	−1
Γ_4	1	−1	1	−1	1
Γ_5	2	0	−2	0	0

則由（6.3）式可得 $L = 4$ 在 D_4 **點群對稱操作**下的**特徵值**為

$^3G, L = 4$	E	$2C_4\ (= C_{4m}^{\pm})$	$C_2\ (= C_{2z})$	$2C'_2\ (= C_{2x}, C_{2y})$	$2C''_2\ (= C_{2a}, C_{2b})$
$\Gamma_{^3G}$	9	1	1	1	1

假設 $\Gamma_{^3G} = a_1\Gamma_1 + a_2\Gamma_2 + a_3\Gamma_3 + a_4\Gamma_4 + a_5\Gamma_5$

則 $a_1 = [9\times1\times1 + 1\times1\times2 + 1\times1\times1 + 1\times1\times2 + 1\times1\times2] = 2$

$$a_2 = \frac{1}{8}[9\times1\times1 + 1\times1\times2 + 1\times1\times1 + 1\times(-1)\times2 + 1\times(-1)\times2] = 1$$

$$a_3 = \frac{1}{8}[9\times1\times1 + 1\times(-1)\times2 + 1\times1\times1 + 1\times1\times2 + 1\times(-1)\times2] = 1$$

$$a_4 = \frac{1}{8}[9\times1\times1 + 1\times(-1)\times2 + 1\times1\times1 + 1\times(-1)\times2 + 1\times1\times2] = 1$$

$$a_5 = \frac{1}{8}[9\times2\times1 + 1\times0\times2 + 1\times(-2)\times1 + 1\times0\times2 + 1\times0\times2] = 2$$

則 $\Gamma^3_G = 2\Gamma_1 + \Gamma_2 + \Gamma_3 + \Gamma_4 + 2\Gamma_5$

檢查一下結果，由於 $L = 4$，所以我們預期會有 $(2L + 1) = 9$ 個能階，而這個數值恰為 Γ^3_G 能階的簡併度，即

$$\Gamma^3_G = 2\times1 + 1 + 1 + 1 + 2\times2 = 9。$$

6.2.1　低對稱場導致的分裂

當晶體的**對稱性**降低了，我們可以利用上述的原則得到更進一步的能態分裂。例如延續（6.4）的關係，則原來是 O **群對稱**的立方晶體，受到(111)方向的應變作用，沿立方體的對角方向壓縮或伸張，則**對稱性**將降低為 D_3。因為 D_3 群是 O **群**的**子群**，所以我們可以確定立方場（Cubic field）O 的**表示** Γ^O_2、Γ^O_4、Γ^O_5 會分裂成**低對稱**的 D_3。D_3 **群**的**特徵值表**如表 6.2 所示，在表 6.2 的下方同時列出了**立方群** O 的 Γ^O_2、Γ^O_4、Γ^O_5 **表示**的**特徵值**。這個步驟就是把 O 的**表示**化簡對應到 D_3 的**表示**。

表 6.2・上表為 D_3 群的特徵值表，下表為立方群 O 部分的可約表示特徵值表

D_3	E	$3C_2$	$2C_3$
$\Gamma_1^{D_3}$	1	1	1
$\Gamma_2^{D_3}$	1	−1	1
$\Gamma_3^{D_3}$	2	0	−1
Γ_2^{O}	1	−1	1
Γ_4^{O}	3	−1	0
Γ_5^{O}	3	1	0

再一次套用（3.13）式，我們可以清楚的看到 O 群的 Γ_2^O、Γ_4^O、Γ_5^O 表示分裂的情況如下：

$$\Gamma_2^O \rightarrow D_3 \text{ 群的 } \Gamma_2^{D_3}$$
$$\Gamma_4^O \rightarrow D_3 \text{ 群的 } \Gamma_2^{D_3} + \Gamma_3^{D_3} \qquad (6.5)$$
$$\Gamma_5^O \rightarrow D_3 \text{ 群的 } \Gamma_1^{D_3} + \Gamma_3^{D_3}$$

所以，當立方場 O 受 (111) 到方向的應變時，將降低成比較低的 D_3 對稱場，f 能態的分裂將如圖 6-3 所示。要再次強調，能態的次序及分裂的量，無法僅由對稱的關係決定，必須再配合晶體位能場的形態與大小才可以確定。

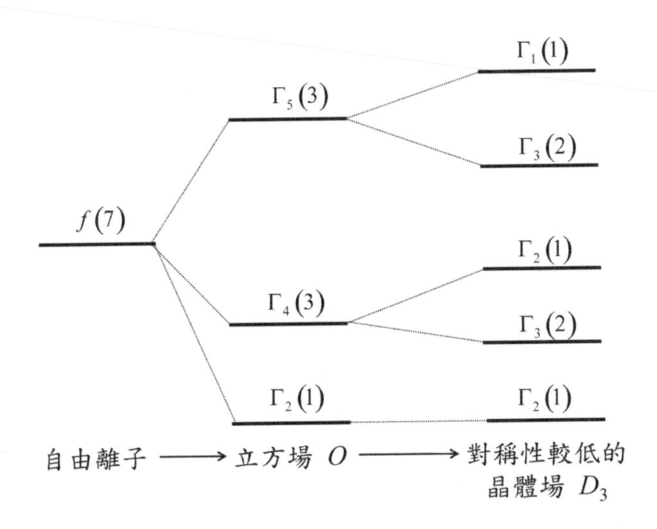

圖 6-3．當立方場受到 (111) 方向的應變時，f 能態的分裂

例 6.2 Tl^{3+} 具有 $3d^1$ 的電子組態。

[1] 如果這個離子置於**立方對稱**的晶體場中，試求出晶體場分裂導致的能階數與**對稱**狀態。

[2] 如果再施加一個四方形變（Tetragonal distortion），例如電荷沿著 z 軸的方向有一點小小的**對稱**位移，會使能階再度分裂嗎？

試以簡單的圖示描述自由離子能階所有的分裂狀況。

解：首先必須以 Hund 法則（Hund's rule）寫出 $3d^1$ 電子組態的基態光譜記號，因為 $3d^1$ 的 $L=2$，$S=\dfrac{1}{2}$，所以總角動量為 $J=\dfrac{5}{2}$。由於這是一個半奇數，所以嚴格來說應該以**雙群**的概念來處理能階分裂的問題。

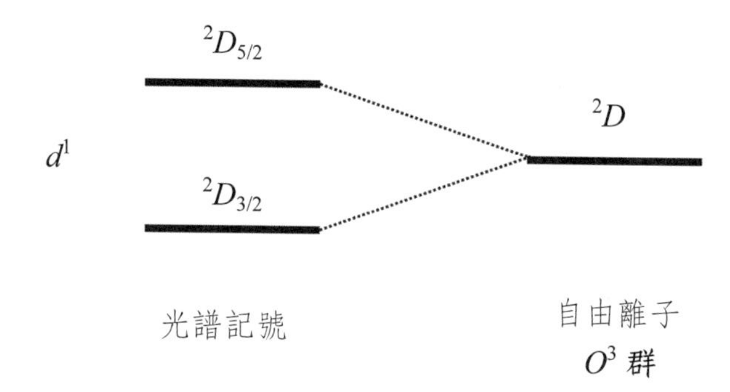

[1] 但是我們現在暫時忽略電子自旋的效應，而置其於立方場 O 中，則

O	E	$3C_4^2\ (=C_{2m})$	$6C_2\ (=C_{2p})$	$8C_3\ (=C_{3j}^{\pm})$	$6C_4\ (=C_{4m}^{\pm})$
Γ_1	1	1	1	1	1
Γ_2	1	1	−1	1	−1
Γ_3	2	2	0	−1	0
Γ_4	3	−1	−1	0	1
Γ_5	3	−1	1	0	−1
^2D	(1)	(2)	(3)	(4)	(5)

表中 (1)、(2)、(3)、(4)、(5) 的數值分別為：

$$(1)=\chi_2(E)=2l+1=5$$

$$(2)=\chi_2(C_4^2)=1$$

$$(3)=\chi_2(C_2)=1$$

$$(4)=\chi_2(C_3)=-1$$

$$(5)=\chi_2(C_4)=-1$$

所以這個**可約表示** ^2D 可以被分解為：

假設 $^2D=a_1\Gamma_1+a_2\Gamma_1+a_3\Gamma_3+a_4\Gamma_4+a_5\Gamma_5$

則由 $a_j=\dfrac{1}{h}\sum_{\text{所有的類}\rho}\chi^*(\rho)\chi_j(\rho)g_\rho$

其 $\chi(\rho)$ 中為可約表示的特徵值；

$\chi_j(\rho)$為第 j 個不可約表示的類特徵值；

g_ρ 為類的階數。

可得 $a_1 = \frac{1}{24}\,[5\times1\times1 + 1\times1\times3 + 1\times1\times6 + (-1)\times1\times8 + (-1)\times1\times6] = 0$

$a_2 = \frac{1}{24}\,[5\times1\times1 + 1\times1\times3 + 1\times(-1)\times6 + (-1)\times1\times8 + (-1)\times(-1)\times6] = 0$

$a_3 = \frac{1}{24}\,[5\times2\times1 + 1\times2\times3 + 1\times0\times6 + (-1)\times(-1)\times8 + (-1)\times0\times6] = 1$

$a_4 = \frac{1}{24}\,[5\times3\times1 + 1\times(-1)\times3 + 1\times(-1)\times6 + (-1)\times0\times8 + (-1)\times1\times6] = 0$

$a_5 = \frac{1}{24}\,[5\times3\times1 + 1\times(-1)\times3 + 1\times1\times6 + (-1)\times0\times8 + (-1)\times(-1)\times6] = 1$

即 $^2D = \Gamma_3 + \Gamma_5$

上式的意義是具 O^3 群對稱的自由離子置於 O 群立方場中，能階會分裂為一個二重簡併的 Γ_3 與一個三重簡併的 Γ_5，示意如下：

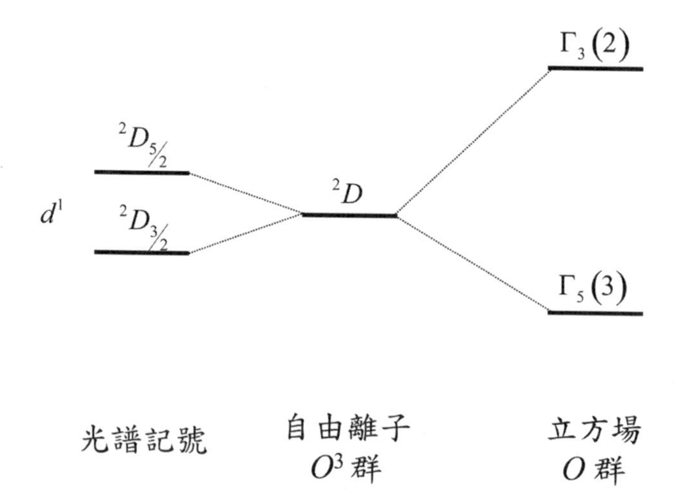

[2] 從**對稱**的角度來討論把這個離子引入一個屬於 D_4 **群**的四方形變場中，我們會觀察到由於**對稱性**的降低將導致能階近一步的分裂。

O **群**的 Γ_3、Γ_5 與 D_4 **群**的 Γ_1、Γ_2、Γ_3、Γ_4、Γ_5 之間的**操作**對應關係如下：

O	E	$3C_4^2\ (=C_{2m})$		$6C_2\ (=C_{2p})$	$8C_3\ (=C_{3j}^{\pm})$	$6C_4\ (=C_{4m}^{\pm})$
Γ_3	2	2		0	−1	0
Γ_5	3	−1		1	0	−1
D_4	E	C_{2z}	C_{2x}, C_{2y}	C_{2a}, C_{2b}		C_{4z}^{+}, C_{4z}^{-}
Γ_1	1	1	1	1		1
Γ_2	1	1	−1	−1		1
Γ_3	1	1	1	−1		−1
Γ_4	1	1	−1	1		−1
Γ_5	2	−2	0	0		0

現在要看看 Γ_3^O、Γ_5^O 如何被 $\Gamma_1^{D_4}$、$\Gamma_2^{D_4}$、$\Gamma_3^{D_4}$、$\Gamma_4^{D_4}$、$\Gamma_5^{D_4}$ 所分解，

假設 $\Gamma_3^O = a_1\Gamma_1^{D_4} + a_2\Gamma_2^{D_4} + a_3\Gamma_3^{D_4} + a_4\Gamma_4^{D_4} + a_5\Gamma_5^{D_4}$

且 $\Gamma_5^O = b_1\Gamma_1^{D_4} + b_2\Gamma_2^{D_4} + b_3\Gamma_3^{D_4} + b_4\Gamma_4^{D_4} + b_5\Gamma_5^{D_4}$

則 $a_1 = \frac{1}{8}[2\times1\times1 + 2\times1\times1 + 2\times1\times2 + 0\times1\times2$

$+ 0\times1\times2] = 1$

$a_2 = \frac{1}{8}[2\times1\times1 + 2\times1\times1 + 2\times(-1)\times2 + 0\times(-1)\times2$

$+ 0\times1\times2] = 0$

$a_3 = \frac{1}{8}[2\times1\times1 + 2\times1\times1 + 2\times1\times2 + 0\times(-1)\times2$

$+ 0\times(-1)\times2] = 1$

$a_4 = \frac{1}{8}[2\times1\times1 + 2\times1\times1 + 2\times(-1)\times2 + 0\times1\times2$

$+ 0\times(-1)\times2] = 0$

$a_5 = \frac{1}{8}[2\times2\times1 + 2\times(-2)\times1 + 2\times0\times2 + 0\times0\times2$

$+ 0\times0\times2] = 0$

$b_1 = \frac{1}{8}[3\times1\times1 + (-1)\times1\times1 + (-1)\times1\times2 + 1\times1\times2$

$+ (-1)\times1\times2] = 0$

$b_2 = \frac{1}{8}[3\times1\times1 + (-1)\times1\times1 + (-1)\times(-1)\times2$

$+ 1\times(-1)\times2 + (-1)\times1\times2] = 0$

$b_3 = \frac{1}{8}[3\times1\times1 + (-1)\times1\times1 + (-1)\times1\times2 + 1\times(-1)\times2$

$+ (-1)\times(-1)\times2] = 0$

$b_4 = \frac{1}{8}[3\times1\times1 + (-1)\times1\times1 + (-1)\times(-1)\times2 + 1\times1\times2$

$$+(-1)\times(-1)\times2]=1$$

$$b_5=\frac{1}{8}[3\times2\times1+(-1)\times(-2)\times1+(-1)\times0\times2+1\times0\times2$$

$$+(-1)\times0\times2]=1$$

得 $\Gamma_3^O=\Gamma_1^{D_4}+\Gamma_3^{D_4}$

且 $\Gamma_5^O=\Gamma_4^{D_4}+\Gamma_5^{D_4}$

綜合 [1]、[2] 的結果，Tl^{3+}：$3d^1$ 能階分裂示意如下：

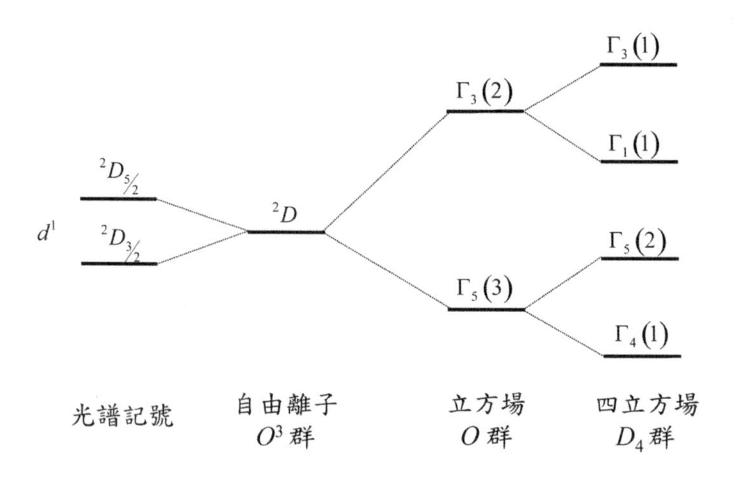

這個描述**對稱群**與能階分裂之間的關係圖也被稱為「**相關圖**」（Correlation diagram），對於**點群**之間的相關性可以透過以上的方式獲得，這個方法又被稱為「**降低對稱法**」（Method of decent in symmetry）。

6.2.2 自旋引入的分裂

如果從 6.2.1 的結果再作進一步的討論，也就是置於立方場 O 的原子有二個「不同的電子」，即這二個電子的量子數不同，則當自旋引入之後會產生什麼樣的效應呢？為了解決這個問題，必須先介紹一個有關**直積表示**（Direct product representations）的**不可約分量**的重要理論。

理論：如果 D^{l_1} 和 D^{l_2} 是**完全旋轉群**的二個**不可約表示**，則**直積表示** $D^{l_1} \otimes D^{l_2}$ 的**不可約分量**為

$$D^{l_1+l_2}、D^{l_1+l_2-1}、D^{l_1+l_2-2}、\cdots、D^{|l_1-l_2|}$$

換一種說法就是把 $D^{l_1} \otimes D^{l_2}$ 的結果展開成為 Clebsch-Gordan 級數（Clebsch-Gordan series），即為

$$D^{l_1} \otimes D^{l_2} = \sum_{l=|l_1-l_2|}^{l_1+l_2} D^{l} \tag{6.6}$$

在這裡我們用「$\otimes$」這個符號來標示二個表示的**直積**（Direct product）或稱為 Kronecker 積（Kronecker product）；且總和「Σ」的符號是**直和**的意思，而不是矩陣和（Matrix sum）。

如果以 $l_1 = 1$，$l_2 = 1$ 為例，則

$$D^1 \otimes D^1 = D^2 + D^1 + D^0 \tag{6.7}$$

在原子物理中的原子向量模型（Vector model）中，（6.7）式顯然是我們個很熟悉的結果。這樣的 l 向量耦合以及其所對應的能態如

表 6.3 所列。

表 6.3．不同電子組態的 L 值與符號

電子組態	l_1	l_2	L	符號
sp	0	1	1	P
pp	1	1	2, 1, 0	D, P, S
pd	1	2	3, 2, 1	F, D, P
dd	2	2	4, 3, 2, 1, 0	G, F, D, P, S

現在我們可以藉由（3.13）式和 O **群**的**特徵表** 6.2 來得知立方場 O 對這些耦合電子態的作用，即

$$
\begin{aligned}
&D^2 \rightarrow \Gamma_3 + \Gamma_5 \\
&D^1 \rightarrow \Gamma_4 \\
&D^0 \rightarrow \Gamma_1
\end{aligned}
\qquad (6.8)
$$

我們看到在立方場中的 D^2 表示，即 $l = 2$ 或 d 軌域狀態，分裂成一個二重簡併的 Γ_3 表示和一個三重簡併的 Γ_5 表示；而 D^1 表示，即 $l = 1$ 或 p 軌域狀態，在立方場的作用下，仍保持著三重簡併態；D^0 表示，即 $l = 0$ 或 s 軌域狀態，則沒有簡併。

以上的說明，我們只處理了**奇數維度表示** D^l 的問題，而未處理**偶數維度表示** j。只要自旋量是整數的，$j = l + s$ 就是一個整數，則 D^l 表示就可適用，然而如果是奇數個電子，則 $j = l + s$ 是半奇數，且 $2j + 1$ 是偶數，我們就必須用 D^j 或**雙群表示**來討論，如 5.3 所介紹的。

處理**雙群**的方法和我們現在看到的這個標準分析方法非常類似，

首先我們將把**自旋表示**（Spin representation 或 Spinor representation）D^j 和**空間表示**（Space representation）D^l 做**直積**，然後代入（3.13）式，再把**直積**的結果分解成**不可約表示**。以下我們來說明這個計算自旋一軌道耦合作用的步驟。

考慮 ^4F 在立方場 O 中由自旋一軌道耦合所引起的分裂情形，由 ^{2S+1}L 對 F 態而言，$L=3$，且 $2S+1=4$，則 $S=\dfrac{3}{2}$，即 $D^j=D^{3/2}$ 且 $D^l=D^3$。由（6.4）式可得 $D^3=\Gamma_2+\Gamma_4+\Gamma_5$，而為了求 $D^{3/2}$ **表示**的轉換，我們先寫下 O **群**的**雙群特徵表**，即 ^dO 的**特徵表**，如表 6.4 所示，別忘記 E 的 $\alpha=4\pi$；$\overline{E}$ 的 $\alpha=2\pi$，則由（5.6）式或習題 5.5 可得表 6.5，很明顯的可以看出 $D^{3/2}$ 的轉換和 ^dO **群**的 Γ_8 **表示**相同，再來看看 D^3 的三個**不可約表示**和 Γ_8 的**直積**，以（3.12）式分解**直積**的結果，則

$$
\begin{aligned}
&\Gamma_2\otimes\Gamma_8=\Gamma_8(4)\\
&\Gamma_4\otimes\Gamma_8=\Gamma_6(2)+\Gamma_7(2)+\Gamma_8(4)+\Gamma_8(4)\\
&\Gamma_5\otimes\Gamma_8=\Gamma_6(2)+\Gamma_7(2)+\Gamma_8(4)+\Gamma_8(4)
\end{aligned}
\qquad (6.9)
$$

其中括號內的數字為簡併度或**表示的維度**

表 6.4・雙群 ^dO 的特徵值表

^dO	E	$\overline{E}$	$8C_3$	$8\overline{C}_3$	$3C_2$ $3\overline{C}$	$6C'_2$ $6\overline{C}'_2$	$6C_4$	$6\overline{C}_4$
Γ_1	1	1	1	1	1	1	1	1
Γ_2	1	1	1	1	1	−1	−1	−1
Γ_3	2	2	−1	−1	2	0	0	0
Γ_4	3	3	0	0	−1	−1	1	1
Γ_5	3	3	0	0	−1	1	−1	−1
Γ_6	2	−2	1	−1	0	0	$\sqrt{2}$	$-\sqrt{2}$
Γ_7	2	−2	1	−1	0	0	$-\sqrt{2}$	$\sqrt{2}$
Γ_8	4	−4	−1	1	0	0	0	0

表 6.5・雙群 ^dO 的 D^j 表示轉換特性 $\left(\chi^j(\alpha)=\sin\left(j+\frac{1}{2}\right)\alpha \middle/ \sin\left(\frac{\alpha}{2}\right)\right)$

^dO	E	$\overline{E}$	$8C_3$	$8\overline{C}_3$		$3C_2$ $3\overline{C}_2$	$6C'_2$ $6\overline{C}'_2$	$6C_4$	$6\overline{C}_4$	
D^j	$(2j+1)$	$-(2j+1)$	1	−1	$\left(j=\frac{1}{2},\frac{7}{2},\ldots\right)$	0	0	$\sqrt{2}$	$-\sqrt{2}$	$\left(j=\frac{1}{2},\frac{9}{2},\ldots\right)$
			−1	1	$\left(j=\frac{3}{2},\frac{9}{2},\ldots\right)$			0	0	$\left(j=\frac{3}{2},\frac{7}{2},\frac{11}{2},\ldots\ldots\right)$
			0	0	$\left(j=\frac{5}{2},\frac{11}{2},\ldots\ldots\right)$			$-\sqrt{2}$	$\sqrt{2}$	$\left(j=\frac{5}{2},\frac{13}{2},\ldots\ldots\right)$

這些結果顯示 Γ_2 能態仍然維持了四重簡併，即 $M_j=\frac{3}{2}$，$\frac{1}{2}$，$-\frac{1}{2}$，$-\frac{3}{2}$，反之，Γ_4 和 Γ_5 都分裂成四個能態。綜合以上所述可得 ^4F 能態在立方場內分裂的示意圖，如圖 6-4 所示，然而，如前所述，這些分裂值的大小和次序並無法單純以**對稱**理論來預測的。

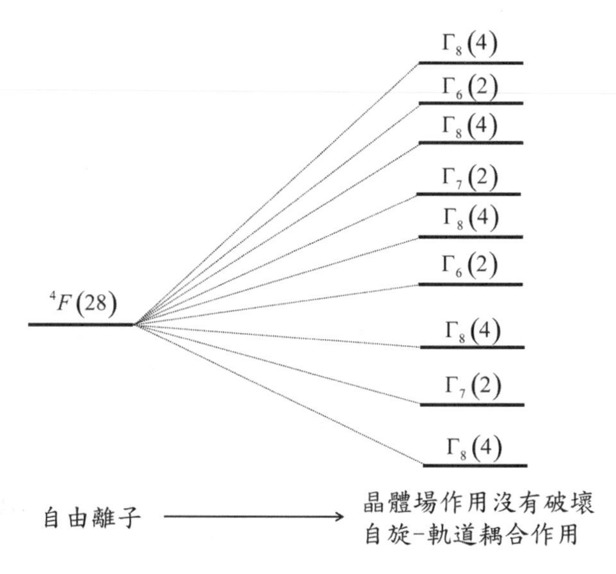

圖 6-4・^4F 能態在立方場內分裂的示意圖

如此的結果是目前所能討論的最深入的地方了，我們還沒有把晶體場的強度效應或自旋—軌道耦合效應納進來，然而如果可以了解我們所介紹過的方法步驟，再經過一些努力是有可能把上述的效應加到我們的結果裡的，可參考例 6.3。

例 6.3 當一個處於 ^4F 基態的離子 Co^{2+} 置於**八立方對稱**（Octahedral symmetry）的晶體場中，若晶體場的強度持續增加到與自旋—軌道耦合的強度相當時，試以圖示表現 ^4F 基態隨晶體場的強度變化而導致能階分裂的情形。

解：當 ^4F 的離子 Co^{2+} 置於具有**八立方對稱**的晶體場中，將會使能階分裂，然而由於自旋—軌道耦合與晶體場的相對強度不同，所

以總角動量 J 的考慮也會有所不同，基本上有幾個主要的過程機制必須考慮：

[1] 沒有晶體場作用下的自旋—軌道耦合作用。

[2] 在考慮自旋—軌道耦合的作用下，引入 O **群對稱**的晶體場。

[3] 晶體場作用遠大於自旋—軌道耦合的作用，所以我們可以忽略自旋—軌道耦合的效應，只考慮晶體場作用在電子軌道上所造成的能階分裂而不考慮電子自旋的作用。

[4] 雖然晶體場作用大於自旋—軌道耦合的作用，但是仍然考慮自旋—軌道耦合的作用所導致的能階分裂。

實際上，如果依照晶體場的強度來排序，由零晶體場到最強的晶體場，依次應為 [1]、[2]、[4]、[3]，但是為了討論方便所以我們還是依 [1]、[2]、[3]、[4] 的順序來說明，並以這四個作用為主，把整個**相關圖**畫出來。

[1] 由於考慮 ^4F 的自旋—軌道耦合作用，所以會有幾個不同的總角動量，也就是說當 $L = 3$、$S=\frac{3}{2}$，則 $J=\frac{9}{2}$、$\frac{7}{2}$、$\frac{5}{2}$、$\frac{3}{2}$，也就是 ^4F 的能階會分裂成 4 個能階 $^4F_{\frac{9}{2}}$、$^4F_{\frac{7}{2}}$、$^4F_{\frac{5}{2}}$、$^4F_{\frac{3}{2}}$，這些能階的簡併度為 $2J + 1$，所以分別為 10、8、6、4，即 ^4F 的簡併度為 28，所以得**相關圖**如下：

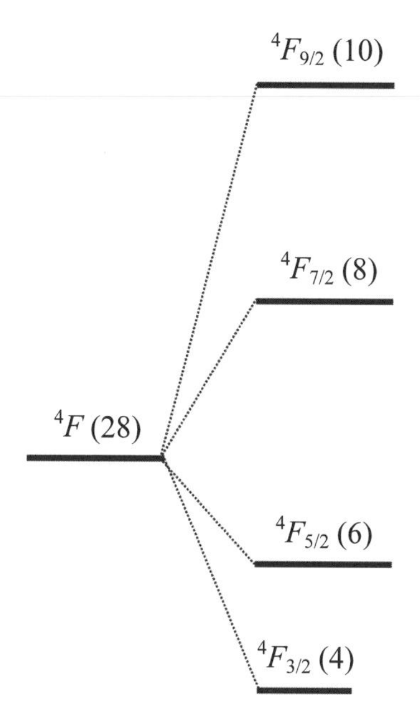

[2] 若考慮自旋一軌道耦合效應，則總角動量 J 是一個半整數，必須要引用第五章所介紹的**雙值表示**（Double-valued representation），也就是由於晶體場的擾動引起的**雙值表示**必須用「在晶體場中的離子**對稱群**的**雙值表示**」來分析。由第五章的討論可知**正八面雙群**（Octahedral double group）^dO 的**特徵值表**包含 $\Gamma_{\frac{3}{2}}$、$\Gamma_{\frac{5}{2}}$、$\Gamma_{\frac{7}{2}}$、$\Gamma_{\frac{9}{2}}$ 為：

${}^dO$		$3\overline{C_2}$			$6\overline{C'_2}$	$\overline{E}$	$8\overline{C_3}$	$6\overline{C_4}$
	E	$3C_2$	$8C_3$	$6C_4$	$6C'_2$			
Γ_1	1	1	1	1	1	1	1	1
Γ_2	1	1	1	−1	−1	1	1	−1
Γ_3	2	2	−1	0	0	2	−1	0
Γ_4	3	−1	0	1	−1	3	0	1
Γ_5	3	−1	0	−1	1	3	0	−1
Γ_6	2	0	1	$\sqrt{2}$	0	−2	−1	$-\sqrt{2}$
Γ_7	2	0	1	$-\sqrt{2}$	0	−2	−1	$\sqrt{2}$
Γ_8	4	0	−1	0	0	−4	1	0
$\Gamma_{\frac{3}{2}}$	4	0	−1	0	0	−4	1	0
$\Gamma_{\frac{5}{2}}$	6	0	0	$-\sqrt{2}$	0	−6	0	$\sqrt{2}$
$\Gamma_{\frac{7}{2}}$	8	0	1	0	0	−8	−1	0
$\Gamma_{\frac{9}{2}}$	10	0	−1	$\sqrt{2}$	0	−10	1	$-\sqrt{2}$

參考例 5.2 的結果，已知 $\Gamma_{\frac{3}{2}}$ 、$\Gamma_{\frac{5}{2}}$ 分解的結果為：

$$\Gamma_{\frac{3}{2}}=\Gamma_8$$

$$\Gamma_{\frac{5}{2}}=\Gamma_7+\Gamma_8$$

相同的方法可分解 $\Gamma_{\frac{7}{2}}$ 、$\Gamma_{\frac{9}{2}}$ ，

對 $\Gamma_{\frac{7}{2}}$ 而言，$c(\Gamma_6)=\dfrac{1}{24}\ [1\times(-2)\times(-8)+8\times(-)\times(-1)$

$$+6\times(-\sqrt{2})\times 0]=1$$

$$c(\Gamma_7)=\frac{1}{24}\ [1\times(-2)\times(-8)+8\times(-1)\times(-1)$$

$$+6\times\sqrt{2}\times 0]=1$$

$$c(\Gamma_8)=\frac{1}{24}\ [1\times(-4)\times(-8)\times 8\times 1\times(-1)+$$

$$6\times 0\times 0]=1$$

所以 $\Gamma_{\frac{7}{2}}=\Gamma_6+\Gamma_7+\Gamma_8$ 。

對 $\Gamma_{\frac{9}{2}}$ 而言，$c(\Gamma_6)=\dfrac{1}{24}\,[1\times(-2)\times(-10)+8\times(-1)\times1+6\times(-\sqrt{2})\times(-\sqrt{2})]=1$

$c(\Gamma_7)=\dfrac{1}{24}\,[1\times(-2)\times(-10)+8\times(-1)\times1+6\times\sqrt{2}\times(-\sqrt{2})]=0$

$c(\Gamma_8)=\dfrac{1}{24}\,[1\times(-4)\times(-10)+8\times1\times1+6\times0\times(-\sqrt{2})]=2$

所以 $\Gamma_{\frac{9}{2}}=\Gamma_6+2\Gamma_8$。

綜合 [1]、[2] 所得之能階相關圖為：

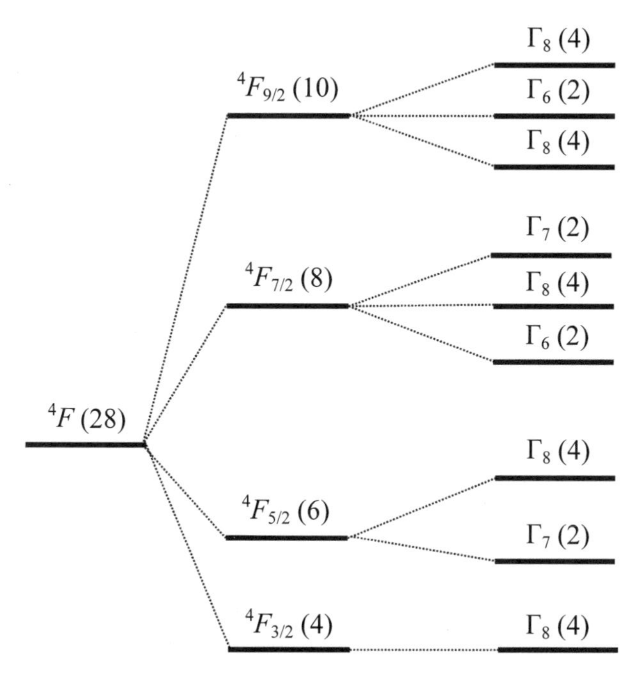

[3] 現在我們把晶體場的強度增加到「無限大」的程度，所謂「無限大」是至少要比自旋一軌道耦合的作用大很多，則電子自旋的效應或自旋一軌道耦合的效應就可被忽略，即晶體場只作用在軌道角動量上，所以總角動量是一個整數，$L = 3$。在這個情況下不需要用到**雙群**的方法，只要把 Γ_{4F} 用 O **群**的**不可約表示**分解開就可以了。

O 群和 Γ_{4F} 的**特徵值表**為：

O	E	$3C_2$	$8C_3$	$6C_4$	$6C_2'$
Γ_1	1	1	1	1	1
Γ_2	1	1	1	−1	−1
Γ_3	2	2	−1	0	0
Γ_4	3	−1	0	1	−1
Γ_5	3	−1	0	−1	1
$\Gamma_{^4F}$	7	−1	1	−1	−1

假設 $\Gamma_{4F} = a_1\Gamma_1 + a_2\Gamma_2 + a_3\Gamma_3 + a_4\Gamma_4 + a_5\Gamma_5$，

則
$$a_1 = \frac{1}{24}[1\times1\times7 + 3\times1\times(-1) + 8\times1\times1 + 6\times1\times(-1) + 6\times1\times(-1)] = 0$$

$$a_2 = \frac{1}{24}[1\times1\times7 + 3\times1\times(-1) + 8\times1\times1 + 6\times(-1)\times(-1) + 6\times(-1)\times(-1)] = 1$$

$$a_3 = \frac{1}{24}[1\times2\times7 + 3\times2\times(-1) + 8\times(-1)\times1 + 6\times0\times(-1) + 6\times0\times(-1)] = 0$$

$$a_4 = \frac{1}{24}[1\times3\times7 + 3\times(-1)\times(-1) + 8\times0\times1 + 6\times1\times(-1) + 6\times(-1)\times(-1)] = 1$$

$$a_5 = \frac{1}{24}[1\times3\times7 + 3\times(-1)\times(-1) + 8\times0\times1 + 6\times(-1)\times(-1) + 6\times1\times(-1)] = 1$$

即 $\Gamma_{4F} = \Gamma_2 + \Gamma_4 + \Gamma_5$

綜合 [1]、[2]、[3] 所得之能階**相關圖**為：

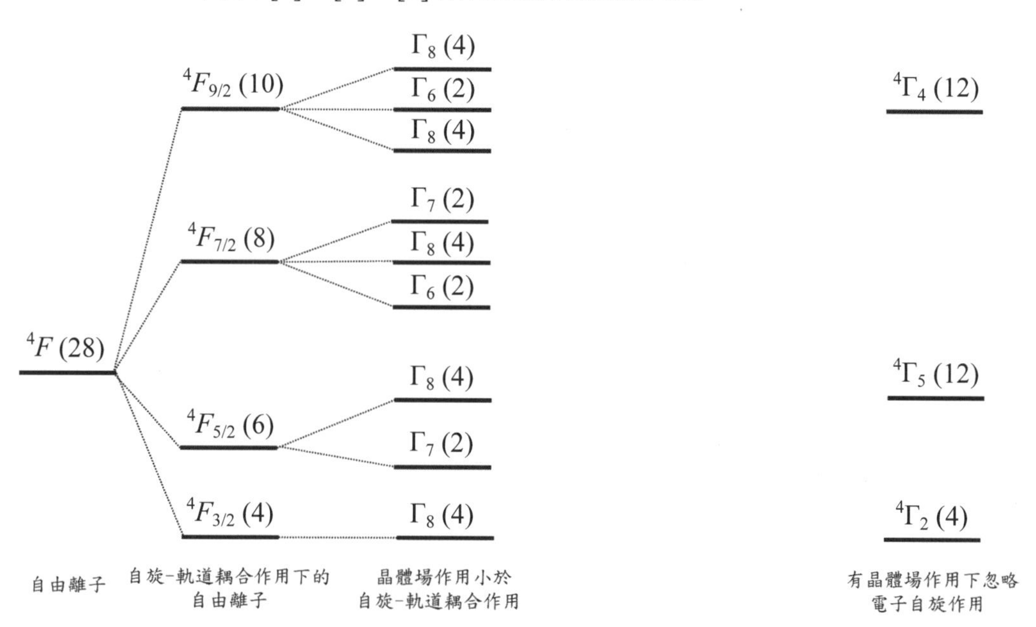

[4] 如果把晶體場的強度從「無限大」的程度減弱一點，需要考慮電子自旋效應或自旋一軌道耦合效應，則如（6.9）式所表達的內容所述，可得能階的分裂結果為

$$\Gamma_2 \otimes \Gamma_8 = \Gamma_8$$

$$\Gamma_4 \otimes \Gamma_8 = \Gamma_6 + \Gamma_7 + 2\Gamma_8$$

$$\Gamma_5 \otimes \Gamma_8 = \Gamma_6 + \Gamma_7 + 2\Gamma_8$$

綜合 [1]、[2]、[3]、[4] 所得之能階**相關圖**為：

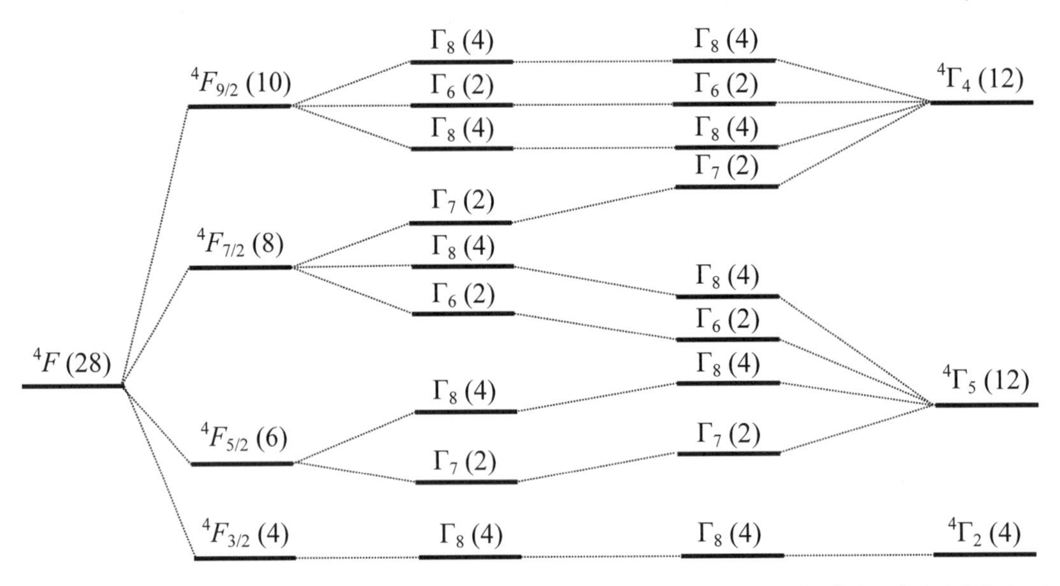

6.3 晶體中電子狀態的對稱特性

在這一節中，我們將焦點放在如何把晶體空間晶格中 Brillouin 區內不同位置的電子能態做**對稱**分類。為了簡化問題，我們只介紹體心立方晶格的某些特性做比較仔細的討論。在介紹這個方法之前，我們要先談一些固態物理的概念，然後再用最簡單的型式說明所需的**群論**方法。

6.3.1 Bloch 理論

因為所有的晶體都具有**平移對稱**，即週期性，Bloch 已經證明了一個在週期性位能中運動的電子之 Schrödinger 方程式的解也具有這個位能的週期性，即

$$\Psi_{\vec{k}}(\vec{r}) = U_{\vec{k}}(\vec{r})\exp(i\vec{k}\cdot\vec{r})\text{，其中 } U_{\vec{k}}(\vec{r}) = U_{\vec{k}}(\vec{r}+\overrightarrow{T_n}) \quad (6.10)$$

換言之，Schrödinger 方程式的解是一個被 $U_{\vec{k}}(\vec{r})$ 函數所調變（Modulation）的平面波 $e^{i\vec{k}\cdot\vec{r}}$，而函數 $U_{\vec{k}}(\vec{r})$ 具有和晶格相同的週期性，其中波向量 $\vec{k}$ 式存在於第一區 Brillouin 區內的一個波向量；**平移群** $\overrightarrow{T_n}$ 的定義和（4.2）式相同，即

$$\overrightarrow{T_n} = n_1\vec{t}_1 + n_2\vec{t}_2 + n_3\vec{t}_3 \quad (6.11)$$

其中 $\vec{t}_1$、$\vec{t}_2$、$\vec{t}_3$ 為晶體的**初始平移向量**，因為這三個向量可以被用來建構Brillouin區。因為在第一Brillouin區之外的向量 $\vec{k}$ 可以簡單的藉由在第一Brillouin區內對應的一個向量 $\vec{k}$，加或減一個倒晶體向量（Reciprocal lattice vector）而獲得，所以我們只需要考慮第一Brillouin區的內部及其表面的向量 $\vec{k}$ 即可。

6.3.2 小群及小表示

我們將以圖 6-5 所示，屬於**點群對稱** O_h 的立方晶體的 Brillouin

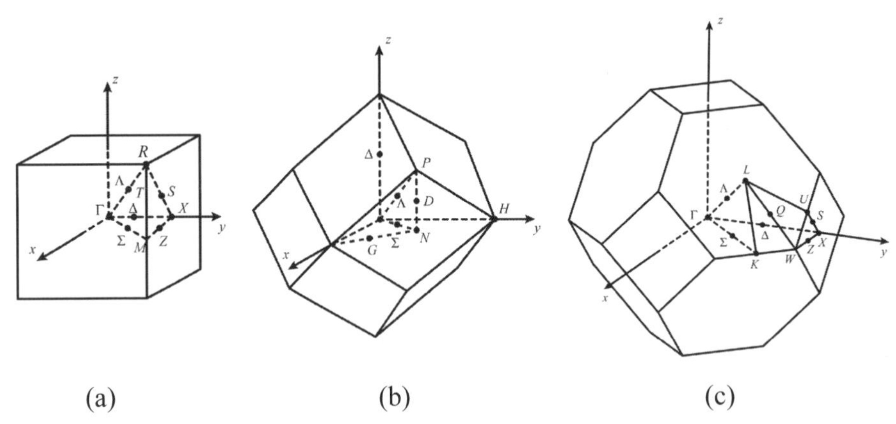

圖 6-5・(a) 簡單立方晶格 (b) 體心立方晶格 (c) 面心立方晶格的 Brillouin 區

區作為討論的對象。

我們可以在圖 6.5 中找一個要討論的波向量 $\vec{k}$，然後把**群** O_h 裡所有的點**群操作** R 作用在 $\vec{k}$ 上，則可求得向量 $\vec{k}$ 的**群**，但是這些**操作**必須滿足以下其中之一的條件：

[1]　**操作**後，$\vec{k}$ 不改變。

[2]　**操作**後的的 $\vec{k}$ 變成 $\vec{k}^*$，而 $\vec{k}^* = \vec{k} + \vec{g}$，其中 $\vec{g}$ 為任何一個倒晶格向量，且包含 $\vec{g} = 0$。

所有這樣的**對稱操作**的集合稱為「$\vec{k}$ 的**小群**」（Little group）或直接稱為「$\vec{k}$ 群」（$\vec{k}$ group），這個**小群**同時也是**群** O_h 的**子群**，對在Brillouin區中心，通常標示成**對稱符號** Γ，的向量 $\vec{k}$ 而言，即 $\vec{k} = 0$，很明顯的這個 $\vec{k}$ 必須在所有**晶體點群操作**下都要是不變的，所以在 Γ 點（$\vec{k} = 0$）的**小群**就是 O_h。在表 6.6 中，我們列出了簡單立方晶體（Simple cubic lattice）和體心立方晶體的 Brillouin 區上所有重要的**對稱點**和**對稱線**的**小群**。

表 6.6・(a) 簡單立方晶體和 (b) 體心立方晶體的 Brillouin 區上所有重要的對稱點和對稱線的小群，以 (α, β, Γ) 標示一般的點

(a)

對稱符號	$\vec{k}$	小群	小群的階數 h
Γ	$\frac{2\pi}{a}(0, 0, 0)$	O_h	48
Δ	$\frac{2\pi}{a}(\alpha, 0, 0)$	C_{4v}	8
X	$\frac{2\pi}{a}(\frac{1}{2}, 0, 0)$	C_{4h}	16
Λ	$\frac{2\pi}{a}(\alpha, \beta, \Gamma)$	C_{3v}	6
R	$\frac{2\pi}{a}(\frac{1}{2}, \frac{1}{2}, \frac{1}{2})$	O_h	48
Σ	$\frac{2\pi}{a}(\alpha, \beta, 0)$	C_{2v}	4
M	$\frac{2\pi}{a}(\frac{1}{2}, \frac{1}{2}, 0)$	C_{4h}	16
T	$\frac{2\pi}{a}(\alpha, \frac{1}{2}, \frac{1}{2})$	C_{4v}	8
Z	$\frac{2\pi}{a}(\alpha, \frac{1}{2}, 0)$	C_{2v}	4
S	$\frac{2\pi}{a}(\alpha, \beta, \frac{1}{2})$	C_{2v}	4

(b)

對稱符號	$\vec{k}$	小群	小群的階數 h
Γ	$\frac{2\pi}{a}(0, 0, 0)$	O_h	48
Δ	$\frac{2\pi}{a}(\alpha, 0, 0)$	C_{4v}	8
X	$\frac{2\pi}{a}(\frac{1}{2}, 0, 0)$	C_{4h}	16
Σ	$\frac{2\pi}{a}(\alpha, \beta, \Gamma)$	C_{2v}	4
N	$\frac{2\pi}{a}(\frac{1}{2}, \frac{1}{2}, 0)$	C_{2h}	8
D	$\frac{2\pi}{a}(\frac{1}{2}, \frac{1}{2}, \Gamma)$	C_{2v}	4
P	$\frac{2\pi}{a}(\frac{1}{2}, \frac{1}{2}, \frac{1}{2})$	T_d	24

(b)			
對稱符號	$\vec{k}$	**小群**	**小群的階數** h
Λ	$\frac{2\pi}{a}(\alpha, \beta, \Gamma)$	C_{3v}	6
G	$\frac{2\pi}{a}(\alpha, \frac{1}{2}, \Gamma)$	C_{2v}	4

如果我們在（6.10）式的 $\Psi_{\vec{k}}$ 上施加一個屬於 $\vec{k}$ 的**小群**中的**操作**，則操作之後的 $\Psi_{\vec{k}}$ 可能會有以下二種之一的結果：

[1]　除了可能出現的相位因子（Phase factor）之外，$\Psi_{\vec{k}}$ 是不變的。

[2]　轉變成另一個新的函數 $\Psi_{\vec{k}}$，但 $\vec{k}$ 不改變。

然而在第 [2] 種情況下，將會有一個以上不同的 $U_{\vec{k}}(\vec{r})$ 伴隨著 $e^{i\vec{k}\cdot\vec{r}}$，這些各種不同的 $U_{\vec{k}}(\vec{r})$ 將依據 $\vec{k}$ 的**小群**的**不可約表示**來做轉換，這個**小群**的**不可約表示**就是所謂的**小表示**（Small representation）。如果在 Brillouin 區內的波向量 $\vec{k}$ 形成了一個**小群**，則具有相同的 $\vec{k}$ 值的電子波函數必須像 $\vec{k}$ **小群**的**操作**一般作轉換。**空間群操作** $\{R|\vec{t}\}$ 中的**旋轉**部分的**表示** $\Gamma(R)$，可以從**小群**的**點群表**所得到；而其**平移**部分可以簡單的給定為 $e^{i\vec{k}\cdot\vec{r}}$。

$$\text{即 } D\{R|\vec{t}\} = \exp(i\vec{k}\cdot\vec{t}) \times \Gamma(R) \qquad (6.12)$$

如果 $\{R|\vec{t}\}$ 和 $\{R'|\vec{t}'\}$ 是**小群**的二個**空間群**的**操作**，這二個**操作**的乘積為

$$\{R|\vec{t}\}\{R'|\vec{t}'\} = \{RR'|R\vec{t}' + \vec{t}\} \qquad (6.13)$$

而其表示的乘積為

$$D\{R|\vec{t}\}D\{R'|\vec{t}'\} = \exp(i\vec{k}\cdot\vec{t})\exp(i\vec{k}\cdot\vec{t}')\Gamma(R)\Gamma(R') \quad (6.14)$$

$$= \exp[i\vec{k}\cdot(\vec{t}+\vec{t}')]\Gamma(RR')\Gamma(R)\Gamma(R') \quad (6.15)$$

6.3.3 體心立方晶體的電子狀態之對稱

我們將介紹如何把 Brillouin 區中不同位置的電子狀態做**對稱**的分類方法，因為晶體如果屬於**非簡單空間群**，則處理的方法比較複雜，所以我們將以體心立方晶體的 Brillouin 區作為例子。

先將真實空間中建立晶體，找出倒晶格向量之後，再建構適當的 Brillouin 區。我們就把這個 Brillouin 區當做**對稱**單位晶胞，在 Brillouin 區的內部和表面選擇各種不同的向量之後，再找出所有重要的**對稱點**的**小群**和**對稱線**的**小群**。圖 6-5(b) 已經標示出所有體心立方晶體之 Brillouin 區中特別的向量 $\vec{k}$，而這些**對稱點**的**小群**都列在表 6.6(b) 中。

我們可以利用（6.12）式列出一個**小群**之**不可約表示**的表。（6.12）式中的 Γ(*R*) 可以查表得到，$e^{i\vec{k}\cdot\vec{r}}$ 可以代入 $\vec{k}$ 和 $\vec{t}$ 值而求出。在建立**小表示**的**特徵表**時，通常習慣會以其所對應的 BSW 符號（BSW notation, Bouckaert-Smoluchowski-Wigner notation），做為**小表示**的標示符號，例如：**對稱點** Δ 之**小群**的**表示**習慣上標示成 Δ_1、Δ_2、Δ_3、Δ_4、Δ_5，表 6.7 列出了圖 6-5(b) 上所有重要的**對稱點**的**小表示**的**特徵值表**，其中的 Jones 符號（Jones' symbol）會在稍後做簡單的介紹。

表 6.7・體心立方晶體 Brillouin 區中幾個對稱點的小表示的特徵值表

使用 BSW 符號和 Jones 符號

(a) 對稱點 Γ 和 H 的特徵值表（小表示 O_h）

Γ	H	E	$3C^2_4$	$6C_4$	$6C_2$	$8C_3$	I	$3\sigma_h$	$6S_4$	$6\sigma_d$	$8S_6$
Γ_1	H_1	1	1	1	1	1	1	1	1	1	1
Γ_2	H_2	1	1	−1	−1	1	1	1	−1	−1	1
Γ_{12}	H_{12}	2	2	0	0	−1	2	2	0	0	−1
Γ'_{15}	H'_{15}	3	−1	1	−1	0	3	−1	1	−1	0
Γ'_{25}	H'_{25}	3	−1	−1	1	0	3	−1	−1	1	0
Γ'_1	H'_1	1	1	1	1	1	−1	−1	−1	−1	−1
Γ'_2	H'_2	1	1	−1	−1	1	−1	−1	1	1	−1
Γ'_{12}	H'_{12}	2	2	0	0	−1	−2	−2	0	0	1
Γ_{15}	H_{15}	3	−1	1	−1	0	−3	1	−1	1	0
Γ_{25}	H_{25}	3	−1	−1	1	0	−3	1	1	−1	0

操作 O_h 的 Jones 符號

E	xyz
$3C_4^2=3C_2$	$\overline{xy}z;\ x\overline{yz};\ \bar{x}y\bar{z}$
$6C_4$	$\bar{y}xz;\ y\bar{x}z;\ x\bar{z}y;\ xz\bar{y};\ zy\bar{x};\ \bar{z}yx$
$6C_2$	$yx\bar{z};\ z\bar{y}x;\ \bar{x}zy;\ \overline{yxz};\ \overline{zyx};\ \overline{xzy}$
$8C_3$	$zxy;\ yzx;\ z\overline{xy};\ \overline{yz}x;\ \overline{zx}y;\ \bar{y}z\bar{x};\ \bar{z}x\bar{y};\ y\overline{zx}$

(b) 對稱點 Δ 的特徵值表（小表示 C_{4v}）

Δ	E	$2C_4$	C_4^2	$2\sigma_v$	$2\sigma_d$
Δ_1	1	1	1	1	1
Δ_2	1	1	1	−1	−1
Δ_3	1	−1	1	1	−1
Δ_4	1	−1	1	−1	1
Δ_5	2	0	−2	0	0

操作 C_{4v} 的 Jones 符號

E	xyz
$2C_4$	$y\bar{x}z; \bar{y}xz$
C_4^2	$\overline{xy}z$
$2\sigma_v$	$x\bar{y}z; \bar{x}yz$
$2\sigma_d$	$\overline{yx}z; yzx$

(c) 對稱點 Σ、D 和 G 的特徵值表（小表示 C_{2v}）

Σ	D	G	E	C_2	$\sigma_{v_{xz}}$	$\sigma_{v_{yz}}$
Σ_1	D_1	G_1	1	1	1	1
Σ_2	D_2	G_2	1	1	−1	−1
Σ_3	D_3	G_3	1	−1	1	−1
Σ_4	D_4	G_4	1	−1	−1	1

操作 C_{2v} 的 Jones 符號

E	xyz
C_2	$yx\bar{z}$
$\sigma_{v_{xz}}$	$xy\bar{z}$
$\sigma_{v_{yz}}$	yxz

(d)對稱點 N 的特徵值表（小表示 D_{2h}）

N	E	C_{2z}	C_{2y}	C_{2x}	I	σ_{xy}	σ_{xz}	σ_{yz}
N_1	1	1	1	1	1	1	1	1
N_2	1	1	−1	−1	1	1	−1	−1
N_3	1	−1	1	−1	1	−1	1	−1
N_4	1	−1	−1	1	1	−1	−1	1
N_1'	1	1	1	1	−1	−1	−1	−1
N_2'	1	1	−1	−1	−1	−1	1	1
N_3'	1	−1	1	−1	−1	1	−1	1
N_4'	1	−1	−1	1	−1	1	1	−1

(e) 對稱點 Λ 的特徵值表（小表示 C_{3v}）

Λ	E	$2C_3$	$3\sigma_v$
Λ_1	1	1	1
Λ_2	1	1	−1
Λ_3	2	−1	0

操作 C_{3v} 的 Jones 符號

E	xyz
$2C_3$	$zxy; yzx$
$3\sigma_v$	$yxz; zyx; xzy$

(f) 對稱點 P 的特徵值表（小表示 T_d）

P	E	$8C_3$	$3C_4^2$	$6S_4$	$6\sigma_d$
P_1	1	1	1	1	1
P_2	1	1	1	−1	−1
P_3	2	−1	2	0	0
P_4	3	0	−1	1	−1
P_5	3	0	−1	−1	1

操作 T_d 的 Jones 符號

E	xyz
$8C_3$	$zxy; yzx; z\overline{xy}; \overline{yz}x; \overline{zx}y; \bar{y}z\bar{x}; \bar{z}x\bar{y}; y\overline{zx}$
$3C_4^2 = 3C_2$	$\overline{xy}z; x\overline{yz}; \bar{x}y\bar{z}$
$6IC_4 = 6S_4$	$y\overline{xz}; \bar{y}x\bar{z}; \bar{x}z\bar{y}; \overline{xz}y; \overline{zy}x; z\overline{xy}$
$6IC_2 = 6\sigma_d$	$\overline{yx}z; \bar{z}y\bar{x}; x\overline{zy}; yxz; zyx; xzy$

6.3.4 對稱操作的 Jones 符號

如果**對稱操作** R 作用在向量 (x, y, z) 的效果是產生一個新的向量 (x', y', z')，則我們可以很容易的用舊的向量來寫出 (x', y', z') 如下。

$$令\ R = C_4 \equiv \begin{bmatrix} 0 & -1 & 0 \\ 1 & 0 & 0 \\ 0 & 0 & 1 \end{bmatrix}$$

則 $(x', y', z') = C_4(x, y, z)$ 可被寫成

$$\begin{bmatrix} x' \\ y' \\ z' \end{bmatrix} = \begin{bmatrix} 0 & -1 & 0 \\ 1 & 0 & 0 \\ 0 & 0 & 1 \end{bmatrix} \begin{bmatrix} x \\ y \\ z \end{bmatrix} = (\bar{y}, x, z) \text{ 或 } C_4(x, y, 0) = (\bar{y}, x, z)$$

上式中最右邊用來標示作用在 (x, y, z) 上的**對稱操作**的符號，稱為 Jones 符號，表 6.7 也列出了出現在**小群**中的**對稱操作**之 Jones 符號。

6.3.5 相容表

由**小群**的列表，例如表 6.7，可以很清楚的發現**對稱線**和其二端**對稱點**的**階數**是不同的，**對稱點**的**小群**的**階**要高於**對稱線**的**小群**的**階**。以圖 6-5(b) 的**對稱線** ΓH 為例，其二端**對稱點** Γ 是屬於 48 **階**的**群** O_h，即 $h = 48$；H 是屬於 16 **階**的**群** D_{4h}，即 $h = 16$，而在**對稱線**上的**對稱點** Δ，是屬於 8 **階**的**群** C_{4v}，即 $h = 8$，如表 6.6(b) 所示。於是我們在**對稱點** Γ 和**對稱點** H 上的電子能帶之簡併度要高於 ΓH **對稱線**上的電子能帶之簡併度。同理，如果向量 $\vec{k}$ 的**群**擁有 $h = 1$，即只有一個**等同元素** E，則我們會預期所有能態的簡併度都被去除了。所以，在**對稱線**上一般的點Δ的**表示**必須被包含在這個**對稱線**的二個**對稱端點** Γ 和 H 的**表示**之中。換言之，沿著軸的任何**對稱**形式一定會包含在這個軸的二端點的**對稱**形式內。我們把「端點的**表示**」和「兩端點間的連線**表示**」之間的關係所建立的表，就稱為**相容表**

（Compatibility table）。**相容表**可以有二個簡單的方法得到：

[1]　審視適當的**對稱點**的**特徵值表**。

[2]　利用分解公式（3.12）。

相容表對於能帶的正確標示來說非常有用，表 6.8 列出了體心立方晶體的一些**對稱點**和**對稱線**的**相容**關係，類似的關係也可以建立在其他**對稱線**和**對稱線**端點的關係上，諸如 P_i、D_i、N_i 等。

表 6.8・體心立方晶體中 Γ 和 Δ、Λ、Σ 之間的相容關係

Γ_1	Γ_2	Γ_{12}	Γ_{15}'	Γ_{25}'	Γ_1'	Γ_2'	Γ_{12}'	Γ_{15}	Γ_{25}
Δ_1	Δ_2	$\Delta_1\Delta_3$	$\Delta_2\Delta_5$	$\Delta_4\Delta_5$	Δ_2	Δ_4	$\Delta_2\Delta_4$	$\Delta_1\Delta_5$	$\Delta_3\Delta_5$
Λ_1	Λ_2	Λ_3	$\Lambda_2\Lambda_3$	$\Lambda_1\Lambda_3$	Λ_2	Λ_1	Λ_3	$\Lambda_1\Lambda_3$	$\Lambda_2\Lambda_3$
Σ_1	Σ_4	$\Sigma_1\Sigma_4$	$\Sigma_2\Sigma_3\Sigma_4$	$\Sigma_1\Sigma_2\Sigma_3$	Σ_2	Σ_3	$\Sigma_2\Sigma_3$	$\Sigma_1\Sigma_3\Sigma_4$	$\Sigma_1\Sigma_2\Sigma_4$

例 6.4　如圖所示，有一個邊長為 $a \times a$ 的簡單平面晶格（Simple squire lattice）的 Brillouin 區。

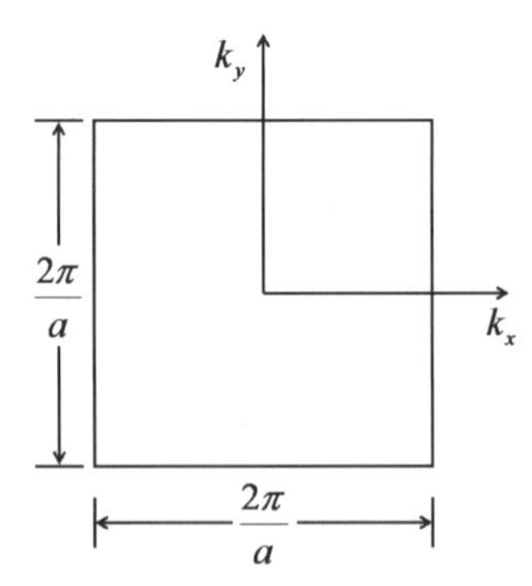

[1]　請找出所有具有特殊的**對稱點**和**對稱線**。

[2]　寫下這些**對稱點**和**對稱線**所屬的**小群**。

[3]　畫出自由電子能帶圖（Free electron energy diagram）。

解：[1] 我們將借用簡單立方晶體（如圖 6-5(a)）的符號來標示幾個特殊的**對稱點**和**對稱線**如下

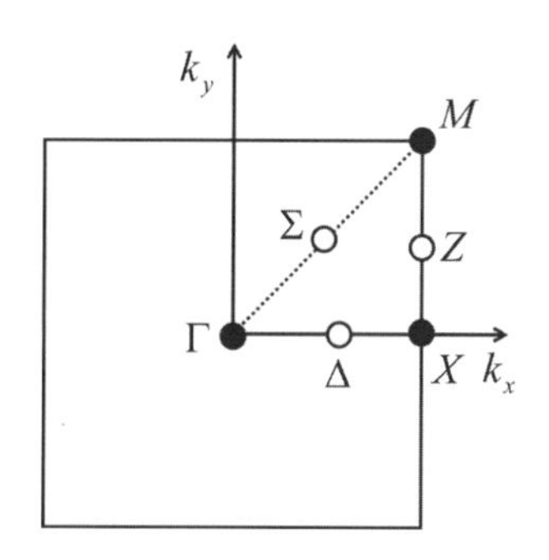

[2] 在找出這些**對稱點**和**對稱線**的波向量所屬的**小群**之前，我們先來介紹「**星**」（Star）的概念，**星**的方法和 6.3.2 的方法內容基本上是一樣的，但是以具體的圖像來找尋**小群**的種類，也許會比較方便。

小群和**星**的關係如下（我們依然不證明）：

點群的**階** h = **小群**的**階** q × **星**的向量數 s，

即 $h = q \times s$，其中**星**的向量數 s 就是「星星的手臂數」，

依照這個關係式，尋找**小群**種類的步驟則為：

(1) **點群**確定 ⇒ **點群**的**階**可知。

(2) **星**的向量數 s 確定。

(3) **小群**的**階** q 可知 ⇒ **小群**種類可確定。

以下我們將分別求出一般的**對稱點／線**、**對稱線** Z、**對稱線** Σ、**對稱線** Δ、**對稱點** X、**對稱點** M 的**小群**種類。

因為這個 Brillouin 區是正方形的，所以屬於 C_{4v}，$h = 8$。我們把 C_{4v} **群**中的 8 個**元素操作**在 $\vec{k}$ 上所得的結果就是一個星星的形狀，如下列圖左所示，然而每個**星**的手臂，即 $\vec{k}$ 值的

數目，則可由更多的 Brillouin 區可以輕易的判斷出哪些 $\vec{k}$ 是等價的，如下列圖右所示。

(a) 一般的**對稱點**、一般的**對稱線**，$s = 8$

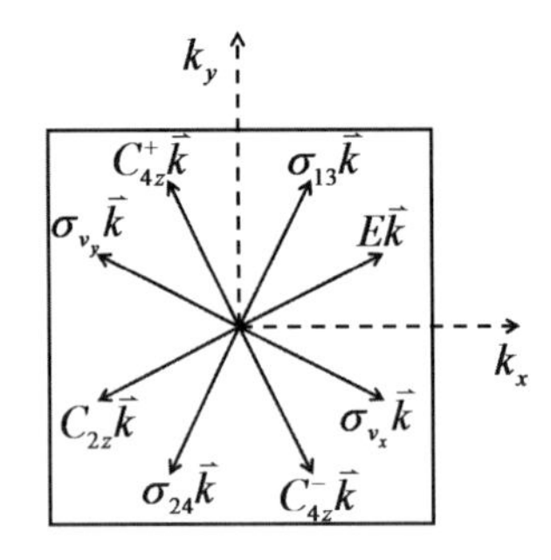

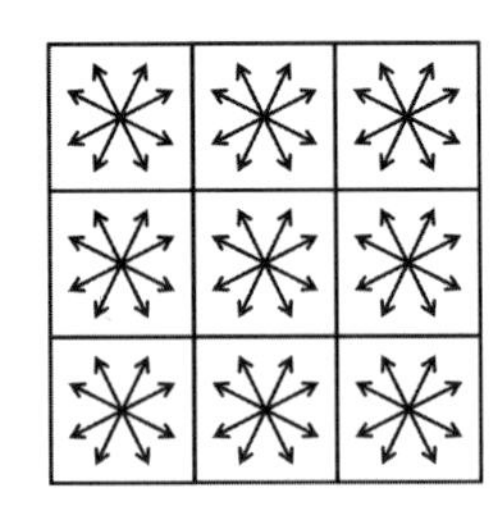

(b) **對稱線** Z，$s = 4$

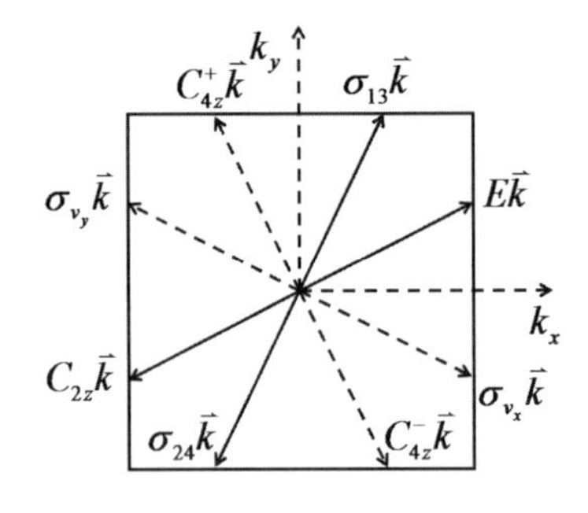

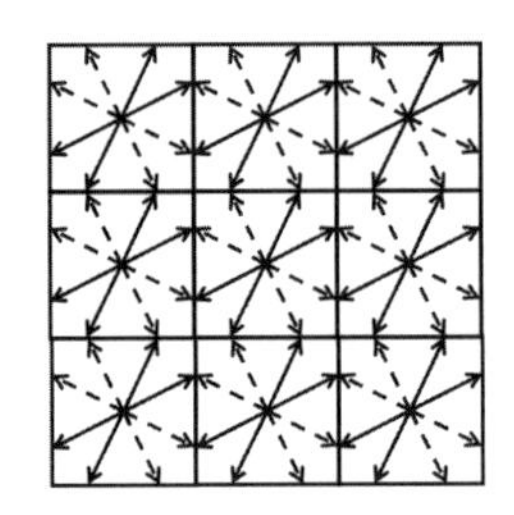

(c) **對稱線** Σ，$s = 4$

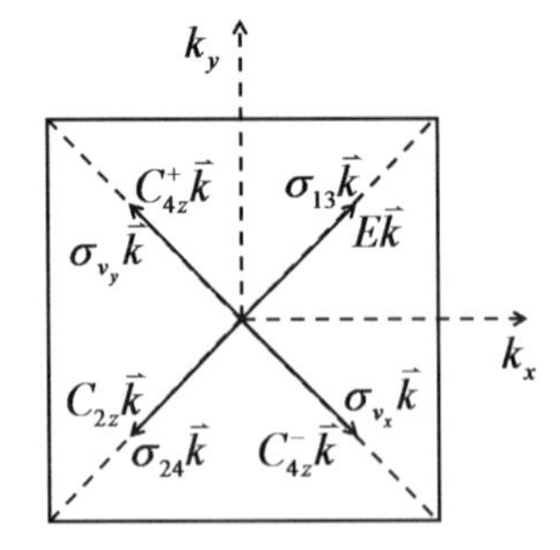

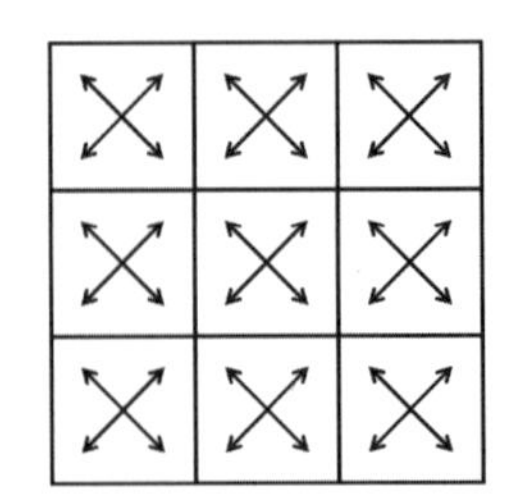

(d) **對稱線** Δ，$s = 4$

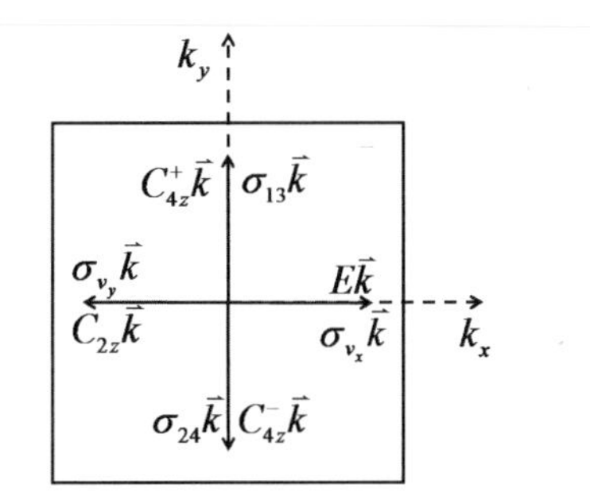

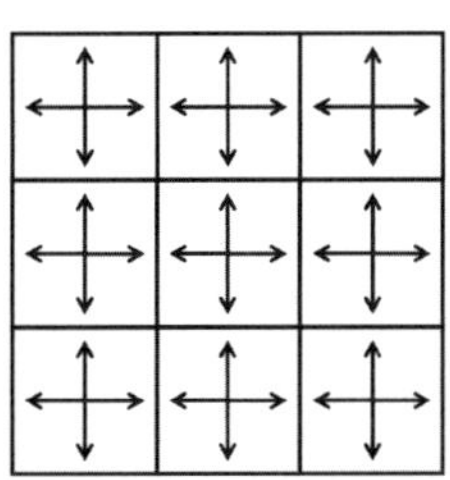

(e) **對稱點** X，$s = 2$

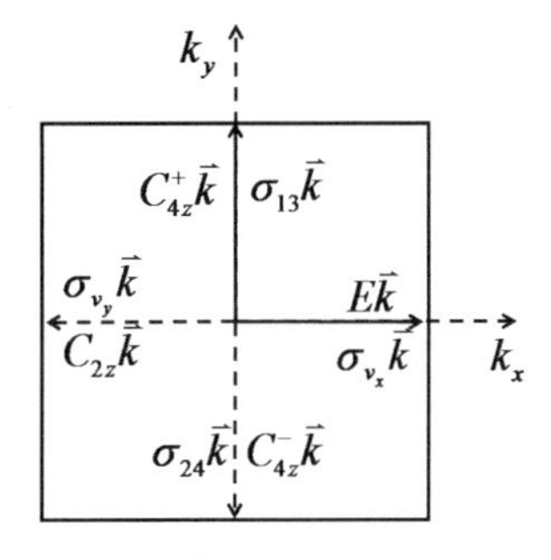

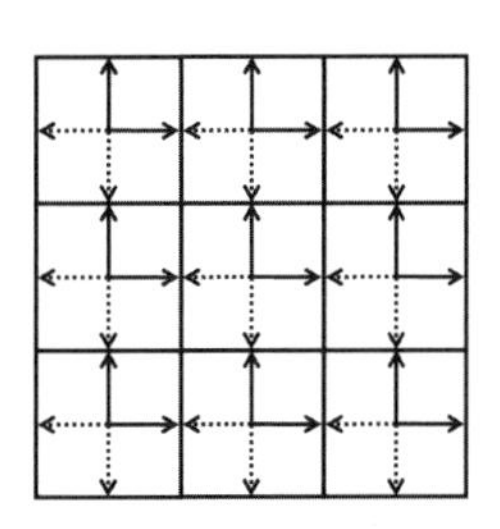

(f) **對稱點** M，$s = 1$

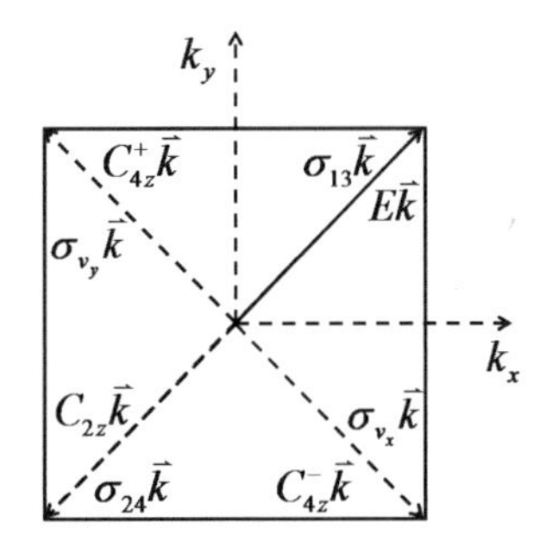

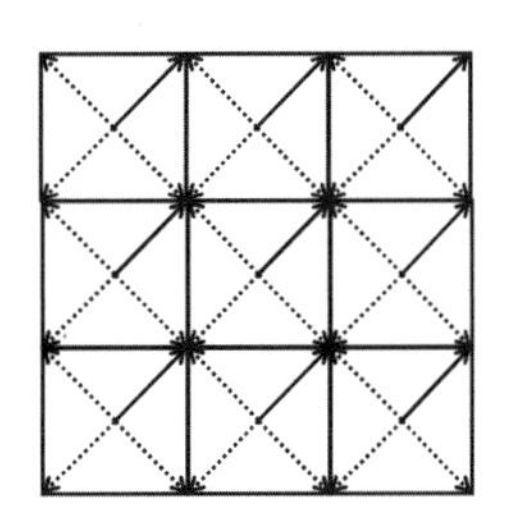

由 $h = qs$ 的關係式可以得到特殊的**對稱點**和**對稱線**的星的向量數 s 以及**小群**的**階** q 之後，即可找出**小群**的種類，列表如下：

對稱點／線	$\vec{k}$	s	q	**小群**
一般的點	$\frac{2\pi}{a}(\alpha, \beta)$	8	1	C_1
Z	$\frac{2\pi}{a}(\alpha, \frac{1}{2})$	4	2	C_{1h}
Σ	$\frac{2\pi}{a}(\alpha, \alpha)$	4	2	C_{1h}
Δ	$\frac{2\pi}{a}(\alpha, 0)$	4	2	C_{1h}
X	$\frac{2\pi}{a}(\frac{1}{2}, 0)$	2	4	C_{2v}
M	$\frac{2\pi}{a}(\frac{1}{2}, \frac{1}{2})$	1	8	C_{4v}
Γ	$\frac{2\pi}{a}(0, 0)$	1	8	C_{4v}

其中 $0<\alpha,\beta<\frac{1}{2}$，且 $\alpha \neq \beta$。

[3] 得到特殊的**對稱點**和**對稱線**的**小群**的種類之後，可以更近一步由**特徵值表**求出**對稱**相互之間的**相容**關係，即**相容表**。

由**特徵值表**求出**對稱**相互之間的**相容**關係的步驟如下：

(1) 由**小群**的種類可以計算或查表得到其所對應的**特徵值表**。

(2) 確定**群操作**之間的對應關係。

(3) 找出**表示**之間的**相容**關係。

其中的第二個步驟是最關鍵的步驟，如果**操作**之間的關係對應得不適當，則所得的**相容表**當然就有偏差，此外在**群論**應用在能帶理論的發展過程中，很多學者常常為了方便而定義一些特殊符號，並且在相關議題上約定俗成而各自沿用，如此也導致各式各樣莫衷一是的符號產生，所以在參閱各種文獻資料上的**操作**關係時，例如 32 **點群**的**特徵**

值表，應避免直接套用，最保守的方法是對比**基函數**之後，再找出對應的**操作**；如果未列出**基函數**，則檢查比對 Mulliken **不可約表示**的符號；如果只有 Bethe **不可約表示**的符號，則必須非常仔細的比對其**特徵值**。對於 Γ、M、X、Δ、Z、Σ 所對應的**小群**的**特徵值表**整理如下：

C_{4v}		E	$2C_4$	C_2	$2\sigma_v(\sigma_x, \sigma_y)$		$2\sigma_d$
Γ_1	M_1	1	1	1	1		1
Γ_2	M_2	1	1	1	−1		−1
Γ_3	M_3	1	−1	1	1		1
Γ_4	M_4	1	−1	1	−1		1
Γ_5	M_5	2	0	−2	0		0
C_{2v}		E		C_2	σ_y	σ_x	
X_1		1		1	1	1	
X_2		1		1	−1	−1	
X_3		1		−1	1	−1	
X_4		1		−1	−1	1	
		E			σ_y		
C_{1h}		E				σ_x	
		E					σ_d
Δ_1		1			1		
Z_1		1				1	
Σ_1		1					1
Δ_2		1			−1		
Z_2		1				−1	
Σ_2		1					−1

其中要特別說明的是 Δ、Z、Σ 三個**對稱線**都屬於**小群** C_{1h}，但是要如何把三個不同的**反射操作** σ 區別開呢？可以觀察它們各自的**星**就會了解，此處我們選擇了Δ是 σ_y；Z 是 σ_x；

Σ 是 σ_d。所以可得 Z、Σ、Δ、X、M、Γ之間的**相容**關係如下列各表：

Γ_1	Γ_2	Γ_3	Γ_4	Γ_5
Δ_1	Δ_2	Δ_1	Δ_2	$\Delta_1\Delta_2$
Σ_1	Σ_2	Σ_2	Σ_1	$\Sigma_1\Sigma_2$

M_1	M_2	M_3	M_4	M_5
Z_1	Z_2	Z_1	Z_2	Z_1Z_2
Σ_1	Σ_2	Σ_2	Σ_1	$\Sigma_1\Sigma_2$

X_1	X_2	X_3	X_4
Δ_1	Δ_2	Δ_1	Δ_2
Z_1	Z_2	Z_2	Z_1

由**相容表**再配合近似自由電子模型（Nearly free electron model）即可獲得近似自由電子能帶圖如下：

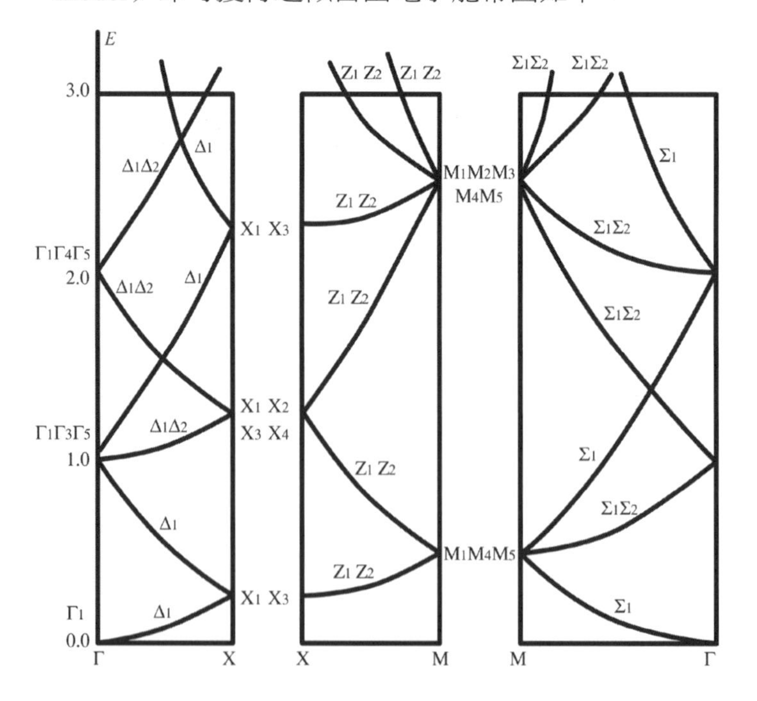

值得注意的是由**相容表**得知：

$X_1X_3 \to Z_1Z_2 \to M_1M_4M_5M_2M_3$

但是 $\Gamma_1 \to \Sigma_1 \to M_1M_4M_5$

所以只有 $M_1M_4M_5$。

6.4 晶體振動光譜的對稱

如我們所知，晶體中的每一個晶格點都是一個或一個以上的離子或分子所構成的基本單元，在絕對零度以上的任何溫度環境中，每一個晶格位置的基本單元不再是靜止不動的，而是在它們的平衡位置附近振動。熱擾動所引起的原子振動最簡單的分析假設是以簡諧振盪（Simple harmonic oscillation）的模型來描述，因為原子可以自由的在 x、y、z 三個方向振動，所以這個振動的自由度為 3。然而在真實的固態物質中的原子並非可以自由移動的，而是被束縛在晶格的附近，在研究晶格振動現象之初最常以圖 6-6 所示的球－彈簧的模型來描述晶體。

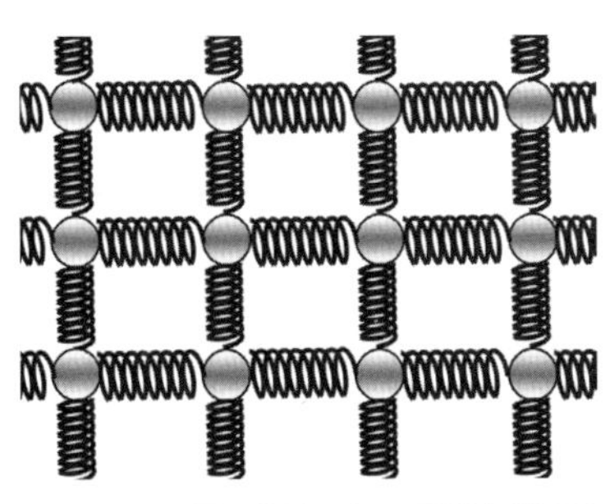

圖 6-6．晶體的球－彈簧模型

由這個示意圖可看出，晶格原子的熱擾動是非常複雜的，因為每一個振動的原子都會牽動它鄰近的原子，好像互相耦合的簡諧振盪子。於是那些不是在原子所在的平面上就是在與其垂直的平面上鄰近的原子就有了一個複雜的位移形式。對於一個由 N 個相同的原子所構成的固態物質，我們假設含有 $3N$ 個自由度，也就是說這個固態晶體，會以 $3N$ 個獨立的振動模態或正則振動模態（Normal vibration mode）作振動。一個正則模態的定義是必須包含晶體內所有原子，雖然每一個原子都有自己的振幅、方向及相位，但是卻有相同頻率的一個振動。

晶格模（Lattice mode）或晶格波（Lattice wave）的能量量子化、動量量子化之後就稱為聲子（Phonon），就好像我們把電磁波量子化之後的結果稱為光子（Photon）一樣。圖 6-7 就是典型的聲子色散曲線。

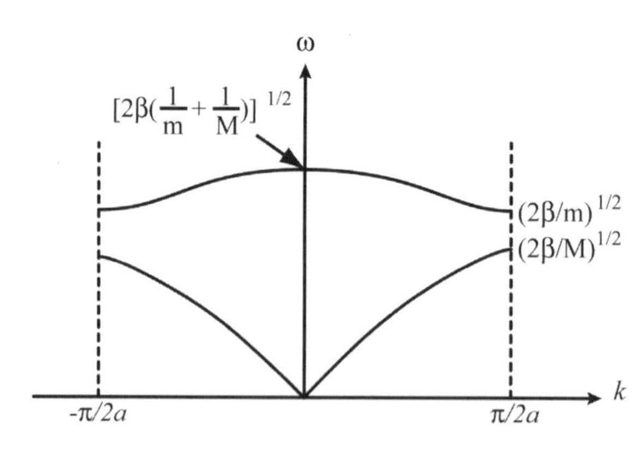

圖 6-7．聲子色散曲線示意圖

我們並無意在此深入討論晶格振動的理論，在本小節的內容將僅討論**對稱**原則在決定絕緣晶體的紅外線光譜和 Raman 光譜上的應用。

6.4.1 紅外線和 Raman 躍遷過程的對稱原則

如前所介紹之晶格振動理論所述，每一個晶格波或振動模態都有一個波向量$\vec{k}$與之對應，而且這個$\vec{k}$是被限制在第一 Brillouin 區內。波向量$\overrightarrow{k_q}$標示傳遞方向，其中 q 是(100)、(110)、(111)…等等，且波長為 λ_q，即 $\lambda_q = \dfrac{2\pi}{|\overrightarrow{k_q}|}$ 的晶格模。由於晶體有不同的$\vec{k}$值，所以也就有許多的聲子能態，如果我們寫出振動的量子力學方程式就可以計算出這些聲子能態的數值。當各種聲子的能態確定之後，剩下的問題就是**對稱性**的限制，我們要用**群論**的方法來分析各種聲子能階之間的紅外線和 Raman 的躍遷過程，而所獲得的結果對晶體光譜和晶體振動能態的間距的解析非常有用。

我們將以簡單立方晶體為例說明晶體不同振動模的**對稱**特性。圖 6.5(a) 是簡單立方晶體的 Brillonin 區，符號 Γ、X、R、M 和 Σ、Δ、Λ、T、Z、S 對應著如 6.3 所介紹的特殊**對稱性**的向量$\vec{k}$，其中點 Γ 的 $\vec{k}=0$ 呈現**立方群**（Cubic group），即 O_h 的**全對稱**（Full symmetry）特性，其特徵值表如表 6.9 所示。**特徵值表**的最後一列是**基函數** x, y, z 或 x^2, y^2, z^2 的轉換。

表 6.9 · 立方群 O_h 在 $\vec{k}=0$ 的特徵值表與基函數
（使用 BSW 符號）

O_h	E	$3C_4^2$	$6C_4$	$6C_2$	$8C_3$	I	$3\sigma_h$	$6S_4$	$6\sigma_d$	$8S_6$	基函數
Γ_1	1	1	1	1	1	1	1	1	1	1	$x^2+y^2+z^2$
Γ_2	1	1	−1	−1	1	1	1	−1	−1	1	$(2z^2-x^2-y^2, x^2-y^2)$
Γ_{12}	2	2	0	0	−1	2	2	0	0	−1	
Γ_{15}'	3	−1	1	−1	0	3	−1	1	−1	0	
Γ_{25}'	3	−1	−1	1	0	3	−1	−1	1	0	(xz, yz, xy)
Γ_1'	1	1	1	1	1	−1	−1	−1	−1	−1	
Γ_2'	1	1	−1	−1	1	−1	−1	1	1	−1	
Γ_{12}'	2	2	0	0	−1	−2	−2	0	0	1	
Γ_{15}	3	−1	1	−1	0	−3	1	−1	1	0	(x, y, z)
Γ_{25}	3	−1	−1	1	0	−3	1	1	−1	0	

在點 $\vec{k}=0$ 的振動正則模將標示成一個或數個群 O_h 的不可約表示，即 Γ_1、Γ_2、Γ_{12}、Γ_{15}'、Γ_{25}'。為了簡化問題起見，我們假設只有三個允許的振動模，如圖 6-8 所示的 Γ_2'、Γ_{15}'、Γ_{25}'，現在我們要來看看發生在這三個能階之間，包括放射和吸收的過程所引起的 Raman 或紅外線光譜。

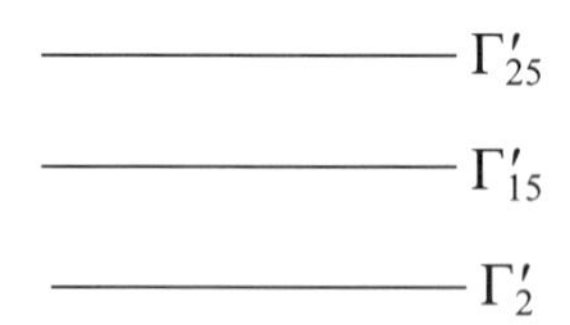

圖 6-8 · 三個振動模示意圖

我們可以藉由找出對應於所求的躍遷過程之躍遷矩陣元素（Transition matrix elements）來規範那些躍遷是被允許的；那些躍遷

是不被允許的。如果$\hat{O}$代表發生在二個能階之間的躍遷過程，即紅外線或Raman的運算子，而Ψ_a、Ψ_b分別為這二個能階的波函數，則量子力學的原理會告訴我們以下的選擇定律（Selection rule）：。如果$\hat{O}$的矩陣元素

[1] $\langle \Psi_b | \hat{O} | \Psi_a \rangle = 0$（6.25a），則這個躍遷是不被允許的。

[2] $\langle \Psi_b | \hat{O} | \Psi_a \rangle \neq 0$，則這個躍遷是被允許的。

我們可以用**群論**的語彙來描述（6.25a）（6.25b）如下：

當我們用晶體的**對稱群不可約表示**來標示躍遷的初始態 Ψ_a 和終止態 Ψ_b 時，如果$\langle \Psi_b | \hat{O} | \Psi_a \rangle$包含了**群**的所有**對稱表示**，則這個躍遷就是被允許的。對應於紅外線躍遷過程的運算子$\hat{O}$就是雙極矩運算子（Dipole moment operator）$e\hat{r}$，如同**基函數** x, y, z 在**群**中的轉換一樣；對應於 Raman 躍遷過程的運算子是對稱極化張量（Symmetric polarizability tensor）α_{ij}，其轉換如同$\hat{r}$和本身的**對稱**乘積，即如同**基函數** x^2，y^2，z^2，xy，yz，zx 或是它們的線性組合。

讓我們更具體的討論看看由能態 Γ'_{25} 到能態 Γ'_2 之間，如圖 6-8 所示，是否可能發生紅外線躍遷？也就是說，我們要看看矩陣元素

$$\langle \Gamma'_2 | e\hat{r} | \Gamma'_{25} \rangle \text{ 或 } \langle \Gamma'_2 | \hat{r} | \Gamma'_{25} \rangle$$

是否為零？

由表 6.9 可看出運算子$\hat{r}$的轉換如同**群**的 Γ_{15} 表示，所以利用（3.13）式可將$\hat{r} \mid \Gamma'_{25}\rangle$ 的轉換化為

$$\Gamma_{15} \otimes \Gamma'_{25} = \Gamma'_2 + \Gamma'_{12} + \Gamma_{25} + \Gamma_{15} \quad (6.26)$$

因為（6.26）式的右側包含了 Γ_2' 項，所以我們馬上可以判斷由能態 Γ_{25}' 到 Γ_2' 能態的躍遷是被允許的；然而由能態 Γ'_{25} 到能態 Γ_{15}' 的紅外線躍遷是被禁止的，因為 Γ_{15}' 並沒有出現在（6.26）式的右側。

以上述相同的方法原則也同樣適用於判斷二能階之間是否有 Raman 躍遷的可能性。我們仍然使用（6.26）式，但是運算子的轉換，如前所述，同義於函數 x^2，y^2，z^2，xy，yz，zx 等等，所以如果（6.25）式中 Ψ_b 的轉換和這些函數或其線性組合相同，則 Raman 躍遷是被允許的；否則就是被禁止的。

當然以上我們所介紹的方法過程是簡化的，其實**對稱**原則可以應用的範圍遠大於我們現在所描述的內容，其中當然包含了真實的晶體**空間群**和**表示**以及其它外加的效應，這些部分都囿於本書所設定的範圍，所以現在無法處理。

例 6.5　請用**群論**的方式分別描述紅外躍遷和 Raman 躍遷的選擇規律。

解：基本上，要有電雙極矩（Electric dipole moments）的變化才會產生紅外躍遷；要有極化率（Polarizability）的變化才會產生 Raman 躍遷。用**群論**的語彙分別描述則為：

[1] 對應於紅外躍遷的**操作**必須是等同於**基函數** x、y、z 或 T_x、T_y、T_z 的轉換。

[2] 對應於 Raman 躍遷的**操作**必須是等同於**基函數** x^2、y^2、z^2 或 xy、yz、zx 的轉換。

6.5 能帶結構計算中特徵行列式的分解

在這一節中我們將舉例介紹**對稱**分析在能帶計算的初步應用，即分解 IV 族半導體和 III-V 族半導體的能帶結構計算過程中的 $n \times n$ 特徵行列式（Secular determent）。

6.5.1 基本原則

在所有的能帶計算中有二個主要的問題要面對，第一是晶體位能的確定；第二是晶體波方程式的數值解。區域贗勢模型（Local pseudopotential model）已經被證實可以適當的描述一些固態晶體的能帶結構。贗勢近似的成功，主要是因為這個方法只需要很少的參數就可以和實驗值做合理的擬合，對於一般的半導體而言，約只要 20 ×20 的特徵行列式就可以適當的描述其能帶結構了。我們首先談談贗勢法（Pseudopotential method）對 IV 族，III-V 族半導體所建立的特徵行列式，再來看看如何以**對稱**的方法分解此特徵行列式。

6.5.2 能帶結構的贗勢法

位在晶體中的電子的 Schrödinger 方程式為

$$\left(-\frac{\hbar^2}{2m}\nabla^2+V_p\right)\phi_{n\vec{k}}(\vec{r})=E_n(\vec{k})\phi_{n\vec{k}}(\vec{r}) \quad (6.27)$$

而贋勢（Pseudopotential）為

$$V_p=V(\vec{r})+V_R \quad (6.28)$$

其中 $V(\vec{r})$為週期性晶體位能；V_R 具有 Coulomb 斥力位能，其抵消了大部份的引力位能，使得在一階近似（First-order approximation）的條件下原子核區域附近之贋勢 V_p 的高階 Fourier 係數小得足以忽略。

函數$\phi_{n\vec{k}}(\vec{r})$是平滑的贋波函數（Pseudo-wavefunction），沒有像 Bloch 函數（如下所示）發散的問題。

$$\phi_{n\vec{k}}(\vec{r})=\exp(i\vec{k}\cdot\vec{r}) \quad (6.29)$$

（6.29）也是 Schrödinger 方程式在具有完美的週期位能 $V(\vec{r})$ 條件下的解。

V_p 的矩陣元素可寫成結構因子（Structure factor）$S(\overrightarrow{K_i})$和贋勢型因子（Pseudopotential form factor）$V_{\overrightarrow{K_i}}$ 的乘積，其中$\overrightarrow{K_i}$為倒晶格向量，因為 III-V 族閃鋅結構（Zincblende structure）的半導體之晶體位能不具有反向不變性（Inversion invariant）（即$\vec{r}\rightarrow-\vec{r}$），所以 V_p 通常被寫成是**對稱**位能（Symmetric potential）和對應於反轉的**反對稱**位能（Antisymmetric potential）之和，即

$$V_p = \sum_{|\overrightarrow{K_i}|} [S^s(\overrightarrow{K_i})V^s_{K_i} + iS^a(\overrightarrow{K_i})V^a_{K_i}] \exp(i\overrightarrow{K_i} \cdot \vec{r}) \quad (6.30)$$

其中的**對稱**原子位能（Atomic potential）$V^s_{K_i}$ 和**反對稱**原子位能 $V^a_{K_i}$ 可以由既有文獻中查到 IV 族和 III-V 族半導體的數值。

如果我們把座標的原點定在鑽石結構（Diamond structure）或閃鋅結構中二個原子的中點，則

$$S^s(\vec{K}) = \cos \vec{K} \cdot \vec{\tau} \quad (6.31a)$$

$$S^a(\vec{K}) = \sin \vec{K} \cdot \vec{\tau} \quad (6.31b)$$

其中 $\vec{\tau} = a\left(\frac{1}{8}, \frac{1}{8}, \frac{1}{8}\right)$ 是**晶體空間群**的**滑動平移**；a 是晶體邊長。

具有非零的結構因子（Non-zero structure factor）的前三個倒晶格向量〈111〉、〈220〉和〈311〉所分別對應的 $|\vec{K}|^2 = 3$、8 和 11，我們可以藉由求出特徵方程式（6.32）的根來解出（6.27）式的 Schrödinger 方程式。

$$\det|[(\overline{K} - \overline{k})^2 - E]\delta_{\vec{K}\vec{K}'} + V_{\vec{K}-\vec{K}'}| = 0 \quad (6.32)$$

（6.32）式的 $\vec{K}$ 是以 $\frac{2\pi}{a}$ 為單位的第一 Brillouin 區的折合波向量（Reduced wave vector），而 $V_{\vec{K}-\vec{K}'}$ 只有當 $|\vec{K}-\vec{K}'| = 3$、8 或 11，才不為零。

為了簡化能帶結構數值求解的過程，下一節，我們將針對**高對稱**的波向量 $\vec{K}$ 的條件下來分解（6.32）式。

6.5.3 鑽石結構，閃鋅結構能帶的對稱特性

IV 族，III-V 族半導體分別具有鑽石結構和閃鋅結構，鑽石結構屬於**晶體空間群** O_h^7，由二個面心立方體沿對角方向 $\frac{1}{4}$ 長度位移之後相互交錯所構成；閃鋅結構則屬於**晶體空間群** T_d^2，且其晶格結構和鑽石結構相似，但是二個面心立方次晶格（Sublattice）是由二種不同的原子所構成。所以閃鋅晶格結構缺乏**反對稱中心**。閃鋅結構的**點群** T_d 有 24 個**對稱元素**，如果再乘上**反元素** I 之後產生的另外 24 個元素，就形成了完整的 48 個**對稱元素**的**正八面群**（Octahedral group）O_h，所以 T_d 群是 O_h 的**子群**。因為這二個結構都有面心立方**平移對稱**，所以它們的 Brillouin 是相同的。如圖 6-5（c）所示的面心立方的**對稱點**和**對稱線**如表 6.10 所示。

如果波向量 $\vec{K}$ 的**對稱群** $G(\vec{K})$ 是確定的，則晶體波函數以及各能帶的所有型式都將是可預知的。然而必須把數值帶入晶體波動方程式求解之後，才能決定每個點的固有狀態（Eigenstate）的相對次序。對於具有**高對稱性**的點，我們可以把（6.32）的特徵行列式分解成對角化矩陣（Orthogonal matrix）之後，使求解波函數的過程變得比較簡單。

表 6.10・面心立方晶格 Brillioui 區重要的對稱點與對稱線

對稱符號	$\vec{k}$
Γ	$\frac{2\pi}{a}(0, 0, 0)$
Λ	$\frac{2\pi}{a}(\alpha, \alpha, \alpha)$
L	$\frac{2\pi}{a}(\frac{1}{2}, \frac{1}{2}, \frac{1}{2})$
Δ	$\frac{2\pi}{a}(0, \beta, 0)$
X	$\frac{2\pi}{a}(0, 1, 0)$
Σ	$\frac{2\pi}{a}(\alpha, \alpha, 0)$
W	$\frac{2\pi}{a}(\frac{1}{2}, 1, 0)$
K	$\frac{2\pi}{a}(\frac{3}{4}, \frac{3}{4}, 0)$
Z	$\frac{2\pi}{a}(\alpha, 1, 0)$
S	$\frac{2\pi}{a}(\alpha, 1, \alpha)$
U	$\frac{2\pi}{a}(\frac{1}{2}, 1, \frac{1}{2})$
Q	$\frac{2\pi}{a}(\frac{1}{2}, \frac{1}{2}+\alpha, \frac{1}{2}-\alpha)$

6.5.4 建構對角矩陣的方法和特徵行列式的分解

在接下來的處理過程中，我們令 $\vec{K} = (K_1, K_2, K_3)$；如(111)、(200)…等等，所以平面波可寫成

$$\exp[(i2\pi/a)(K_1x + K_1x + K_2y + K_3z)] \tag{6.33}$$

且 $|\vec{K}|^2 = K_1^2 + K_2^2 + K_3^2$ （6.34）

而 $\langle K_1\ K_2\ K_3\rangle$ 則為所有 $(K_1\ K_2\ K_3)$ 波的組合，例如 $\langle 111\rangle$ 標示的是 $|\vec{K}|^2 = 3$ 的 8 個平面波 (111)、$(\bar{1}11)$、$(1\bar{1}1)$、$(11\bar{1})$、$(1\bar{1}\bar{1})$、$(\bar{1}1\bar{1})$、$(\bar{1}\bar{1}1)$、$(\bar{1}\bar{1}\bar{1})$的組合。$|\vec{K}|^2$ 加上因子$\left(\dfrac{2\pi}{a}\right)^2$之後的物理意義是等於一個空的晶體（Empty lattice）的能量，即

$$E=\left(\frac{2\pi}{a}\right)^2 (K_1^2+K_2^2+K_3^2) \tag{6.35}$$

特徵行列式（6.32）包含了波向量為 $\vec{K}+\vec{k}$ 的平面波。第一階近似是所有向量 $\vec{K}$ 滿足$\left(\dfrac{2\pi}{a}\right)^2(\vec{K}+\vec{k})^2 \le E_1 = 7$ 的關係；第二階近似則為 $E_1 < \left(\dfrac{2\pi}{a}\right)^2(\vec{K}+\vec{k})^2 \le E_2 = 21$。選擇的方法如下：

令平面波為

$$\phi=\exp[(i2\pi/a)(\vec{K}\cdot\vec{r})]$$

然後把所有鑽石結構或閃鋅結構的**對稱操作**作用在這個平面波上，如果這個平面波被轉換成另一個實數波，則這一組函數就是一組基函數；但是如果這個平面波被轉換成一個虛數波，則這一組函數不能被納入基函數，因為晶體位能是由實數波所構成而不是虛數波所構成。

為了說明建構正交矩陣的一般方法，我們來看看鑽石結構和閃鋅結構的例子。由**對稱點** Γ 來看，在一階近似，即 $E_1 \le 7$的條件下，用上述的方法可以很容易的選擇允許 $\vec{K}$ 的只有$\langle 000\rangle$、$\langle 111\rangle$和

〈200〉以構成**基底**，而對應於〈000〉、〈111〉和〈200〉之$\vec{K}$分別有 1、8 和 6 個平面波，所以我們可以用一個 15×15 的矩陣來作一階近似的計算。表 6.11 列出了鑽石結構和閃鋅結構的〈000〉、〈111〉和〈200〉平面波的**不可約表示**。

表 6.11．鑽石結構和閃鋅結構的〈000〉、〈111〉和〈200〉平面波的不可約表示

$\langle\vec{K}\rangle$	$\lvert\vec{K}\rvert^2$	平面波的個數	鑽石結構					閃鋅結構		
			Γ_1	Γ_2'	Γ_{12}'	Γ_{25}'	Γ_{15}	Γ_1	Γ_{15}	Γ_{12}
〈000〉	0	1	1	-	-	-	-	1	-	-
〈111〉	3	8	1	1	-	1	1	2	2	-
〈200〉	4	6	-	1	1	1	-	1	1	1
不可約表示的簡併度			1	1	2	3	3	1	3	2

例 6.6 如 6.5 所介紹的方法，試分別求出對應於〈000〉、〈100〉、〈110〉的平面波數？

解：[1] 〈000〉：只有 1 個平面波(000)。

[2] 〈100〉：共有 6 個平面波 (100)、(010)、(001)、($\bar{1}$00)、(0$\bar{1}$0)、(00$\bar{1}$)。

[3] 〈110〉：共有 12 個平面波 (110)、(101)、(011)、($\bar{1}$10)、(1$\bar{1}$0)、($\bar{1}$01)、(10$\bar{1}$)、(0$\bar{1}$1)、(01$\bar{1}$)、($\bar{1}\bar{1}$0)、($\bar{1}$0$\bar{1}$)、(0$\bar{1}\bar{1}$)。

利用 3.4 所介紹的方法，我們可以把鑽石結構的 15 個平面波分

解成**可約表示**的**基底**。

$$\Gamma = 1\Gamma_1 + 1\Gamma_2' + 3\Gamma_{25}' + 3\Gamma_{15} + 2\Gamma_{12}' \qquad (6.36)$$

對於鑽石結構裡的**對稱點** Γ 的 15×15 特徵行列式 $D_d(\Gamma)$ 可以分解成

$$\begin{vmatrix} \overbrace{\begin{vmatrix} a_{11} & a_{12} \\ a_{21} & a_{22} \end{vmatrix}}^{\Gamma_1} & & & & & & & & & \\ & \overbrace{\begin{vmatrix} b_{11} & b_{12} \\ b_{21} & b_{22} \end{vmatrix}}^{\Gamma_2'} & & & & & & & & \\ & & \overbrace{\begin{vmatrix} c_{11} & c_{12} \\ c_{21} & c_{22} \end{vmatrix}}^{\Gamma_{25}'} & & & & & & & \\ & & & \overbrace{\begin{vmatrix} c_{11} & c_{12} \\ c_{21} & c_{22} \end{vmatrix}}^{\Gamma_{25}'} & & & & & & \\ & & & & \overbrace{\begin{vmatrix} c_{11} & c_{12} \\ c_{21} & c_{22} \end{vmatrix}}^{\Gamma_{25}'} & & & & & \\ & & & & & \overbrace{|d_{11}|}^{\Gamma_{15}} & & & & \\ & & & & & & \overbrace{|d_{11}|}^{\Gamma_{15}} & & & \\ & & & & & & & \overbrace{|d_{11}|}^{\Gamma_{15}} & & \\ & & & & & & & & \overbrace{|e_{11}|}^{\Gamma_{12}'} & \\ & & & & & & & & & \overbrace{|e_{11}|}^{\Gamma_{12}'} \end{vmatrix} \qquad (6.37)$$

也就是我們可以把一個 15×15 的大行列式分解成幾個小的行列式如下：

一個二階行列式，即含有元素 a_{mn} 的 Γ_1；

一個二階行列式，即含有元素 b_{mn} 的 Γ_2'；

三個二階行列式，即含有元素 c_{mn} 的 Γ_{25}'；

三個一階行列式，即含有元素 d_{11} 的 Γ_{15}；

二個一階行列式，即含有元素 e_{11} 的 Γ'_{12}。

同理，閃鋅結構的 15 個平面波分解成**可約表示**的**基底**

$$\Gamma = 1\Gamma_1 + 3\Gamma_{15} + 5\Gamma_{12} \tag{6.38}$$

在這個情況下，15×15 的特徵行列式 $D_{zb}(\Gamma)$ 可以分解成

$$\left|\begin{array}{ccccc}
\overbrace{\begin{vmatrix} f_{11} & f_{12} & f_{13} & f_{14} \\ f_{21} & f_{22} & f_{23} & f_{24} \\ f_{31} & f_{32} & f_{33} & f_{34} \\ f_{41} & f_{42} & f_{43} & f_{44} \end{vmatrix}}^{\Gamma_1} & & & & \\
& \overbrace{\begin{vmatrix} g_{11} & g_{12} & g_{13} \\ g_{21} & g_{22} & g_{23} \\ g_{31} & g_{32} & g_{33} \end{vmatrix}}^{\Gamma_{15}} & & & \\
& & \overbrace{\begin{vmatrix} g_{11} & g_{12} & g_{13} \\ g_{21} & g_{22} & g_{23} \\ g_{31} & g_{32} & g_{33} \end{vmatrix}}^{\Gamma_{15}} & & \\
& & & \overbrace{\begin{vmatrix} g_{11} & g_{12} & g_{13} \\ g_{21} & g_{22} & g_{23} \\ g_{31} & g_{32} & g_{33} \end{vmatrix}}^{\Gamma_{15}} & \\
& & & & \overbrace{|h_{11}|}^{\Gamma_{12}} \\
& & & & \overbrace{|h_{11}|}^{\Gamma_{12}}
\end{array}\right| \tag{6.39}$$

也就是我們把 15×15 的行列式分成

一個四階行列式，即含有元素 f_{mn} 的 Γ_1；

三個三階行列式，即含有元素 g_{mn} 的 Γ_{15}；

二個一階行列式，即含有元素 h_{11} 的 Γ_{12}；

以上的步驟，實際上是相當簡單且具有一般性，完全相似的分析可以用在圖 6-5(c) 上的其他**對稱點**。例如，鑽石結構的**對稱點** X，共有 14 個平面波 (100)、($\bar{1}$00)、(011)、(0$\bar{1}\,\bar{1}$)、(0$\bar{1}$1)、(01$\bar{1}$)、(120)、($\bar{1}$20)、(1$\bar{2}$0)、($\bar{1}\,\bar{2}$0)、(102)、(10$\bar{2}$)、($\bar{1}$02)、($\bar{1}$0$\bar{2}$) 構成了**可約表示**的**基底**。

$$X^{(14)} = 2X_1^{(3)} + 2X_2^{(1)} + 2X_3^{(1)} + 2X_4^{(2)} \qquad (6.40)$$

上式的上標為**表示**的簡併度，所以特徵行列式 $D_d(X)$ 可以分解為

$$\begin{vmatrix}
\overbrace{\begin{vmatrix} i_{11} & i_{12} & i_{13} \\ i_{21} & i_{22} & i_{23} \\ i_{31} & i_{32} & i_{33} \end{vmatrix}}^{X_1} & \overbrace{\phantom{\begin{vmatrix} i_{11} & i_{12} & i_{13} \end{vmatrix}}}^{X_1} & \overbrace{\phantom{|j_{11}|}}^{X_2} & \overbrace{\phantom{|j_{11}|}}^{X_2} & \overbrace{\phantom{|k_{11}|}}^{X_3} & \overbrace{\phantom{|k_{11}|}}^{X_3} & \overbrace{\phantom{\begin{vmatrix} l_{11} & l_{12} \end{vmatrix}}}^{X_4} & \overbrace{\phantom{\begin{vmatrix} l_{11} & l_{12} \end{vmatrix}}}^{X_4} \\
 & \begin{vmatrix} i_{11} & i_{12} & i_{13} \\ i_{21} & i_{22} & i_{23} \\ i_{31} & i_{32} & i_{33} \end{vmatrix} & & & & & & \\
 & & |j_{11}| & & & & & \\
 & & & |j_{11}| & & & & \\
 & & & & |k_{11}| & & & \\
 & & & & & |k_{11}| & & \\
 & & & & & & \begin{vmatrix} l_{11} & l_{12} \\ l_{21} & l_{22} \end{vmatrix} & \\
 & & & & & & & \begin{vmatrix} l_{11} & l_{12} \\ l_{21} & l_{22} \end{vmatrix}
\end{vmatrix} \qquad (6.41)$$

也就是二個三階行列式，即含有元素 i_{mn} 的 X_1；

二個一階行列式，即含有元素 j_{11} 的 X_2；

二個一階行列式，即含有元素 k_{11} 的 X_3；

二個二階行列式，即含有元素 l_{mn} 的 X_4；

對於所有鑽石結構和閃鋅結構上的**對稱點**的處理程序都是相同的，我們將只針對 Γ 點來建構正交矩陣（Orthogonal matrices），用它們來分解特徵行列式。

現在我們選擇由平面波對稱化組合（Symmetrized combinations of plane wave, SCPW）所得的**基底**來建構正交矩陣，因為鑽石結構和閃鋅結構的 SCPW 已經被製成一系列的資料表，可以在一些文獻上查閱得到，所以正交矩陣就可以很方便的獲得。這二個結構 Γ 點的 15 個平面波如下：

$$\alpha=(000)、\phi_1=(111)、\phi_2=(1\bar{1}\bar{1})、\phi_3=(\bar{1}1\bar{1})、$$
$$\phi_4=(\bar{1}\bar{1}1)、\phi_5=(\bar{1}\bar{1}\bar{1})、\phi_6=(\bar{1}11)、\phi_7=(1\bar{1}1)、$$
$$\phi_8=(11\bar{1})、\Psi_1=(200)、\Psi_2=(020)、\Psi_3=(002)、$$
$$\Psi_4=(\bar{2}00)、\Psi_5=(0\bar{2}0)、\Psi_6=(00\bar{2})$$

而由於鑽石結構的 SCPW 為：

$$W_{11}(\Gamma_1)=\alpha$$
$$W_{11}(\Gamma_1)=\sqrt{\frac{1}{8}}(\phi_1-\phi_2-\phi_3-\phi_4+\phi_5-\phi_6-\phi_7-\phi_8)$$
$$W_{11}(\Gamma_2')=\sqrt{\frac{1}{8}}(\phi_1-\phi_2-\phi_3-\phi_4-\phi_5+\phi_6+\phi_7+\phi_8)$$
$$W_{11}(\Gamma_{25}')=\sqrt{\frac{1}{8}}(\phi_1+\phi_2+\phi_3-\phi_4+\phi_5+\phi_6+\phi_7-\phi_8)$$

$$W_{12}(\Gamma'_{25})=\sqrt{\frac{1}{8}}(\phi_1+\phi_2-\phi_3+\phi_4+\phi_5+\phi_6-\phi_7+\phi_8)$$

$$W_{13}(\Gamma'_{25})=\sqrt{\frac{1}{8}}(\phi_1-\phi_2+\phi_3+\phi_4+\phi_5-\phi_6+\phi_7+\phi_8)$$

$$W_{11}(\Gamma_{15})=\sqrt{\frac{1}{8}}(\phi_1+\phi_2+\phi_3-\phi_4-\phi_5-\phi_6-\phi_7+\phi_8)$$

$$W_{12}(\Gamma_{15})=\sqrt{\frac{1}{8}}(\phi_1+\phi_2-\phi_3+\phi_4-\phi_5-\phi_6+\phi_7-\phi_8)$$

$$W_{13}(\Gamma_{15})=\sqrt{\frac{1}{8}}(\phi_1-\phi_2+\phi_3+\phi_4-\phi_5+\phi_6-\phi_7-\phi_8)$$

$$W_{11}(\Gamma'_2)=2\sqrt{\frac{1}{6}}(\Psi_1+\Psi_2+\Psi_3-\Psi_4-\Psi_5-\Psi_6)$$

$$W_{11}(\Gamma'_{12})=\sqrt{\frac{1}{4}}(\Psi_2-\Psi_3-\Psi_5+\Psi_6)$$

$$W_{12}(\Gamma'_{12})=\sqrt{\frac{1}{12}}(-2\Psi_1+\Psi_2-\Psi_3+2\Psi_4-\Psi_5-\Psi_6)$$

$$W_{11}(\Gamma'_{25})=\sqrt{\frac{1}{2}}(\Psi_3+\Psi_6)$$

$$W_{12}(\Gamma'_{25})=\sqrt{\frac{1}{2}}(\Psi_2+\Psi_5)$$

$$W_{13}(\Gamma'_{25})=\sqrt{\frac{1}{2}}(\Psi_1+\Psi_4)$$

再次說明，其中

$\vec{K}=\langle 000\rangle$ ：Γ_1 表示的一重簡併 SCPW 為 $W_{11}(\Gamma_1)$。

$\vec{K}=\langle 111\rangle$ ：Γ_1 表示的一重簡併 SCPW 為 $W_{11}(\Gamma_1)$；

Γ'_2 表示的一重簡併 SCPW 為 $W_{11}(\Gamma'_2)$；

Γ'_{25} 表示的三重簡併 SCPW 為 $W_{11}(\Gamma'_{25})$、$W_{12}(\Gamma'_{25})$、$W_{13}(\Gamma'_{25})$；

Γ_{15} 表示的三重簡併 SCPW 為 $W_{11}(\Gamma_{15})$、$W_{12}(\Gamma_{15})$、

$W_{13}(\Gamma_{15})$。

$\vec{K}=\langle 200\rangle$：$\Gamma_2'$ 表示的一重簡併 SCPW 為 $W_{11}(\Gamma_2')$；

Γ_{12}' 表示的二重簡併 SCPW 為 $W_{11}(\Gamma_{12}')$、$W_{12}(\Gamma_{12}')$；

Γ_{25}' 表示的三重簡併 SCPW 為 $W_{11}(\Gamma_{25}')$、$W_{12}(\Gamma_{25}')$、

$W_{13}(\Gamma_{25}')$。

這就是表 6.11 上鑽石結構中所標示的意義。

所以這個**對稱點**的 15×15 正交矩陣 $O_d(\Gamma)$ 為

$$\begin{vmatrix}
1 & 0 & 0 & 0 & 0 & 0 & 0 & 0 & 0 & 0 & 0 & 0 & 0 & 0 & 0 \\
0 & \sqrt{\frac{1}{8}} & -\sqrt{\frac{1}{8}} & -\sqrt{\frac{1}{8}} & -\sqrt{\frac{1}{8}} & \sqrt{\frac{1}{8}} & -\sqrt{\frac{1}{8}} & -\sqrt{\frac{1}{8}} & -\sqrt{\frac{1}{8}} & 0 & 0 & 0 & 0 & 0 & 0 \\
0 & \sqrt{\frac{1}{8}} & -\sqrt{\frac{1}{8}} & -\sqrt{\frac{1}{8}} & -\sqrt{\frac{1}{8}} & -\sqrt{\frac{1}{8}} & \sqrt{\frac{1}{8}} & \sqrt{\frac{1}{8}} & \sqrt{\frac{1}{8}} & 0 & 0 & 0 & 0 & 0 & 0 \\
0 & 0 & 0 & 0 & 0 & 0 & 0 & 0 & 0 & \sqrt{\frac{1}{6}} & \sqrt{\frac{1}{6}} & \sqrt{\frac{1}{6}} & -\sqrt{\frac{1}{6}} & -\sqrt{\frac{1}{6}} & -\sqrt{\frac{1}{6}} \\
0 & \sqrt{\frac{1}{8}} & \sqrt{\frac{1}{8}} & \sqrt{\frac{1}{8}} & -\sqrt{\frac{1}{8}} & \sqrt{\frac{1}{8}} & \sqrt{\frac{1}{8}} & \sqrt{\frac{1}{8}} & -\sqrt{\frac{1}{8}} & 0 & 0 & 0 & 0 & 0 & 0 \\
0 & 0 & 0 & 0 & 0 & 0 & 0 & 0 & 0 & 0 & 0 & \sqrt{\frac{1}{2}} & 0 & 0 & \sqrt{\frac{1}{2}} \\
0 & \sqrt{\frac{1}{8}} & \sqrt{\frac{1}{8}} & -\sqrt{\frac{1}{8}} & \sqrt{\frac{1}{8}} & \sqrt{\frac{1}{8}} & \sqrt{\frac{1}{8}} & -\sqrt{\frac{1}{8}} & \sqrt{\frac{1}{8}} & 0 & 0 & 0 & 0 & 0 & 0 \\
0 & 0 & 0 & 0 & 0 & 0 & 0 & 0 & 0 & 0 & \sqrt{\frac{1}{2}} & 0 & 0 & \sqrt{\frac{1}{2}} & 0 \\
0 & \sqrt{\frac{1}{8}} & -\sqrt{\frac{1}{8}} & \sqrt{\frac{1}{8}} & \sqrt{\frac{1}{8}} & \sqrt{\frac{1}{8}} & -\sqrt{\frac{1}{8}} & \sqrt{\frac{1}{8}} & \sqrt{\frac{1}{8}} & 0 & 0 & 0 & 0 & 0 & 0 \\
0 & 0 & 0 & 0 & 0 & 0 & 0 & 0 & 0 & \sqrt{\frac{1}{2}} & 0 & 0 & \sqrt{\frac{1}{2}} & 0 & 0 \\
0 & \sqrt{\frac{1}{8}} & \sqrt{\frac{1}{8}} & \sqrt{\frac{1}{8}} & -\sqrt{\frac{1}{8}} & -\sqrt{\frac{1}{8}} & -\sqrt{\frac{1}{8}} & -\sqrt{\frac{1}{8}} & \sqrt{\frac{1}{8}} & 0 & 0 & 0 & 0 & 0 & 0 \\
0 & \sqrt{\frac{1}{8}} & \sqrt{\frac{1}{8}} & -\sqrt{\frac{1}{8}} & \sqrt{\frac{1}{8}} & -\sqrt{\frac{1}{8}} & -\sqrt{\frac{1}{8}} & \sqrt{\frac{1}{8}} & -\sqrt{\frac{1}{8}} & 0 & 0 & 0 & 0 & 0 & 0 \\
0 & \sqrt{\frac{1}{8}} & -\sqrt{\frac{1}{8}} & \sqrt{\frac{1}{8}} & \sqrt{\frac{1}{8}} & -\sqrt{\frac{1}{8}} & \sqrt{\frac{1}{8}} & -\sqrt{\frac{1}{8}} & -\sqrt{\frac{1}{8}} & 0 & 0 & 0 & 0 & 0 & 0 \\
0 & 0 & 0 & 0 & 0 & 0 & 0 & 0 & 0 & 0 & \frac{1}{2} & -\frac{1}{2} & 0 & -\frac{1}{2} & \frac{1}{2} \\
0 & 0 & 0 & 0 & 0 & 0 & 0 & 0 & 0 & -\sqrt{\frac{1}{3}} & \frac{1}{2}\sqrt{\frac{1}{3}} & \frac{1}{2}\sqrt{\frac{1}{3}} & \sqrt{\frac{1}{3}} & -\frac{1}{2}\sqrt{\frac{1}{3}} & -\frac{1}{2}\sqrt{\frac{1}{3}}
\end{vmatrix}$$

同理，由於閃鋅結構點的 SCPW 為

$$W_{11}(\Gamma_1)=\alpha$$

$$W_{11}(\Gamma_1)=\frac{1}{2}(\phi_1-\phi_2-\phi_3-\phi_4)$$

$$W_{12}(\Gamma_1)=\frac{1}{2}(\phi_5-\phi_6-\phi_7-\phi_8)$$

$$W_{11}(\Gamma_{15})=\frac{1}{2}(\phi_1+\phi_2+\phi_3-\phi_4)$$

$$W_{12}(\Gamma_{15})=\frac{1}{2}(\phi_1+\phi_2-\phi_3+\phi_4)$$

$$W_{13}(\Gamma_{15})=\frac{1}{2}(\phi_1-\phi_2+\phi_3+\phi_4)$$

$$W_{21}(\Gamma_{15})=\frac{1}{2}(-\phi_5-\phi_6-\phi_7+\phi_8)$$

$$W_{22}(\Gamma_{15})=\frac{1}{2}(-\phi_5-\phi_6+\phi_7-\phi_8)$$

$$W_{23}(\Gamma_{15})=\frac{1}{2}(-\phi_5+\phi_6-\phi_7-\phi_8)$$

$$W_{11}(\Gamma_1)=\sqrt{\frac{1}{6}}(\Psi_1+\Psi_2+\Psi_3-\Psi_4-\Psi_5-\Psi_6)$$

$$W_{11}(\Gamma_{15})=\sqrt{\frac{1}{2}}(\Psi_3+\Psi_6)$$

$$W_{12}(\Gamma_{15})=\sqrt{\frac{1}{2}}(\Psi_2+\Psi_5)$$

$$W_{13}(\Gamma_{15})=\sqrt{\frac{1}{2}}(\Psi_1+\Psi_4)$$

$$W_{11}(\Gamma_{12})=\sqrt{\frac{1}{4}}(\Psi_2-\Psi_3-\Psi_5+\Psi_6)$$

$$W_{12}(\Gamma_{12})=\sqrt{\frac{1}{4}}(-2\Psi_1+\Psi_2+\Psi_3+2\Psi_4-\Psi_5-\Psi_6)$$

同理，其中 $\vec{K}=\langle 000\rangle$ ：Γ_1 表示的一重簡併 SCPW 為 $W_{11}(\Gamma_1)$。

$\vec{K}=\langle 111\rangle$ ：Γ_1 表示的二重簡併 SCPW 為 $W_{11}(\Gamma_1)$、$W_{12}(\Gamma_2)$；

Γ_{15} 表示的六重簡併 SCPW 為 $W_{11}(\Gamma_{15})$、$W_{12}(\Gamma_{15})$、$W_{13}(\Gamma_{15})$、$W_{21}(\Gamma_{15})$、$W_{22}(\Gamma_{15})$、$W_{23}(\Gamma_{15})$。

$\vec{K}=\langle 200\rangle$：$\Gamma_1$ 表示的一重簡併SCPW為 $W_{11}(\Gamma_1)$；

Γ_{15} 表示的三重簡併SCPW為 $W_{11}(\Gamma_{15})$、$W_{12}(\Gamma_{15})$、$W_{13}(\Gamma_{15})$；

Γ_{12} 表示的二重簡併 SCPW 為 $W_{11}(\Gamma_{12})$、$W_{12}(\Gamma_{12})$。

這就是表 6.11 上閃鋅結構中所標示的意義。

所以對應的正交矩陣 $O_{zb}(\Gamma)$ 為

$$\begin{vmatrix}
1 & 0 & 0 & 0 & 0 & 0 & 0 & 0 & 0 & 0 & 0 & 0 & 0 & 0 & 0 \\
0 & \frac{1}{2} & -\frac{1}{2} & -\frac{1}{2} & -\frac{1}{2} & 0 & 0 & 0 & 0 & 0 & 0 & 0 & 0 & 0 & 0 \\
0 & 0 & 0 & 0 & 0 & 0 & 0 & 0 & 0 & \sqrt{\frac{1}{6}} & \sqrt{\frac{1}{6}} & \sqrt{\frac{1}{6}} & -\sqrt{\frac{1}{6}} & -\sqrt{\frac{1}{6}} & -\sqrt{\frac{1}{6}} \\
0 & 0 & 0 & 0 & 0 & \frac{1}{2} & -\frac{1}{2} & -\frac{1}{2} & -\frac{1}{2} & 0 & 0 & 0 & 0 & 0 & 0 \\
0 & \frac{1}{2} & \frac{1}{2} & \frac{1}{2} & -\frac{1}{2} & 0 & 0 & 0 & 0 & 0 & 0 & 0 & 0 & 0 & 0 \\
0 & 0 & 0 & 0 & 0 & 0 & 0 & 0 & 0 & 0 & 0 & \sqrt{\frac{1}{2}} & 0 & 0 & \sqrt{\frac{1}{2}} \\
0 & 0 & 0 & 0 & 0 & -\frac{1}{2} & -\frac{1}{2} & -\frac{1}{2} & \frac{1}{2} & 0 & 0 & 0 & 0 & 0 & 0 \\
0 & \frac{1}{2} & \frac{1}{2} & -\frac{1}{2} & \frac{1}{2} & 0 & 0 & 0 & 0 & 0 & 0 & 0 & 0 & 0 & 0 \\
0 & \frac{1}{2} & 0 & 0 & 0 & 0 & 0 & 0 & 0 & 0 & \sqrt{\frac{1}{2}} & 0 & 0 & \sqrt{\frac{1}{2}} & 0 \\
0 & 0 & 0 & 0 & 0 & -\frac{1}{2} & -\frac{1}{2} & \frac{1}{2} & -\frac{1}{2} & 0 & 0 & 0 & 0 & 0 & 0 \\
0 & \frac{1}{2} & -\frac{1}{2} & \frac{1}{2} & \frac{1}{2} & 0 & 0 & 0 & 0 & 0 & 0 & 0 & 0 & 0 & 0 \\
0 & 0 & 0 & 0 & 0 & 0 & 0 & 0 & 0 & \sqrt{\frac{1}{2}} & 0 & 0 & \sqrt{\frac{1}{2}} & 0 & 0 \\
0 & 0 & 0 & 0 & 0 & -\frac{1}{2} & \frac{1}{2} & -\frac{1}{2} & -\frac{1}{2} & 0 & 0 & 0 & 0 & 0 & 0 \\
0 & 0 & 0 & 0 & 0 & 0 & 0 & 0 & 0 & 0 & \frac{1}{2} & -\frac{1}{2} & 0 & -\frac{1}{2} & \frac{1}{2} \\
0 & 0 & 0 & 0 & 0 & 0 & 0 & 0 & 0 & -\sqrt{\frac{1}{3}} & \frac{1}{2}\sqrt{\frac{1}{3}} & \frac{1}{2}\sqrt{\frac{1}{3}} & \sqrt{\frac{1}{3}} & -\frac{1}{2}\sqrt{\frac{1}{3}} & -\frac{1}{2}\sqrt{\frac{1}{3}}
\end{vmatrix}$$

當這個正交矩陣 O 作用在原始矩陣 D 上的時候，即

$$\overline{D} = ODO^{-1}，$$

行列式 $\overline{D}$ 將自動的被分解成如（6.37）式或（6.39）式一樣。如果以**對稱**贗勢 V_3^s、V_4^s、V_8^s、V_{11}^s和**反對稱**贗勢 V_3^a、V_4^a、V_8^a、V_{11}^a 來構成特徵行列式 $D(\Gamma)$，則在鑽石結構和閃鋅結構的 Γ 點上這個特徵行列式可分別被分解為，

(a) 鑽石結構：

$$\Gamma_1 = \begin{vmatrix} 0 & -2V_3^s \\ -2V_3^s & 3(2\pi/a)^2 + 3V_8^s \end{vmatrix}$$

$$\Gamma_2' = \begin{vmatrix} 3(2\pi/a)^2 + 3V_8^s & -2V_3^s \\ \sqrt{6}(V_3^s + V_{11}^s) & 4(2\pi/a)^2 + 4V_8^s \end{vmatrix}$$

$$\Gamma_{25}' = \begin{vmatrix} 3(2\pi/a)^2 - V_8^s & \sqrt{2}(V_3^s - V_{11}^s) \\ \sqrt{2}(V_3^s - V_{11}^s) & 4(2\pi/a)^2 \end{vmatrix}$$

$$\Gamma_{15} = |\, 3(2\pi/a)^2 - V_8^s \,|$$

$$\Gamma_{12}' = |\, 4(2\pi/a)^2 - V_8^s \,|$$

(b) 閃鋅結構：

$$\Gamma_1 = \begin{vmatrix} 0 & \sqrt{2}(V_3^s + iV_3^a) & \sqrt{2}(V_3^s - iV_3^a) & -i\sqrt{6}V_4^a \\ \sqrt{2}(V_3^s - iV_3^a) & 3(2\pi/2)^2 + 3V_8^s & -3iV_4^a & -\sqrt{3}(V_s^s + iV_s^a) \\ \sqrt{2}(V_3^s + iV_3^a) & 3iV_4^a & 3(2\pi/2)^2 + 3V_8^s & \sqrt{3}(V_s^s - iV_s^a) \\ i\sqrt{6}V_4^a & -\sqrt{3}(V_s^s - iV_s^a) & \sqrt{3}(V_s^s + iV_s^a) & 4(2\pi/a)^2 + 4V_8^s \end{vmatrix}$$

$$\Gamma_{15}=\begin{vmatrix} 3(2\pi/a)^2-V_8^s & -iV_4^a & -V_D^s-iV_D^a \\ iV_4^a & 3(2\pi/a)^2-V_8^s & V_D^s-iV_D^a \\ -V_D^s-iV_D^a & V_D^s+iV_D^a & 4(2\pi/a)^2 \end{vmatrix}$$

$$\Gamma_{12}=|4(2\pi/a)^2-2V_8^s|$$

其中 $V_s^s=V_3^s+V_{11}^s$、$V_s^a=V_3^a+V_{11}^a$、$V_D^a=V_3^s-V_{11}^s$、$V_D^a=V_3^a-V_{11}^a$。

同樣的方法可以把圖 6-5(c) 上的其它**對稱點**輕易的以 SCPW 法將特徵行列式分解開。

這是我們目前以**對稱**分析所進行的能帶計算所能達到的最深入的地方了。如前所述，**對稱**的論述不但可以大量簡化計算的步驟；還經常提供了很多內在的物理特性，所以我們永遠希望都要先能以**對稱**的角度來分析之後，再以量子力學處理晶體物理的問題，以上的例子就已經證明在**高對稱點**上，如何減少結構因子的數目，且使高階行列式的分解變得容易。

例 6.7 試找出可分解由鑽石結構 O_h^7 中的

[1] 〈111〉平面波由所組成的行列式之正交矩陣。

[2] 〈200〉平面波由所組成的行列式之正交矩陣。

解：鑽石結構 Γ 點上〈111〉平面波和〈200〉平面波的 14 個平面波如下：

$\phi_1=(111)$、$\phi_2=(1\bar{1}\bar{1})$、$\phi_3=(\bar{1}1\bar{1})$、$\phi_4=(\bar{1}\bar{1}1)$、

$\phi_5=(\bar{1}\bar{1}\bar{1})$、$\phi_6=(\bar{1}11)$、$\phi_7=(1\bar{1}1)$、$\phi_8=(11\bar{1})$、

$\Psi_1=(200)$、$\Psi_2=(020)$、$\Psi_3=(002)$、$\Psi_4=(\bar{2}00)$、

$\Psi_5=(0\bar{2}0)$、$\Psi_6=(00\bar{2})$

則

[1] 〈111〉平面波所構成的 SCPW 為：

$$W_{11}(\Gamma_1)=\sqrt{\frac{1}{8}}(\phi_1-\phi_2-\phi_3-\phi_4+\phi_5-\phi_6-\phi_7-\phi_8)$$

$$W_{11}(\Gamma_2')=\sqrt{\frac{1}{8}}(\phi_1-\phi_2-\phi_3-\phi_4-\phi_5+\phi_6+\phi_7+\phi_8)$$

$$W_{11}(\Gamma_{25}')=\sqrt{\frac{1}{8}}(\phi_1+\phi_2+\phi_3-\phi_4+\phi_5+\phi_6+\phi_7-\phi_8)$$

$$W_{12}(\Gamma_{25}')=\sqrt{\frac{1}{8}}(\phi_1+\phi_2-\phi_3+\phi_4+\phi_5+\phi_6-\phi_7+\phi_8)$$

$$W_{13}(\Gamma_{25}')=\sqrt{\frac{1}{8}}(\phi_1-\phi_2+\phi_3+\phi_4+\phi_5-\phi_6+\phi_7+\phi_8)$$

$$W_{11}(\Gamma_{15})=\sqrt{\frac{1}{8}}(\phi_1+\phi_2+\phi_3-\phi_4-\phi_5-\phi_6-\phi_7+\phi_8)$$

$$W_{12}(\Gamma_{15})=\sqrt{\frac{1}{8}}(\phi_1+\phi_2-\phi_3+\phi_4-\phi_5-\phi_6+\phi_7-\phi_8)$$

$$W_{13}(\Gamma_{15})=\sqrt{\frac{1}{8}}(\phi_1-\phi_2+\phi_3+\phi_4-\phi_5+\phi_6-\phi_7-\phi_8)$$

則正交矩陣為

$$\begin{bmatrix} 1 & -1 & -1 & -1 & 1 & -1 & -1 & -1 \\ 1 & -1 & -1 & -1 & -1 & 1 & 1 & 1 \\ 1 & 1 & 1 & -1 & 1 & 1 & 1 & -1 \\ 1 & 1 & -1 & 1 & 1 & 1 & -1 & 1 \\ 1 & -1 & 1 & 1 & 1 & -1 & 1 & 1 \\ 1 & 1 & 1 & -1 & -1 & -1 & -1 & 1 \\ 1 & 1 & -1 & 1 & -1 & -1 & 1 & -1 \\ 1 & -1 & 1 & 1 & -1 & 1 & -1 & -1 \end{bmatrix}$$

[2] 〈200〉平面波所構成的 SCPW 為：

$$W_{11}(\Gamma'_2)=2\sqrt{\frac{1}{6}}(\psi_1+\psi_2+\psi_3-\psi_4-\psi_5-\psi_6)$$

$$W_{11}(\Gamma'_{12})=2\sqrt{\frac{1}{4}}(\psi_2-\psi_3-\psi_5+\psi_6)$$

$$W_{12}(\Gamma'_{12})=2\sqrt{\frac{1}{12}}(-2\psi_1+\psi_2-\psi_3+2\psi_4-\psi_5-\psi_6)$$

$$W_{11}(\Gamma'_{25})=2\sqrt{\frac{1}{2}}(\psi_3+\psi_6)$$

$$W_{12}(\Gamma'_{25})=2\sqrt{\frac{1}{2}}(\psi_2+\psi_5)$$

$$W_{13}(\Gamma'_{25})=2\sqrt{\frac{1}{2}}(\psi_1+\psi_4)$$

則正交矩陣為

$$\begin{bmatrix} \frac{1}{\sqrt{6}} & \frac{1}{\sqrt{6}} & \frac{1}{\sqrt{6}} & -\frac{1}{\sqrt{6}} & -\frac{1}{\sqrt{6}} & -\frac{1}{\sqrt{6}} \\ 0 & \frac{1}{2} & -\frac{1}{2} & 0 & -\frac{1}{2} & \frac{1}{2} \\ -\frac{1}{\sqrt{3}} & \frac{1}{2\sqrt{3}} & \frac{1}{2\sqrt{3}} & \frac{1}{\sqrt{3}} & -\frac{1}{2\sqrt{3}} & -\frac{1}{2\sqrt{3}} \\ 0 & 0 & \frac{1}{\sqrt{2}} & 0 & 0 & \frac{1}{\sqrt{2}} \\ 0 & \frac{1}{\sqrt{2}} & 0 & 0 & \frac{1}{\sqrt{2}} & 0 \\ \frac{1}{\sqrt{2}} & 0 & 0 & \frac{1}{\sqrt{2}} & 0 & 0 \end{bmatrix}$$

例 6.8 試找出 Ge 的 Γ'_{25} 和 Γ_2 的特徵能量，其中 $V_3^s=-0.23Ryd$，$V_8^s=0.01Ryd$，$V_{11}^s=0.06Ryd$，且晶格常數 $a=5.66\text{Å}$。（原子單位（Atomic unit）$=0.528\text{Å}$，$Ryd=13.6\text{eV}$）

解：把所有的單位物理量都化成原子單位之後再解方程式。由本節的內容所述，則

[1]
$$\Gamma'_{25}=\begin{vmatrix} 3\left(\frac{2\pi}{a}\right)^2 - V_8^s - E & \sqrt{2}(V_3^s - V_{11}^s) \\ \sqrt{2}(V_3^s - V_{11}^s) & 4\left(\frac{2\pi}{a}\right) - E \end{vmatrix}=0$$

得 $E_1 = 1.64Ryd$，$E_2 = 0.75Ryd$。

[2]
$$\Gamma_2=\begin{vmatrix} 3\left(\frac{2\pi}{a}\right)^2 + 3V_8^s - E & \sqrt{6}(V_3^s - V_{11}^s) \\ \sqrt{6}(V_3^s - V_{11}^s) & 4\left(\frac{2\pi}{a}\right) + 4V_8^s - E \end{vmatrix}=0$$

得 $E_1 = 1.69Ryd$，$E_2 = 0.79Ryd$。

習題

1. 由表 6-2 所示的 D_3 群和部分 O 群的特徵值表

D_3	E	$3C_2$	$2C_3$
$\Gamma_1^{D_3}$	1	1	1
$\Gamma_2^{D_3}$	1	−1	1
$\Gamma_3^{D_3}$	2	0	−1
Γ_2^{O}	1	−1	1
Γ_4^{O}	3	−1	0
Γ_5^{O}	3	1	0

試證 $\Gamma_2^O = \Gamma_2^{D_3}$，

$\Gamma_4^O = \Gamma_2^{D_3} = \Gamma_3^{D_3}$，

$\Gamma_5^O = \Gamma_1^{D_3} = \Gamma_3^{D_3}$。

2.

O	E	$3C_4^2(=C_{2m})$	$6C_2(=C_{2p})$	$8C_3(=C_{3j}^{\pm})$	$6C_4(=C_{4m}^{\pm})$
Γ_1	1	1	1	1	1
Γ_2	1	1	−1	1	−1
Γ_3	2	2	0	−1	0
Γ_4	3	−1	−1	0	1
Γ_5	3	−1	1	0	−1
D^2	?	?	?	?	?
D^1	?	?	?	?	?
D^0	?	?	?	?	?

上表為 O 群的特徵值表，且 D^2、D^1、D^0 為 6.2.2 所述的完全旋轉群的三個可約表示。

(1) 試完成特徵值表的未知項。

(2) 試證 $D^2 = \Gamma_3 + \Gamma_5$，

$D^1 = \Gamma_4$，

$D^0 = \Gamma_1$。

3. 我們可以藉由**空間表示**和**自旋表示**的**直積**，即 $D^l \otimes D^j$，來說明自旋-軌道耦合的分裂現象。

(1) **空間表示**是整數的總角動量，沒有考慮電子自旋的效應，所以也就無須以考慮**雙群**，所以**可約表示** D^3 僅以 O 群的 Γ_1、Γ_2、Γ_3、Γ_4、Γ_5 **不可約表示**作展開，試完成下表：

O	E	$3C_4^2(=C_{2m})$	$6C_2(=C_{2p})$	$8C_3(=C_{3j}^{+})$	$6C_4(=C_{4m}^{\pm})$
Γ_1	1	1	1	1	1
Γ_2	1	1	−1	1	−1
Γ_3	2	2	0	−1	0
Γ_4	3	−1	−1	0	1
Γ_5	3	−1	1	0	−1
D^3	?	?	?	?	?

自旋表示是半整數的總角動量，必須考慮電子自旋的效應，所以必須考慮**雙群**，所以**可約表示** $D^{3/2}$ 必須以 ${}^dO$ **雙群**的 Γ_1、Γ_2、Γ_3、Γ_4、Γ_5、Γ_6、Γ_7、Γ_8 **不可約表示**作展開，試完成下表：

${}^dO$	E	$\overline{E}$	$8C_3$	$8\overline{C}_3$	$3C_2$ $3\overline{C'_2}$	$6C'_2$ $6\overline{C'_2}$	$6C_4$	$6\overline{C}_4$
Γ_1	1	1	1	1	1	1	1	1
Γ_2	1	1	1	1	1	−1	−1	−1
Γ_3	2	2	−1	−1	2	0	0	0
Γ_4	3	3	0	0	−1	−1	1	1
Γ_5	3	3	0	0	−1	1	−1	−1
Γ_6	2	−2	1	−1	0	0	$\sqrt{2}$	$-\sqrt{2}$
Γ_7	2	−2	1	−1	0	0	$-\sqrt{2}$	$\sqrt{2}$
Γ_8	4	−4	−1	1	0	0	0	0
$D^{3/2}$	?	?	?	?	?	?	?	?

(2) 試證 $D^3 = \Gamma_2 + \Gamma_4 + \Gamma_5$，

$D^{3/2} = \Gamma_8$。

(3) 如果有一個組態是由二個量子數不同的電子，D^3 與 $D^{3/2}$，其對稱性會有 $D^3 \otimes D^{3/2} = (\Gamma_2 + \Gamma_4 + \Gamma_5) \otimes \Gamma_8$ 的關係，試證

$\Gamma_2 \otimes \Gamma_8 = \Gamma_8$，

$\Gamma_4 \otimes \Gamma_8 = \Gamma_6 + \Gamma_7 + 2\Gamma_8$，

$\Gamma_5 \otimes \Gamma_8 = \Gamma_6 + \Gamma_7 + 2\Gamma_8$。

4. 試由以下的**相容表**

O_h	Γ_1	Γ_2	Γ_{12}	Γ'_{15}	Γ'_{25}	Γ'_1	Γ'_2	Γ'_{12}	Γ_{15}	Γ_{25}
C_{4v}	Δ_1	Δ_2	$\Delta_1\Delta_2$	$\Delta'_1\Delta_5$	$\Delta'_2\Delta_5$	Δ'_1	Δ'_2	$\Delta'_1\Delta'_2$	$\Delta_1\Delta_5$	$\Delta_2\Delta_5$
C_{3v}	Λ_1	Λ_2	Λ_3	$\Lambda_2\Lambda_3$	$\Lambda_1\Lambda_3$	Λ_2	Λ_1	Λ_3	$\Lambda_1\Lambda_3$	$\Lambda_2\Lambda_3$
C_{2v}	Σ_1	Σ_4	$\Sigma_1\Sigma_4$	$\Sigma_2\Sigma_3\Sigma_4$	$\Sigma_1\Sigma_2\Sigma_3$	Σ_3	Σ_3	$\Sigma_2\Sigma_3$	$\Sigma_1\Sigma_2\Sigma_4$	$\Sigma_1\Sigma_3\Sigma_4$

O_h	H_1	H_2	H_{12}	H'_{15}	H'_{25}	H'_1	H'_2	H'_{12}	H_{15}	H_{25}
C_{4v}	Δ_1	Δ_2	$\Delta_1\Delta_2$	$\Delta'_1\Delta_5$	$\Delta'_2\Delta_5$	Δ'_1	Δ'_2	$\Delta'_1\Delta'_2$	$\Delta_1\Delta_5$	$\Delta_2\Delta_5$
C_{3v}	F_1	F_2	F_3	F_2F_3	F_1F_3	F_2	F_1	F_3	F_1F_3	F_2F_3
C_{2v}	G_1	G_4	G_1G_4	$G_2G_3G_4$	$G_1G_2G_3$	G_2	G_3	G_2G_3	$G_1G_3G_4$	$G_1G_2G_4$

T_d	P_1	P_2	P_3	P_4	P_5
C_{3v}	Λ_1	Λ_2	Λ_3	$\Lambda_1\Lambda_3$	$\Lambda_2\Lambda_3$
C_{3v}	F_1	F_2	F_3	F_1F_3	F_2F_3
C_{2v}	D_1	D_2	D_1D_2	$D_1D_3D_4$	$D_2D_3D_4$

D_{2h}	N_1	N_2	N_3	N_4	N'_1	N'_2	N'_3	N'_4
C_{2v}	Σ_1	Σ_2	Σ_3	Σ_4	Σ_1	Σ_2	Σ_3	Σ_4
C_{2v}	D_1	D_3	D_4	D_2	D_4	D_2	D_1	D_3
C_{2v}	G_1	G_3	G_2	G_4	G_4	G_2	G_3	G_1

D_{4h}	X_1	X_2	X_3	X_4	X_5	X_1'	X_2'	X_3'	X_4'	X_5'
C_{4v}	Δ_1	Δ_2	Δ_2'	Δ_1'	Δ_5	Δ_1'	Δ_2'	Δ_2	Δ_1	Δ_5
C_{2v}	Z_1	Z_1	Z_4	Z_4	Z_2Z_3	Z_2	Z_2	Z_3	Z_3	Z_1Z_4
C_{2v}	S_1	S_4	S_1	S_4	S_2S_3	S_2	S_3	S_2	S_3	S_1S_4

D_{3h}	L_1	L_2	L_3	L_1'	L_2'	L_3'
C_{3v}	Λ_1	Λ_2	Λ_3	Λ_2	Λ_1	Λ_3
C_{1h}	Q_1	Q_2	Q_1Q_2	Q_1	Q_2	Q_1Q_2

C_{4v}	W_1	W_2	W_1'	W_2'	W_3
C_{2v}	Z_1	Z_2	Z_2	Z_1	Z_3Z_4
C_{1h}	Q_1	Q_2	Q_1	Q_2	Q_1Q_2

分別標示出 BCC 結構能帶與 FCC 結構能帶的對稱性。

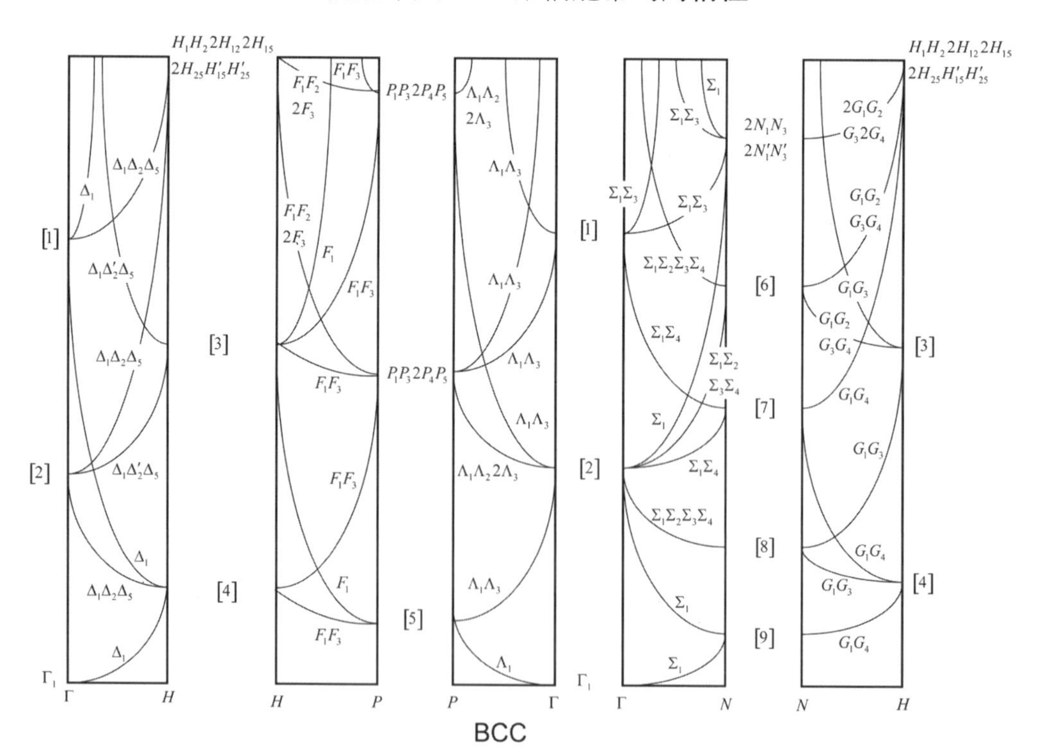

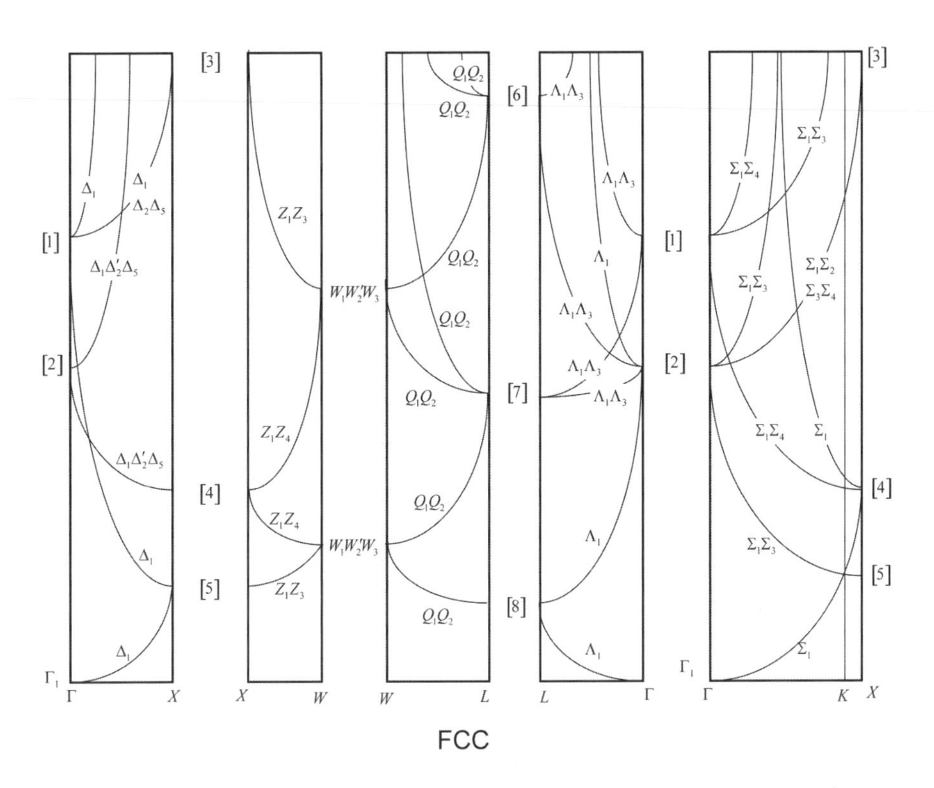

FCC

5. 基本上，要有電雙極矩（Electric dipole moments）的變化才會產生紅外躍遷；要有極化率（Polarizability），的變化才會產生 Raman 躍遷。若以**群論**的語彙分別描述紅外躍遷和 Raman 躍遷的選擇規律則為：對應於紅外躍遷的**操作**必須是等同於**基函數** x、y、z 的**平移操作** T_i 其中 $i = x, y, z$ 的轉換；對應於 Raman 躍遷的**操作**必須是等同於**基函數** x^2、y^2、z^2 或 xy、yz、zx 的極化率 α_{ij} 其中 $i, j = x, y, z$ 轉換。以下 R_i 其中 $i = x, y, z$ 為**旋轉操作**。

(1) NH_3 分子呈 C_{3v} 對稱

$3m(C_{3v})$		E	$C_3^{\pm}$	σ_{di}	**對稱操作**	
A_1	Γ_1	1	1	1	T_z	$\alpha_{xx}+\alpha_{yy}, \alpha_{zz}$
A_2	Γ_2	1	1	−1	R_z	
E	Γ_3	2	−1	0	$(T_x, T_y), (R_x, R_y)$	$(\alpha_{xx}-\alpha_{yy}, \alpha_{xy}), (\alpha_{xz}, \alpha_{yz})$

哪些表示是同時允許紅外躍遷和 Raman 躍遷？

(2) CH_4 分子呈 T_d 對稱

$\bar{4}3m(T_d)$		E	$C_{3j}^{\pm}$	C_{2m}	σ_{dp}	$S_{4m}^{\pm}$	對稱操作	
A_1	Γ_1	1	1	1	1	1		$\alpha_{xx}+\alpha_{yy}+\alpha_{zz}$
A_2	Γ_2	1	1	1	−1	−1		
E	Γ_3	2	−1	2	0	0		$(\alpha_{xx}+\alpha_{yy}-2\alpha_{zz}, \alpha_{xx}-\alpha_{yy})$
T_2	Γ_5	3	0	−1	1	−1	(R_x, R_y, R_z)	
T_1	Γ_4	3	0	−1	−1	1	(T_x, T_y, T_z)	$(\alpha_{xy}, \alpha_{xz}, \alpha_{yz})$

哪些表示是允許紅外躍遷和哪些表示是允許Raman躍遷？

(3) H_2O 分子呈 C_{2v} 對稱

$mm2(C_{2v})$		E	C_{2z}	σ_y	σ_x	對稱操作	
A_1	Γ_1	1	1	1	1	T_z	$\alpha_{xx}, \alpha_{yy}, \alpha_{zz}$
B_2	Γ_4	1	−1	−1	1	T_y, R_x	α_{yz}
A_2	Γ_3	1	1	−1	−1	R_z	α_{xy}
B_1	Γ_2	1	−1	1	−1	T_x, R_y	α_{xz}

哪些表示是允許 Raman 躍遷？

6. 對三維單原子立方晶體的 Γ 對稱點而言，其波向量 $\bar{K}$ 屬於 O_h 群，以下列出了五種 $\bar{K}$ 值的特徵值表：

$\langle \bar{K} \rangle$	E	$3C_4^2$	$6C_4$	$6C_2$	$8C_3$	I	$3\sigma_h$	$6S_4$	$6\sigma_d$	$8S_6$
$\langle 000 \rangle_\Gamma$	1	1	1	1	1	1	1	1	1	1
$\langle 100 \rangle_\Gamma$	6	2	2	0	0	0	4	0	2	0
$\langle 110 \rangle_\Gamma$	12	0	0	2	0	0	4	0	2	0
$\langle 111 \rangle_\Gamma$	8	0	0	0	2	0	0	0	4	0
$\langle 200 \rangle_\Gamma$	6	2	2	0	0	0	4	0	2	0

試藉由表 6.9 O_h 群的特徵值表證明

$$\langle 000 \rangle_\Gamma = \Gamma_1,$$

$$\langle 100 \rangle_\Gamma = \Gamma_1 \oplus \Gamma_{12} \oplus \Gamma_{15},$$

$$\langle 110 \rangle_{\Gamma} = \Gamma_1 \oplus \Gamma_{12} \oplus \Gamma_{15} \oplus \Gamma_{25} \oplus \Gamma'_{25},$$

$$\langle 111 \rangle_{\Gamma} = \Gamma_1 \oplus \Gamma'_2 \oplus \Gamma_{15} \oplus \Gamma'_{25},$$

$$\langle 200 \rangle_{\Gamma} = \Gamma_1 \oplus \Gamma_{12} \oplus \Gamma_{15}。$$

這些結果告訴我們不同的 $\overline{K}$ 值可以用不同**對稱性**的波函數來分解。

習題解答

第一章

1. (1) 是。

封閉性：設有兩個有理數 $\frac{m}{n}$、$\frac{p}{q}$，其中 m、n、p、q 為正整數。

則 $\frac{m}{n}\cdot\frac{p}{q}=\frac{mp}{nq}$ 亦為一有理數。

結合性：乘法本來就滿足結合率。

$\left(\frac{m}{n}\cdot\frac{p}{q}\right)\cdot\frac{a}{b}=\frac{m}{n}\left(\frac{p}{q}\cdot\frac{a}{b}\right)$

等同性：**等同元素**為 1，即 $\frac{p}{q}\cdot 1=\frac{p}{q}$

反量性：因為把零排除在集合之外，所以任何一個有理數 $\frac{m}{n}$ 乘上其本身的倒數 $\frac{n}{m}$ 使 $\frac{m}{n}\cdot\frac{n}{m}=1$

(2) 否。

封閉性：二個非負整數的和是另一個非負整數。

結合性：加法運算滿足結合率。

等同性：**等同元素**為 0。

反量性：這個非負整數的集合中不適合負整數使其在加法運算結果為**等同元素** 0，所以不滿足。

(3) 是。

封閉性：二個偶數 $2m$、$2n$ 的和亦為偶數 $2(m+n)$。

結合性：加法運算滿足結合率。

等同性：**等同元素**為 0，0 也是偶數，即 $2m+0=2m$。

反量性：對 $2m$ 而言，一定存在一個 $-2m$ 使 $2m+(-2m)=0$。0 是**等同元素**也是偶數。

(4) 是。

封閉性：若 $\omega = e^{i\frac{2\pi}{n}}$，即 $\omega^n = 1$。

則 1 的 n 個 n 次方根解分別為 $\omega^0, \omega^1, \omega^2..., \omega^{n-1}$

所以任二個元素 ω^a, ω^b

其中 $0 \leq a \leq n-1$，$0 \leq b \leq n-1$

因為 $(\omega^a)^n = 1$，且 $(\omega^b)^n = 1$

則 $(\omega^a)^n \cdot (\omega^b)^n = 1 = (\omega^{a+b})^n$

即 $\omega^a \cdot \omega^b = \omega^{a+b}$ 亦為 1 的 n 次方根。

結合性：$(\omega^a\omega^b)\omega^c = \omega^a(\omega^b\omega^c)$ 成立。

等同性：**等同元素**為 1。

反量性：一定存在一個 ω^{n-a} 使 $\omega^a \cdot \omega^{n-a} = \omega^n = 1$。

(5) 否。

封閉性：集合中任二個元素 m、n 相減結果 $m-n$ 亦為一整數。

結合性：減法不滿足結合率。$(m-n)-p \neq m-(n-p)$

等同性：**等同元素**為 0。

反量性：每一個元素本身就是自己的**反元素**，即 $n-n=0$。

2. (1) 加法運算

+	1	−1	i	$-i$
1	2	0	$1+i$	$1-i$
−1	0	−2	$-1+i$	$-1-i$
i	$i+1$	$i-1$	$2i$	0
$-i$	$-i+1$	$-i-1$	0	$-2i$

減法運算

−	1	−1	i	$-i$
1	0	−2	$1-i$	$1+i$
−1	−2	0	$-1-i$	$-1-i$
i	$i-1$	$i+1$	0	$2i$
$-i$	$-i-1$	$-i+1$	$-2i$	0

除法運算

÷	1	−1	i	$-i$
1	1	−1	$-i$	i
−1	−1	1	i	$-i$
i	i	$-i$	1	−1
$-i$	$-i$	i	−1	1

由 Cayley 理論可知 [1, −1, i, −i] 在除法運算下可以構成**群**；在加法、減法運算下不滿足**群**的條件。

(2) 減法運算

−	1	0	−1
1	0	1	2
0	−1	0	1
−1	−2	−1	0

乘法運算

×	1	0	−1
1	1	0	−1
0	0	0	0
−1	−1	0	1

除法運算

÷	1	0	−1
1	1	−	−1
0	0	−	0
−1	−1	−	1

由 Cayley 理論可知 [1, 0, −1] 在減法、乘法、除法運算下都不滿足**群**的特性。

3. 列出 C_{4v} **群**的乘積表

C_{4v}	E	C_{4z}^{+}	C_{2z}	C_{4z}^{-}	σ_{v_x}	σ_{v_y}	σ_{13}	σ_{24}
E	E	C_{4z}^{+}	C_{2z}	C_{4z}^{-}	σ_{v_x}	σ_{v_y}	σ_{13}	σ_{24}
C_{4z}^{+}	C_{4z}^{+}	C_{2z}	C_{4z}^{-}	E	σ_{13}	σ_{24}	σ_{v_y}	σ_{v_x}
C_{2z}	C_{2z}	C_{4z}^{-}	E	C_{4z}^{+}	σ_{v_y}	σ_{v_x}	σ_{24}	σ_{13}
C_{4z}^{-}	C_{4z}^{-}	E	C_{4z}^{+}	C_{2z}	σ_{24}	σ_{13}	σ_{v_x}	σ_{v_y}
σ_{v_x}	σ_{v_x}	σ_{24}	σ_{v_y}	σ_{13}	E	C_{2z}	C_{4z}^{-}	C_{4z}^{+}
σ_{v_y}	σ_{v_y}	σ_{13}	σ_{v_x}	σ_{24}	C_{2z}	E	C_{4z}^{+}	C_{4z}^{-}
σ_{13}	σ_{13}	σ_{v_x}	σ_{24}	σ_{v_y}	C_{4z}^{+}	C_{4z}^{-}	E	C_{2z}
σ_{24}	σ_{24}	σ_{v_y}	σ_{13}	σ_{v_x}	C_{4z}^{-}	C_{4z}^{+}	C_{2z}	E

先找出 $E=(C_{4z}^{+})^4$，

則 $C_{4z}^{+}=(C_{4z}^{+})^5$；

$C_{2z}=(C_{4z}^{+})^2$；

$C_{4z}^{-}=(C_{4z}^{+})^3$；

$\sigma_{v_x}=\sigma_{v_x}(C_{4z}^{+})^4$；

$\sigma_{v_y}=(C_{4z}^{+})^2\sigma_{v_x}$；

$\sigma_{13}=C_{4z}^{+}\sigma_{v_x}$；

$\sigma_{24}=(C_{4z}^{+})^3\sigma_{v_x}$。

4. 由例 1.3 可知 S_3 群的群乘表為

	E	A	B	C	D	F
E	E	A	B	C	D	F
A	A	B	E	D	F	C
B	B	E	A	F	C	D
C	C	F	D	E	B	A
D	D	C	F	A	E	B
F	F	D	C	B	A	E

則由

	E	C
E	E	C
C	C	E

	E	D
E	E	D
D	D	E

	E	F
E	E	F
F	F	E

所以我們可以找到 3 個 2 階子群為 $\{E, C\}$、$\{E, D\}$、$\{E, F\}$；

	E	A	B
E	E	A	B
A	A	B	E
B	B	E	A

所以我們可以找到一個 3 階子群 $\{E, A, B\}$。

5. 由表 1.4 的 S_3 群乘表可求出

(1) 子群 $H = \{E, A\}$ 的右陪集

$\{E, A\}E = \{E, A\}$；

$\{E, A\}A = \{A, B\}$；

$\{E, A\}B = \{B, E\}$；

$\{E, A\}C = \{C, D\}$；

$\{E, A\}D = \{D, F\}$；

$\{E, A\}F = \{F, C\}$。

(2) 子群 $\{E, A, B\}$ 的右陪集為

$\{E, A, B\}E = \{E, A, B\}$；

$\{E, A, B\}A = \{A, B, E\}$；

$\{E, A, B\}B = \{B, E, A\}$；

$\{E, A, B\}C = \{C, D, F\}$；

$\{E, A, B\}D = \{D, F, C\}$；

$\{E, A, B\}F = \{F, C, D\}$。

(3) 子群 $\{E, A, B\}$ 的左陪集為

$E\{E, A, B\} = \{E, A, B\}$；

$A\{E, A, B\} = \{A, B, E\}$；

$B\{E, A, B\} = \{B, E, A\}$；
$C\{E, A, B\} = \{C, F, D\}$；
$D\{E, A, B\} = \{D, C, F\}$；
$F\{E, A, B\} = \{F, D, C\}$。

(4) 由 (2) 和 (3) 的結果可得 S_3 **群**的每一個**元素**都使**子群** $\{E, A, B\}$ 的**右陪集**等於**左陪集**，即 $\{E, A, B\}X = X\{E, A, B\}$
或 $\{E, A, B\} = X^{-1}\{E, A, B\}X$，
所以**子群** $\{E, A, B\}$ 是**置換群** S_3 的**正規子群**。

6. 由 $B = X^{-1}AX$

$$= \begin{bmatrix} \frac{-1}{\sqrt{2}} & 0 & \frac{1}{\sqrt{2}} \\ \frac{-1}{\sqrt{2}} & 0 & \frac{-1}{\sqrt{2}} \\ 0 & 1 & 0 \end{bmatrix} \begin{bmatrix} 0 & 0 & -1 \\ 0 & 2 & 0 \\ -1 & 0 & 0 \end{bmatrix} \begin{bmatrix} \frac{-1}{\sqrt{2}} & \frac{1}{\sqrt{2}} & 0 \\ 0 & 0 & 1 \\ \frac{1}{\sqrt{2}} & \frac{1}{\sqrt{2}} & 0 \end{bmatrix},$$

可得 A 的**共軛元素** $B = \begin{bmatrix} 1 & 0 & 0 \\ 0 & -1 & 0 \\ 0 & 0 & 2 \end{bmatrix}$。

以線性代數的語言來說，就是矩陣 X 把矩陣 A 對角化了。而其對角化後的矩陣 B 的對角元素 1、−1、2 就是矩陣 A 的特徵值（Eigenvalue）；以**群論**的語言來說，因為，A、Z、B 都是**群**的**元素**，而 A 和 B 互為**共軛元素**，所以屬於同一個類，所以 A 的**跡** $0 + 2 + 0 = 2$ 和 B 的**跡** $1 + (-1) + 2 = 2$ 是相等的。

7. E 必然自成一類，即 $\mathscr{C}_1 = \{E\}$，
因為 $X^{-1}AX = B$，則 $AX = XB$，則 A，B **共軛**，
由 $PP^2 = E = P^2P$

$PQ = (PQ) = QP^2$
$P(PQ) = (P^2Q)P^2$
$P(P^2Q) = Q = (P^2Q)P^2$

則 P 和 P^2 **共軛**，即 P 和 P^2 屬同一類，
即 $\mathscr{C}_2 = \{P, P^2\}$。
由 $Q(PQ) = P^2 = (PQ)(P^2Q)$

$Q(P^2Q) = P = (P^2Q)(PQ)$

則 Q、PQ、P^2Q 共軛，即 Q、PQ、P^2Q 屬同一類，

即 $\mathscr{C}_3 = \{Q, PQ, P^2Q\}$

綜合以上結果得知，$G^6{}_2$ 群可分成 3 個類，而且和 C_{3v} 同構，$\mathscr{C}_1 = \{E\}$、$\mathscr{C}_2 = \{P, P^2\}$、$\mathscr{C}_3 = \{Q, PQ, P^2Q\}$。

再者，由

G_6^2	$\mathscr{C}_1$	$\mathscr{C}_2$	$\mathscr{C}_3$
$\mathscr{C}_1$	$\mathscr{C}_1$	$\mathscr{C}_2$	$\mathscr{C}_3$
$\mathscr{C}_2$	$\mathscr{C}_2$	$2\mathscr{C}_1 + \mathscr{C}_2$	$2\mathscr{C}_3$
$\mathscr{C}_3$	$\mathscr{C}_3$	$2\mathscr{C}_3$	$3\mathscr{C}_1 + 3\mathscr{C}_2$

可得類乘係數

$c_{11,1} = 1$，$c_{12,2} = 1$，$c_{13,3} = 1$

$c_{21,2} = 1$，$c_{22,1} = 2$，$c_{22,2} = 1$，$c_{23,2} = 2$

$c_{31,3} = 1$，$c_{32,3} = 2$，$c_{33,1} = 3$，$c_{33,2} = 3$

這些類乘係數同時滿足 $c_{ij,k} = c_{ji,k}$ 的特性。

8. 參考 1.4.4 的點群 C_{3v} 的群乘表可得

C_{3v}	$\mathscr{C}_1$	$\mathscr{C}_2$	$\mathscr{C}_3$
$\mathscr{C}_1$	$\mathscr{C}_1$	$\mathscr{C}_2$	$\mathscr{C}_3$
$\mathscr{C}_2$	$\mathscr{C}_2$	$2\mathscr{C}_1 + \mathscr{C}_2$	$2\mathscr{C}_3$
$\mathscr{C}_3$	$\mathscr{C}_3$	$2\mathscr{C}_3$	$3\mathscr{C}_1 + 3\mathscr{C}_2$

仔細觀察 C_{3v} 群的類乘係數有 $C_{ij,k} = C_{ji,k}$ 的關係。

10. (1) 若原來的正三角形為

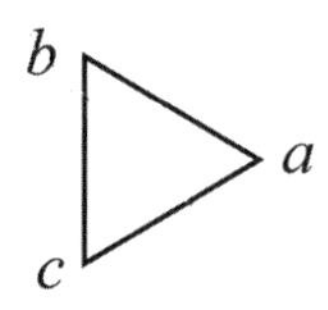

則子群 $\{E, C\}$ 的操作結果為

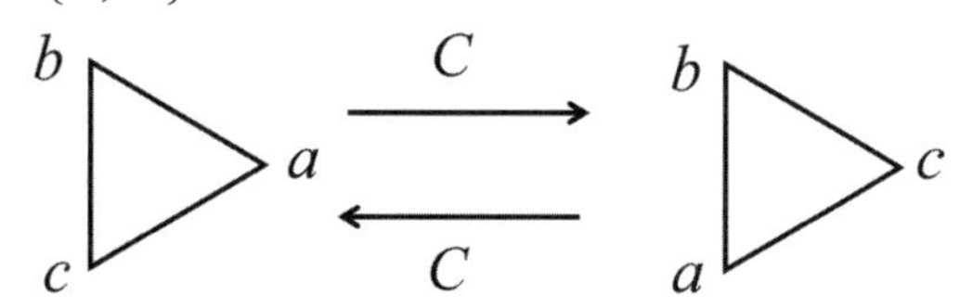

子群 $\{E, D\}$ 的操作結果為

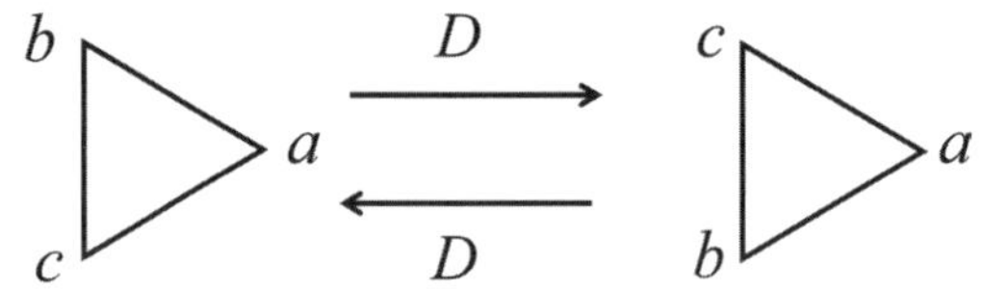

子群 $\{E, F\}$ 的操作結果為

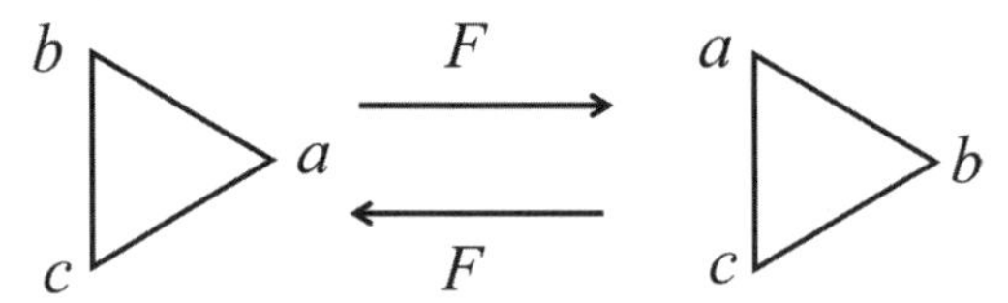

子群 $\{E, A, B\}$ 的操作結果為

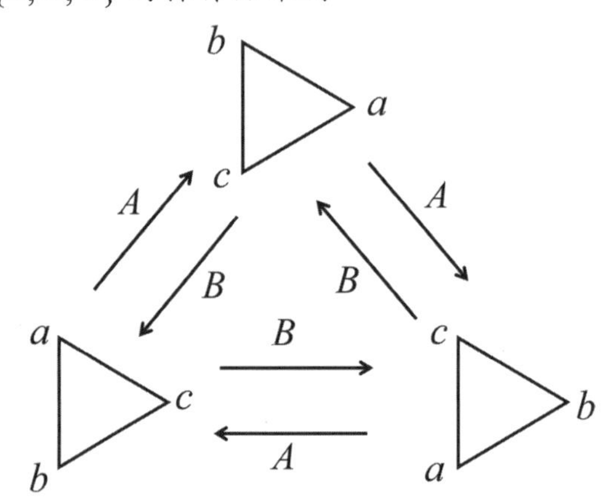

(2) 和例 1.4(1) 做比較可以知道 S_3 和 C_{3v} 是同構的。

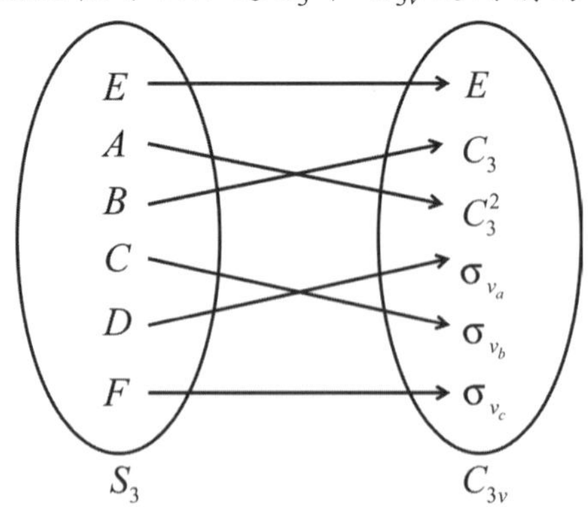

第二章

1. 由 $A=\begin{bmatrix} a & b & c \\ b & c & a \end{bmatrix} \Rightarrow \Gamma(A)=\begin{bmatrix} 0 & 1 & 0 \\ 0 & 0 & 1 \\ 1 & 0 & 0 \end{bmatrix}$；

由 $B=\begin{bmatrix} a & b & c \\ c & a & b \end{bmatrix} \Rightarrow \Gamma(B)=\begin{bmatrix} 0 & 0 & 1 \\ 1 & 0 & 0 \\ 0 & 1 & 0 \end{bmatrix}$；

由 $C=\begin{bmatrix} a & b & c \\ c & b & a \end{bmatrix} \Rightarrow \Gamma(C)=\begin{bmatrix} 0 & 0 & 1 \\ 0 & 1 & 0 \\ 1 & 0 & 0 \end{bmatrix}$；

由 $D=\begin{bmatrix} a & b & c \\ a & c & b \end{bmatrix} \Rightarrow \Gamma(D)=\begin{bmatrix} 1 & 0 & 0 \\ 0 & 0 & 1 \\ 0 & 1 & 0 \end{bmatrix}$；

由 $F=\begin{bmatrix} a & b & c \\ b & a & c \end{bmatrix} \Rightarrow \Gamma(F)=\begin{bmatrix} 0 & 1 & 0 \\ 1 & 0 & 0 \\ 0 & 0 & 1 \end{bmatrix}$。

2. 因為經過 $C_{2(z)}$ 的操作之後，把 H_2O 分子轉了 180°，如題所示，

所以 $x_1 \longrightarrow -x_2', y_1 \longrightarrow -y_2', z_1 \longrightarrow -z_2'$

$x_2 \longrightarrow -x_1', y_2 \longrightarrow -y_1', z_2 \longrightarrow -z_1'$

$x_3 \longrightarrow -x_3', y_3 \longrightarrow -y_3', z_3 \longrightarrow -z_3'$

$$C_{2(z)}\begin{bmatrix} x_1 \\ y_1 \\ z_1 \\ x_2 \\ y_2 \\ z_2 \\ x_3 \\ y_3 \\ z_3 \end{bmatrix}=\begin{bmatrix} x_1' \\ y_1' \\ z_1' \\ x_2' \\ y_2' \\ z_2' \\ x_3' \\ y_3' \\ z_3' \end{bmatrix}=\begin{bmatrix} 0 & 0 & 0 & -1 & 0 & 0 & 0 & 0 & 0 \\ 0 & 0 & 0 & 0 & -1 & 0 & 0 & 0 & 0 \\ 0 & 0 & 0 & 0 & 0 & 1 & 0 & 0 & 0 \\ -1 & 0 & 0 & 0 & 0 & 0 & 0 & 0 & 0 \\ 0 & -1 & 0 & 0 & 0 & 0 & 0 & 0 & 0 \\ 0 & 0 & 1 & 0 & 0 & 0 & 0 & 0 & 0 \\ 0 & 0 & 0 & 0 & 0 & 0 & -1 & 0 & 0 \\ 0 & 0 & 0 & 0 & 0 & 0 & 0 & -1 & 0 \\ 0 & 0 & 0 & 0 & 0 & 0 & 0 & 0 & 1 \end{bmatrix}\begin{bmatrix} x_1 \\ y_1 \\ z_1 \\ x_2 \\ y_2 \\ z_2 \\ x_3 \\ y_3 \\ z_3 \end{bmatrix},$$

$$
\text{即 } C_{2(z)}=\begin{bmatrix} 0 & 0 & 0 & -1 & 0 & 0 & 0 & 0 & 0 \\ 0 & 0 & 0 & 0 & -1 & 0 & 0 & 0 & 0 \\ 0 & 0 & 0 & 0 & 0 & 1 & 0 & 0 & 0 \\ -1 & 0 & 0 & 0 & 0 & 0 & 0 & 0 & 0 \\ 0 & -1 & 0 & 0 & 0 & 0 & 0 & 0 & 0 \\ 0 & 0 & 1 & 0 & 0 & 0 & 0 & 0 & 0 \\ 0 & 0 & 0 & 0 & 0 & 0 & -1 & 0 & 0 \\ 0 & 0 & 0 & 0 & 0 & 0 & 0 & -1 & 0 \\ 0 & 0 & 0 & 0 & 0 & 0 & 0 & 0 & 1 \end{bmatrix}\text{。}
$$

3. 因為 σ_{v_y} 是包含 y 軸且垂直於 x–y 平面的**反射操作**，若(x, y)，(x', y') 分別代表**操作**前和**操作**後的座標，則

(1) 由 $\sigma_{v_y}x = x' = -x$ 及 $\sigma_{v_y}y = y' = -y$，

所以 $\sigma_{v_y}\begin{bmatrix} x \\ y \end{bmatrix}=\begin{bmatrix} -1 & 0 \\ 0 & 1 \end{bmatrix}\begin{bmatrix} x \\ y \end{bmatrix}$ 即 $\sigma_{v_y}=\begin{bmatrix} -1 & 0 \\ 0 & 1 \end{bmatrix}$。

(2) 令 $f_1 = x + y$ 及 $f_2 = x-y$，

則 $f'_1 = x' + y', f'_2 = x'-y'$

則由 $\sigma_{v_y}f_1 = f'_1 = x' + y' = -x + y = -f_2$；

$\sigma_{v_y}f_2 = f'_2 = x'-y' = -x-y = -f_1$，

所以 $\sigma_{v_y}\begin{bmatrix} f_1 \\ f_2 \end{bmatrix}=\begin{bmatrix} 0 & -1 \\ -1 & 0 \end{bmatrix}\begin{bmatrix} f_1 \\ f_2 \end{bmatrix}$，即 $\sigma_{v_y}=\begin{bmatrix} 0 & -1 \\ -1 & 0 \end{bmatrix}$

(3) 由 $\sigma_{v_y}x^2 = x'^2 = x^2$ 且 $\sigma_{v_y}y^2 = y'^2 = y^2$，

$\sigma_{v_y}\begin{bmatrix} x^2 \\ y^2 \end{bmatrix}=\begin{bmatrix} 1 & 0 \\ 0 & 1 \end{bmatrix}\begin{bmatrix} x^2 \\ y^2 \end{bmatrix}$ 即 $\sigma_{v_y}=\begin{bmatrix} 1 & 0 \\ 0 & 1 \end{bmatrix}$。

綜合 (1) (2) (3) 的結果得知，不同的**基函數**會有不同的表示。

4. (1) **基底**為二維垂直軸：

由（2.13）得

$\Gamma(E)=\begin{bmatrix} \cos(0) & \sin(0) \\ -\sin(0) & \cos(0) \end{bmatrix}=\begin{bmatrix} 1 & 0 \\ 0 & 1 \end{bmatrix}$；

$$\Gamma(C_3)=\begin{bmatrix}\cos\left(\frac{2\pi}{3}\right) & \sin\left(\frac{2\pi}{3}\right)\\ -\sin\left(\frac{2\pi}{3}\right) & \cos\left(\frac{2\pi}{3}\right)\end{bmatrix}=\begin{bmatrix}\frac{-1}{2} & \frac{\sqrt{3}}{2}\\ \frac{-\sqrt{3}}{2} & \frac{-1}{2}\end{bmatrix};$$

$$\Gamma(C_3^2)=\begin{bmatrix}\cos\left(\frac{4\pi}{3}\right) & \sin\left(\frac{4\pi}{3}\right)\\ -\sin\left(\frac{4\pi}{3}\right) & \cos\left(\frac{4\pi}{3}\right)\end{bmatrix}=\begin{bmatrix}-\frac{1}{2} & \frac{-\sqrt{3}}{2}\\ \frac{\sqrt{3}}{2} & \frac{-1}{2}\end{bmatrix}。$$

由（2.18）得

$$\Gamma(\sigma_{v_a})=\begin{bmatrix}\cos(2\cdot 0) & \sin(2\cdot 0)\\ \sin(2\cdot 0) & -\cos(2\cdot 0)\end{bmatrix}=\begin{bmatrix}-1 & 0\\ 0 & 1\end{bmatrix};$$

$$\Gamma(\sigma_{v_b})=\begin{bmatrix}\cos\left(2\cdot\frac{2\pi}{3}\right) & \sin\left(2\cdot\frac{2\pi}{3}\right)\\ \sin\left(2\cdot\frac{2\pi}{3}\right) & -\cos\left(2\cdot\frac{2\pi}{3}\right)\end{bmatrix}=\begin{bmatrix}\frac{1}{2} & \frac{-\sqrt{3}}{2}\\ \frac{-\sqrt{3}}{2} & \frac{-1}{2}\end{bmatrix};$$

$$\Gamma(\sigma_{v_c})=\begin{bmatrix}\cos\left(2\cdot\frac{4\pi}{3}\right) & \sin\left(2\cdot\frac{4\pi}{3}\right)\\ \sin\left(2\cdot\frac{4\pi}{3}\right) & -\cos\left(2\cdot\frac{4\pi}{3}\right)\end{bmatrix}=\begin{bmatrix}\frac{1}{2} & \frac{\sqrt{3}}{2}\\ \frac{\sqrt{3}}{2} & \frac{-1}{2}\end{bmatrix}。$$

(2) 基底為三維垂直軸：

和 (1) 基底為二維垂直軸的結果相似，但是多加了 z 軸，則

$$\Gamma(E)=\begin{bmatrix}1 & 0 & 0\\ 0 & 1 & 0\\ 0 & 0 & 1\end{bmatrix};\ \Gamma(C_3)=\begin{bmatrix}\frac{-1}{2} & \frac{\sqrt{3}}{2} & 0\\ \frac{-\sqrt{3}}{2} & \frac{-1}{2} & 0\\ 0 & 0 & 1\end{bmatrix};$$

$$\Gamma(C_3^2)=\begin{bmatrix}\frac{-1}{2} & \frac{-\sqrt{3}}{2} & 0\\ \frac{\sqrt{3}}{2} & \frac{-1}{2} & 0\\ 0 & 0 & 1\end{bmatrix};\ \Gamma(\sigma_{v_a})=\begin{bmatrix}1 & 0 & 0\\ 0 & -1 & 0\\ 0 & 0 & 1\end{bmatrix};$$

$$\Gamma(\sigma_{v_b})=\begin{bmatrix}\frac{-1}{2} & \frac{\sqrt{3}}{2} & 0\\ \frac{\sqrt{3}}{2} & \frac{-1}{2} & 0\\ 0 & 0 & 1\end{bmatrix}；\Gamma(\sigma_{v_c})=\begin{bmatrix}\frac{-1}{2} & \frac{-\sqrt{3}}{2} & 0\\ \frac{-\sqrt{3}}{2} & \frac{-1}{2} & 0\\ 0 & 0 & 1\end{bmatrix}。$$

(3) **基底**為傾斜軸：

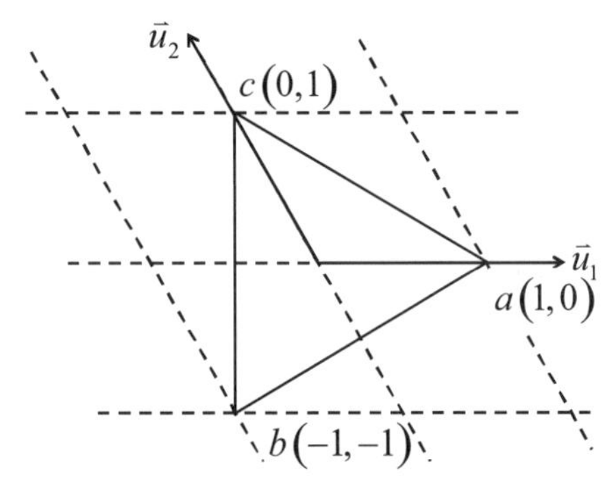

先將三角形 abc 的三個頂角在傾斜座標系中標示出來，如上圖所示，即 $a(1, 0)$、$b(-1, -1)$、$c(0, 1)$。

對稱操作 E 的**矩陣表示**為 $\Gamma(E)=\begin{bmatrix}1 & 0\\ 0 & 1\end{bmatrix}$；

設**對稱操作** C_3 的**矩陣表示**為 $\Gamma(C_3)=\begin{bmatrix}\alpha & \beta\\ \gamma & \delta\end{bmatrix}$，則由

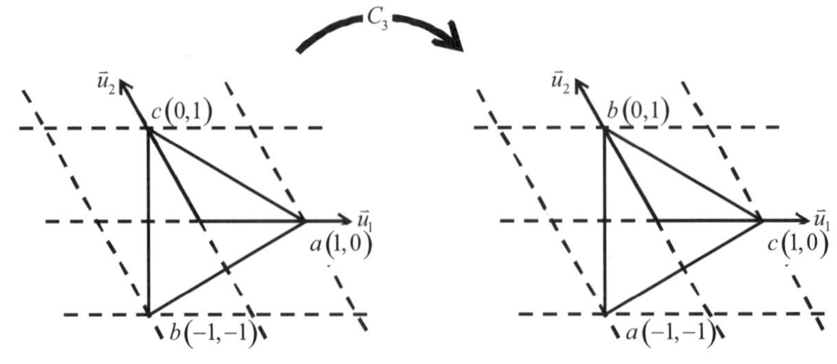

對 a：$(1, 0)\rightarrow(-1, -1)$，$\begin{bmatrix}-1\\ -1\end{bmatrix}=\begin{bmatrix}\alpha & \beta\\ \gamma & \delta\end{bmatrix}\begin{bmatrix}1\\ 0\end{bmatrix}\Rightarrow \alpha=-1, \gamma=-1$；

對 b：$(-1,-1)\rightarrow(0,1)$，$\begin{bmatrix}0\\1\end{bmatrix}=\begin{bmatrix}-1 & \beta\\-1 & \delta\end{bmatrix}\begin{bmatrix}-1\\-1\end{bmatrix}\Rightarrow\beta=1,\delta=0$；

對 c：$(0,1)\rightarrow(1,0)$，$\begin{bmatrix}1\\0\end{bmatrix}=\begin{bmatrix}-1 & 1\\-1 & 0\end{bmatrix}\begin{bmatrix}1\\0\end{bmatrix}$；

所以**對稱操作** C_3 的**矩陣表示**為 $\Gamma(C_3)=\begin{bmatrix}-1 & 1\\-1 & 0\end{bmatrix}$，

設**對稱操作** C_3^2 的**矩陣表示**為 $\Gamma(C_3^2)=\begin{bmatrix}\alpha & \beta\\\gamma & \delta\end{bmatrix}$，則由

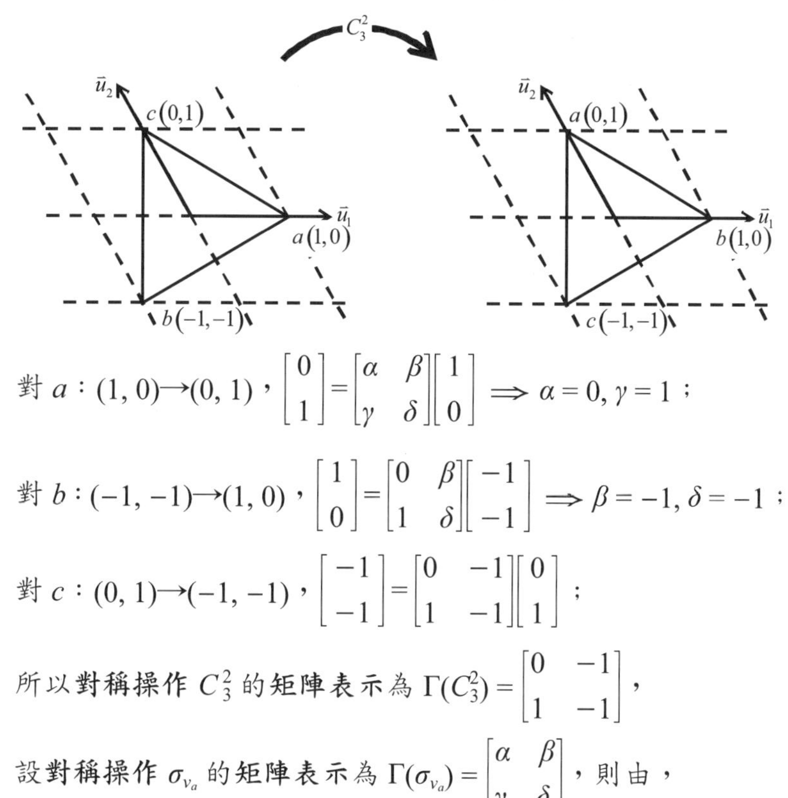

對 a：$(1,0)\rightarrow(0,1)$，$\begin{bmatrix}0\\1\end{bmatrix}=\begin{bmatrix}\alpha & \beta\\\gamma & \delta\end{bmatrix}\begin{bmatrix}1\\0\end{bmatrix}\Rightarrow\alpha=0,\gamma=1$；

對 b：$(-1,-1)\rightarrow(1,0)$，$\begin{bmatrix}1\\0\end{bmatrix}=\begin{bmatrix}0 & \beta\\1 & \delta\end{bmatrix}\begin{bmatrix}-1\\-1\end{bmatrix}\Rightarrow\beta=-1,\delta=-1$；

對 c：$(0,1)\rightarrow(-1,-1)$，$\begin{bmatrix}-1\\-1\end{bmatrix}=\begin{bmatrix}0 & -1\\1 & -1\end{bmatrix}\begin{bmatrix}0\\1\end{bmatrix}$；

所以**對稱操作** C_3^2 的**矩陣表示**為 $\Gamma(C_3^2)=\begin{bmatrix}0 & -1\\1 & -1\end{bmatrix}$，

設**對稱操作** σ_{v_a} 的**矩陣表示**為 $\Gamma(\sigma_{v_a})=\begin{bmatrix}\alpha & \beta\\\gamma & \delta\end{bmatrix}$，則由，

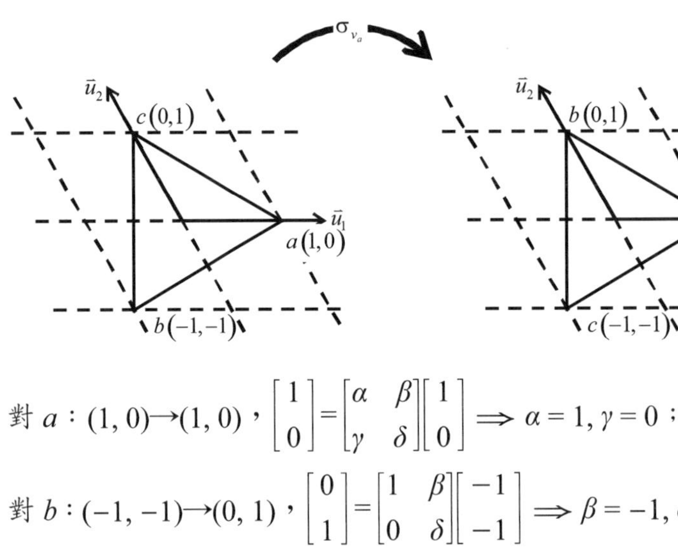

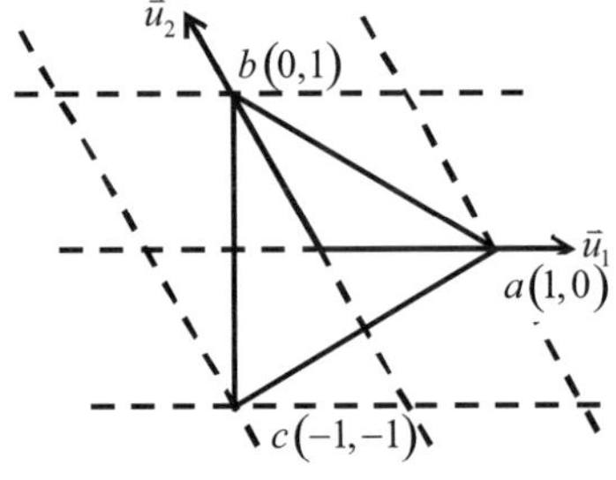

對 a：(1, 0)→(1, 0)，$\begin{bmatrix}1\\0\end{bmatrix}=\begin{bmatrix}\alpha & \beta\\ \gamma & \delta\end{bmatrix}\begin{bmatrix}1\\0\end{bmatrix}\Rightarrow \alpha=1, \gamma=0$；

對 b：(−1, −1)→(0, 1)，$\begin{bmatrix}0\\1\end{bmatrix}=\begin{bmatrix}1 & \beta\\ 0 & \delta\end{bmatrix}\begin{bmatrix}-1\\-1\end{bmatrix}\Rightarrow \beta=-1, \delta=-1$；

對 c：(0, 1)→(−1, −1)，$\begin{bmatrix}-1\\-1\end{bmatrix}=\begin{bmatrix}1 & -1\\ 0 & -1\end{bmatrix}\begin{bmatrix}0\\1\end{bmatrix}$；

所以對稱操作 σ_{v_a} 的矩陣表示為 $\Gamma(\sigma_{v_a})=\begin{bmatrix}1 & -1\\ 0 & -1\end{bmatrix}$，

設對稱操作 σ_{v_b} 的矩陣表示為 $\Gamma(\sigma_{v_b})=\begin{bmatrix}\alpha & \beta\\ \gamma & \delta\end{bmatrix}$，則由，

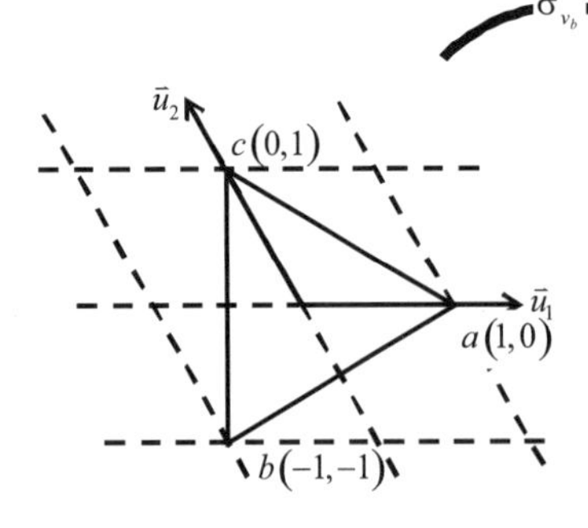

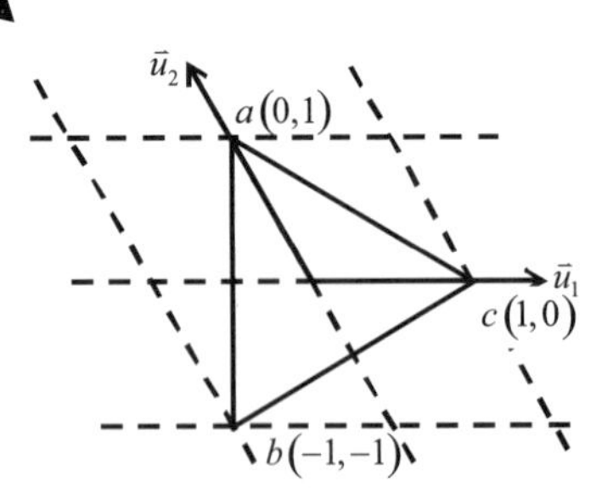

對 a：(1, 0)→(0, 1)，$\begin{bmatrix}0\\1\end{bmatrix}=\begin{bmatrix}\alpha & \beta\\ \gamma & \delta\end{bmatrix}\begin{bmatrix}1\\0\end{bmatrix}\Rightarrow \alpha=0, \gamma=1$；

對 b：(−1, −1)→(−1, −1)，$\begin{bmatrix}-1\\-1\end{bmatrix}=\begin{bmatrix}0 & \beta\\ 1 & \delta\end{bmatrix}\begin{bmatrix}-1\\-1\end{bmatrix}\Rightarrow \beta=1, \delta=0$；

對 c：(0, 1)→(1, 0)，$\begin{bmatrix}1\\0\end{bmatrix}=\begin{bmatrix}0&1\\1&0\end{bmatrix}\begin{bmatrix}0\\1\end{bmatrix}$；

所以**對稱操作** σ_{v_b} 的**矩陣表示**為 $\Gamma(\sigma_{v_b})=\begin{bmatrix}0&1\\1&0\end{bmatrix}$，

設**對稱操作** σ_{v_c} 的**矩陣表示**為 $\Gamma(\sigma_{v_c})=\begin{bmatrix}\alpha&\beta\\\gamma&\delta\end{bmatrix}$，則由，

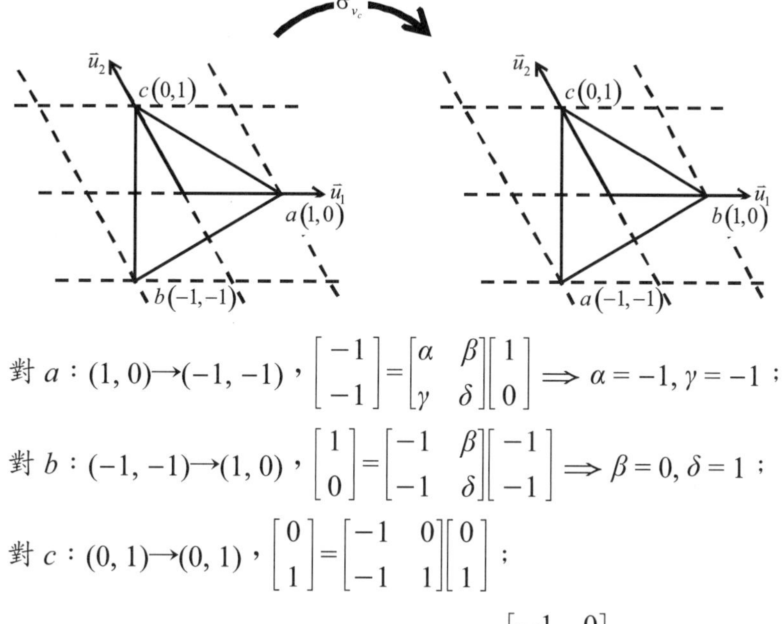

對 a：(1, 0)→(−1, −1)，$\begin{bmatrix}-1\\-1\end{bmatrix}=\begin{bmatrix}\alpha&\beta\\\gamma&\delta\end{bmatrix}\begin{bmatrix}1\\0\end{bmatrix}\Rightarrow\alpha=-1,\gamma=-1$；

對 b：(−1, −1)→(1, 0)，$\begin{bmatrix}1\\0\end{bmatrix}=\begin{bmatrix}-1&\beta\\-1&\delta\end{bmatrix}\begin{bmatrix}-1\\-1\end{bmatrix}\Rightarrow\beta=0,\delta=1$；

對 c：(0, 1)→(0, 1)，$\begin{bmatrix}0\\1\end{bmatrix}=\begin{bmatrix}-1&0\\-1&1\end{bmatrix}\begin{bmatrix}0\\1\end{bmatrix}$；

所以**對稱操作** σ_{v_c} 的**矩陣表示**為 $\Gamma(\sigma_{v_c})=\begin{bmatrix}-1&0\\-1&1\end{bmatrix}$。

5. 參考例 2.4 所整理的**群乘表**可得 C_{3v} **群**中每個操作的**正規表示**如下：

$$\Gamma(E)=\begin{bmatrix}1&0&0&0&0&0\\0&1&0&0&0&0\\0&0&1&0&0&0\\0&0&0&1&0&0\\0&0&0&0&1&0\\0&0&0&0&0&1\end{bmatrix}、\Gamma(C_3^2)=\begin{bmatrix}0&1&0&0&0&0\\0&0&1&0&0&0\\1&0&0&0&0&0\\0&0&0&0&0&1\\0&0&0&1&0&0\\0&0&0&0&1&0\end{bmatrix}、$$

$$\Gamma(C_3)=\begin{bmatrix}0&0&1&0&0&0\\1&0&0&0&0&0\\0&1&0&0&0&0\\0&0&0&0&1&0\\0&0&0&0&0&1\\0&0&0&1&0&0\end{bmatrix}、\Gamma(\sigma_{v_a})=\begin{bmatrix}0&0&0&1&0&0\\0&0&0&0&1&0\\0&0&0&0&0&1\\1&0&0&0&0&0\\0&1&0&0&0&0\\0&0&1&0&0&0\end{bmatrix}、$$

$$\Gamma(\sigma_{v_b})=\begin{bmatrix}0&0&0&0&1&0\\0&0&0&0&0&1\\0&0&0&1&0&0\\0&0&1&0&0&0\\1&0&0&0&0&0\\0&1&0&0&0&0\end{bmatrix}、\Gamma(\sigma_{v_c})=\begin{bmatrix}0&0&0&0&0&1\\0&0&0&1&0&0\\0&0&0&0&1&0\\0&1&0&0&0&0\\0&0&1&0&0&0\\1&0&0&0&0&0\end{bmatrix}。$$

6. 依直和與直積的定義可得

(1) $$A\oplus B=\begin{bmatrix}a&b&0&0\\c&d&0&0\\0&0&e&f\\0&0&g&h\end{bmatrix}。$$

(2) $$B\oplus A=\begin{bmatrix}e&f&0&0\\g&h&0&0\\0&0&a&b\\0&0&c&d\end{bmatrix}。$$

(3) $$A\otimes B=\begin{bmatrix}aB&bB\\cB&dB\end{bmatrix}=\begin{bmatrix}ae&af&be&bf\\ag&ah&bg&bh\\ce&cf&de&df\\cg&ch&dg&dh\end{bmatrix}。$$

(4) $$B\otimes A=\begin{bmatrix}eA&fA\\gA&hA\end{bmatrix}=\begin{bmatrix}ea&eb&fa&fb\\ec&ed&fc&fd\\ga&gb&ha&hb\\gc&gd&hc&hd\end{bmatrix}。$$

7. (1) 因為 U 的伴隨矩陣 U^{-1} 為

$$U^{-1}=\begin{bmatrix} \frac{1}{\sqrt{3}} & \frac{1}{\sqrt{3}} & \frac{1}{\sqrt{3}} \\ 0 & \frac{-1}{\sqrt{2}} & \frac{1}{\sqrt{2}} \\ \frac{\sqrt{2}}{\sqrt{3}} & \frac{-1}{\sqrt{6}} & \frac{-1}{\sqrt{6}} \end{bmatrix} \text{且 } U^{-1}U=\begin{bmatrix} 1 & 0 & 0 \\ 0 & 1 & 0 \\ 0 & 0 & 1 \end{bmatrix}$$

所以 U 為么正矩陣。

(2) 將每個矩陣表示作相似轉換

$$U^{-1}\Gamma(A)U=\begin{bmatrix} \frac{1}{\sqrt{3}} & \frac{1}{\sqrt{3}} & \frac{1}{\sqrt{3}} \\ 0 & \frac{-1}{\sqrt{2}} & \frac{1}{\sqrt{2}} \\ \frac{\sqrt{2}}{\sqrt{3}} & \frac{-1}{\sqrt{6}} & \frac{-1}{\sqrt{6}} \end{bmatrix}\begin{bmatrix} 0 & 1 & 0 \\ 0 & 0 & 1 \\ 1 & 0 & 0 \end{bmatrix}\begin{bmatrix} \frac{1}{\sqrt{3}} & 0 & \frac{\sqrt{2}}{\sqrt{3}} \\ \frac{1}{\sqrt{3}} & \frac{-1}{\sqrt{2}} & \frac{-1}{\sqrt{6}} \\ \frac{1}{\sqrt{3}} & \frac{1}{\sqrt{2}} & \frac{-1}{\sqrt{6}} \end{bmatrix}$$

$$=\begin{bmatrix} 1 & 0 & 0 \\ 0 & \frac{-1}{2} & \frac{\sqrt{3}}{2} \\ 0 & \frac{-\sqrt{3}}{2} & \frac{-1}{2} \end{bmatrix}=[1]\oplus\begin{bmatrix} \frac{-1}{2} & \frac{\sqrt{3}}{2} \\ \frac{-\sqrt{3}}{2} & \frac{-1}{2} \end{bmatrix}$$

$$U^{-1}\Gamma(B)U=\begin{bmatrix} 1 & 0 & 0 \\ 0 & \frac{-1}{2} & \frac{-\sqrt{3}}{2} \\ 0 & \frac{\sqrt{3}}{2} & \frac{-1}{2} \end{bmatrix}=[1]\oplus\begin{bmatrix} \frac{-1}{2} & \frac{-\sqrt{3}}{2} \\ \frac{\sqrt{3}}{2} & \frac{-1}{2} \end{bmatrix}$$

$$U^{-1}\Gamma(C)U=\begin{bmatrix} 1 & 0 & 0 \\ 0 & \frac{1}{2} & \frac{\sqrt{3}}{2} \\ 0 & \frac{\sqrt{3}}{2} & \frac{-1}{2} \end{bmatrix}=[1]\oplus\begin{bmatrix} \frac{1}{2} & \frac{\sqrt{3}}{2} \\ \frac{\sqrt{3}}{2} & \frac{-1}{2} \end{bmatrix}$$

$$U^{-1}\Gamma(D)U=\begin{bmatrix}1&0&0\\0&-1&0\\0&0&1\end{bmatrix}=[1]\oplus\begin{bmatrix}-1&0\\0&1\end{bmatrix}$$

$$U^{-1}\Gamma(F)U=\begin{bmatrix}1&0&0\\0&\frac{1}{2}&\frac{-\sqrt{3}}{2}\\0&\frac{-\sqrt{3}}{2}&\frac{-1}{2}\end{bmatrix}=[1]\oplus\begin{bmatrix}\frac{1}{2}&\frac{-\sqrt{3}}{2}\\\frac{-\sqrt{3}}{2}&\frac{-1}{2}\end{bmatrix}$$

8. 因為 C_{4v} 群的生成元素為 $C_4=\begin{bmatrix}0&-1\\1&0\end{bmatrix}$ 及 $\sigma_v=\begin{bmatrix}1&0\\0&-1\end{bmatrix}$，

則 $E=(C_4)^4=\begin{bmatrix}0&-1\\1&0\end{bmatrix}\begin{bmatrix}0&-1\\1&0\end{bmatrix}\begin{bmatrix}0&-1\\1&0\end{bmatrix}\begin{bmatrix}0&-1\\1&0\end{bmatrix}=\begin{bmatrix}1&0\\0&1\end{bmatrix}$，

$C_{4z}^{+}=C_4=\begin{bmatrix}0&-1\\1&0\end{bmatrix}$，

$C_{2z}=(C_4)^2=\begin{bmatrix}0&-1\\1&0\end{bmatrix}\begin{bmatrix}0&-1\\1&0\end{bmatrix}=\begin{bmatrix}-1&0\\0&-1\end{bmatrix}$，

$C_{4z}^{-}=(C_4)^3=\begin{bmatrix}0&-1\\1&0\end{bmatrix}\begin{bmatrix}0&-1\\1&0\end{bmatrix}\begin{bmatrix}0&-1\\1&0\end{bmatrix}=\begin{bmatrix}0&1\\-1&0\end{bmatrix}$，

$\sigma_{v_x}=\sigma_v=\begin{bmatrix}1&0\\0&-1\end{bmatrix}$，

$\sigma_{v_y}=(C_4)^2\sigma_{v_x}=\begin{bmatrix}0&-1\\1&0\end{bmatrix}\begin{bmatrix}0&-1\\1&0\end{bmatrix}\begin{bmatrix}1&0\\0&-1\end{bmatrix}=\begin{bmatrix}-1&0\\0&1\end{bmatrix}$，

$\sigma_{13}=C_4\sigma_v=\begin{bmatrix}0&-1\\1&0\end{bmatrix}\begin{bmatrix}0&-1\\1&0\end{bmatrix}=\begin{bmatrix}0&1\\1&0\end{bmatrix}$，

$\sigma_{24}=(C_4)^3\sigma_v=\begin{bmatrix}0&-1\\1&0\end{bmatrix}\begin{bmatrix}0&-1\\1&0\end{bmatrix}\begin{bmatrix}0&-1\\1&0\end{bmatrix}\begin{bmatrix}0&-1\\1&0\end{bmatrix}=\begin{bmatrix}0&-1\\-1&0\end{bmatrix}$。

9.

由 $S=\begin{bmatrix}1&-1&1\\0&1&-1\\-1&1&0\end{bmatrix}$，則

$$S^{-1}=\frac{1}{\begin{vmatrix}1&-1&1\\0&1&-1\\-1&1&0\end{vmatrix}}\begin{bmatrix}\begin{vmatrix}1&-1\\1&0\end{vmatrix}&-\begin{vmatrix}0&-1\\-1&0\end{vmatrix}&\begin{vmatrix}0&1\\-1&1\end{vmatrix}\\-\begin{vmatrix}-1&1\\1&0\end{vmatrix}&\begin{vmatrix}1&1\\-1&0\end{vmatrix}&-\begin{vmatrix}1&-1\\-1&1\end{vmatrix}\\\begin{vmatrix}-1&1\\1&-1\end{vmatrix}&-\begin{vmatrix}1&1\\0&-1\end{vmatrix}&\begin{vmatrix}1&-1\\0&1\end{vmatrix}\end{bmatrix}^t$$

$$=\begin{bmatrix}1&1&0\\1&1&1\\1&0&1\end{bmatrix}$$

且**相似轉換**的關係為 $M^{2j}=S^{-1}M^{1j}S$，其中 $j=1,2,3,4,5,6$

得 $M^{21}=\begin{bmatrix}1&1&0\\1&1&1\\1&0&1\end{bmatrix}\begin{bmatrix}1&0&0\\0&1&0\\0&0&1\end{bmatrix}\begin{bmatrix}1&-1&1\\0&1&-1\\-1&1&0\end{bmatrix}=\begin{bmatrix}1&0&0\\0&1&0\\0&0&1\end{bmatrix}$、

$$M^{22}=\begin{bmatrix}1&1&0\\1&1&1\\1&0&1\end{bmatrix}\begin{bmatrix}-7&-1&2\\5&2&-2\\-19&-2&5\end{bmatrix}\begin{bmatrix}1&-1&1\\0&1&-1\\-1&1&0\end{bmatrix}=\begin{bmatrix}1&0&0\\0&-1&1\\0&-1&0\end{bmatrix}、$$

$$M^{23}=\begin{bmatrix}1&1&0\\1&1&1\\1&0&1\end{bmatrix}\begin{bmatrix}6&1&-2\\13&3&-4\\28&5&-9\end{bmatrix}\begin{bmatrix}1&-1&1\\0&1&-1\\-1&1&0\end{bmatrix}=\begin{bmatrix}1&0&0\\0&0&-1\\0&1&-1\end{bmatrix}$$

$$M^{24}=\begin{bmatrix}1&1&0\\1&1&1\\1&0&1\end{bmatrix}\begin{bmatrix}7&1&-2\\12&3&-4\\30&5&-9\end{bmatrix}\begin{bmatrix}1&-1&1\\0&1&-1\\-1&1&0\end{bmatrix}=\begin{bmatrix}-1&0&0\\0&-1&0\\0&-1&1\end{bmatrix}、$$

$$M^{25}=\begin{bmatrix}1&1&0\\1&1&1\\1&0&1\end{bmatrix}\begin{bmatrix}-6&-1&2\\7&2&-2\\-14&-2&5\end{bmatrix}\begin{bmatrix}1&-1&1\\0&1&-1\\-1&1&0\end{bmatrix}=\begin{bmatrix}-1&0&0\\0&0&-1\\0&1&0\end{bmatrix}、$$

$$M^{26}=\begin{bmatrix}1&1&0\\1&1&1\\1&0&1\end{bmatrix}\begin{bmatrix}-1&0&0\\-1&1&0\\7&0&1\end{bmatrix}\begin{bmatrix}1&-1&1\\0&1&-1\\-1&1&0\end{bmatrix}=\begin{bmatrix}-1&0&0\\0&1&-1\\0&0&-1\end{bmatrix}，$$

如果把 M^{2j} 對角矩陣化的結果寫成

$M^{2j}=\begin{bmatrix} M^{3j} & 0 \\ 0 & M^{4j} \end{bmatrix}$，其中 $j=1,2,3,4,5,6$，且 M^{3j} 為（1×1）的不可約矩陣表示；M^{4j} 為（2×2）的不可約矩陣表示。

則 $M^{21}=\begin{bmatrix} 1 & 0 & 0 \\ 0 & 1 & 0 \\ 0 & 0 & 1 \end{bmatrix}=M^{31}\oplus M^{41}\Rightarrow M^{31}=1$，$M^{41}=\begin{bmatrix} 1 & 0 \\ 0 & 1 \end{bmatrix}$，

$M^{22}=\begin{bmatrix} 1 & 0 & 0 \\ 0 & -1 & 1 \\ 0 & -1 & 0 \end{bmatrix}=M^{32}\oplus M^{42}\Rightarrow M^{32}=1$，$M^{42}=\begin{bmatrix} -1 & 1 \\ -1 & 0 \end{bmatrix}$

$M^{23}=\begin{bmatrix} 1 & 0 & 0 \\ 0 & 0 & -1 \\ 0 & 1 & -1 \end{bmatrix}=M^{33}\oplus M^{43}\Rightarrow M^{33}=1$，$M^{43}=\begin{bmatrix} 0 & -1 \\ 1 & -1 \end{bmatrix}$

$M^{24}=\begin{bmatrix} -1 & 0 & 0 \\ 0 & -1 & 0 \\ 0 & -1 & 1 \end{bmatrix}=M^{34}\oplus M^{44}\Rightarrow M^{34}=-1$，$M^{44}=\begin{bmatrix} -1 & 0 \\ -1 & 1 \end{bmatrix}$，

$M^{25}=\begin{bmatrix} -1 & 0 & 0 \\ 0 & 0 & -1 \\ 0 & 1 & 0 \end{bmatrix}=M^{35}\oplus M^{45}\Rightarrow M^{35}=-1$，$M^{45}=\begin{bmatrix} 0 & -1 \\ 1 & 0 \end{bmatrix}$，

$M^{26}=\begin{bmatrix} -1 & 0 & 0 \\ 0 & 1 & -1 \\ 0 & 0 & -1 \end{bmatrix}=M^{36}\oplus M^{46}\Rightarrow M^{36}=-1$，$M^{46}=\begin{bmatrix} 1 & -1 \\ 0 & -1 \end{bmatrix}$，

10. 如例 1.4 所述，一個正三角形是屬於 C_{3v} 群的，若已知其三維矩陣表示為

$\Gamma'(E)=\begin{bmatrix} 1 & 0 & 0 \\ 0 & 1 & 0 \\ 0 & 0 & 1 \end{bmatrix}$、$\Gamma'(C_3)=\begin{bmatrix} -7 & -1 & 2 \\ 5 & 2 & -2 \\ -19 & -2 & 5 \end{bmatrix}$、$\Gamma'(C_3^2)=\begin{bmatrix} 6 & 1 & -2 \\ 13 & 3 & -4 \\ 28 & 5 & -9 \end{bmatrix}$

$\Gamma'(\sigma_{v_a})=\begin{bmatrix} 7 & 1 & -2 \\ 12 & 3 & -4 \\ 30 & 5 & -9 \end{bmatrix}$、$\Gamma'(\sigma_{v_b})=\begin{bmatrix} -6 & -1 & 2 \\ 7 & 2 & -2 \\ -14 & -2 & 5 \end{bmatrix}$、$\Gamma'(\sigma_{v_c})=\begin{bmatrix} -1 & 0 & 0 \\ -1 & 1 & 0 \\ 7 & 0 & 1 \end{bmatrix}$

則

(1) 由 $S=\begin{bmatrix}0 & 1 & 0\\ 2 & 0 & 1\\ 1 & 3 & 1\end{bmatrix}$

則 $S^{-1}=\dfrac{1}{\begin{vmatrix}0 & 1 & 0\\ 2 & 0 & 1\\ 1 & 3 & 1\end{vmatrix}}\begin{bmatrix}\begin{vmatrix}0 & 1\\ 3 & 1\end{vmatrix} & -\begin{vmatrix}2 & 1\\ 1 & 1\end{vmatrix} & \begin{vmatrix}2 & 0\\ 1 & 3\end{vmatrix}\\ -\begin{vmatrix}1 & 9\\ 3 & 1\end{vmatrix} & \begin{vmatrix}0 & 0\\ 1 & 1\end{vmatrix} & -\begin{vmatrix}0 & 1\\ 1 & 3\end{vmatrix}\\ \begin{vmatrix}1 & 0\\ 0 & 1\end{vmatrix} & -\begin{vmatrix}0 & 0\\ 2 & 1\end{vmatrix} & \begin{vmatrix}0 & 1\\ 2 & 0\end{vmatrix}\end{bmatrix}^T$

$\Longrightarrow S^{-1}S=\begin{bmatrix}1 & 0 & 0\\ 0 & 1 & 0\\ 0 & 0 & 1\end{bmatrix}$，所以 S 為一么正矩陣。

(2) 相似轉換為 $\Gamma(R)=S^{-1}\Gamma'(R)S$

$\Gamma(E)=\begin{bmatrix}3 & 1 & -1\\ 1 & 0 & 0\\ -6 & -1 & 2\end{bmatrix}\begin{bmatrix}1 & 0 & 0\\ 0 & 1 & 0\\ 0 & 0 & 1\end{bmatrix}\begin{bmatrix}0 & 1 & 0\\ 2 & 0 & 1\\ 1 & 3 & 1\end{bmatrix}$

$=\begin{bmatrix}1 & 0 & 0\\ 0 & 1 & 0\\ 0 & 0 & 1\end{bmatrix}=[1]\oplus\begin{bmatrix}1 & 0\\ 0 & 1\end{bmatrix}$

$\Gamma(C_3)=\begin{bmatrix}3 & 1 & -1\\ 1 & 0 & 0\\ -6 & -1 & 2\end{bmatrix}\begin{bmatrix}-7 & -1 & 2\\ 5 & 2 & -2\\ -19 & -2 & 5\end{bmatrix}\begin{bmatrix}0 & 1 & 0\\ 2 & 0 & 1\\ 1 & 3 & 1\end{bmatrix}$

$=\begin{bmatrix}1 & 0 & 0\\ 0 & -1 & 1\\ 0 & -1 & 0\end{bmatrix}=[1]\oplus\begin{bmatrix}-1 & 1\\ -1 & 0\end{bmatrix}$

$\Gamma(C_3^2)=\begin{bmatrix}3 & 1 & -1\\ 1 & 0 & 0\\ -6 & -1 & 2\end{bmatrix}\begin{bmatrix}6 & 1 & -2\\ 13 & 3 & -4\\ 28 & 5 & -9\end{bmatrix}\begin{bmatrix}0 & 1 & 0\\ 2 & 0 & 1\\ 1 & 3 & 1\end{bmatrix}$

$$=\begin{bmatrix}1 & 0 & 0\\ 0 & 0 & -1\\ 0 & 1 & -1\end{bmatrix}=[1]\oplus\begin{bmatrix}0 & -1\\ 1 & -1\end{bmatrix}$$

$$\Gamma(\sigma_{v_a})=\begin{bmatrix}3 & 1 & -1\\ 1 & 0 & 0\\ -6 & -1 & 2\end{bmatrix}\begin{bmatrix}7 & 1 & -2\\ 12 & 3 & -4\\ 30 & 5 & -9\end{bmatrix}\begin{bmatrix}0 & 1 & 0\\ 2 & 0 & 1\\ 1 & 3 & 1\end{bmatrix}$$

$$=\begin{bmatrix}1 & 0 & 0\\ 0 & 1 & -1\\ 0 & 0 & -1\end{bmatrix}=[1]\oplus\begin{bmatrix}1 & -1\\ 0 & -1\end{bmatrix}$$

$$\Gamma(\sigma_{v_b})=\begin{bmatrix}3 & 1 & -1\\ 1 & 0 & 0\\ -6 & -1 & 2\end{bmatrix}\begin{bmatrix}-6 & -1 & 2\\ 7 & 2 & -2\\ -14 & -2 & 5\end{bmatrix}\begin{bmatrix}0 & 1 & 0\\ 2 & 0 & 1\\ 1 & 3 & 1\end{bmatrix}$$

$$=\begin{bmatrix}1 & 0 & 0\\ 0 & 0 & 1\\ 0 & 1 & 0\end{bmatrix}=[1]\oplus\begin{bmatrix}0 & 1\\ 1 & 0\end{bmatrix}$$

$$\Gamma(\sigma_{v_c})=\begin{bmatrix}3 & 1 & -1\\ 1 & 0 & 0\\ -6 & -1 & 2\end{bmatrix}\begin{bmatrix}-1 & 0 & 0\\ -1 & 1 & 0\\ 7 & 0 & 1\end{bmatrix}\begin{bmatrix}0 & 1 & 0\\ 2 & 0 & 1\\ 1 & 3 & 1\end{bmatrix}$$

$$=\begin{bmatrix}1 & 0 & 0\\ 0 & -1 & 0\\ 0 & -1 & 1\end{bmatrix}=[1]\oplus\begin{bmatrix}-1 & 0\\ -1 & 1\end{bmatrix}$$

(3) 由 (2) 的結果和（2.23）的表示得知，這些不可約表示是建立在夾角為 120° 的傾斜軸的基底選擇之上的。

11. (1) 由 $U=\begin{bmatrix}\frac{1}{\sqrt{3}} & \frac{-\sqrt{2}}{\sqrt{3}} & 0\\ \frac{1}{\sqrt{3}} & \frac{1}{\sqrt{6}} & \frac{-1}{\sqrt{2}}\\ \frac{1}{\sqrt{3}} & \frac{1}{\sqrt{6}} & \frac{1}{\sqrt{2}}\end{bmatrix}$，而 U^{-1} 為

$$U^{-1}=\frac{1}{\begin{vmatrix}\frac{1}{\sqrt{3}} & \frac{-\sqrt{2}}{\sqrt{3}} & 0\\ \frac{1}{\sqrt{3}} & \frac{1}{\sqrt{6}} & \frac{-1}{\sqrt{2}}\\ \frac{1}{\sqrt{3}} & \frac{1}{\sqrt{6}} & \frac{1}{\sqrt{2}}\end{vmatrix}}\begin{bmatrix}\begin{vmatrix}\frac{1}{\sqrt{6}} & \frac{-1}{\sqrt{2}}\\ \frac{1}{\sqrt{6}} & \frac{1}{\sqrt{2}}\end{vmatrix} & -\begin{vmatrix}\frac{1}{\sqrt{3}} & \frac{-1}{\sqrt{2}}\\ \frac{1}{\sqrt{3}} & \frac{1}{\sqrt{2}}\end{vmatrix} & \begin{vmatrix}\frac{1}{\sqrt{3}} & \frac{1}{\sqrt{6}}\\ \frac{1}{\sqrt{3}} & \frac{1}{\sqrt{6}}\end{vmatrix}\\ -\begin{vmatrix}\frac{-\sqrt{2}}{\sqrt{3}} & 0\\ \frac{1}{\sqrt{6}} & \frac{1}{\sqrt{2}}\end{vmatrix} & \begin{vmatrix}\frac{1}{\sqrt{3}} & 0\\ \frac{1}{\sqrt{3}} & \frac{1}{\sqrt{2}}\end{vmatrix} & -\begin{vmatrix}\frac{1}{\sqrt{3}} & \frac{-\sqrt{2}}{\sqrt{3}}\\ \frac{1}{\sqrt{3}} & \frac{1}{\sqrt{6}}\end{vmatrix}\\ \begin{vmatrix}\frac{-\sqrt{2}}{\sqrt{3}} & 0\\ \frac{1}{\sqrt{6}} & \frac{-1}{\sqrt{2}}\end{vmatrix} & -\begin{vmatrix}\frac{1}{\sqrt{3}} & 0\\ \frac{1}{\sqrt{3}} & \frac{-1}{\sqrt{2}}\end{vmatrix} & \begin{vmatrix}\frac{1}{\sqrt{3}} & \frac{-\sqrt{2}}{\sqrt{3}}\\ \frac{1}{\sqrt{3}} & \frac{1}{\sqrt{6}}\end{vmatrix}\end{bmatrix}^{T}$$

$$=\frac{1}{\left(\frac{1}{6}+\frac{1}{3}\right)-\left(\frac{-1}{3}+\frac{-1}{6}\right)}\begin{bmatrix}\frac{1}{\sqrt{3}} & \frac{1}{\sqrt{3}} & \frac{1}{\sqrt{3}}\\ \frac{-\sqrt{2}}{\sqrt{3}} & \frac{1}{\sqrt{6}} & \frac{1}{\sqrt{6}}\\ 0 & \frac{-1}{\sqrt{2}} & \frac{1}{\sqrt{2}}\end{bmatrix}$$

$$=\begin{bmatrix}\frac{1}{\sqrt{3}} & \frac{1}{\sqrt{3}} & \frac{1}{\sqrt{3}}\\ \frac{-\sqrt{2}}{\sqrt{3}} & \frac{1}{\sqrt{6}} & \frac{1}{\sqrt{6}}\\ 0 & \frac{-1}{\sqrt{2}} & \frac{1}{\sqrt{2}}\end{bmatrix}$$

且由 $U^{-1}U=\begin{bmatrix}\frac{1}{\sqrt{3}} & \frac{-\sqrt{2}}{\sqrt{3}} & 0\\ \frac{1}{\sqrt{3}} & \frac{1}{\sqrt{6}} & \frac{-1}{\sqrt{2}}\\ \frac{1}{\sqrt{3}} & \frac{1}{\sqrt{6}} & \frac{1}{\sqrt{2}}\end{bmatrix}\begin{bmatrix}\frac{1}{\sqrt{3}} & \frac{1}{\sqrt{3}} & \frac{1}{\sqrt{3}}\\ \frac{-\sqrt{2}}{\sqrt{3}} & \frac{1}{\sqrt{6}} & \frac{1}{\sqrt{6}}\\ 0 & \frac{-1}{\sqrt{2}} & \frac{1}{\sqrt{2}}\end{bmatrix}=\begin{bmatrix}1 & 0 & 0\\ 0 & 1 & 0\\ 0 & 0 & 1\end{bmatrix}$，

所以 U 式一個么正矩陣。

(2) $\Gamma'(E) = U^{-1}EU$

$$= \begin{bmatrix} \frac{1}{\sqrt{3}} & \frac{1}{\sqrt{3}} & \frac{1}{\sqrt{3}} \\ \frac{-\sqrt{2}}{\sqrt{3}} & \frac{1}{\sqrt{6}} & \frac{1}{\sqrt{6}} \\ 0 & \frac{-1}{\sqrt{2}} & \frac{1}{\sqrt{2}} \end{bmatrix} \begin{bmatrix} 1 & 0 & 0 \\ 0 & 1 & 0 \\ 0 & 0 & 1 \end{bmatrix} \begin{bmatrix} \frac{1}{\sqrt{3}} & \frac{-\sqrt{2}}{\sqrt{3}} & 0 \\ \frac{1}{\sqrt{3}} & \frac{1}{\sqrt{6}} & \frac{-1}{\sqrt{2}} \\ \frac{1}{\sqrt{3}} & \frac{1}{\sqrt{6}} & \frac{1}{\sqrt{2}} \end{bmatrix}$$

$$= \begin{bmatrix} \frac{1}{\sqrt{3}} & \frac{1}{\sqrt{3}} & \frac{1}{\sqrt{3}} \\ \frac{-\sqrt{2}}{\sqrt{3}} & \frac{1}{\sqrt{6}} & \frac{1}{\sqrt{6}} \\ 0 & \frac{-1}{\sqrt{2}} & \frac{1}{\sqrt{2}} \end{bmatrix} \begin{bmatrix} \frac{1}{\sqrt{3}} & \frac{-\sqrt{2}}{\sqrt{3}} & 0 \\ \frac{1}{\sqrt{3}} & \frac{1}{\sqrt{6}} & \frac{-1}{\sqrt{2}} \\ \frac{1}{\sqrt{3}} & \frac{1}{\sqrt{6}} & \frac{1}{\sqrt{2}} \end{bmatrix}$$

$$= \begin{bmatrix} 1 & 0 & 0 \\ 0 & 1 & 0 \\ 0 & 0 & 1 \end{bmatrix},$$

$\Gamma'(C_3) = U^{-1}C_3U$

$$= \begin{bmatrix} \frac{1}{\sqrt{3}} & \frac{1}{\sqrt{3}} & \frac{1}{\sqrt{3}} \\ \frac{-\sqrt{2}}{\sqrt{3}} & \frac{1}{\sqrt{6}} & \frac{1}{\sqrt{6}} \\ 0 & \frac{-1}{\sqrt{2}} & \frac{1}{\sqrt{2}} \end{bmatrix} \begin{bmatrix} 0 & 0 & 1 \\ 1 & 0 & 0 \\ 0 & 1 & 0 \end{bmatrix} \begin{bmatrix} \frac{1}{\sqrt{3}} & \frac{-\sqrt{2}}{\sqrt{3}} & 0 \\ \frac{1}{\sqrt{3}} & \frac{1}{\sqrt{6}} & \frac{-1}{\sqrt{2}} \\ \frac{1}{\sqrt{3}} & \frac{1}{\sqrt{6}} & \frac{1}{\sqrt{2}} \end{bmatrix}$$

$$= \begin{bmatrix} \frac{1}{\sqrt{3}} & \frac{1}{\sqrt{3}} & \frac{1}{\sqrt{3}} \\ \frac{-\sqrt{2}}{\sqrt{3}} & \frac{1}{\sqrt{6}} & \frac{1}{\sqrt{6}} \\ 0 & \frac{-1}{\sqrt{2}} & \frac{1}{\sqrt{2}} \end{bmatrix} \begin{bmatrix} \frac{1}{\sqrt{3}} & \frac{1}{\sqrt{6}} & \frac{1}{\sqrt{2}} \\ \frac{1}{\sqrt{3}} & \frac{-\sqrt{2}}{\sqrt{6}} & 0 \\ \frac{1}{\sqrt{3}} & \frac{1}{\sqrt{6}} & \frac{-1}{\sqrt{2}} \end{bmatrix}$$

$$=\begin{bmatrix}1 & 0 & 0\\ 0 & -\frac{1}{2} & -\frac{\sqrt{3}}{2}\\ 0 & \frac{\sqrt{3}}{2} & -\frac{1}{2}\end{bmatrix},$$

$$\Gamma'(C_3^2)=U^{-1}C_3^2U$$

$$=\begin{bmatrix}\frac{1}{\sqrt{3}} & \frac{1}{\sqrt{3}} & \frac{1}{\sqrt{3}}\\ \frac{-\sqrt{2}}{\sqrt{3}} & \frac{1}{\sqrt{6}} & \frac{1}{\sqrt{6}}\\ 0 & \frac{-1}{\sqrt{2}} & \frac{1}{\sqrt{2}}\end{bmatrix}\begin{bmatrix}0 & 1 & 0\\ 0 & 0 & 1\\ 1 & 0 & 0\end{bmatrix}\begin{bmatrix}\frac{1}{\sqrt{3}} & \frac{-\sqrt{2}}{\sqrt{3}} & 0\\ \frac{1}{\sqrt{3}} & \frac{1}{\sqrt{6}} & \frac{-1}{\sqrt{2}}\\ \frac{1}{\sqrt{3}} & \frac{1}{\sqrt{6}} & \frac{1}{\sqrt{2}}\end{bmatrix}$$

$$=\begin{bmatrix}\frac{1}{\sqrt{3}} & \frac{1}{\sqrt{3}} & \frac{1}{\sqrt{3}}\\ \frac{-\sqrt{2}}{\sqrt{3}} & \frac{1}{\sqrt{6}} & \frac{1}{\sqrt{6}}\\ 0 & \frac{-1}{\sqrt{2}} & \frac{1}{\sqrt{2}}\end{bmatrix}\begin{bmatrix}\frac{1}{\sqrt{3}} & \frac{1}{\sqrt{6}} & \frac{-1}{\sqrt{2}}\\ \frac{1}{\sqrt{3}} & \frac{1}{\sqrt{6}} & \frac{1}{\sqrt{2}}\\ \frac{1}{\sqrt{3}} & \frac{-\sqrt{2}}{\sqrt{3}} & 0\end{bmatrix}$$

$$=\begin{bmatrix}1 & 0 & 0\\ 0 & -\frac{1}{2} & \frac{\sqrt{3}}{2}\\ 0 & \frac{-\sqrt{3}}{2} & -\frac{1}{2}\end{bmatrix},$$

$$\Gamma'(\sigma_{v_1})=U^{-1}\sigma_{v_1}U$$

$$
=\begin{bmatrix} \frac{1}{\sqrt{3}} & \frac{1}{\sqrt{3}} & \frac{1}{\sqrt{3}} \\ \frac{-\sqrt{2}}{\sqrt{3}} & \frac{1}{\sqrt{6}} & \frac{1}{\sqrt{6}} \\ 0 & \frac{-1}{\sqrt{2}} & \frac{1}{\sqrt{2}} \end{bmatrix}\begin{bmatrix} 1 & 0 & 0 \\ 0 & 0 & 1 \\ 0 & 1 & 0 \end{bmatrix}\begin{bmatrix} \frac{1}{\sqrt{3}} & \frac{-\sqrt{2}}{\sqrt{3}} & 0 \\ \frac{1}{\sqrt{3}} & \frac{1}{\sqrt{6}} & \frac{-1}{\sqrt{2}} \\ \frac{1}{\sqrt{3}} & \frac{1}{\sqrt{6}} & \frac{1}{\sqrt{2}} \end{bmatrix}
$$

$$
=\begin{bmatrix} \frac{1}{\sqrt{3}} & \frac{1}{\sqrt{3}} & \frac{1}{\sqrt{3}} \\ \frac{-\sqrt{2}}{\sqrt{3}} & \frac{1}{\sqrt{6}} & \frac{1}{\sqrt{6}} \\ 0 & \frac{-1}{\sqrt{2}} & \frac{1}{\sqrt{2}} \end{bmatrix}\begin{bmatrix} \frac{1}{\sqrt{3}} & \frac{-\sqrt{2}}{\sqrt{3}} & 0 \\ \frac{1}{\sqrt{3}} & \frac{1}{\sqrt{6}} & \frac{1}{\sqrt{2}} \\ \frac{1}{\sqrt{3}} & \frac{1}{\sqrt{6}} & \frac{-1}{\sqrt{2}} \end{bmatrix}
$$

$$
=\begin{bmatrix} 1 & 0 & 0 \\ 0 & 1 & 0 \\ 0 & 0 & -1 \end{bmatrix},
$$

$$
\Gamma'(\sigma_{v_2}) = U^{-1}\sigma_{v_2}U
$$

$$
=\begin{bmatrix} \frac{1}{\sqrt{3}} & \frac{1}{\sqrt{3}} & \frac{1}{\sqrt{3}} \\ \frac{-\sqrt{2}}{\sqrt{3}} & \frac{1}{\sqrt{6}} & \frac{1}{\sqrt{6}} \\ 0 & \frac{-1}{\sqrt{2}} & \frac{1}{\sqrt{2}} \end{bmatrix}\begin{bmatrix} 0 & 0 & 1 \\ 0 & 1 & 0 \\ 1 & 0 & 1 \end{bmatrix}\begin{bmatrix} \frac{1}{\sqrt{3}} & \frac{-\sqrt{2}}{\sqrt{3}} & 0 \\ \frac{1}{\sqrt{3}} & \frac{1}{\sqrt{6}} & \frac{-1}{\sqrt{2}} \\ \frac{1}{\sqrt{3}} & \frac{1}{\sqrt{6}} & \frac{1}{\sqrt{2}} \end{bmatrix}
$$

$$
=\begin{bmatrix} \frac{1}{\sqrt{3}} & \frac{1}{\sqrt{3}} & \frac{1}{\sqrt{3}} \\ \frac{-\sqrt{2}}{\sqrt{3}} & \frac{1}{\sqrt{6}} & \frac{1}{\sqrt{6}} \\ 0 & \frac{-1}{\sqrt{2}} & \frac{1}{\sqrt{2}} \end{bmatrix}\begin{bmatrix} \frac{1}{\sqrt{3}} & \frac{1}{\sqrt{6}} & \frac{1}{\sqrt{2}} \\ \frac{1}{\sqrt{3}} & \frac{1}{\sqrt{6}} & \frac{-1}{\sqrt{2}} \\ \frac{1}{\sqrt{3}} & \frac{-\sqrt{2}}{\sqrt{3}} & 0 \end{bmatrix}
$$

$$=\begin{bmatrix}1 & 0 & 0\\ 0 & -\frac{1}{2} & -\frac{\sqrt{3}}{2}\\ 0 & -\frac{\sqrt{3}}{2} & \frac{1}{2}\end{bmatrix},$$

$$\Gamma'(\sigma_{v_3})=U^{-1}\sigma_{v_3}U$$

$$=\begin{bmatrix}\frac{1}{\sqrt{3}} & \frac{1}{\sqrt{3}} & \frac{1}{\sqrt{3}}\\ \frac{-\sqrt{2}}{\sqrt{3}} & \frac{1}{\sqrt{6}} & \frac{1}{\sqrt{6}}\\ 0 & \frac{-1}{\sqrt{2}} & \frac{1}{\sqrt{2}}\end{bmatrix}\begin{bmatrix}0 & 1 & 0\\ 1 & 0 & 0\\ 0 & 0 & 1\end{bmatrix}\begin{bmatrix}\frac{1}{\sqrt{3}} & \frac{-\sqrt{2}}{\sqrt{3}} & 0\\ \frac{1}{\sqrt{3}} & \frac{1}{\sqrt{6}} & \frac{-1}{\sqrt{2}}\\ \frac{1}{\sqrt{3}} & \frac{1}{\sqrt{6}} & \frac{1}{\sqrt{2}}\end{bmatrix}$$

$$=\begin{bmatrix}\frac{1}{\sqrt{3}} & \frac{1}{\sqrt{3}} & \frac{1}{\sqrt{3}}\\ \frac{-\sqrt{2}}{\sqrt{3}} & \frac{1}{\sqrt{6}} & \frac{1}{\sqrt{6}}\\ 0 & \frac{-1}{\sqrt{2}} & \frac{1}{\sqrt{2}}\end{bmatrix}\begin{bmatrix}\frac{1}{\sqrt{3}} & \frac{1}{\sqrt{6}} & \frac{-1}{\sqrt{2}}\\ \frac{1}{\sqrt{3}} & \frac{-\sqrt{2}}{\sqrt{3}} & 0\\ \frac{1}{\sqrt{3}} & \frac{1}{\sqrt{6}} & \frac{1}{\sqrt{2}}\end{bmatrix}$$

$$=\begin{bmatrix}1 & 0 & 0\\ 0 & -\frac{1}{2} & \frac{\sqrt{3}}{2}\\ 0 & \frac{\sqrt{3}}{2} & \frac{1}{2}\end{bmatrix}。$$

於是我們可以用**么正矩陣** U 把表 2.3 的**可約表示**作**相似轉換**，結果和表 2.4 相同。

第三章

1. 我們選取點群 C_{4v} 的 Γ_1 和 Γ_5 不可約矩陣表示來檢驗廣義正交理論的 3 個關係

C_{4v}	E	C_{2z}	C_{4z}^{+}	C_{4z}^{-}	σ_{v_x}	σ_{v_y}	σ_{13}	σ_{24}
Γ_1	$\boxed{1}$	$\boxed{1}$	$\boxed{1}$	$\boxed{1}$	$\boxed{1}$	$\boxed{1}$	$\boxed{1}$	$\boxed{1}$
Γ_5	$\begin{bmatrix}1 & 0\\ 0 & 1\end{bmatrix}$	$\begin{bmatrix}-1 & 0\\ 0 & -1\end{bmatrix}$	$\begin{bmatrix}0 & -1\\ 1 & 0\end{bmatrix}$	$\begin{bmatrix}0 & 1\\ -1 & 0\end{bmatrix}$	$\begin{bmatrix}1 & 0\\ 0 & -1\end{bmatrix}$	$\begin{bmatrix}-1 & 0\\ 0 & 1\end{bmatrix}$	$\begin{bmatrix}0 & 1\\ 1 & 0\end{bmatrix}$	$\begin{bmatrix}0 & -1\\ -1 & 0\end{bmatrix}$

若以 $\boxed{a}$ 標示 Γ_1 不可約矩陣表示；以 $\begin{bmatrix}b & c\\ d & f\end{bmatrix}$ 標示 Γ_5 不可約矩陣表示，則

廣義正交理論的（3.3）關係如下：

$\boxed{a}b$：$1\times1+1\times(-1)+1\times0+1\times0+1\times1+1\times(-1)+1\times0+1\times0=0$

$\boxed{a}c$：$1\times0+1\times0+1\times(-1)+1\times1+1\times0+1\times0+1\times1+1\times(-1)=0$

$\boxed{a}d$：$1\times0+1\times0+1\times1+1\times(-1)+1\times0+1\times0+1\times1+1\times(-1)=0$

$\boxed{a}f$：$1\times1+1\times(-1)+1\times0+1\times0+1\times(-1)+1\times1+1\times0+1\times0=0$

廣義正交理論的（3.4）關係如下：

$b\,c$：$1\times0+(-1)\times0+0\times(-1)+0\times1+1\times0+(-1)\times0+0\times1+0\times(-1)=0$

$b\,d$：$1\times0+(-1)\times0+0\times1+0\times(-1)+1\times0+(-1)\times0+0\times1+0\times(-1)=0$

$b\,f$：$1\times1+(-1)\times(-1)+0\times0+0\times0+1\times(-1)+(-1)\times1+0\times0+0\times0=0$

$c\,d$：$0\times0+0\times0+(-1)\times1+1\times(-1)+0\times0+0\times0+1\times1+(-1)\times(-1)=0$

$c\,f$：$0\times1+0\times(-1)+(-1)\times0+1\times0+0\times(-1)+0\times1+1\times0+$

$(-1)\times 0=0$

$\tilde{d}\ \not{f}$：$0\times 1+0\times(-1)+1\times 0+(-1)\times 0+0\times(-1)+0\times 1+1\times 0+(-1)\times 0=0$

廣義正交理論的（3.5）關係如下：

$\boxed{a}\ \boxed{a}$：$1\times 1+1\times 1+1\times 1+1\times 1+1\times 1+1\times 1+1\times 1+1\times 1=\frac{8}{1}=8$

$\not{b}\ \not{b}$：$1\times 1+(-1)\times(-1)+0\times 0+0\times 0+1\times 1+(-1)\times(-1)+0\times 0+0\times 0=\frac{8}{2}=4$

$\not{c}\ \not{c}$：$0\times 0+0\times 0+(-1)\times(-1)+1\times 1+0\times 0+0\times 0+1\times 1+(-1)\times(-1)=\frac{8}{2}=4$

$\tilde{d}\ \tilde{d}$：$0\times 0+0\times 0+1\times 1+(-1)\times(-1)+0\times 0+0\times 0+1\times 1+(-1)\times(-1)=\frac{8}{2}=4$

$\not{f}\ \not{f}$：$1\times 1+(-1)\times(-1)+0\times 0+0\times 0+(-1)\times(-1)+1\times 1+0\times 0+0\times 0=\frac{8}{2}=4$

2. 因為等邊三角形屬於 C_{3v} **群**，所以我們將一個等邊三角形置於直角座標系，如下圖所示：

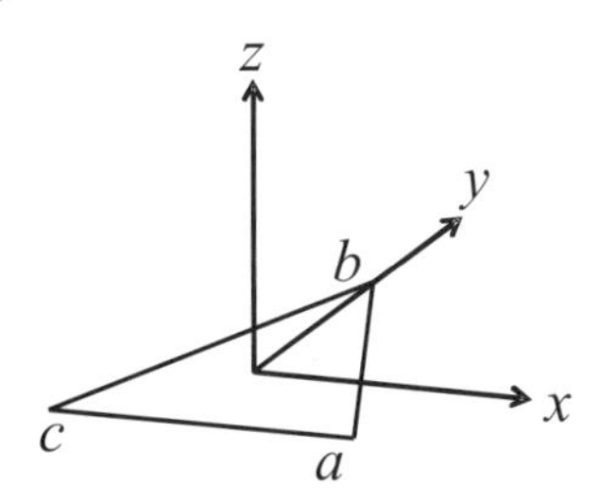

並定義 $\sigma_v \triangleq \sigma_{yz}$ 及 $C_3 \triangleq C_{3z}$，則

(1) Γ_1 表示

$EZ=Z'=1Z=Z \Longrightarrow \Gamma_1(E)=1$

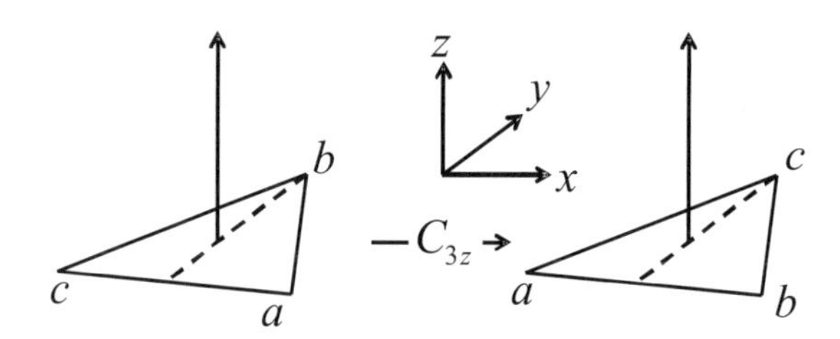

如上圖所示，則 $C_3Z = Z' = 1Z = Z \Longrightarrow \Gamma_1(C_3) = 1$

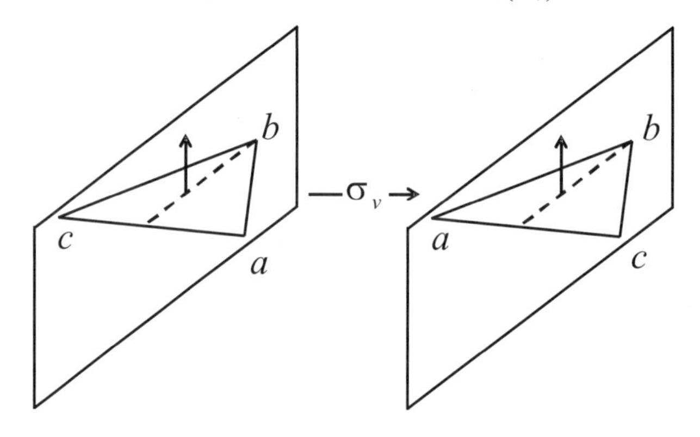

如上圖所示，則 $\sigma_v Z = Z' = 1Z = Z \Longrightarrow \Gamma_1(\sigma_v) = 1$

(2) Γ_2 表示

$ER_z = R_z' = 1R_z \Longrightarrow \Gamma_2(E) = 1$

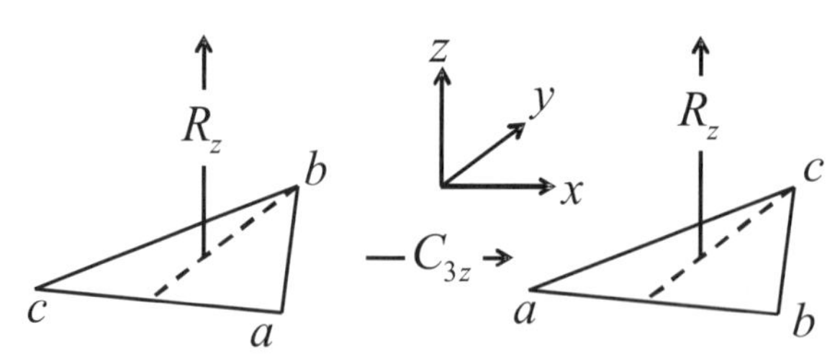

如上圖所示，則 $C_3R_z = R_z' = 1R_z \Longrightarrow \Gamma_2(C_3) = 1$

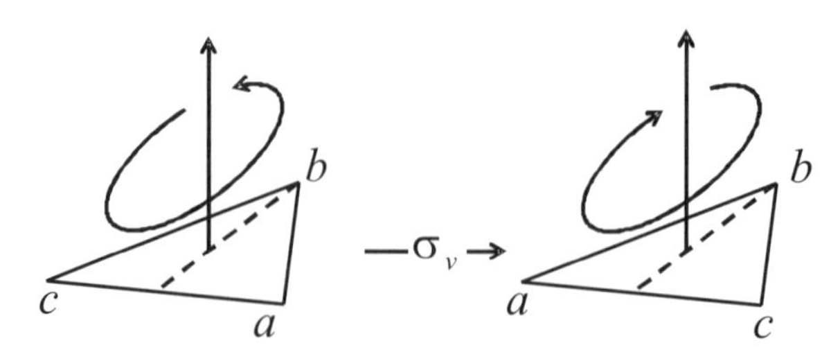

如上圖所示，則 $\sigma_v R_z = R'_z = -R_z \Longrightarrow \Gamma_2(\sigma_v) = -1$

(3) Γ_3 表示

$$E\begin{bmatrix} x \\ y \end{bmatrix} = \begin{bmatrix} x' \\ y' \end{bmatrix} = \begin{bmatrix} 1 & 0 \\ 0 & 1 \end{bmatrix}\begin{bmatrix} x \\ y \end{bmatrix} \Longrightarrow \Gamma_3(E) = 2$$

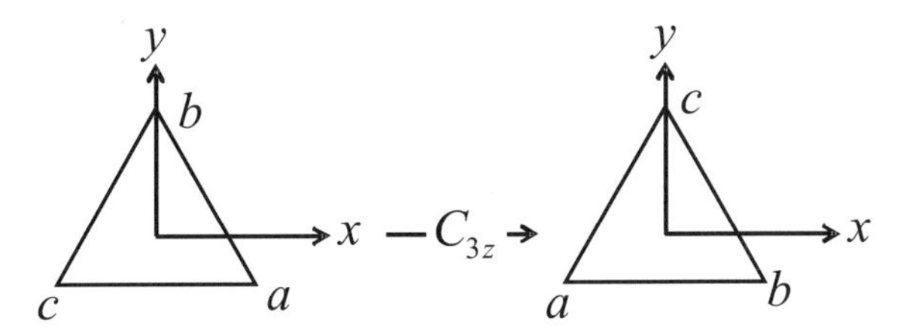

如上圖所示，則 $C_3\begin{bmatrix} x \\ y \end{bmatrix} = \begin{bmatrix} x' \\ y' \end{bmatrix} = \begin{bmatrix} \frac{-1}{2} & \frac{\sqrt{3}}{2} \\ \frac{-\sqrt{3}}{2} & \frac{-1}{2} \end{bmatrix}\begin{bmatrix} x \\ y \end{bmatrix} \Longrightarrow \Gamma_3(C_3) = -1$

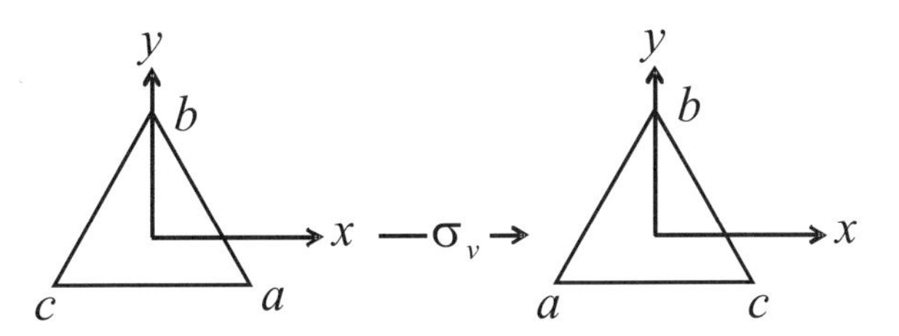

如上圖所示，則 $\sigma_v\begin{bmatrix} x \\ y \end{bmatrix} = \begin{bmatrix} x' \\ y' \end{bmatrix} = \begin{bmatrix} 1 & 0 \\ 0 & -1 \end{bmatrix}\begin{bmatrix} x \\ y \end{bmatrix} \Longrightarrow \Gamma_3(\sigma_v) = 0$

或

$$E\begin{bmatrix} R_x \\ R_y \end{bmatrix} = \begin{bmatrix} R'_x \\ R'_y \end{bmatrix} = \begin{bmatrix} 1 & 0 \\ 0 & -1 \end{bmatrix}\begin{bmatrix} R_x \\ R_y \end{bmatrix} \Longrightarrow \Gamma_3(E) = 2$$

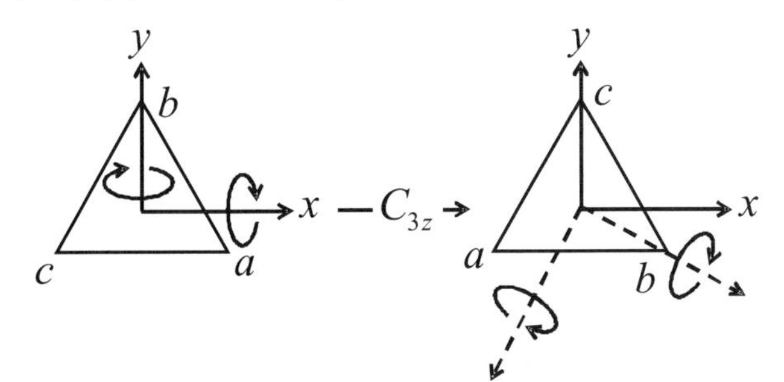

如上圖所示，則 $C_3\begin{bmatrix} R_x \\ R_y \end{bmatrix} = \begin{bmatrix} R'_x \\ R'_y \end{bmatrix} = \begin{bmatrix} \frac{-1}{2} & \frac{\sqrt{3}}{2} \\ \frac{-\sqrt{3}}{2} & \frac{-1}{2} \end{bmatrix}\begin{bmatrix} R_x \\ R_y \end{bmatrix}$

$$\Rightarrow \Gamma_3(C_3) = -1$$

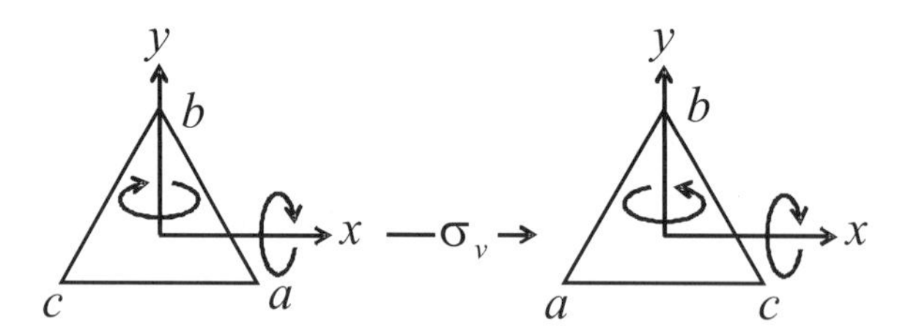

如上圖所示，則 $\sigma_v\begin{bmatrix} R_x \\ R_y \end{bmatrix} = \begin{bmatrix} R'_x \\ R'_y \end{bmatrix} = \begin{bmatrix} 1 & 0 \\ 0 & -1 \end{bmatrix}\begin{bmatrix} R_x \\ R_y \end{bmatrix} \Rightarrow \Gamma_3(\sigma_v) = 0$

綜合 (1)、(2)、(3) 可得 C_{3v} 群的特徵值表為：

C_v	E	$2C_3$	$3\sigma_v$	基函數
Γ_1	1	1	1	z
Γ_2	1	1	−1	R_z
Γ_3	2	−1	0	(x, y)，(R_x, R_y)

3. 由表 3.3 的 D_4 點群的特徵值表

D_4	E	C_{2z}	$C_{4z}^{\pm}$	C_{2x}, C_{2y}	C_{2a}, C_{2b}
A_1	1	1	1	1	1
A_2	1	1	1	−1	−1
B_1	1	1	−1	1	−1
B_2	1	1	−1	−1	1
E	2	−2	0	0	0

可以把可約表示分解成不可約表示：

(1) 假設 $\Gamma_1 = a_1A_1 + a_2A_2 + a_3B_1 + a_4B_2 + a_5E$

則 $a_1 = \frac{1}{8}\ [3\times1\times1 + (-1)\times1\times1 + (-1)\times1\times2 + 1\times1\times2 + (-1)\times1\times2] = 0$

$a_2 = \frac{1}{8}$ $[3\times1\times1 + (-1)\times1\times1 + (-1)\times1\times2 + 1\times(-1)\times2 + (-1)\times(-1)\times2] = 0$

$a_3 = \frac{1}{8}$ $[3\times1\times1 + (-1)\times1\times1 + (-1)\times(-1)\times2 + 1\times1\times2 + (-1)\times(-1)\times2] = 1$

$a_4 = \frac{1}{8}$ $[3\times1\times1 + (-1)\times1\times1 + (-1)\times(-1)\times2 + 1\times(-1)\times2 + (-1)\times1\times2] = 0$

$a_5 = \frac{1}{8}$ $[3\times1\times1 + (-1)\times(-2)\times1 + (-1)\times0\times2 + 1\times0\times2 + (-1)\times0\times2] = 1$

所以 $\Gamma_1 = B_1 + E$

(2) 假設 $\Gamma_2 = a_1A_1 + a_2A_2 + a_3B_1 + a_4B_2 + a_5E$

則 $a_1 = \frac{1}{8}[2\times1\times1 + 2\times1\times1 + 2\times1\times2 + 0\times1\times2 + 0\times1\times2] = 1$

$a_2 = \frac{1}{8}[2\times1\times1 + 2\times1\times1 + 2\times1\times2 + 0\times(-1)\times2 + 0\times(-1)\times2] = 1$

$a_3 = \frac{1}{8}[2\times1\times1 + 2\times1\times1 + 2\times(-1)\times2 + 0\times1\times2 + 0\times(-1)\times2] = 0$

$a_4 = \frac{1}{8}[2\times1\times1 + 2\times1\times1 + 2\times(-1)\times2 + 0\times(-1)\times2 + 0\times1\times2] = 0$

$a_5 = \frac{1}{8}[2\times2\times1 + 2\times(-2)\times1 + 2\times0\times2 + 0\times0\times2 + 0\times0\times2] = 0$

所以 $\Gamma_2 = A_1 + A_2$

(3) 假設 $\Gamma_3 = a_1A_1 + a_2A_2 + a_3B_1 + a_4B_2 + a_5E$

則 $a_1 = \frac{1}{8}[8\times1\times1 + 0\times1\times1 + 0\times1\times2 + 0\times1\times2 + 0\times1\times2] = 1$

$a_2=\frac{1}{8}[8\times1\times1+0\times1\times1+0\times1\times2+0\times(-1)\times2+0\times(-1)$

$\times2]=1$

$a_3=\frac{1}{8}[8\times1\times1+0\times1\times1+0\times(-1)\times2+0\times1\times2+0\times(-1)$

$\times2]=1$

$a_4=\frac{1}{8}[8\times1\times1+0\times1\times1+0\times(-1)\times2+0\times(-1)\times2+0\times1$

$\times2]=1$

$a_5=\frac{1}{8}[8\times2\times1+0\times(-2)\times1+0\times0\times2+0\times0\times2+0\times0\times$

$2]=2$

所以 $\Gamma_3=A_1+A_2+B_1+B_2+2E$

(4) 假設 $\Gamma_4=a_1A_1+a_2A_2+a_3B_1+a_4B_2+a_5E$

則 $a_1=\frac{1}{8}[4\times1\times1+0\times1\times1+(-2)\times1\times2+(-2)\times1\times2+2\times1$

$\times2]=0$

$a_2=\frac{1}{8}[4\times1\times1+0\times1\times1+(-2)\times1\times2+(-2)\times(-1)\times2+2$

$\times(-1)\times2]=0$

$a_3=\frac{1}{8}[4\times1\times1+0\times1\times1+(-2)\times(-1)\times2+(-2)\times1\times2+2$

$\times(-1)\times2]=0$

$a_4=\frac{1}{8}[4\times1\times1+0\times1\times1+(-2)\times(-1)\times2+(-2)\times(-1)\times2$

$+2\times1\times2]=2$

$a_5=\frac{1}{8}[4\times2\times1+0\times(-2)\times1+(-2)\times0\times2+(-2)\times0\times2+2$

$\times0\times2]=1$

所以 $\Gamma_4=2B_2+E$

4. 點群 C_i 的特徵值表為：

C_i	E	I
Γ_1	1	1
Γ_2	1	−1

點群 D_3 的特徵值表為：

D_3	E	$C_3^{\pm}$	C'_{2i}
Γ_1	1	1	1
Γ_2	1	1	−1
Γ_3	2	−1	0

由 $D_{3d} = C_i \otimes D_3$ 可得：

D_{3d}	E	$C_3^{\pm}$	C'_{2i}	I	$IC_3^{\pm}$	IC'_{2i}
Γ_1	1	1	1	1	1	1
Γ_2	1	1	−1	1	1	−1
Γ_3	2	−1	0	2	−1	0
Γ_4	1	1	1	−1	−1	−1
Γ_5	1	1	−1	−1	−1	1
Γ_6	2	−1	0	−2	1	0

5. (1) 由 $E\psi_1 = \phi_1 + \phi_2 + \phi_3 = \psi_1 \Longrightarrow \chi(\Gamma_1^E) = 1$；

$C_3^+\psi_1 = \phi_2 + \phi_3 + \phi_1 = \psi_1 \Longrightarrow \chi(\Gamma_1^{C_3^+}) = 1$；

$C_3^-\psi_1 = \phi_3 + \phi_1 + \phi_2 = \psi_1 \Longrightarrow \chi(\Gamma_1^{C_3^-}) = 1$；

$\sigma_{v_1}\psi_1 = \phi_1 + \phi_3 + \phi_2 = \psi_1 \Longrightarrow \chi(\Gamma_1^{\sigma_{v_1}}) = 1$；

$\sigma_{v_2}\psi_1 = \phi_3 + \phi_2 + \phi_1 = \psi_1 \Longrightarrow \chi(\Gamma_1^{\sigma_{v_2}}) = 1$；

$\sigma_{v_3}\psi_1 = \phi_2 + \phi_1 + \phi_3 = \psi_1 \Longrightarrow \chi(\Gamma_1^{\sigma_{v_3}}) = 1$，

所以 ψ_1 可以滿足 Γ_1 表示。

由 $E\psi_2 = \phi_2 - \phi_3 = \psi_2$；

$E\psi_3 = 2\phi_1 - \phi_2 - \phi_3 = \psi_3$，

$$\Longrightarrow \mathrm{E}\langle \psi_2, \psi_3 | = \langle \psi_2, \psi_3 | \begin{bmatrix} 1 & 0 \\ 0 & 1 \end{bmatrix},$$

$\Longrightarrow \chi(\Gamma_3^E) = 2$。

$C_3^+\psi_2 = \phi_3 - \phi_1 = -\frac{1}{2}\psi_2 - \frac{1}{2}\psi_3$；

$$C_3^+\psi_3 = 2\phi_2 - \phi_3 - \phi_1 = \frac{3}{2}(\phi_2 - \phi_3) - \frac{1}{2}(2\phi_1 - \phi_2 - \phi_3)$$

$$= \frac{3}{2}\psi_2 - \frac{1}{2}\psi_3 \ ,$$

$$\Rightarrow C_3^+ \langle \psi_2, \psi_3 | = \langle \psi_2, \psi_3 | \begin{bmatrix} -\frac{1}{2} & \frac{3}{2} \\ -\frac{1}{2} & -\frac{1}{2} \end{bmatrix},$$

$$\Rightarrow \chi(\Gamma_3^{C_3^+}) = -1 \ 。$$

$$C_3^-\psi_2 = \phi_1 - \phi_2 = -\frac{1}{2}\psi_2 + \frac{1}{2}\psi_3 \ ;$$

$$C_3^-\psi_3 = 2\phi_3 - \phi_1 - \phi_2 = -\frac{3}{2}\psi_2 - \frac{1}{2}\psi_3 \ ,$$

$$\Rightarrow C_3^- \langle \psi_2, \psi_3 | = \langle \psi_2, \psi_3 | \begin{bmatrix} -\frac{1}{2} & -\frac{3}{2} \\ \frac{1}{2} & -\frac{1}{2} \end{bmatrix},$$

$$\Rightarrow \chi(\Gamma_3^{C_3^-}) = -1 \ 。$$

$$\sigma_{v_1}\psi_2 = \phi_3 - \phi_2 = -\psi_2 \ ;$$

$$\sigma_{v_1}\psi_3 = 2\phi_1 - \phi_3 - \phi_2 = \psi_3 \ ,$$

$$\Rightarrow \sigma_{v_1} \langle \psi_2, \psi_3 | = \langle \psi_2, \psi_3 | \begin{bmatrix} -1 & 0 \\ 0 & 1 \end{bmatrix},$$

$$\Rightarrow \chi(\Gamma_3^{\sigma_{v_1}}) = 0 \ 。$$

$$\sigma_{v_2}\psi_2 = \phi_2 - \phi_1 = \frac{1}{2}\psi_2 - \frac{1}{2}\psi_3 \ ;$$

$$\sigma_{v_2}\psi_2 = 2\phi_3 - \phi_2 - \phi_1 = -\frac{3}{2}\psi_2 - \frac{1}{2}\psi_3 \ ,$$

$$\Rightarrow \sigma_{v_2} \langle \psi_2, \psi_3 | = \langle \psi_2, \psi_3 | \begin{bmatrix} \frac{1}{2} & -\frac{3}{2} \\ -\frac{1}{2} & -\frac{1}{2} \end{bmatrix},$$

$$\Rightarrow \chi(\Gamma_3^{\sigma_{v_2}}) = 0 \ 。$$

$$\sigma_{v_3}\psi_2 = \phi_1 - \phi_3 = \frac{1}{2}\psi_2 + \frac{1}{2}\psi_3 \ ;$$

$$\sigma_{v_3}\psi_3 = 2\phi_2 - \phi_1 - \phi_3 = \frac{3}{2}\psi_2 - \frac{1}{2}\psi_3 ,$$

$$\Longrightarrow \sigma_{v_3}\langle \psi_2, \psi_3 | = \langle \psi_2, \psi_3 | \begin{bmatrix} \frac{1}{2} & \frac{3}{2} \\ \frac{1}{2} & -\frac{1}{2} \end{bmatrix},$$

$$\Longrightarrow \chi(\Gamma_3^{\sigma_{v_3}}) = 0。$$

所以 (ψ_2, ψ_3) 可以滿足 Γ_3 表示。

(2) $\langle \psi_1|\psi_2 \rangle = \langle \phi_1 + \phi_2 + \phi_3|\phi_1 - \phi_1 \rangle$

$= \langle \phi_1|\phi_2 \rangle - \langle \phi_1|\phi_3 \rangle + \langle \phi_2|\phi_2 \rangle - \langle \phi_2|\phi_3 \rangle +$

$\langle \phi_3|\phi_2 \rangle - \langle \phi_3|\phi_3 \rangle$

由 ϕ_1、ϕ_2、ϕ_3 的 C_{3v} 對稱，

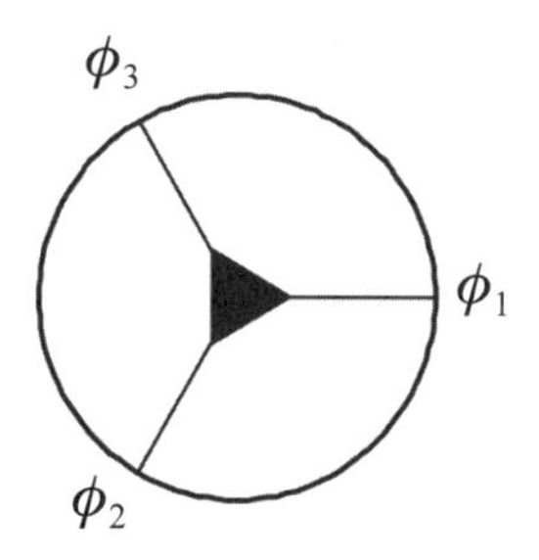

所以 $\langle \phi_1|\phi_2 \rangle = \langle \phi_1|\phi_3 \rangle$，$\langle \phi_2|\phi_2 \rangle = \langle \phi_3|\phi_3 \rangle$，$\langle \phi_2|\phi_3 \rangle = \langle \phi_3|\phi_2 \rangle$，

則 $\langle \phi_1|\phi_2 \rangle = 0$，即 ψ_1 和 ψ_2 是互相正交的。

6. 因為**同構群**有相同的**特徵值表**，所以我們可以藉由**同構群**的關係，找出 32 個**點群**的**特徵值表**。若以「≅」代表**同構**，則
$S_{2n} \cong C_{2n}$、$C_{2h} \cong D_2$、$T_d \cong O$、$D_{nh} \cong D_{4n}$
且由 $C_6 \cong C_3 \otimes C_2$、$C_{nh} \cong C_n \otimes C_2$、$D_{nh} \cong D_n \otimes C_2$、$D_{2n+1,d} \cong D_{2n+1} \otimes C_2$、$T_h = T \otimes C_2$、$O_h = O \otimes C_2$、$D_2 = C_2 \otimes C_2$、$D_6 = D_3 \otimes C_2$
所以只要找出 7 個**點群**的**特徵值表**，即 C_2、C_3、C_4、D_3、D_4、T、O，就可以推導出整個 32 個**點群**的**特徵值表**。
基本上，我們可以藉由以下所列相似的步驟與原則來找出這 7 個**點**

群的特徵值表。

(1) 由每個點群的生成元素和操作關係：

	階數	生成元素	操作關係
C_2	2	g	$g^2=e$
C_3	3	g	$g^3=e$
C_4	4	g	$g^4=e$
D_3	6	g, h	$g^3=h^2=e, hghg=e$
D_4	8	g, h	$g^4=h^2=e, ghgh=e$
T	12	g, h	$g^3=h^2=e, ghgh=hg^2$
O	24	g, h	$g^4=h^3=e, ghg=hg^2h, gh^2g=h$

對元素作分類。

2. 一維不可約表示的特徵值可以由分類的結果找出；再由廣義正交理論求出二維、三維不可約表示的特徵值。

3. O 群的部分三維不可約表示的特徵值可以直接引用 T 群的三維不可約表示的特徵值。

◎ C_2 群

C_2 群的生成元素為 g，C_2 群的群乘表為

C_2	$e=g^2$	g
$e=g^2$	e	g
g	g	e

現在開始分類，由 $e^{-1}ee=e$、$g^{-1}eg=e$，所以 $E=\{e\}$ 自成一類，所以這 2 個元素可分成二類 $E=\{e\}$，$C_{2z}=\{g\}$。

由 $g^2=e$，則 $g=e^{i2\pi n/2}$，其中 $n=0,1$，即 $g=\pm 1$。

所以 C_2 群的特徵值表為

C_2	E	C_{2z}
Γ_1	1	1
Γ_2	1	-1

◎ C_3 群

C_3 群的生成元素為 g，C_3 群的群乘表為

C_3	$e=g^3$	g	g^2
$e=g^3$	e	g	g^2
g	g	g^2	e
g^2	g^2	e	g

現在開始分類，由 $e^{-1}ee=e$、$g^{-1}eg=e$、$(g^2)^{-1}eg^2=e$，所以自 $E=\{e\}$ 成一類，由 $e^{-1}ge=g$、$g^{-1}gg=g$、$(g^2)^{-1}gg^2=g$，所以 $C_3^+=\{g\}$，即這 3 個元素可分成三類 $E=\{e\}$，$C_3^+=\{g\}$，$C_3^-=\{g^2\}$。

由 $g^3=e$，則 $g=e^{i2\pi n/3}$，其中 $n=0, 1, 2$，即 $g=1, e^{i2\pi n/3}, e^{i4\pi n/3}$。

所以 C_3 群的特徵值表為

C_3	E	C_3^+	C_3^-
Γ_1	1	1	1
Γ_2	1	ω	ω^2
Γ_3	1	ω^2	ω

其中 $\omega=e^{i2\pi/3}$。

◎ C_4 群

C_4 群的生成元素為 g，C_4 群的群乘表為

C_4	$e=g^4$	g	g^2	g^3
$e=g^4$	e	g	g^2	g^3
g	g	g^2	g^3	e
g^2	g^2	g^3	e	g^2
g^3	g^3	e	g	g^2

現在開始分類，由 $e^{-1}ee=e$、$g^{-1}eg=e$、$(g^2)^{-1}eg^2=e$、$(g^3)^{-1}eg^3=e$，所以 $E=\{e\}$ 自成一類，由 $e^{-1}g^2e=g^2$、$g^{-1}g^2g=g^2$、$(g^2)^{-1}g^2g^2=g^2$、$(g^3)^{-1}g^2g^3=g^2$；由 $e^{-1}ge=g$、$g^{-1}gg=g$、$(g^2)^{-1}gg^2=g$、$(g^3)^{-1}g^2g^3=g^2$；且 $e^{-1}g^3e=g^3$、$g^{-1}g^3g=g^3$、$(g^2)^{-1}g^3g^2=g^3$、$(g^3)^{-1}g^3g^3=g^3$；

所以這 4 個元素可分成四類 $E=\{e=g^4\}$，$C_{2z}=\{g^2\}$，$C_{4z}^+=\{g\}$，$C_{4z}^-=\{g^3\}$。

由 $g^4=e$，則 $g=e^{i2\pi n/4}$，其中 $n=0, 1, 2, 3$，即 $g=\pm1, \pm i$。
所以 C_4 群的特徵值表為

C_4	E	C_{2z}	C_{4z}^{+}	C_{4z}^{-}
Γ_1	1	1	1	1
Γ_2	1	1	-1	-1
Γ_3	1	-1	i	$-i$
Γ_4	1	-1	$-i$	i

◎ D_3 群

D_3 群的生成元素為 g、h，且 $g^3=h^2=ghgh=hghg=e$，D_3 群的群乘表為

D_3	e	g	g^2	h	gh	g^2h
e	e	g	g^2	h	gh	g^2h
g	g	g^2	e	gh	g^2h	h
g^2	g^2	e	g	g^2h	h	gh
h	h	hg	hg^2	e	hgh	hg^2h
gh	gh	ghg	ghg^2	gh^2	e	ghg^2h
g^2h	g^2h	g^2hg	g^2hg^2	g^2h^2	g^2hgh	g^2hg^2h

由 $hg=(ghg)(hg^2h)=gh(ghg)gh=ghhgh=gh^2gh=g^2h$、$hg^2=h(g^2h^2)=(hg^2h)h=gh$、$hgh=g^3hgh=g^2(ghgh)=g^2$、$hg^2h=h(hgh)h=h^2gh^2=g$、$ghg=ghgh^2=(ghg)g=hg=g^2h$、$gh^2=g$、$ghg^2h=g(hg^2h)=g^2$、$g^2hg=(g^2hg)h^2=g(ghgh)h=gh$、$g^2hg^2=g(ghg)g=ghg=h$、$g^2h^2=g^2$、$g^2hgh=g^2(hgh)=g$、$g^2hg^2h=(g^2hg)gh=ghgh=e$，則

D_3	e	g	g^2	h	gh	g^2h
e	e	g	g^2	h	gh	g^2h
g	g	g^2	e	gh	g^2h	h
g^2	g^2	e	g	g^2h	h	gh
h	h	g^2h	gh	e	g^2	g
gh	gh	h	g^2h	gh	e	g^2
g^2h	g^2h	gh	h	g^2	g	e

現在開始分類，
由 $e^{-1}ee=e$、$g^{-1}eg=e$、$(g^2)^{-1}eg^2=e$、$h^{-1}eh=e$、$(gh)^{-1}egh=e$、$(g^2h)^{-1}eg^2h=e$
所以 $E=\{e\}$ 自成一類；
由 $e^{-1}ge=g$、$g^{-1}gg=g$、$(g^2)^{-1}gg^2=g$、$h^{-1}gh=g^2$、$(gh)^{-1}ggh=g^2$、$(g^2h)^{-1}gg^2h=g^2$，
得 $C_3^{\pm}=\{g,g^2\}$；
由 $e^{-1}he=h$、$g^{-1}hg=gh$、$(g^2)^{-1}hg^2=g^2h$、$h^{-1}hh=h$、$(gh)^{-1}hgh=g^2h$、$(g^2h)^{-1}hg^2h=gh$，
得 $C'_{2i}=\{h,gh,g^2h\}$。
由廣義正交理論的性質可知

$$h=6=l_1^2+l_2^2+l_3^2$$
$$=1^2+1^2+2^2$$

又 $g^3=h^2=e$，所以可以取 $g=1$，$h=-1$ 來找出 2 個一維不可約表示的特徵值，即

D_3	E	$C_3^{\pm}$	C'_{2i}
Γ_1	1	1	1
Γ_2	1	1	−1
Γ_3	2	$\chi(\Gamma_3^{C_3^{\pm}})$	$\chi(\Gamma_3^{C'_{2i}})$

由 E 和 $C_3^{\pm}$ 的正交關係 $1\times1+1\times1+2\cdot\chi(\Gamma_3^{C_3^{\pm}})=0$，得 $\chi(\Gamma_3^{C_3^{\pm}})=-1$；
由 E 和 C'_{2i} 的正交關係 $1\times1+1\times(1)+2\cdot\chi(\Gamma_3^{C'_{2i}})=0$，得 $\chi(\Gamma_3^{C'_{2i}})=0$；
所以 D_3 群的特徵值表為

D_3	E	$C_3^{\pm}$	C'_{2i}
Γ_1	1	1	1
Γ_2	1	1	−1
Γ_3	2	−1	0

◎ D_4 群

D_4 群的生成元素為 g、h，且滿足 $g^4=h^2=e$，$ghgh=e$ 的關係，D_4 群的群乘表為

D_4	e	g^2	g	g^3	h	g^2h	gh	g^3h
e	e	g^2	g	g^3	h	g^2h	gh	g^3h
g^2	g^2	e	g^3	g	g^2h	h	g^3h	gh
g	g	g^3	g^2	e	gh	g^3h	g^2h	h
g^3	g^3	g	e	g^2	g^3h	gh	h	g^2h
h	h	hg^2	hg	hg^3	e	hg^2h	hgh	hg^3h
g^2h	g^2h	g^2hg^2	g^2hg	g^2hg^3	g^2	g^2hg^2h	g^2hgh	g^2hg^3h
gh	gh	ghg^2	ghg	ghg^3	g	ghg^2h	$ghgh$	ghg^3h
g^3h	g^3h	g^3hg^2	g^3hg	g^3hg^3	g^3	g^3hg^2h	g^3hgh	g^3hg^3h

由 $hg^2 = h(hg^2h) = g^2h$、$hg = (hg)h^2 = (hgh)h = g^3h$、$hg^3 = h(hgh) = (h^2)gh = gh$、$hg^2h = (hg)gh = g^3hgh = g^6 = g^2$、$hgh = g^4(hgh) = g^3(ghgh) = g^3$、$hg^3h = h(hgh)h = h^2gh^2 = g$、$g^2hg^2 = g^2(g^2h) = h$、$g^2hg = g^2(g^3h) = gh$、$g^2hg^3 = (g^2hg^2)g = hg = g^3h$、$g^2hg^2h = (g^2hg^2)h = h^2$、$g^2hg^3h = (g^2hg^2)gh = hgh = g^3$、$ghg^2 = g(hg^2) = g^3h$、$ghg = g(hg) = g^4h = h$、$ghg^3 = (ghg)g^2 = hg^2 = g^2h$、$ghg^2h = g(hg^2h) = g^3$、$ghg^3h = (ghg^3)h = g^2h^2 = g^2$、$g^3hg^2 = g(g^2hg^2) = gh$、$g^3hg = g^2(ghg) = g^2h$、$g^3hg^3 = (g^3hg^2)g = ghg = h$、$g^3hg^2h = g^3(hg^2h) = g^3g^2 = g$、$g^3hg^3h = g^3(hg^3h) = e$，則

D_4	e	g^2	g	g^3	h	g^2h	gh	g^3h
e	e	g^2	g	g^3	h	g^2h	gh	g^3h
g^2	g^2	e	g^3	g	g^2h	h	g^3h	gh
g	g	g^3	g^2	e	gh	g^3h	g^2h	h
g^3	g^3	g	e	g^2	g^3h	gh	h	g^2h
h	h	g^2h	g^3h	gh	e	g^2	g^3	g
g^2h	g^2h	h	gh	g^3h	g^2	e	g	g^3
gh	gh	g^3h	h	g^2h	g	g^3	e	g^2
g^3h	g^3h	gh	g^2h	h	g^3	g	g^2	e

現在開始分類，

由 $e^{-1}ee = e$、$(g^2)^{-1}eg^2 = e$、$g^{-1}eg = e$、$(g^3)^{-1}eg^3 = e$、$h^{-1}eh = e$、$(g^2h)^{-1}eg^2h = e$、$(gh)^{-1}egh = e$、$(g^3h)^{-1}eg^3h = e$，

所以 $E=\{e\}$ 自成一類；

由 $e^{-1}g^2e=g^2$、$(g^2)^{-1}g^2g^2=g^2$、$g^{-1}g^2g=g^2$、$(g^3)^{-1}g^2g^3=g^2$、$h^{-1}g^2h=g^2$、$(g^2h)^{-1}g^2g^2h=g^2$、$(gh)^{-1}g^2gh=g^2$、$(g^3h)^{-1}g^2g^3h=g^2$，

得 $C_{2z}=\{g^2\}$；

由 $e^{-1}ge=g$、$(g^2)^{-1}gg^2=g$、$g^{-1}gg=g$、$(g^3)^{-1}gg^3=g$、$h^{-1}gh=g^3$、$(g^2h)^{-1}gg^2h=g^3$、$(gh)^{-1}ggh=g^3$、$(g^3h)^{-1}gg^3h=g^3$，

得 $C_{4z}^{\pm}=\{g, g^3\}$。

由 $e^{-1}he=h$、$(g^2)^{-1}hg^2=h$、$g^{-1}hg=g^2h$、$(g^3)^{-1}hg^3=g^2h$、$h^{-1}hh=h$、$(g^2h)^{-1}hg^2h=h$、$(gh)^{-1}hgh=g^2h$、$(g^3h)^{-1}hg^3h=g^2h$，

得 $C_{2x}, C_{2y}=\{h, g^2h\}$

由 $e^{-1}ghe=gh$、$(g^2)^{-1}ghg^2=gh$、$g^{-1}ghg=g^3h$、$(g^3)^{-1}ghg^3=g^3h$、$h^{-1}ghh=g^3h$、$(g^2h)^{-1}ghg^2h=g^3h$、$(gh)^{-1}ghgh=gh$、$(g^3h)^{-1}ghg^3h=g^3h$，

得 $C_{2a}, C_{2b}=\{gh, g^3h\}$。

由廣義正交理論的性質可知

$$\begin{aligned} h=8&=l_1^2+l_2^2+l_3^2+l_4^2+l_5^2 \\ &=1^2+1^2+1^2+1^2+2^2 \end{aligned}$$

又 $g^4=h^2=e$，所以可以取 $g=\pm 1$，$h=\pm 1$ 來找出 4 個一維不可約表示的特徵值，即

D_4	E	C_{2z}	$C_{4z}^{\pm}$	C_{2x}, C_{2y}	C_{2a}, C_{2b}
Γ_1	1	1	1	1	1
Γ_2	1	1	1	-1	-1
Γ_3	1	1	-1	1	-1
Γ_4	1	1	-1	-1	1
Γ_5	2	$\chi(\Gamma_5^{C_{2z}})$	$\chi(\Gamma_5^{C_{4z}^{\pm}})$	$\chi(\Gamma_5^{C_{2x}, C_{2y}})$	$\chi(\Gamma_5^{C_{2a}, C_{2b}})$

由 E 和 C_{2z} 的正交關係 $1\times1+1\times1+1\times1+1\times1+2\cdot\chi(\Gamma_5^{C_{2z}})=0$，得 $\chi(\Gamma_5^{C_{2z}})=-2$；

由 E 和 $C_{4z}^{\pm}$ 的正交關係 $1\times1+1\times1+1\times(-1)+1\times(-1)+2\cdot\chi(\Gamma_5^{C_{4z}^{\pm}})=0$，得 $\chi(\Gamma_5^{C_{4z}^{\pm}})=0$；

由 E 和 C_{2x}, C_{2y} 的正交關係 $1\times1+1\times(-1)+1\times1+1\times(-1)+2\cdot\chi(\Gamma_5^{C_{2x}, C_{2y}})=0$，得 $\chi(\Gamma_5^{C_{2x}, C_{2y}})=0$；

由 E 和 C_{2a}, C_{2b} 的正交關係 $1\times1+1\times(-1)+1\times(-1)+1\times1+2\cdot\chi(\Gamma_5^{C_{2a},C_{2b}})=0$，得 $\chi(\Gamma_5^{C_{2a},C_{2b}})=0$；

所以 D_4 群的特徵值表為

D_4	E	C_{2z}	$C_{4z}^{\pm}$	C_{2x}, C_{2y}	C_{2a}, C_{2b}
Γ_1	1	1	1	1	1
Γ_2	1	1	1	-1	-1
Γ_3	1	1	-1	1	-1
Γ_4	1	1	-1	-1	1
Γ_5	2	-2	0	0	0

◎ T 群

T 群的生成元素為 g、h，且滿足 $g^3=h^2=e$，$ghgh=hg^2$ 的關係，T 群的群乘表為

T	e	h	ghg^2	g^2hg	g	gh	hg	g^2hg^2	g^2	g^2h	hg^2	ghg
e	e	h	ghg^2	g^2hg	g	gh	hg	g^2hg^2	g^2	g^2h	hg^2	ghg
h	h	e	$hghg^2$	hg^2hg	hg	hgh	g	$(hg^2)^2$	hg^2	hg^2h	g^2	$(hg)^2$
ghg^2	ghg^2	ghg^2h	e	h	gh	g	ghg^2hg	hg	ghg	hg^2	$g(hg^2)^2$	g^2
g^2hg	g^2hg	ghg^2	$g^2(hg^2)^2$	e	g^2hg^2	$(g^2h)^2$	gh	g	g^2h	g^2	ghg	$(g^2h)^2g$
g	g	gh	g^2hg^2	hg	g^2	g^2h	ghg	hg^2	e	h	ghg^2	g^2hg
gh	gh	g	hg	ghg^2hg	ghg	hg^2	g^2	ghg^2hg^2	ghg^2	ghg^2h	e	h
hg	hg	hgh	$(hg^2)^2$	g	hg^2	hg^2h	$(hg)^2$	g^2	h	e	$(hg)^2g$	hg^2hg
g^2hg^2	g^2hg^2	$(g^2h)^2$	g	gh	g^2h	g^2	$(g^2h)^2g$	ghg	g^2hg	ghg^2	$(g^2h)^2g^2$	e
g^2	g^2	g^2h	hg^2	ghg	e	h	g^2hg	ghg^2	g	gh	g^2hg^2	hg
g^2h	g^2h	g^2	ghg	$(g^2h)^2g$	g^2hg	ghg^2	e	$(g^2h)^2g^2$	g^2hg^2	$(g^2h)^2$	g	gh
hg^2	hg^2	hg^2h	g^2	$hghg$	h	e	hg^2hg	$hghg^2$	hg	hgh	$(hg^2)^2$	g
ghg	ghg	hg^2	$g(hg^2)^2$	g^2	ghg^2	ghg^2h	h	e	gh	g	hg	ghg^2hg

由 $hghg^2=(hgh)g^2=g^2hg$、$hg^2hg=(hg^2h)g=ghg^2$、$hgh=g^3hgh=g^2(ghgh)=g^2hg^2$、$hg^2hg^2=(hg^2h)g^2=gh$、$hg^2h=(ghgh)h=ghg$、$hghg=(hgh)g=g^2h$、$ghg^2h=g(hg^2h)=g^2hg$、$ghg^2hg=(ghg^2h)g=g^2hg^2$、$ghg^2hg^2=(ghg^2h)g^2=g^2h$、$g^2hg^2hg^2=g(ghg^2hg^2)=h$、$g^2hg^2h=g(ghg^2h)=hg$、$g^2hg^2hg=(g^2hg^2h)g=hg^2$、$ghg^2hg=(ghg^2h)g=g^2hg^2$、$ghg^2hg^2=(ghg^2hg)g=g^2h$、$ghg^2h=g(hg^2h)=g^2hg$、$hg^2hg^2=(hg^2h)g^2=gh$，則

T	e	h	ghg^2	g^2hg	g	gh	hg	g^2hg^2	g^2	g^2h	hg^2	ghg
e	e	h	ghg^2	g^2hg	g	gh	hg	g^2hg^2	g^2	g^2h	hg^2	ghg
h	h	e	g^2hg	ghg^2	hg	g^2hg^2	g	gh	hg^2	ghg	g^2	g^2h
ghg^2	ghg^2	g^2hg	e	h	gh	g	g^2hg^2	hg	ghg	hg^2	g^2h	g^2
g^2hg	g^2hg	ghg^2	h	e	g^2hg^2	hg	gh	g	g^2h	g^2	ghg	hg^2
g	g	gh	g^2hg^2	hg	g^2	g^2h	ghg	hg^2	e	h	ghg^2	g^2hg
gh	gh	g	hg	g^2hg^2	ghg	hg^2	g^2	g^2h	ghg^2	g^2hg	e	h
hg	hg	g^2hg^2	gh	g	hg^2	ghg	g^2h	g^2	h	e	g^2hg	ghg^2
g^2hg^2	g^2hg^2	hg	g	gh	g^2h	g^2	hg^2	ghg	g^2hg	ghg^2	h	e
g^2	g^2	g^2h	hg^2	ghg	e	h	g^2hg	ghg^2	g	gh	g^2hg^2	hg
g^2h	g^2h	g^2	ghg	hg^2	g^2hg	ghg^2	e	h	g^2hg^2	hg	g	gh
hg^2	hg^2	ghg	g^2	g^2h	h	e	ghg^2	g^2hg	hg	g^2hg^2	gh	g
ghg	ghg	hg^2	g^2h	g^2	ghg^2	g^2hg	h	e	gh	g	hg	g^2hg^2

現在開始分類，

由 $e^{-1}ee=e$、$h^{-1}eh=e$、$(ghg^2)^{-1}eghg^2=e$、$(g^2hg)^{-1}eg^2hg=e$、$g^{-1}eg=e$、$(gh)^{-1}egh=e$、$(hg)^{-1}ehg=e$、$(g^2hg^2)^{-1}eg^2hg^2=e$、$(g^2)^{-1}eg^2=e$、$(g^2h)^{-1}eg^2h=e$、$(hg^2)^{-1}ehg^2=e$、$(ghg)^{-1}eghg=e$，

所以 $E=\{e\}$ 自成一類；

由 $e^{-1}he=h$、$h^{-1}hh=h$、$(ghg^2)^{-1}hghg^2=h$、$(g^2hg)^{-1}hg^2hg=h$、$g^{-1}hg=g^2hg$、$(gh)^{-1}hgh=g^2hg$、$(hg)^{-1}hhg=g^2hg$、$(g^2hg^2)^{-1}hg^2hg^2=g^2hg$、$(g^2)^{-1}hg^2=ghg^2$、$(g^2h)^{-1}hg^2h=ghg^2$、$(hg^2)^{-1}hhg^2=ghg^2$、$(ghg)^{-1}hghg=ghg^2$，

得 $C_{2m}=\{h, ghg^2, g^2hg\}$；

由 $e^{-1}ge=g$、$h^{-1}gh=g^2hg^2$、$(ghg^2)^{-1}gghg^2=$ 、$(g^2hg)^{-1}gg^2hg=$ 、$g^{-1}gg=$ 、$(gh)^{-1}ggh=g^2hg^2$、$(hg)^{-1}ghg=gh$、$(g^2hg^2)^{-1}gg^2hg^2=hg$、$(g^2)^{-1}gg^2=g$、$(g^2h)^{-1}gg^2h=g^2hg^2$、$(hg^2)^{-1}ghg^2=hg$、$(ghg)^{-1}gghg=gh$，

得 $C_{3j}^{+}=\{g, gh, hg, g^2hg^2\}$

由 $e^{-1}g^2e=g^2$、$h^{-1}g^2h=ghg$、$(ghg^2)^{-1}g^2ghg^2=g^2h$、$(g^2hg)^{-1}g^2g^2hg=hg^2$、$g^{-1}g^2g=g^2$、$(gh)^{-1}g^2gh=ghg$、$(hg)^{-1}g^2hg=hg^2$、$(g^2hg^2)^{-1}g^2g^2hg^2=g^2h$、$(g^2)^{-1}g^2g^2=g^2$、$(g^2h)^{-1}g^2g^2h=ghg$、$(hg^2)^{-1}g^2hg^2=$

g^2h、$(ghg)^{-1}g^2ghg = hg^2$，
得 $C_{3j}^- = \{g^2, g^2h, hg^2, ghg\}$。
由廣義正交理論的性質可知

$$h = 12 = l_1^2 + l_2^2 + l_3^2 + l_4^2$$
$$= 1^2 + 1^2 + 1^2 + 3^2$$

又 $g^3 = h^2 = e$，所以可以取 $g = e^{i2\pi/3}$，$h = 1$ 來找出 3 個一維不可約表示的特徵值，即

T	E	C_{2m}	C_{3j}^+	C_{3j}^-
Γ_1	1	1	1	1
Γ_2	1	1	ε	ε^2
Γ_3	1	1	ε^2	ε
Γ_4	3	$\chi(\Gamma_4^{C_{2m}})$	$\chi(\Gamma_4^{C_{3j}^+})$	$\chi(\Gamma_4^{C_{3j}^-})$

其中 $\varepsilon = \mathrm{e}^{i2\pi/3}$。
由 E 和 C_{2m} 的正交關係 $1\times1 + 1\times1 + 1\times1 + 3\cdot\chi(\Gamma_4^{C_{2m}}) = 0$，得 $\chi(\Gamma_4^{C_{2m}}) = -1$；
由 E 和 C_{3j}^+ 的正交關係 $1\times1 + 1\times\varepsilon + 1\times\varepsilon^2 + 3\cdot\chi(\Gamma_4^{C_{3j}^+}) = 0$，得 $\chi(\Gamma_4^{C_{3j}^+}) = 0$；
由 E 和 C_{3j}^- 的正交關係 $1\times1 + 1\times\varepsilon^2 + 1\times\varepsilon + 3\cdot\chi(\Gamma_4^{C_{3j}^-}) = 0$，得 $\chi(\Gamma_4^{C_{3j}^-}) = 0$；
所以 T 群的特徵值表為

T	E	C_{2m}	C_{3j}^+	C_{3j}^-
Γ_1	1	1	1	1
Γ_2	1	1	ε	ε^2
Γ_3	1	1	ε^2	ε
Γ_4	3	-1	0	0

◎ O 群

O 群的生成元素為 g、h，且滿足 $g^4 = h^3 = e$，$ghg = hg^2h$，$gh^2g = h$ 的關係，O 群的群乘表為

O	e	h	h^2	g^2h	hg^2	g^2h^2	h^2g^2	ghg	g^2hg^2	g^2	$(gh)^2$	$(hg)^2$	g	g^3	gh	hg	g^3h^2	h^2g^3	gh^2	h^2g	hgh	ghg^2	g^2hg	$(hg)^2g$
e	e	h	h^2	g^2h	hg^2	g^2h^2	h^2g^2	ghg	g^2hg^2	g^2	$(gh)^2$	$(hg)^2$	g	g^3	gh	hg	g^3h^2	h^2g^3	gh^2	h^2g	hgh	ghg^2	g^2hg	$(hg)^2g$
h	h	h^2	e	g^2h^2	h^2g^2	$(gh)^2$	g^2	$(hg)^2$	$(hg^2)^2$	hg^2	$h(gh)^2$	$h(hg)^2$	hg	hg^3	hgh	h^2g	hg^3h^2	g^3	hgh^2	g	h^2gh	$(hg)^2g$	ghg^2	$h(hg)^2g$
h^2	h^2	e	h	$(hg)^2$	g^2	$h(gh)^2$	hg^2	$h(hg)^2$	$(hg)^2g^2$	h^2g^2	$h^2(gh)^2$	ghg	h^2g	h^2g^3	h^2gh	g	$h^2g^3h^2$	hg^3	h^2gh^2	hg	gh	h^2ghg^2	h^2g^2hg	ghg^2
g^2h	g^2h	g^2h^2	g^2	$(g^2h)^2$	$g^2h^2g^2$	$g^2(gh)^2$	e	$g^2(hg)^2$	g^3hg^3	g^2hg^2	$g(gh)^3$	$g^2h(hg)^2$	g^2hg	g^2hg^3	$g(gh)^2$	g^2h^2g	$g^2hg^3h^2$	g	$(g^2h)^2$	g^3	g^2h^2gh	g^2hghg^2	$(g^2h)^2g$	$g^2h(hg)^2g$
hg^2	hg^2	ghg	$(gh)^2$	h^2	$(hg^2)^2$	e	$(gh)^2g$	hg^3hg	h^2g^3	h	$hg^2(gh)^2$	$hg^2(hg)^2$	hg^3	hg	hg^3h	hg^2hg	hgh^2	$hg^2h^2g^3$	hg^3h^2	$g(hg)^2$	$(gh)^2$	hg^3hg^2	h^2g	$hg^2(hg)^2g$
g^2h^2	g^2h^2	g^2	g^2h	$g^2h^2g^2h$	e	$(g^2h^2)^2$	g^2hg^2	$g^2h(hg)^2$	$g^2h^2g^2hg^2$	$g^2h^2g^2$	$g^2h^2(gh)^2$	g^3hg	g^2h^2g	g^2hg^3	g^2h^2gh	g^3	$g^2h^2g^3h^2$	g^2hg^3	$g^2h^2gh^2$	g^2hg	g^3h	$g^2h^2ghg^2$	$g^2h^2g^2hg$	g^3hg
h^2g^2	h^2g^2	$(hg)^2$	$h^2g^2h^2$	e	$h^2g^2hg^2$	h	$(h^2g^2)^2$	h^2g^3hg	g^2	h^2	$h^2g^2(gh)^2$	$h^2g^2(hg)^2$	h^2g^3	h^2g	h^2g^3h	h^2g^2hg	h^2gh^2	$(h^2g^2)^2g$	$h^2g^3h^2$	$h^2g^2h^2g$	h^2g^2hgh	$h^2g^3hg^2$	g	$h^2g^2(hg)^2g$
ghg	ghg	$(gh)^2$	$(gh)^2h$	ghg^3h	$(gh)^2g$	ghg^3h^2	$(gh)^2hg^2$	g^2hg^2	ghg^3hg^2	ghg^3	$ghg(gh)^2$	$g(hg)^3$	ghg^2	gh	ghg^2h	$g(hg)^2$	g	$(gh)^2hg^3$	ghg^2h^2	$ghgh^2g$	$(gh)^3$	$g(hg^2)^2$	ghg^3hg	$(gh)^3g^2$
g^2hg^2	g^2hg^2	g^3hg	$g^2hg^2h^2$	g^2h^2	$(g^2h)^2g^2$	g^2	$(g^2h)^2hg^2$	g^2hg^3hg	$g^2h^2g^3$	g^2h	$g^2hg^2(gh)^2$	$g^2hg^2(hg)^2$	g^2hg^3	g^2hg	g^2hg^3h	g^3hg^2	g^2hgh^2	$(g^2h)^2hg^3$	$g^2hg^3h^2$	$g^2hg^2h^2g$	g^2hg^2hgh	$g^2hg^3hg^2$	g^2h^2g	$(g^2h)^2ghg^2$
g^2	g^2	g^2h	g^2h^2	h	g^2hg^2	h^2	$g^2h^2g^2$	g^3hg	hg^2	e	$g^2(gh)^2$	$g^2(hg)^2$	g^3	g	g^3h	g^2hg	hg^2	$g^2h^2g^3$	g^3h^2	g^2h^2g	$g(gh)^2$	g^3hg^2	hg	$g^2(hg)^2g$
$(gh)^2$	$(gh)^2$	$(gh)^2h$	ghg	$(gh)^2g^2h$	$(gh)^2hg^2$	$(gh)^2g^2h^2$	ghg^3	$(gh)^3g^2$	$(gh)^2g^2hg^2$	$(gh)^2g^2$	$(gh)^4$	$(gh)^2(hg)^2$	$(gh)^2g$	$(gh)^2g^3$	$(gh)^3$	$(gh)^2hg$	$(gh)^2g^3h^2$	gh	$(gh)^3h$	$(gh)^2h^2g$	$(gh)^2hgh$	$(gh)^3g^2$	$(gh)^2g^2hg$	$(gh)^2(hg)^2g$
$(hg)^2$	$(hg)^2$	$(hg)^2h$	$(hg)^2h^2$	$(hg)^2g^2h$	$(hg)^3g$	$(hg)^2g^2h^2$	$(hg)^2h^2g^2$	$(hg^2)^2$	$(hg)^2g^2hg^2$	$(hg)^2g^2$	$(hg)^2(gh)^2$	$(hg)^4$	$(hg)^2g$	hgh	hg^2hg	$(hg)^3$	hg	$(hg)^2h^2g^3$	$(hg)^2gh^2$	$(hg)^2h^2g$	$(hg)^3h$	$(hg)^2ghg^2$	$(hg)^2g^2hg$	$(hg)^4g$
g	g	gh	gh^2	g^3h	ghg^2	g^3h^2	gh^2g^2	g^2hg	$g^3h^2g^2$	g^3	$g(gh)^2$	$g(hg)^2$	g^2	e	g^2h	ghg	h^2	gh^2g^3	g^2h^2	gh^2g	$(gh)^2$	g^2hg^2	g^3hg	$g(hg)^2g$
g^3	g^3	g^3h	g^3h^2	gh	g^3hg^2	gh^2	$g^3h^2g^2$	hg	ghg^2	g	hgh	$g^3(hg)^2$	e	g^2	h	g^3hg	g^2h^2	$g^3h^2g^3$	h^2	g^3h^2g	$g^2(gh)^2$	hg^2	ghg	$g^3(hg)^2g$
gh	gh	gh^2	g	g^2hg	gh^2g^2	$g(gh)^2$	g^3	$(gh)^2g$	g^2hg^3	ghg^2	$(gh)^3$	$gh(hg)^2$	ghg	ghg^3	$(gh)^2$	gh^2g	ghg^3h^2	e	$(gh)^2h$	g^2	gh^2gh	$(gh)^2g^2$	g^2hg^2	$gh(hg)^2g$
hg	hg	hgh	hgh^2	hg^3h	$(hg)^2g$	hg^3h^2	hgh^2g^2	ghg^2	hg^3hg^2	hg^3	$hg(gh)^2$	$(hg)^3$	hg^2	h	ghg	$(hg)^2$	e	hgh^2g^3	hg^2h^2	hgh^2g	$(hg)^2h$	ghg^3	hg^3hg	$(hg)^3g$
g^3h^2	g^3h^2	g^3	g^3h	$g^3h^2g^2h$	g	$g^3h^2g^2h^2$	g^3hg^2	g^3h^2ghg	g^3hghg^3	$g^3h^2g^3$	$g^3h^2(gh)^2$	hg	g^3hg	$g^3h^2g^3$	g^3h^2gh	e	$(g^3h^2)^2$	g^3hg^3	$g^3h^2gh^2$	g^3hg	h	$g^3h^2ghg^2$	$g^3h^2g^2hg$	hg^2
h^2g^3	h^2g^3	h^2g^3h	$h^2g^3h^2$	h^2gh	$h^2g^3hg^2$	h^2gh^2	$h^2g^3h^2g^2$	g	h^2ghg^2	h^2g	gh	$hg^3(hg)^2$	h^2	h^2g^2	e	h^2g^3hg	$h^2g^2h^2$	$(h^2g^3)^2$	h	$h^2g^3h^2g$	h^2g^3hgh	g^2	$h(hg)^2$	$h^2g^3(hg)^2g$
gh^2	gh^2	g	gh	gh^2g^2h	g^3	ghg^2	ghg^2	gh^2ghg	$gh^2g^2g^2$	gh^2g^2	$gh^2(gh)^2$	g^2hg	gh^2g	gh^2g^3	gh^2gh	g^2	$gh^2g^3h^2$	ghg^3	$(gh^2)^2$	ghg	g^2h	gh^2ghg^2	gh^2g^2hg	g^2hg^2
h^2g	h^2g	h^2gh	h^2gh^2	h^2g^3h	h^2ghg^2	$h^2g^3h^2$	$h^2gh^2g^2$	h^2g^2hg	$h^2g^3hg^2$	h^2g^3	$h^2g(gh)^2$	$h^2g(hg)^2$	h^2g^2	h^2	h^2g^2h	$h(hg)^2$	h	$(h^2g)g^2$	$h^2g^2h^2$	$(h^2g)^2$	$h^2(gh)^2$	$h^2g^2hg^2$	h^2g^3hg	$h^2g(hg)^2g$
hgh	hgh	hgh^2	hg	$(hg)^2h$	hgh^2g^2	hg^3	hg^3	$(hg)^3$	hg^2hg^3	$(hg)^2g$	$hgh(gh)^2$	$hgh(hg)^2$	$(hg)^2$	$(hg)^2g^2$	$h(gh)^2$	hgh^2g	$hghg^3h^2$	h	$(hg)^2h^2$	hg^2	hgh^2gh	$h(gh)^2g^2$	$hghg^2hg$	$hgh(hg)^2g$
ghg^2	ghg^2	g^2hg	ghg^2h^2	gh^2	$g(hg^2)^2$	g	$ghg^2h^2g^2$	ghg^3hg	gh^2g^2	gh	gh^2gh	$ghg^2(hg)^2$	ghg^3	ghg	ghg^3h	ghg^2hg	$(hg)^2h$	$ghg^2h^2g^3$	ghg^3h^2	ghg^2h^2g	ghg^2hgh	ghg^3h^2	gh^2g	$ghg^2(hg)^2g$
g^2hg	g^2hg	g^2hgh	g^2hgh^2	g^2hg^3h	$g^2(hg)^2g$	$g^2hg^3h^2$	$g^2hgh^2g^2$	g^2hg^2hg	$g^2hg^3hg^2$	g^2hg^3	$(g^2h)^2(gh)^2$	$g^2(hg)^3$	g^2hg^2	g^2h	g^3hg	$g^2(hg)^2$	g^2	$g^2hgh^2g^3$	$(g^2h)^2h$	g^2hgg^2h	$g^2(hg)^2h$	$g^2(hg^2)^2$	g^2hg^3hg	$g^2(hg)^3g$
$(hg)^2g$	$(hg)^2g$	$(hg)^2gh$	$(hg)^2gh^2$	hgh^2	$(hg)^2ghg^2$	hg	$(hg)^2gh^2g^2$	$(hg)^2g^2hg$	hgh^2g^2	hgh	$(hg)^2g(gh)^2$	$(hg)^2g(hg)^2$	$(gh)^2g^2$	$(hg)^2$	$(hg)^2g^2h$	$(hg)^2ghg$	$(hg)^2h^2$	$(hg)^2gh^2g^3$	$(hg)^2g^2h^2$	$(hg)^2gh^2g$	$(hg)^2(gh)^2$	$(hg^2)g^2hg^2$	hgh^2g	$(hg)^2g(hg)^2g$

由 $(g^2h)^2 = g^2hg^2h = g^2ghg = (g^3h)g = h^2g^2$、$g^2hgh = g^2hg(gh)^2hg^2 = g^2(hg^2h)gh^2g^2 = g^2(ghg)gh^2g^2 = g(g^2h)^2hg^2 = g(h^2g^2)hg^2 = (gh^2g)ghg^2 = hghg^2 = (hg)^2g$、$(gh)^2h = ghgh^2 = (hg^2h)h^2 = hg^2$、$hgh^2 = (hg)h^2 = (h^2g^3h)h^2 = h^2g^3$、$(hg)^2gh = hghggh = hg(hg^2h)hg(ghg) = (hg^2h)g = (ghg)g = ghg^2$、$h^2gh^2 = hh^2g^3 = g^3$、$(hg)^2h = h(ghgh) = h(hg^2h^2) = h^2g^2h^2 = h(ghg)h = h(hg^2h)h = (h^2g^2)hh = (g^2h)^2h^2 = g^2hg^2hh^2 = g^2hg^2$、$g^2hg^2h^2 = g^2(hg^2h)h = g^2ghgh = (g^3h)gh = h^2g^2h = (hg)^2$、$g^3h = g^3(gh^2g) = h^2g$、$(gh)^2hg^2 = ghgh^2g^2 = gh(gh^2g)g = ghhg = gh^2g = h$、$(hg^2)^2 = ghgg^2 = ghg^3 = g^2h^2$、$ghg^2h^2 = g(hg^2h)h = g(ghg)h = g^2hgh = (hg)^2g$、$g^2hgh^2 = g(ghg)h^2 = ghg^2hh^2 = ghg^2$、$h^2g^3h = h^2(h^2g) = hg$、$gh^2g^2 = (gh^2g)g = hg$、$h^2g^2h = (hg)^2$、$g^2h^2g^2 = ghg$、$ghg^3h = ghh^2g = g^2$、$(h^2g^2h)g^2 = (hg)^2g^2 = hghg^3 = h^2g^2hg^2 = h(hg^2)^2 = hg^2h^2 = (gh)^2$、$h^2gh = g^4h^2gh = g^3(gh^2g)g^3h^2$、$hg^2h^2 = (hg^2h)h = (ghg)h = (gh)^2$、$(gh)^2g^2h = (ghg)hg^2h = hg^2hhg^2h = h(g^2h^2g^2)h = hghgh = (hg)^2h = g^2hg^2 = ghgghg = ghg^2hg = g^2hg^2$、$ghghg^2 = (gh)^2g^2 = (hg)^2g^2g^2 = (hg)^2$、$g^3h^2g^2h^2 = g^3g^2hg^2 = ghg^2$、$(hg)^2g^2h = (gh)^2h = h^2(g^2h)g^2h = h^2g^2ghg = h^2g^3hg = hg^2$、$h(g^3h) = h^3g = g$、$h^2g^3g^2h^2 = h^2gh^2 = g^3h^2$、$gh^2g^2h^2 = gg^2hg^2 = g^3hg^2 = h^2g^3$、$g^2h^2g^2h = g^3hghg = h^2gghg = h^2g^2hg = (hg)^2g$、$gh^2g^2h = g(hg)^2 = ghghg = (gh)^2g = hg^2h^2g = hgh$、$g^2hgg^2h = g^2hg^3h = g^2hh^2g = g^3$、$h^2g^3g^2h^2 = h^2gh^2 = g^3$、$g^2hg^2hg^2 = (g^2h)^2g^2 = h^2g^2g^2 = h^2$、$h^2gg^2h^2 = h^2g^3h^2 = hhg^3hh = hgh$、$(hg)^2hg^2 = g^2hg^2g^2 = g^2h$、$h^2g^2gh = h^2g^3h = hhg^3h = hg$、$g^3hg^2 = g(g^2hg^2) = g^2ghg^2 = h^2gg^2 = h^2g^3$、$ghhg^2 = gh^2g^2 = gg^3hg = hg$、$g^2hg^2h^2 = (g^2h)^2h = ghg^2h = gghg = g^2hg$、$g^2h^2g^2h^2 = ghgh^2 = (gh)^2h = hg^2$、$(gh)^2g^2h^2 = ghghg^2h^2 = g(hg)^2ghh = gghg^2h = (g^2h)^2 = g^3hg = h^2g^2$、$h^2g^3hg^2 = hgg^2 = hg^3 = hg^2hg^3h = (hg^2)^2gh = g^2h^2gh = g^2g^3h^2 = gh^2$、$h^2ghg^2 = g^3h^2g^2 = g^3g^3hg = g^2hg$、$hghhg^2 = hgh^2g^2 = hhg = h^2g$、$ghg^2hg^2 = g(hg^2)^2 = gghgg^2 = g^2hg^3 = (hg)^2hg = (hg)^3 = hgg^2hg^2h^2 = hg^3hg^2h^2 = hh^2gg^2h^2 = g^3h^2$、$g^2hghg^2 = g^2(hg)^2g$

$= g(gh)^2g^2 = g(hg)^2 = hgh$、$(hg)^2ghg^2 = ghg^2g^2 = gh$、$hg^2h^2 = gh^2h^2 = gh$、$ghgg^2h^2 = ghg^3h^2 = ggh = g^2h$、$(hg)^2g^2h^2 = (hg)^2ggh^2 = hghg^3h^2 = (gh)^2h^2 = ghg$、$g^2hg^2h^2 = g^2hg^2hh = g^2ghgh = g^2(gh)^2 = g^3hgh = h^2ggh = h^2g^2h = (hg)^2$、$g^2hgg^2h^2 = g^2hg^3h^2 = g^2hg^2gh^2 = g^2gh = g^3h = h^2g$、$(hg)^2gg^2h^2 = hghgg^3h^2 = hghh^2 = hg$、$hg^2h^2g^2 = hghg = (hg)^2$、$h^2ghg = h(hg)^2 = g^3h^2g = g^2h$、$h^2(gh)^2 = h^2ghgh = g^3h^2gh = g^3g^3h^2 = g^2h^2$、$h(hg)^2g = g^2hg$、$g^2h(hg)^2g = g^2hhghgg = g^2h^2ghg^2 = ggh^2ghg^2 = ghhg^2 = gh^2g^2 = hg$、$hg^2(hg)^2 = hg^2hghg = ghgghg = (ghg)^2 = g^2hg^2$、$g^2hg^3 = g^2hg^2g = g^2hh^2gh^2 = g^3h^2$、$hg^2(hg)^2g = g^2hg^2g = g^2hg^3 = g^3h^2$、$g^2hghg = g^2(hg)^2 = g^2hhg^2h = g^2h^2g^2h = (gh)^2$、$g^2hghgh = (gh)^2h = hg^2$、$(h^2g^2)^2 = h^2ghg = g^2h$、$ghgh^2g^2 = gh^2g = h$、$g^2hg^2h^2g^2 = gghggh^2g^2 = gghghg = g^2(hg)^2 = (gh)^2$、$hg^2h^2g^3 = hg^2h^2g^2g = hghgg = (hg)^2g$、$g^2h^2h^2g^3 = g^2hg^3 = g^2hg^2g = g^3h^2$、$h^2g^2h^2g^3 = g^2hg^2g^3 = g^2hg$、$ghgh^2g^3 = ghhg^2 = gh^2g^2 = hg$、$gh^2g^3 = gh^2gg^2 = hg^2$、$hg^2(gh)^2 = hg^2ghgh = hg^3hgh = ggh = g^2h$、$g^2h(hg)^2 = g^2hhghg = g^2h^2ghg = gh^2g = h$、$g^2h^2ghg = g^2h(hg)^2 = h$、$g^2h^2g^2hg^2 = ghghg^2 = g(hg)^2g = (hg)^2$、$g^2h^2(gh)^2 = g^2h^2ghgh = ghhgh = gh^2gh = hh = h^2$、$g^2h^2(hg)^2 = g^2h^2hghg = g^3hg = h^2g^2$、$g^2hhg = g^2h^2g = ggh^2g = gh$、$g^2h^2gh^2 = g^2g^3 = g$、$h^2g^2h^2g = g^2hg^2g = g^2hg^3 = g^3h^2$、$ghgh^2g = ghh = gh^2$、$g^2hgh^2g = g^2hh = g^2h^2$、$hgh^2g = hghhg = hh = h^2$、$g^3h^2g^3h^2 = g^3hgh = (hg)^2$、$gh^2g^3h^2 = ghgh = (gh)^2$、$(hg)^2g(hg)^2g = hghgghghgg = hghg^2hghg^2 = hgghgghg^2 = hg^2hg^2hg^2 = hg^2g^2h^2 = e$、$g^2hg^2hg = h^2g^2g = h^2g^3$、$g^2h^2g^2hg = ghghg = hgh$、$h^2g^2(gh)^2 = h^2g^2ghgh = h^2g^3hgh = h^2(hg)^2 = ghg$、$ghgg^2hg^2 = ghg^3hg^2 = ghh^2gg^2$

$= e$、$g^2hg^2ghg = g^2hg^3hg = g^2hh^2gg = e$、$(hg)^2h^2g^2 = hghgh^2g^2 = hghhg = hgh^2g = h^2$、$g^2h^2g^3 = g^2hhg^3 = g^2hgh^2 = ghg^2$、$hg^2hg = ghgg = ghg^2$、$gh(gh)^2 = ghghgh = gg^2hg^2 = g^3hg^2 = h^2g^3$、$ghg(gh)^2 = ghgghgh = ghg^2hgh = gh(hg)^2g = gg^2hg = g^3hg = h^2g^2$、$ghg(hg)^2 = ghghghg = (gh)^2ghg = ghhgh = gh^2gh = h^2$、$hg^2g^3h^2 = hgh^2 = h^2g^3$、$hhgh = h^2gh = g^3h^2$、$g^2h^2g^3h^2 = ghggh^2 = (hg)^2g$、$hg^2hgh = hg(gh)^2 = h(hg)^2g = g^2hg$、$hg^2ghg^2 = hg^3hg^2 = hgg^2hg^2 = hh^2g^3 = g^3$、$g^2h^2hgh = g^3h = h^2g$、$g^2h^2(hg)^2g = g^2ghg^2 = g^3hg^2 = h^2g^3$、$(gh)^2g^3 = ghghg^3 = ghg^2h^2 = (hg)^2g$、$g^2hg^2h^2g^3 = g^2(gh)^2g^3 = g^2(hg)^2g = hgh$、$ghg(hg)^2g = ghghghgg = g(hg)^2hg^2 = hghhg^2 = hgh^2g^2 = h^2g$、$g^2hg^2(hg)^2 = g^2hg^2hghg = (g^2h)^2ghg = h^2g^2ghg = h^2g^3hg = h^2g^2ghg = hg^2$、$g^2hg^2hgh = (g^2h)^2gh = h^2g^2gh = h^2g^3h = h^2h^2g = hg$、$g^2hg^2ghg^2 = g^2hg^3hg^2 = g^2hh^2gg^2 = g$、$g^2hg^2(hg)^2g = g^2hg^2hghgg = (g^2h)^2ghg^2 = h^2g^2ghg^2 = h^2g^3hg^2 = hgg^2 = hg^3 = gh^2$，則

O	e	h	h^2	g^2h	hg^2	g^2h^2	h^2g^2	ghg	g^2hg^2	g^2	$(gh)^2$	$(hg)^2$	g	g^3	gh	hg	g^3h^2	h^2g^3	gh^2	h^2g	hgh	ghg^2	g^2hg	$(hg)^2g$
e	e	h	h^2	g^2h	hg^2	g^2h^2	h^2g^2	ghg	g^2hg^2	g^2	$(gh)^2$	$(hg)^2$	g	g^3	gh	hg	g^3h^2	h^2g^3	gh^2	h^2g	hgh	ghg^2	g^2hg	$(hg)^2g$
h	h	h^2	e	ghg	h^2g^2	$(gh)^2$	g^2	$(hg)^2$	g^2h^2	hg^2	g^2hg^2	g^2h	hg	gh^2	hgh	h^2g	gh	g^3	h^2g^3	g	g^3h^2	$(hg)^2g$	ghg^2	g^2hg
h^2	h^2	e	h	$(hg)^2$	g^2	g^2hg^2	hg^2	g^2h	$(gh)^2$	h^2g^2	g^2h^2	ghg	h^2g	h^2g^3	g^3h^2	g	hgh	gh^2	g^3	hg	gh	g^2hg	$(hg)^2g$	ghg^2
g^2h	g^2h	g^2h^2	g^2	h^2g^2	ghg	$(hg)^2$	e	$(gh)^2$	h^2	g^2hg^2	hg^2	h	g^2hg	g^3h^2	$(hg)^2g$	gh	h^2g	g	ghg^2	g^3	gh^2	hgh	h^2g^3	hg
hg^2	hg^2	ghg	$(gh)^2$	h^2	g^2h^2	e	$(hg)^2$	g^2	h^2g^2	h	g^2h	g^2hg^2	gh^2	hg	g	ghg^2	h^2g^3	$(hg)^2g$	gh	hgh	g^2hg	g^3	h^2g	g^3h^2
g^2h^2	g^2h^2	g^2	g^2h	$(gh)^2$	e	hg^2	g^2hg^2	h	$(hg)^2$	ghg	h^2	h^2g^2	gh	ghg^2	gh^2	g^3	$(hg)^2g$	g^3h^2	g	g^2hg	h^2g	hg	hgh	h^2g^3
h^2g^2	h^2g^2	$(hg)^2$	g^2hg^2	e	$(gh)^2$	h	g^2h	hg^2	g^2	h^2	ghg	g^2h^2	h^2g^3	h^2g	hg	$(hg)^2g$	g^3	g^2hg	hgh	g^3h^2	ghg^2	gh^2	g	gh
ghg	ghg	$(gh)^2$	hg^2	g^2	$(hg)^2$	g^2h	h	g^2hg^2	e	g^2h^2	h^2g^2	h^2	ghg^2	gh	g^2hg	hgh	g	hg	$(hg)^2g$	gh^2	h^2g^3	g^3h^2	g^3	h^2g
g^2hg^2	g^2hg^2	h^2g^2	$(hg)^2$	g^2h^2	h^2	g^2	$(gh)^2$	e	ghg	g^2h	h	hg^2	g^3h^2	g^2hg	g^3	h^2g^3	ghg^2	hgh	h^2g	$(hg)^2g$	hg	g	gh	gh^2
g^2	g^2	g^2h	g^2h^2	h	g^2hg^2	h^2	ghg	h^2g^2	hg^2	e	$(hg)^2$	$(gh)^2$	g^3	g	h^2g	g^2hg	gh^2	ghg^2	g^3h^2	gh	$(hg)^2g$	h^2g^3	hg	hgh
$(gh)^2$	$(gh)^2$	hg^2	ghg	g^2hg^2	h	h^2g^2	g^2h^2	h^2	g^2h	$(hg)^2$	e	g^2	hgh	$(hg)^2g$	h^2g^3	gh^2	g^2hg	gh	hg	ghg^2	g	h^2g	g^3h^2	g^3
$(hg)^2$	$(hg)^2$	g^2hg^2	h^2g^2	hg^2	g^2h	ghg	h^2	g^2h^2	h	$(gh)^2$	g^2	e	$(hg)^2g$	hgh	ghg^2	g^3h^2	hg	h^2g	g^2hg	h^2g^3	g^3	gh	gh^2	g
g	g	gh	gh^2	h^2g	ghg^2	g^3h^2	hg	g^2hg	h^2g^3	g^3	$(hg)^2g$	hgh	g^2	e	g^2h	ghg	h^2	hg^2	g^2h^2	h	$(gh)^2$	g^2hg^2	h^2g^2	$(hg)^2$
g^3	g^3	g^2g	g^3h^2	gh	h^2g^3	gh^2	g^2hg	hg	ghg^2	g	hgh	$(hg)^2g$	e	g^2	h	h^2g^2	g^2h^2	g^2hg^2	h^2	g^2h	$(hg)^2$	hg^2	ghg	$(gh)^2$
gh	gh	gh^2	g	g^2hg	hg	$(hg)^2g$	g^3	hgh	g^3h^2	ghg^2	h^2g^3	h^2g	ghg	g^2h^2	$(gh)^2$	h	g^2h	e	hg^2	g^2	h^2	$(hg)^2$	g^2hg^2	h^2g^2
hg	hg	hgh	h^2g^3	g	$(hg)^2g$	gh	h^2g	ghg^2	g^3	gh^2	g^2hg	g^3h^2	hg^2	h	ghg	$(hg)^2$	e	h^2g^2	$(gh)^2$	h^2	g^2hg^2	g^2h^2	g^2	g^2h
g^3h^2	g^3h^2	g^3	h^2g	$(hg)^2g$	g	ghg^2	h^2g^3	gh	hgh	g^2hg	gh^2	hg	g^2h	g^2hg^2	g^2h^2	e	$(hg)^2$	h^2	g^2	h^2g^2	h	ghg	$(gh)^2$	hg^2
h^2g^3	h^2g^3	hg	hgh	g^3h^2	gh^2	g^3	$(hg)^2g$	g	g^2hg	h^2g	gh	ghg^2	h^2	h^2g^2	e	hg^2	g^2hg^2	$(gh)^2$	h	$(hg)^2$	ghg	g^2	g^2h	g^2h^2
gh^2	gh^2	g	gh	hgh	g^3	h^2g^3	ghg^2	h^2g	$(hg)^2g$	hg	g^3h^2	g^2hg	h	hg^2	h^2	g^2	$(gh)^2$	g^2h^2	e	ghg	g^2h	h^2g^2	$(hg)^2$	g^2hg^2
h^2g	h^2g	g^3h^2	g^3	hg	g^2hg	hgh	g	$(hg)^2g$	gh^2	h^2g^3	ghg^2	gh	h^2g^2	h^2	$(hg)^2$	g^2h	h	g^2	g^2hg^2	e	g^2h^2	$(gh)^2$	hg^2	ghg
hgh	hgh	h^2g^3	hg	ghg^2	h^2g	g^2hg	gh^2	g^3h^2	gh	$(hg)^2g$	g^3	g	$(hg)^2$	$(gh)^2$	g^2hg^2	h^2	ghg	h	h^2g^2	hg^2	e	g^2h	g^2h^2	g^2
ghg^2	ghg^2	g^2hg	$(hg)^2g$	gh^2	g^3h^2	g	hgh	g^3	hg	gh	h^2g	h^2g^3	g^2h^2	ghg	g^2	g^2hg^2	hg^2	$(hg)^2$	g^2h	$(gh)^2$	h^2g^2	e	h	h^2
g^2hg	g^2hg	$(hg)^2g$	ghg^2	g^3	hgh	h^2g	gh	h^2g^3	g	g^3h^2	hg	gh^2	g^2hg^2	g^2h	h^2g^2	$(gh)^2$	g^2	ghg	$(hg)^2$	g^2h^2	hg^2	h^2	e	h
$(hg)^2g$	$(hg)^2g$	ghg^2	g^2hg	h^2g^3	gh	hg	g^3h^2	gh^2	h^2g	hgh	g	g^3	$(gh)^2$	$(hg)^2$	hg^2	g^2h^2	h^2g^2	g^2h	ghg	g^2hg^2	g^2	h	h^2	e

現在開始分類，

由 $e^{-1}ee=e$、$h^{-1}eh=e$、$(h^2)^{-1}eh^2=e$、$(g^2h)^{-1}eg^2h=e$、$(hg^2)^{-1}ehg^2=e$、$(g^2h^2)^{-1}eg^2h^2=e$、$(h^2g^2)^{-1}eh^2g^2=e$、$(ghg)^{-1}eghg=e$、$(g^2hg^2)^{-1}eg^2hg^2=e$、$(g^2)^{-1}eg^2=e$、$((gh)^2)^{-1}e(gh)^2=e$、$((hg)^2)^{-1}e(hg)^2=e$、$g^{-1}eg=e$、$(g^3)^{-1}eg^3=e$、$(gh)^{-1}egh=e$、$(hg)^{-1}ehg=e$、$(g^3h^2)^{-1}eg^3h^2=e$、$(h^2g^3)^{-1}eh^2g^3=e$、$(gh^2)^{-1}egh^2=e$、$(h^2g)^{-1}eh^2g=e$、$(hgh)^{-1}ehgh=e$、$(ghg^2)^{-1}eghg^2=e$、$(g^2hg)^{-1}eg^2hg=e$、$((hg)^2g)^{-1}e(hg)^2g=e$，

所以 $E=\{e\}$ 自成一類；

由 $e^{-1}he=$、$h^{-1}hh=$、$(h^2)^{-1}hh^2=$、$(g^2h)^{-1}hg^2h=$、$(hg^2)^{-1}hhg^2=$、$(g^2h^2)^{-1}hg^2h^2=$、$(h^2g^2)^{-1}hh^2g^2=$、$(ghg)^{-1}hghg=$、$(g^2hg^2)^{-1}hg^2hg^2=$、$(g^2)^{-1}hg^2=$、$((gh)^2)^{-1}h(gh)^2=$、$((hg)^2)^{-1}h(hg)^2=$、$g^{-1}hg=$、$(g^3)^{-1}hg^3=$、$(gh)^{-1}hgh=$、$(hg)^{-1}hhg=$、$(g^3h^2)^{-1}hg^3h^2=$、$(h^2g^3)^{-1}hh^2g^3=$、$(gh^2)^{-1}hgh^2=$、$(h^2g)^{-1}hh^2g=$、$(hgh)^{-1}hhgh=$、$(ghg^2)^{-1}hghg^2=$、$(g^2hg)^{-1}hg^2hg=$、$((hg)^2g)^{-1}h(hg)^2g=$，

得 $C^{\pm}{}_{3j}=\{h, h^2, g^2h, hg^2, g^2h^2, h^2g^2, ghg, g^2hg^2\}$；

由 $e^{-1}g^2e=$、$h^{-1}g^2h=$、$(h^2)^{-1}g^2h^2=$、$(g^2h)^{-1}g^2g^2h=$、$(hg^2)^{-1}g^2hg^2=$、$(g^2h^2)^{-1}g^2g^2h^2=$、$(h^2g^2)^{-1}g^2h^2g^2=$、$(ghg)^{-1}g^2ghg=$、$(g^2hg^2)^{-1}g^2g^2hg^2=$、$(g^2)^{-1}g^2g^2=$、$((gh)^2)^{-1}g^2(gh)^2=$、$((hg)^2)^{-1}g^2(hg)^2=$、$g^{-1}g^2g=$、$(g^3)^{-1}g^2g^3=$、$(gh)^{-1}g^2gh=$、$(hg)^{-1}g^2hg=$、$(g^3h^2)^{-1}g^2g^3h^2=$、$(h^2g^3)^{-1}g^2h^2g^3=$、$(gh^2)^{-1}g^2gh^2=$、$(h^2g)^{-1}g^2h^2g=$、$(hgh)^{-1}g^2hgh=$、$(ghg^2)^{-1}g^2ghg^2=$、$(g^2hg)^{-1}g^2g^2hg=$、$((hg)^2g)^{-1}g^2(hg)^2g=$，

得 $C_{2m}=\{g^2, (gh)^2, (hg)^2\}$。

由 $e^{-1}ge=$、$h^{-1}gh=$、$(h^2)^{-1}gh^2=$、$(g^2h)^{-1}=gg^2h=$、$(hg^2)^{-1}ghg^2=$、$(g^2h^2)^{-1}gg^2h^2=$、$(h^2g^2)^{-1}gh^2g^2=$、$(ghg)^{-1}gghg=$、$(g^2hg^2)^{-1}gg^2hg^2=$、$(g^2)^{-1}gg^2=$、$((gh)^2)^{-1}g(gh)^2=$、$((hg)^2)^{-1}g(hg)^2=$、$g^{-1}gg=$、$(g^3)^{-1}gg^3=$、$(gh)^{-1}ggh=$、$(hg)^{-1}ghg=$、$(g^3h^2)^{-1}gg^3h^2=$、$(h^2g^3)^{-1}gh^2g^3=$、$(gh^2)^{-1}ggh^2=$、$(h^2g)^{-1}gh^2g=$、$(hgh)^{-1}ghgh=$、$(ghg^2)^{-1}gghg^2=$、$(g^2hg)^{-1}gg^2hg=$、$((hg)^2g)^{-1}g(hg)^2g=$，

得 $C_{2p}=\{g, g^3, gh, hg, g^3h^2, h^2g^3\}$

由 $e^{-1}gh^2e=$、$h^{-1}gh^2h=$、$(h^2)^{-1}gh^2h^2=$、$(g^2h)^{-1}gh^2g^2h=$、$(hg^2)^{-1}gh^2hg^2=$、$(g^2h^2)^{-1}gh^2g^2h^2=$、$(h^2g^2)^{-1}gh^2h^2g^2=$、$(ghg)^{-1}gh^2ghg=$、$(g^2hg^2)^{-1}gh^2g^2hg^2=$、$(g^2)^{-1}gh^2g^2=$、$((gh)^2)^{-1}gh^2(gh)^2=$、$((hg)^2)^{-1}gh^2(hg)^2=$、$g^{-1}gh^2g=$、$(g^3)^{-1}gh^2g^3=$、$(gh)^{-1}gh^2gh=$、$(hg)^{-1}gh^2hg=$、$(g^3h^2)^{-1}gh^2g^3h^2=$、$(h^2g^3)^{-1}gh^2h^2g^3=$、$(gh^2)^{-1}gh^2gh^2=$、$(h^2g)^{-1}gh^2h^2g=$、$(hgh)^{-1}gh^2hgh=$、$(ghg^2)^{-1}gh^2ghg^2=$、$(g^2hg)^{-1}gh^2g^2hg=$、$((hg)^2g)^{-1}gh^2(hg)^2g=$，

得 $C_{4m}^{\pm}=\{gh^2, h^2g, hgh, ghg^2, g^2hg, (hg)^2g\}$

由**廣義正交理論**的性質

$$h=24=l_1^2+l_2^2+l_3^2+l_4^2+l_5^2$$
$$=1^2+1^2+2^2+3^2+3^2$$

又 $g^4=h^3=e$，所以可以取 $g=\pm1$，$h=1$ 來找出 2 個**一維不可約表示**的**特徵值**，即

O	E	$C_{3j}^{\pm}$	C_{2m}	C_{2p}	$C_{4m}^{\pm}$
Γ_1	1	1	1	1	1
Γ_2	1	1	1	-1	-1
Γ_3	2	$\chi(\Gamma_3^{C_3^{\pm}})$	$\chi(\Gamma_3^{C_{2m}})$	$\chi(\Gamma_3^{C_{2p}})$	$\chi(\Gamma_3^{C_{4m}^{\pm}})$
Γ_4	3	$\chi(\Gamma_4^{C_{3j}^{\pm}})$	$\chi(\Gamma_4^{C_{2m}})$	$\chi(\Gamma_4^{C_{2p}})$	$\chi(\Gamma_4^{C_{4m}^{\pm}})$
Γ_5	3	$\chi(\Gamma_5^{C_{3j}^{\pm}})$	$\chi(\Gamma_5^{C_{2m}})$	$\chi(\Gamma_5^{C_{2p}})$	$\chi(\Gamma_5^{C_{4m}^{\pm}})$

而 O 群的 Γ_4 和 Γ_5 表示中的 $\chi(\Gamma_4^E)$、$\chi(\Gamma_4^{C_{2m}})$、$\chi(\Gamma_4^{C_{3j}^{\pm}})$ 及 $\chi(\Gamma_5^E)$、$\chi(\Gamma_5^{C_{2m}})$、$\chi(\Gamma_5^{C_{3j}^{\pm}})$，可以對應到 T 群的 Γ_4 表示 $\chi(\Gamma_4^E)=3$、$\chi(\Gamma_4^{C_{2m}})=-1$、$\chi(\Gamma_4^{C_{3j}^{\pm}})=0$。

先假設 $\begin{cases}\chi(\Gamma_4^E)=\chi(\Gamma_5^E)=3\\ \chi(\Gamma_4^{C_{2m}})=\chi(\Gamma_5^{2m})=-1\\ \chi(\Gamma_4^{C_{3j}^{\pm}})=\chi(\Gamma_5^{C_{3j}^{\pm}})=0\end{cases}$，我們將再以**廣義正交理論**來檢驗這個假設，則

O	E	$C_{3j}^{\pm}$	C_{2m}	C_{2p}	$C_{4m}^{\pm}$
Γ_1	1	1	1	1	1
Γ_2	1	1	1	-1	-1
Γ_3	2	$\chi(\Gamma_4^{C_{3j}^{\pm}})$	$\chi(\Gamma_3^{C_{2m}})$	$\chi(\Gamma_3^{C_{2p}})$	$\chi(\Gamma_3^{C_{4m}^{\pm}})$
Γ_4	3	0	-1	$\chi(\Gamma_4^{C_{2p}})$	$\chi(\Gamma_4^{C_{4m}^{\pm}})$
Γ_5	3	0	-1	$\chi(\Gamma_5^{C_{2p}})$	$\chi(\Gamma_5^{C_{4m}^{\pm}})$

由 E 和 $C_{3j}^{\pm}$的正交關係 $1\times1+1\times1+2\cdot\chi(\Gamma_4^{C_{3j}^{\pm}})+3\times0+3\times0=0$，得 $\chi(\Gamma_4^{C_{3j}^{\pm}})=-1$；

由 E 和 C_{2m} 的正交關係 $1\times1+1\times1+2\cdot\chi(\Gamma_4^{C_{2m}})+3\times(-1)+3\times(-1)=0$，得 $\chi(\Gamma_4^{C_{2m}})=2$；

由 Γ_1 和 Γ_3 的正交理論

$1\times2+8\times1\times(-1)+3\times1\times2+6\times1\cdot\chi(\Gamma_3^{C_{2p}})+6\times1\cdot\chi(\Gamma_4^{C_{4m}^{\pm}})=0$，

及 Γ_2 和 Γ_3 的正交理論

$1\times2+8\times1\times(-1)+3\times1\times2+6\times(-1)\cdot\chi(\Gamma_3^{C_{2p}})+6\times1\cdot\chi(\Gamma_3^{C_{4m}^{\pm}})=0$，

得 $\chi(\Gamma_3^{C_{2p}})+\chi(\Gamma_3^{C_{4m}^{\pm}})=0$；

又由廣義正交理論的性質：

$1\times2^2+8\times(-1)^2+3\times2^2+6\times[\chi(\Gamma_3^{C_{2p}})]^2+6\times[\chi(\Gamma_3^{C_{4m}^{\pm}})]^2=24$

所以 $\chi(\Gamma_3^{C_{2p}})=0$、$\chi(\Gamma_3^{C_{4m}^{\pm}})=0$。

由 Γ_1 和 Γ_4 的正交理論

$1\times3+8\times1\times0+3\times1\times(-1)+6\times1\cdot\chi(\Gamma_4^{C_{2p}})+6\times1\cdot\chi(\Gamma_4^{C_{4m}^{\pm}})=0$，

及 Γ_2 和 Γ_4 的正交理論

$1\times3+8\times1\times0+3\times1\times(-1)+6\times(-1)\cdot\chi(\Gamma_4^{C_{2p}})+6\times(-1)\cdot\chi(\Gamma_4^{C_{4m}^{\pm}})=0$，

得 $\chi(\Gamma_4^{C_{2p}})=0+\chi(\Gamma_4^{C_{4m}^{\pm}})=0$；

又由廣義正交理論的性質：

$$1\times 3^2+8\times 0^2+3\times(-1)^2+6\times\left[\chi(\Gamma_4^{C_{2p}})\right]^2+6\times\left[\chi(\Gamma_4^{C_{4m}^{\pm}})\right]^2=24$$

所以 $\chi(\Gamma_4^{C_{2p}})=-1$、$\chi(\Gamma_4^{C_{4m}^{\pm}})=+1$。

由 Γ_1 和 Γ_5 的正交理論

$$1\times 3+8\times 1\times 0+3\times 1\times(-1)+6\times 1\cdot\chi(\Gamma_5^{C_{2p}})+6\times 1\cdot\chi(\Gamma_5^{C_{4m}^{\pm}})=0,$$

及 Γ_2 和 Γ_5 的正交理論

$$1\times 3+8\times 1\times 0+3\times 1\times(-1)+6\times(-1)\cdot\chi(\Gamma_5^{C_{2p}})+6\times(-1)\cdot\chi(\Gamma_5^{C_{4m}^{\pm}})=0,$$

得 $\chi(\Gamma_5^{C_{2p}})+\chi(\Gamma_5^{C_{4m}^{\pm}})=0$；

又由廣義正交理論的性質：

$$1\times 3^2+8\times 0^2+3\times(-1)^2+6\times\left[\chi(\Gamma_5^{C_{2p}})\right]^2+6\times\left[\chi(\Gamma_5^{C_{4m}^{\pm}})\right]^2=24$$

且考慮 Γ_4 不可約表示，則取 $\chi(\Gamma_5^{C_{2p}})=1$、$\chi(\Gamma_5^{C_{4m}^{\pm}})=-1$。

綜合以上的結果得 O 群的特徵值表為

O	E	$C_{3j}^{\pm}$	C_{2m}	C_{2p}	$C_{4m}^{\pm}$
Γ_1	1	1	1	1	1
Γ_2	1	1	1	−1	−1
Γ_3	2	−1	2	0	0
Γ_4	3	0	−1	−1	1
Γ_5	3	0	−1	1	−1

其中 Γ_4 和 Γ_5 的特徵值滿足廣義正交性質，所以 $\chi(\Gamma_4^E)=\chi(\Gamma_5^E)=3$、$\chi(\Gamma_4^{C_{2m}})=\chi(\Gamma_5^{C_{2m}})=-1$、$\chi(\Gamma_4^{C_{3j}^{\pm}})=\chi(\Gamma_5^{C_{3j}^{\pm}})=0$的假設是成立的。

第四章

1. $\{R|\vec{t}\}\vec{x}+\{R|\vec{t}\}\vec{y}=R\vec{x}+\vec{t}+R\vec{y}+\vec{t}$

$$=R(\vec{x}+\vec{y})+2\vec{t}$$

$$=\{R|2\vec{t}\}(\vec{x}+\vec{y})\neq\{R|\vec{t}\}(\vec{x}+\vec{y})$$

所以 $\{R|\vec{t}\}\vec{x}+\{R|\vec{t}\}\vec{y}\neq\{R|\vec{t}\}(\vec{x}+\vec{y})$

2. 由 (4.6) 可得 $\{\beta|\vec{b}\}\{\alpha|\vec{a}\}=\{\beta\alpha|\vec{b}+\beta\vec{a}\}$

由 (4.7) 可得 $\{E|\vec{t}\}^{-1}=\{E^{-1}|-E^{-1}\vec{t}\}=\{E|-\vec{t}\}$

則 $\{\alpha|\vec{a}\}^{-1}\{\beta|\vec{b}\}\{\alpha|\vec{a}\}=\{\alpha^{-1}|-\alpha^{-1}\vec{a}\}\{\beta\alpha|\vec{b}+\beta\vec{a}\}$

$=\{\alpha^{-1}\beta\alpha|-\alpha^{-1}\vec{a}+\alpha^{-1}(\vec{b}+\beta\vec{a})\}=\{\alpha^{-1}\beta\alpha|\alpha^{-1}(\vec{b}+\beta\vec{a}-\vec{a})\}$得證。

3. 由 4.1 的結果可得 $\{\alpha|\vec{a}\}^{-1}\{E|\vec{t}\}\{\alpha|\vec{a}\}=\{\alpha^{-1}E\alpha|\alpha^{-1}(\vec{t}+\vec{a}-\vec{a})\}$

$=\{E|\alpha^{-1}\vec{t}\}$ 得證。

4. 由 (4.6) 可得 $\{E|\vec{t}\}\{\alpha|0\}=\{E\alpha|\vec{t}+E\cdot 0\}=\{\alpha|\vec{t}\}$

由 (4, 7) 可得 $\{E|\vec{t}\}^{-1}=\{E^{-1}|-E^{-1}\vec{t}\}=\{E|-\vec{t}\}$

則 $\{E|\vec{t}\}\{\alpha|0\}\{E|\vec{t}\}^{-1}=\{\alpha|\vec{t}\}\{E|-\vec{t}\}=\{\alpha E|\vec{t}-\alpha\vec{t}\}=\{\alpha|\vec{t}-\alpha\vec{t}\}$ 得證。

5. 從 R_1 作為起始點，由**晶格平移操作**和四個**滑移操作**依序可構成此 *p2mm* 二維晶體。

由 R_1 開始：

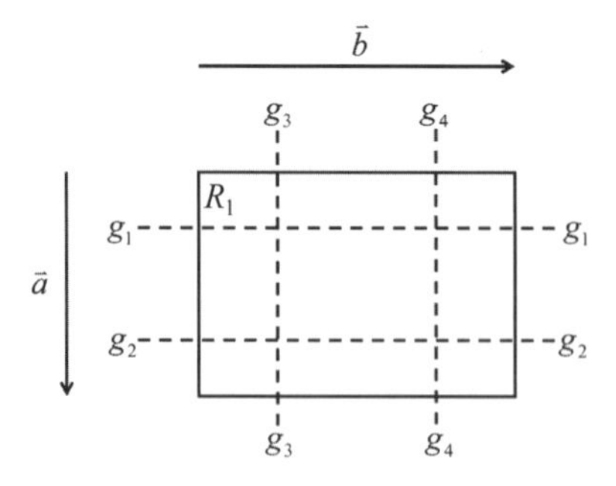

(1) $1\xrightarrow{g_1}2$；

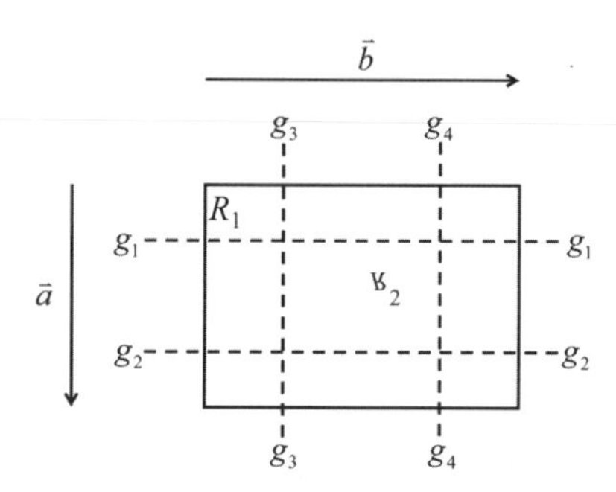

(2) $1 \xrightarrow{g_3} 3$；

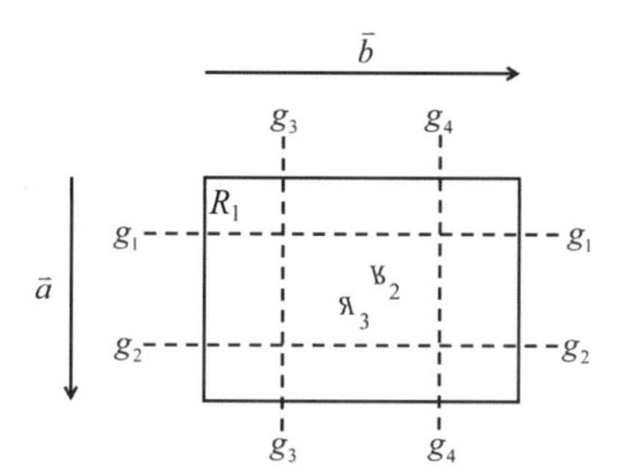

(3) $3 \xrightarrow{g_2} 4$；

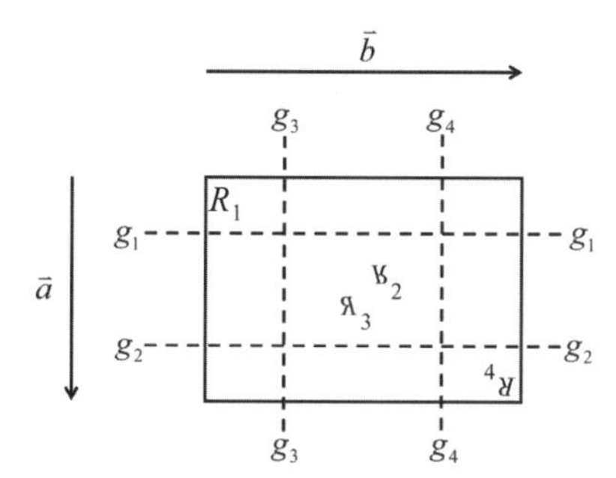

(4) $4 \xrightarrow{-\vec{b}} 4'$；

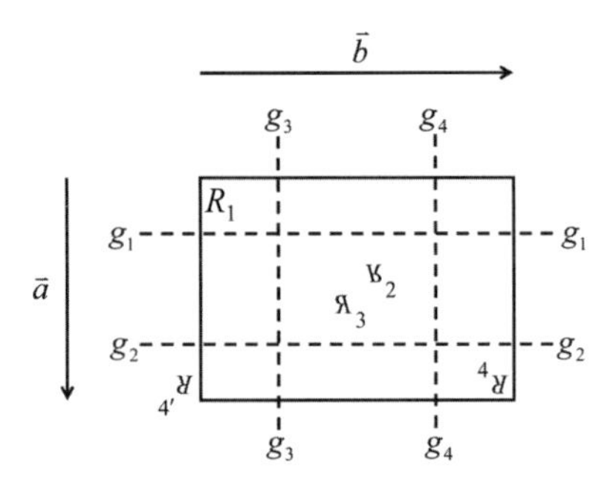

(5) $4' \xrightarrow{-\vec{a}} 4''$；

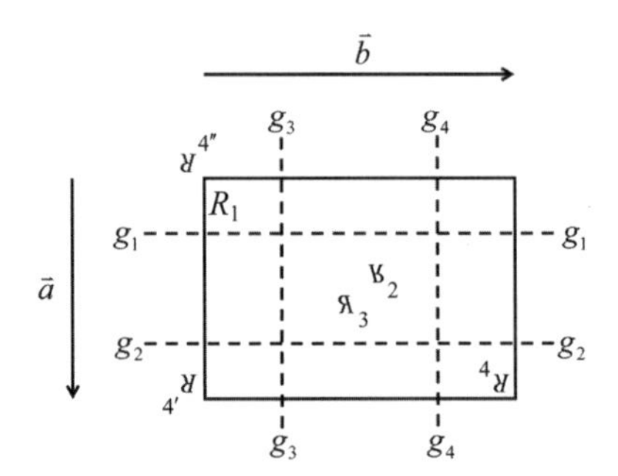

(6) $4'' \xrightarrow{\vec{b}} 4'''$；

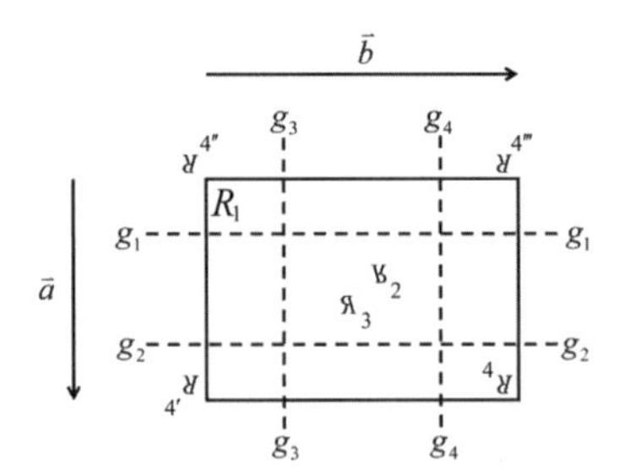

(7) $1 \xrightarrow{\vec{a}} 1'$；

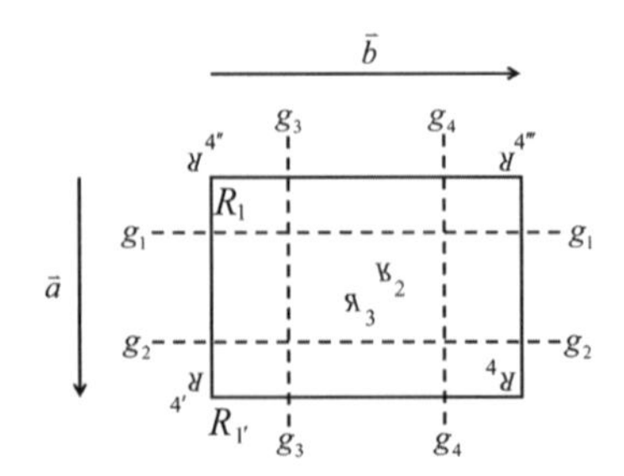

(8) $1 \xrightarrow{\vec{b}} 1'''$；

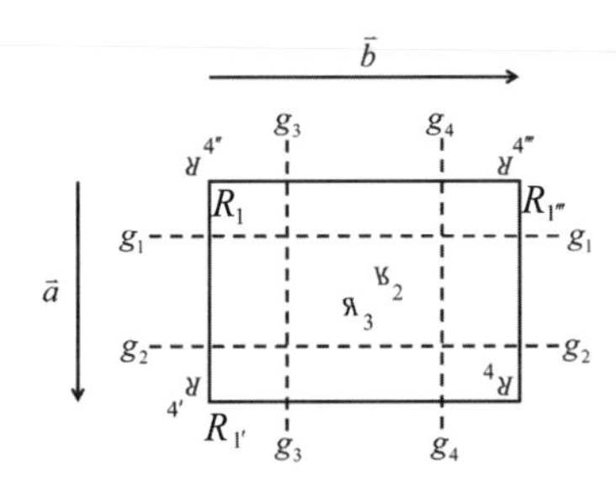

(9) $1' \xrightarrow{\vec{b}} 1''$

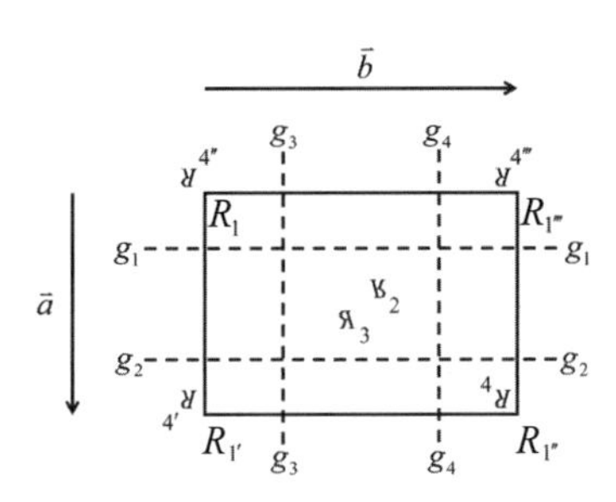

第五章

1. 設 $\mathscr{R}_z(\theta)$ 為 $R_z(\theta)$ 的不可約表示，則

$$\mathscr{R}_z(\theta)=S^{-1}R_z(\theta)S=\frac{1}{\sqrt{2}}\begin{bmatrix}1 & -i\\ -i & 1\end{bmatrix}\begin{bmatrix}\cos\theta & -\sin\theta\\ \sin\theta & \cos\theta\end{bmatrix}\frac{1}{\sqrt{2}}\begin{bmatrix}1 & i\\ i & 1\end{bmatrix}$$

$$=\frac{1}{2}\begin{bmatrix}1 & -i\\ -i & 1\end{bmatrix}\begin{bmatrix}\cos\theta-i\sin\theta & i\cos\theta-\sin\theta\\ \sin\theta+i\cos\theta & i\sin\theta+\cos\theta\end{bmatrix}$$

$$=\frac{1}{2}\begin{bmatrix}\cos\theta-i\sin\theta-i\sin\theta+\cos\theta & 0\\ 0 & \cos\theta+i\sin\theta+i\sin\theta+\cos\theta\end{bmatrix}$$

$$=\begin{bmatrix}e^{-i\theta} & 0\\ 0 & e^{+i\theta}\end{bmatrix}$$

這個結果顯示：一個平面旋轉的**緊緻李群**之**實數可約的么正表示**透過**相似轉換**之後，對角化成複數的**不可約表示**。

2. 由題目所給的關係式或 (5.3) 的關係式得：

$$R_\alpha Y_2^{-2}(\theta,\phi)=Y_2^{-2}(\theta,\phi-\alpha)=e^{-i2\alpha}Y_2^{-2}(\theta,\phi)$$

$$R_\alpha Y_2^{-1}(\theta,\phi)=Y_2^{-1}(\theta,\phi-\alpha)=e^{-i\alpha}Y_2^{-1}(\theta,\phi)$$

$$R_\alpha Y_2^{0}(\theta,\phi)=Y_2^{0}(\theta,\phi-\alpha)=e^{i0\alpha}Y_2^{0}(\theta,\phi)=Y_2^{0}(\theta,\phi)$$

$$R_\alpha Y_2^{1}(\theta,\phi)=Y_2^{1}(\theta,\phi-\alpha)=e^{i\alpha}Y_2^{1}(\theta,\phi)$$

$$R_\alpha Y_2^{2}(\theta,\phi)=Y_2^{2}(\theta,\phi-\alpha)=e^{i2\alpha}Y_2^{2}(\theta,\phi)$$

我們可以將以上五個運算關係寫成矩陣關係如下：

則 $$\begin{bmatrix}Y_2^{-2}\\ Y_2^{-1}\\ Y_2^{0}\\ Y_2^{1}\\ Y_2^{2}\end{bmatrix}=\begin{bmatrix}e^{-i2\alpha} & 0 & 0 & 0 & 0\\ 0 & e^{-i\alpha} & 0 & 0 & 0\\ 0 & 0 & 1 & 0 & 0\\ 0 & 0 & 0 & e^{i\alpha} & 0\\ 0 & 0 & 0 & 0 & e^{i2\alpha}\end{bmatrix}\begin{bmatrix}Y_2^{-2}\\ Y_2^{-1}\\ Y_2^{0}\\ Y_2^{1}\\ Y_2^{2}\end{bmatrix}$$

即 $\Gamma^2(\alpha)=\begin{bmatrix} e^{-i2\alpha} & 0 & 0 & 0 & 0 \\ 0 & e^{-i\alpha} & 0 & 0 & 0 \\ 0 & 0 & 1 & 0 & 0 \\ 0 & 0 & 0 & e^{i\alpha} & 0 \\ 0 & 0 & 0 & 0 & e^{i2\alpha} \end{bmatrix}$。

3. $e^{-il\alpha}+e^{-i(l-1)\alpha}+\cdots+e^{i(l-1)\alpha}+e^{il\alpha}$

$=e^{il\alpha}+e^{i(l-1)\alpha}+\cdots+e^{-i(l-1)\alpha}+e^{-il\alpha}$

$=e^{-il\alpha}[e^{i2l\alpha}+e^{i(2l-1)\alpha}+\cdots+e^{i\alpha}+1]$

$=e^{-il\alpha}\dfrac{e^{i(2l+1)\alpha}-1}{e^{i\alpha}-1}$

$=\dfrac{e^{i(l+1)\alpha}-e^{-il\alpha}}{e^{i\alpha}-1}$

$=\dfrac{[e^{i(l+1)\alpha}-e^{-il\alpha}]}{e^{i\frac{\alpha}{2}}\left(e^{i\frac{\alpha}{2}}-e^{-i\frac{\alpha}{2}}\right)}$

$=\dfrac{e^{-i\frac{\alpha}{2}}[e^{i(l+1)\alpha}-e^{-il\alpha}]}{i2\sin\left(\frac{\alpha}{2}\right)}$

$=\dfrac{\left[e^{i\left(l+\frac{1}{2}\right)\alpha}-e^{-i\left(l+\frac{1}{2}\right)\alpha}\right]}{i2\sin\left(\frac{\alpha}{2}\right)}$

$=\dfrac{i2\sin\left(l+\frac{1}{2}\right)\alpha}{i2\sin\left(\frac{\alpha}{2}\right)}$

$=\dfrac{\sin\left(l+\frac{1}{2}\right)\alpha}{\sin\frac{1}{2}\alpha}$

4. 由 $\chi^J(\phi)=\sum\limits_{M_J=-J}^{J}e^{iM_J\phi}=\dfrac{\sin[(2J+1)\phi/2]}{\sin(\phi/2)}$，其中 $J=\frac{1}{2}, 1, \frac{3}{2}, 2, \frac{5}{2}\cdots$，

則當 $J=\frac{1}{2},\frac{3}{2},\frac{5}{2}\cdots$，試證：

(1) 當 $\phi = 2\pi$，則

$$\chi^{\frac{1}{2}}(2\pi) = \sum_{M_J=-\frac{1}{2}}^{\frac{1}{2}} e^{iM_J 2\pi} = e^{-i\cdot\frac{1}{2}\cdot 2\pi} + e^{i\cdot\frac{1}{2}\cdot 2\pi} = (-1) + (-1) = -2$$

$$= -\left(2\cdot\frac{1}{2}+1\right)$$

$$\chi^{\frac{3}{2}}(2\pi) = \sum_{M_J=-\frac{3}{2}}^{\frac{3}{2}} e^{iM_J 2\pi} = e^{-i\cdot\frac{3}{2}\cdot 2\pi} + e^{-i\cdot\frac{1}{2}\cdot 2\pi} + e^{i\cdot\frac{1}{2}\cdot 2\pi} + e^{i\cdot\frac{3}{2}\cdot 2\pi}$$

$$= (-1) + (-1) + (-1) + (-1) = -4 = -\left(2\cdot\frac{3}{2}+1\right)$$

$$\vdots$$

$$\chi^{J}(2\pi) = \sum_{M_J=-J}^{J} e^{iM_J 2\pi} = e^{-iJ2\pi} + e^{-i(J-1)2\pi} \cdots + e^{i(J-1)2\pi} + e^{iJ2\pi}$$

$$= -(2J+1)$$

所以 $\chi^J(2\pi) = -(2J+1)$ 得證。

(2)

$$\chi^J(2\pi+\phi) = \frac{\sin\left[\frac{(2J+1)(2\pi+\phi)}{2}\right]}{\sin\left(\frac{2\pi+\phi}{2}\right)} = \frac{\sin\left[(2J+1)\left(\pi+\frac{\phi}{2}\right)\right]}{-\sin(\phi/2)}$$

$$= \frac{\sin\left[(2J+1)\frac{\phi}{2}\right]}{-\sin(\phi/2)} = -\chi^J(\phi)$$

所以 $\chi^J(2\pi+\phi) = -\chi^J(\phi)$ 得證。

(3)

$$\chi^J(4\pi+\phi) = \frac{\sin\left[\frac{(2J+1)(4\pi+\phi)}{2}\right]}{\sin\left(\frac{4\pi+\phi}{2}\right)} = \frac{\sin\left[(2J+1)\left(2\pi+\frac{\phi}{2}\right)\right]}{\sin(\phi/2)}$$

$$= \frac{\sin\left[(2J+1)\frac{\phi}{2}\right]}{\sin(\phi/2)} = \chi^J(\phi)$$

所以 $\chi^J(4\pi+\phi)=\chi^J(\phi)$ 得證。

5. 我們當然可以把每一個**表示**的每一個**操作**逐一帶入 (5.6) 式而完成**全旋轉群**的旋轉操作的**特徵值表**，但是也可以找出一些簡單的規律球出各**特徵值**。

首先找出各**旋轉操作**的角度 α：

$E \Rightarrow \alpha = 0$

$C_2 \Rightarrow \alpha = \pi$

$C_3 \Rightarrow \alpha = \dfrac{2\pi}{3}$

$C_4 \Rightarrow \alpha = \dfrac{2\pi}{4}$

$C_6 \Rightarrow \alpha = \dfrac{2\pi}{6}$

對 E **操作**而言 $\alpha=0$，則 $\chi^j(0)=2j+1$，所以

Γ_j	E	C_2	C_3	C_4	C_6
Γ_0	1	?	?	?	?
Γ_1	3	?	?	?	?
Γ_2	5	?	?	?	?
Γ_3	7	?	?	?	?
Γ_4	9	?	?	?	?
Γ_5	11	?	?	?	?
Γ_6	13	?	?	?	?
Γ_7	15	?	?	?	?
$\Gamma_{1/2}$	2	?	?	?	?
$\Gamma_{3/2}$	4	?	?	?	?
$\Gamma_{5/2}$	6	?	?	?	?
$\Gamma_{7/2}$	8	?	?	?	?
$\Gamma_{9/2}$	10	?	?	?	?
$\Gamma_{11/2}$	12	?	?	?	?
$\Gamma_{13/2}$	14	?	?	?	?
$\Gamma_{15/2}$	16	?	?	?	?

對 C_2 **操作**而言，因為 $\alpha=\pi$，則由 $\chi^j(\pi)=\dfrac{\sin\left(j+\dfrac{1}{2}\right)\pi}{\sin\dfrac{1}{2}\pi}$，可知

$\sin\left(\frac{\pi}{2}\right)=1$，所以無論 j 是整數或半整數，其**特徵值**完全取決於關係式中的分子 $\sin\left(j+\frac{1}{2}\right)\pi$ 的數值，

當 $j=0, 2, 4, 6$，則 $\sin\left(j+\frac{1}{2}\right)\pi=\sin\frac{\pi}{2}=1\Rightarrow\chi^{j=0,2,4,6}(C_2)=\frac{1}{1}=1$；

當 $j=1, 3, 5, 7$，則 $\sin\left(j+\frac{1}{2}\right)\pi=\cos\pi=-1\Rightarrow\chi^{j=1,3,5,7}(C_2)$

$$=\frac{-1}{1}=-1\text{；}$$

當 $j=\frac{1}{2},\frac{3}{2},\frac{5}{2},\frac{7}{2},\frac{9}{2},\frac{11}{2},\frac{13}{2},\frac{15}{2}$，則 $\sin\left(j+\frac{1}{2}\right)\pi=\sin2\pi=0$

$$\Rightarrow\chi^{j=\frac{1}{2},\frac{3}{2},\frac{5}{2},\frac{7}{2},\frac{9}{2},\frac{11}{2},\frac{13}{2},\frac{15}{2}}(C_2)=\frac{0}{1}=0\text{，}$$

所以

Γ_j	E	C_2	C_3	C_4	C_6
Γ_0	1	1	?	?	?
Γ_1	3	−1	?	?	?
Γ_2	5	1	?	?	?
Γ_3	7	−1	?	?	?
Γ_4	9	1	?	?	?
Γ_5	11	−1	?	?	?
Γ_6	13	1	?	?	?
Γ_7	15	−1	?	?	?
$\Gamma_{1/2}$	2	0	?	?	?
$\Gamma_{3/2}$	4	0	?	?	?
$\Gamma_{5/2}$	6	0	?	?	?
$\Gamma_{7/2}$	8	0	?	?	?
$\Gamma_{9/2}$	10	0	?	?	?
$\Gamma_{11/2}$	12	0	?	?	?
$\Gamma_{13/2}$	14	0	?	?	?
$\Gamma_{15/2}$	16	0	?	?	?

對 C_3 操作而言，因為 $\alpha=\frac{2\pi}{3}$，則 $\sin\left(\frac{1}{2}\,\frac{2\pi}{3}\right)=\frac{\sqrt{3}}{2}$，

當 $j=0, 3, 6, \frac{1}{2}, \frac{7}{2}, \frac{13}{2}$，則 $\sin\left(j+\frac{1}{2}\right)\frac{\pi}{3}=\frac{\sqrt{3}}{2}\Rightarrow\chi^{j=0,3,6,\frac{1}{2},\frac{7}{2},\frac{13}{2}}(C_3)$；

$$=\frac{\sqrt{3}/2}{\sqrt{3}/2}=1$$

當 $j=1, 4, 7, \frac{5}{2}, \frac{11}{2}$，則 $\sin\left(j+\frac{1}{2}\right)\frac{2\pi}{3}=0\Rightarrow\chi^{j=1,4,7,\frac{5}{2},\frac{11}{2}}(C_3)$；

$$=\frac{0}{\sqrt{3}/2}=0$$

當 $j=2, 5, \frac{3}{2}, \frac{9}{2}, \frac{15}{2}$，則 $\sin\left(j+\frac{1}{2}\right)\frac{2\pi}{3}=-\frac{\sqrt{3}}{2}\Rightarrow\chi^{j=2,5,\frac{3}{2},\frac{9}{2},\frac{15}{2}}(C_3)$，

$$=\frac{-\sqrt{3}/2}{\sqrt{3}/2}=-1$$

所以

Γ_j	E	C_2	C_3	C_4	C_6
Γ_0	1	1	1	?	?
Γ_1	3	−1	0	?	?
Γ_2	5	1	−1	?	?
Γ_3	7	−1	1	?	?
Γ_4	9	1	0	?	?
Γ_5	11	−1	−1	?	?
Γ_6	13	1	1	?	?
Γ_7	15	−1	0	?	?
$\Gamma_{1/2}$	2	0	1	?	?
$\Gamma_{3/2}$	4	0	−1	?	?
$\Gamma_{5/2}$	6	0	0	?	?
$\Gamma_{7/2}$	8	0	1	?	?
$\Gamma_{9/2}$	10	0	−1	?	?
$\Gamma_{11/2}$	12	0	0	?	?
$\Gamma_{13/2}$	14	0	1	?	?
$\Gamma_{15/2}$	16	0	−1	?	?

對 C_4 操作而言，因為 $\alpha=\frac{2\pi}{4}$，則 $\sin\left(\frac{1}{2}\,\frac{2\pi}{4}\right)=\frac{\sqrt{2}}{2}$

當 $j=0, 1, 4, 5$，則 $\sin\left(j+\frac{1}{2}\right)\frac{2\pi}{4}=\frac{\sqrt{2}}{2}\Rightarrow\chi^{j=0,1,4,5}(C_4)=\frac{\sqrt{2}/2}{\sqrt{2}/2}=1$；

當 $j=2, 3, 6, 7$，則 $\sin\left(j+\frac{1}{2}\right)\frac{2\pi}{4}=-\frac{\sqrt{2}}{2}\Rightarrow\chi^{j=2,3,6,7}(C_4)$；

$$=\frac{-\sqrt{2}/2}{\sqrt{2}/2}=-1$$

當 $j=\frac{1}{2}, \frac{9}{2}$，則 $\sin\left(j+\frac{1}{2}\right)\frac{2\pi}{4}=1\Rightarrow\chi^{j=\frac{1}{2},\frac{9}{2}}(C_4)=\frac{1}{\sqrt{2}/2}=\sqrt{2}$；

當 $j=\frac{3}{2}, \frac{7}{2}, \frac{11}{2}, \frac{15}{2}$，則 $\sin\left(j+\frac{1}{2}\right)\pi=\sin 2\pi=0\Rightarrow\chi^{j=\frac{3}{2},\frac{7}{2},\frac{11}{2},\frac{15}{2}}(C_4)$；

$$=\frac{0}{\sqrt{2}/2}=0$$

當 $j=\frac{5}{2}, \frac{13}{2}$，則 $\sin\left(j+\frac{1}{2}\right)\frac{2\pi}{4}=-1\Rightarrow\chi^{j=\frac{5}{2},\frac{13}{2}}(C_4)=\frac{-1}{\sqrt{2}/2}=-\sqrt{2}$，

所以

Γ_j	E	C_2	C_3	C_4	C_6
Γ_0	1	1	1	1	?
Γ_1	3	−1	0	1	?
Γ_2	5	1	−1	−1	?
Γ_3	7	−1	1	−1	?
Γ_4	9	1	0	1	?
Γ_5	11	−1	−1	1	?
Γ_6	13	1	1	−1	?
Γ_7	15	−1	0	−1	?
$\Gamma_{1/2}$	2	0	1	$\sqrt{2}$	?
$\Gamma_{3/2}$	4	0	−1	0	?
$\Gamma_{5/2}$	6	0	0	$-\sqrt{2}$	?
$\Gamma_{7/2}$	8	0	1	0	?
$\Gamma_{9/2}$	10	0	−1	$\sqrt{2}$	?
$\Gamma_{11/2}$	12	0	0	0	?
$\Gamma_{13/2}$	14	0	1	$-\sqrt{2}$	?
$\Gamma_{15/2}$	16	0	−1	0	?

對 C_6 操作而言，因為 $\alpha=\dfrac{2\pi}{6}$，則 $\sin\left(\dfrac{1}{2}\ \dfrac{2\pi}{6}\right)=\dfrac{1}{2}$

當 $j=0, 2, 6$，則 $\sin\left(j+\dfrac{1}{2}\right)\dfrac{2\pi}{6}=\dfrac{1}{2}\Rightarrow\chi^{j=0,2,6}(C_6)=\dfrac{1/2}{1/2}=1$；

當 $j=1, 7$，則 $\sin\left(j+\dfrac{1}{2}\right)\dfrac{2\pi}{6}=1\Rightarrow\chi^{j=1,7}(C_4)=\dfrac{1}{1/2}=2$；

當 $j=3, 5$，則 $\sin\left(j+\dfrac{1}{2}\right)\dfrac{2\pi}{6}=-\dfrac{1}{2}\Rightarrow\chi^{j=3,5}(C_6)=\dfrac{-1/2}{1/2}=-1$；

當 $j=\dfrac{1}{2}, \dfrac{3}{2}, \dfrac{13}{2}, \dfrac{15}{2}$，則 $\sin\left(j+\dfrac{1}{2}\right)\dfrac{2\pi}{6}=\dfrac{\sqrt{3}}{2}\Rightarrow\chi^{j=\frac{1}{2},\frac{3}{2},\frac{13}{2},\frac{15}{2}}(C_6)$；

$$=\frac{\sqrt{3}/2}{1/2}=\sqrt{3}$$

當 $j=\dfrac{5}{2}, \dfrac{11}{2}$，則 $\sin\left(j+\dfrac{1}{2}\right)\dfrac{2\pi}{6}=0\Rightarrow\chi^{j=\frac{5}{2},\frac{11}{2}}(C_6)=\dfrac{0}{1/2}=0$；

當 $j=\dfrac{7}{2}, \dfrac{9}{2}$，則 $\sin\left(j+\dfrac{1}{2}\right)\dfrac{2\pi}{6}=-\dfrac{\sqrt{3}}{2}\Rightarrow\chi^{j=\frac{7}{2},\frac{9}{2}}(C_6)$，

$$=\frac{-\sqrt{3}/2}{1/2}=-\sqrt{3}$$

所以**全旋轉群的旋轉操作特徵值表**完成如下：

Γ_j	E	C_2	C_3	C_4	C_6
Γ_0	1	1	1	1	1
Γ_1	3	−1	0	1	2
Γ_2	5	1	−1	−1	1
Γ_3	7	−1	1	−1	−1
Γ_4	9	1	0	1	−2
Γ_5	11	−1	−1	1	−1
Γ_6	13	1	1	−1	1
Γ_7	15	−1	0	−1	2
$\Gamma_{1/2}$	2	0	1	$\sqrt{2}$	$\sqrt{3}$
$\Gamma_{3/2}$	4	0	−1	0	$\sqrt{3}$
$\Gamma_{5/2}$	6	0	0	$-\sqrt{2}$	0
$\Gamma_{7/2}$	8	0	1	0	$-\sqrt{3}$
$\Gamma_{9/2}$	10	0	−1	$\sqrt{2}$	$-\sqrt{3}$
$\Gamma_{11/2}$	12	0	0	0	0
$\Gamma_{13/2}$	14	0	1	$-\sqrt{2}$	$\sqrt{3}$
$\Gamma_{15/2}$	16	0	−1	0	$\sqrt{3}$

6. (1) 我們可以先找出單值群 $D_4(422)$ 的乘積表，模仿例 5.3 的方法找出雙群 ${}^dD_4$ 的乘積表。

由 $C_{2z}C_{2z}=\begin{bmatrix}\eta^2 & 0\\ 0 & \eta^6\end{bmatrix}\begin{bmatrix}\eta^2 & 0\\ 0 & \eta^6\end{bmatrix}=\begin{bmatrix}\eta^4 & 0\\ 0 & \eta^4\end{bmatrix}=\overline{E}$ ；

$$C_{2z}C_{4z}^{+}=\begin{bmatrix}\eta^2 & 0\\ 0 & \eta^6\end{bmatrix}\begin{bmatrix}\eta & 0\\ 0 & \eta^7\end{bmatrix}=\begin{bmatrix}\eta^3 & 0\\ 0 & \eta^5\end{bmatrix}=C_{4z}^{-}\ ;$$

$$C_{2z}C_{4z}^{-}=\begin{bmatrix}\eta^2 & 0\\ 0 & \eta^6\end{bmatrix}\begin{bmatrix}\eta^3 & 0\\ 0 & \eta^5\end{bmatrix}=\begin{bmatrix}\eta^5 & 0\\ 0 & \eta^3\end{bmatrix}=\overline{C}_{4z}^{+}\ ;$$

$$C_{2z}C_{2x}=\begin{bmatrix}\eta^2 & 0\\ 0 & \eta^6\end{bmatrix}\begin{bmatrix}0 & \eta^2\\ \eta^2 & 0\end{bmatrix}=\begin{bmatrix}0 & \eta^4\\ \eta^8 & 0\end{bmatrix}=\overline{C}_{2y}\ ;$$

$$C_{2z}C_{2y}=\begin{bmatrix}\eta^2 & 0\\ 0 & \eta^6\end{bmatrix}\begin{bmatrix}0 & \eta^8\\ \eta^4 & 0\end{bmatrix}=\begin{bmatrix}0 & \eta^2\\ \eta^2 & 0\end{bmatrix}=C_{2x}\ ;$$

$$C_{2z}C_{2a}=\begin{bmatrix}\eta^2 & 0\\ 0 & \eta^6\end{bmatrix}\begin{bmatrix}0 & \eta^5\\ \eta^7 & 0\end{bmatrix}=\begin{bmatrix}0 & \eta^7\\ \eta^5 & 0\end{bmatrix}=C_{2b}\ ;$$

$$C_{2z}C_{2b}=\begin{bmatrix}\eta^2 & 0\\ 0 & \eta^6\end{bmatrix}\begin{bmatrix}0 & \eta^7\\ \eta^5 & 0\end{bmatrix}=\begin{bmatrix}0 & \eta\\ \eta^3 & 0\end{bmatrix}=\overline{C}_{2a}\ ;$$

$$C_{4z}^{+}C_{2z}=\begin{bmatrix}\eta & 0\\ 0 & \eta^7\end{bmatrix}\begin{bmatrix}\eta^2 & 0\\ 0 & \eta^6\end{bmatrix}=\begin{bmatrix}\eta^3 & 0\\ 0 & \eta^5\end{bmatrix}=C_{4z}^{-}\ ;$$

$$C_{4z}^{+}C_{4z}^{+}=\begin{bmatrix}\eta & 0\\ 0 & \eta^7\end{bmatrix}\begin{bmatrix}\eta & 0\\ 0 & \eta^7\end{bmatrix}=\begin{bmatrix}\eta^2 & 0\\ 0 & \eta^6\end{bmatrix}=C_{2z}\ ;$$

$$C_{4z}^{+}C_{4z}^{-}=\begin{bmatrix}\eta & 0\\ 0 & \eta^7\end{bmatrix}\begin{bmatrix}\eta^3 & 0\\ 0 & \eta^5\end{bmatrix}=\begin{bmatrix}\eta^4 & 0\\ 0 & \eta^4\end{bmatrix}=\overline{E}\ ;$$

$$C_{4z}^{+}C_{2x}=\begin{bmatrix}\eta & 0\\ 0 & \eta^7\end{bmatrix}\begin{bmatrix}0 & \eta^2\\ \eta^2 & 0\end{bmatrix}=\begin{bmatrix}0 & \eta^3\\ \eta & 0\end{bmatrix}=\overline{C}_{2b}\ ;$$

$$C_{4z}^{+}C_{2y}=\begin{bmatrix}\eta & 0\\ 0 & \eta^7\end{bmatrix}\begin{bmatrix}0 & \eta^8\\ \eta^4 & 0\end{bmatrix}=\begin{bmatrix}0 & \eta\\ \eta^3 & 0\end{bmatrix}=\overline{C}_{2a}\ ;$$

$$C_{4z}^{+}C_{2a}=\begin{bmatrix}\eta & 0\\ 0 & \eta^7\end{bmatrix}\begin{bmatrix}0 & \eta^5\\ \eta^7 & 0\end{bmatrix}=\begin{bmatrix}0 & \eta^6\\ \eta^6 & 0\end{bmatrix}=\overline{C}_{2x}\ ;$$

$$C_{4z}^{+}C_{2b}=\begin{bmatrix}\eta & 0\\ 0 & \eta^{7}\end{bmatrix}\begin{bmatrix}0 & \eta^{7}\\ \eta^{5} & 0\end{bmatrix}=\begin{bmatrix}0 & \eta^{8}\\ \eta^{4} & 0\end{bmatrix}=C_{2y}\;;$$

$$C_{4z}^{-}C_{2z}=\begin{bmatrix}\eta^{3} & 0\\ 0 & \eta^{5}\end{bmatrix}\begin{bmatrix}\eta^{2} & 0\\ 0 & \eta^{6}\end{bmatrix}=\begin{bmatrix}\eta^{5} & 0\\ 0 & \eta^{3}\end{bmatrix}=\overline{C}_{4z}^{+}\;;$$

$$C_{4z}^{-}C_{4z}^{+}=\begin{bmatrix}\eta^{3} & 0\\ 0 & \eta^{5}\end{bmatrix}\begin{bmatrix}\eta & 0\\ 0 & \eta^{7}\end{bmatrix}=\begin{bmatrix}\eta^{4} & 0\\ 0 & \eta^{4}\end{bmatrix}=\overline{E}\;;$$

$$C_{4z}^{-}C_{4z}^{-}=\begin{bmatrix}\eta^{3} & 0\\ 0 & \eta^{5}\end{bmatrix}\begin{bmatrix}\eta^{3} & 0\\ 0 & \eta^{5}\end{bmatrix}=\begin{bmatrix}\eta^{6} & 0\\ 0 & \eta^{2}\end{bmatrix}=\overline{C}_{2z}\;;$$

$$C_{4z}^{-}C_{2x}=\begin{bmatrix}\eta^{3} & 0\\ 0 & \eta^{5}\end{bmatrix}\begin{bmatrix}0 & \eta^{2}\\ \eta^{2} & 0\end{bmatrix}=\begin{bmatrix}0 & \eta^{5}\\ \eta^{7} & 0\end{bmatrix}=C_{2a}\;;$$

$$C_{4z}^{-}C_{2y}=\begin{bmatrix}\eta^{3} & 0\\ 0 & \eta^{5}\end{bmatrix}\begin{bmatrix}0 & \eta^{8}\\ \eta^{4} & 0\end{bmatrix}=\begin{bmatrix}0 & \eta^{3}\\ \eta & 0\end{bmatrix}=\overline{C}_{2b}\;;$$

$$C_{4z}^{-}C_{2a}=\begin{bmatrix}\eta^{3} & 0\\ 0 & \eta^{5}\end{bmatrix}\begin{bmatrix}0 & \eta^{5}\\ \eta^{7} & 0\end{bmatrix}=\begin{bmatrix}0 & \eta^{8}\\ \eta^{4} & 0\end{bmatrix}=C_{2y}\;;$$

$$C_{4z}^{-}C_{2b}=\begin{bmatrix}\eta^{3} & 0\\ 0 & \eta^{5}\end{bmatrix}\begin{bmatrix}0 & \eta^{7}\\ \eta^{5} & 0\end{bmatrix}=\begin{bmatrix}0 & \eta^{2}\\ \eta^{2} & 0\end{bmatrix}=C_{2x}\;;$$

$$C_{2x}C_{2z}=\begin{bmatrix}0 & \eta^{2}\\ \eta^{2} & 0\end{bmatrix}\begin{bmatrix}\eta^{2} & 0\\ 0 & \eta^{6}\end{bmatrix}=\begin{bmatrix}0 & \eta^{8}\\ \eta^{4} & 0\end{bmatrix}=C_{2y}\;;$$

$$C_{2x}C_{4z}^{+}=\begin{bmatrix}0 & \eta^{2}\\ \eta^{2} & 0\end{bmatrix}\begin{bmatrix}\eta & 0\\ 0 & \eta^{7}\end{bmatrix}=\begin{bmatrix}0 & \eta\\ \eta^{3} & 0\end{bmatrix}=\overline{C}_{2a}\;;$$

$$C_{2x}C_{4z}^{-}=\begin{bmatrix}0 & \eta^{2}\\ \eta^{2} & 0\end{bmatrix}\begin{bmatrix}\eta^{3} & 0\\ 0 & \eta^{5}\end{bmatrix}=\begin{bmatrix}0 & \eta^{7}\\ \eta^{5} & 0\end{bmatrix}=C_{2b}\;;$$

$$C_{2x}C_{2x}=\begin{bmatrix}0 & \eta^{2}\\ \eta^{2} & 0\end{bmatrix}\begin{bmatrix}0 & \eta^{2}\\ \eta^{2} & 0\end{bmatrix}=\begin{bmatrix}\eta^{4} & 0\\ 0 & \eta^{4}\end{bmatrix}=\overline{E}\;;$$

$$C_{2x}C_{2y}=\begin{bmatrix}0 & \eta^{2}\\ \eta^{2} & 0\end{bmatrix}\begin{bmatrix}0 & \eta^{8}\\ \eta^{4} & 0\end{bmatrix}=\begin{bmatrix}\eta^{6} & 0\\ 0 & \eta^{2}\end{bmatrix}=\overline{C}_{2z}\;;$$

$$C_{2x}C_{2a}=\begin{bmatrix}0 & \eta^{2}\\ \eta^{2} & 0\end{bmatrix}\begin{bmatrix}0 & \eta^{5}\\ \eta^{7} & 0\end{bmatrix}=\begin{bmatrix}\eta & 0\\ 0 & \eta^{7}\end{bmatrix}=C_{4z}^{+}\;;$$

$$C_{2x}C_{2b}=\begin{bmatrix}0 & \eta^2\\ \eta^2 & 0\end{bmatrix}\begin{bmatrix}0 & \eta^7\\ \eta^5 & 0\end{bmatrix}=\begin{bmatrix}\eta^7 & 0\\ 0 & \eta^1\end{bmatrix}=\overline{C}_{4z}^- \quad ;$$

$$C_{2y}C_{2z}=\begin{bmatrix}0 & \eta^8\\ \eta^4 & 0\end{bmatrix}\begin{bmatrix}\eta^2 & 0\\ 0 & \eta^6\end{bmatrix}=\begin{bmatrix}0 & \eta^6\\ \eta^6 & 0\end{bmatrix}=\overline{C}_{2x} \quad ;$$

$$C_{2y}C_{4z}^+=\begin{bmatrix}0 & \eta^8\\ \eta^4 & 0\end{bmatrix}\begin{bmatrix}\eta & 0\\ 0 & \eta^7\end{bmatrix}=\begin{bmatrix}0 & \eta^7\\ \eta^5 & 0\end{bmatrix}=C_{2b} \quad ;$$

$$C_{2y}C_{4z}^-=\begin{bmatrix}0 & \eta^8\\ \eta^4 & 0\end{bmatrix}\begin{bmatrix}\eta^3 & 0\\ 0 & \eta^5\end{bmatrix}=\begin{bmatrix}0 & \eta^5\\ \eta^7 & 0\end{bmatrix}=C_{2a} \quad ;$$

$$C_{2y}C_{2x}=\begin{bmatrix}0 & \eta^8\\ \eta^4 & 0\end{bmatrix}\begin{bmatrix}0 & \eta^2\\ \eta^2 & 0\end{bmatrix}=\begin{bmatrix}\eta^2 & 0\\ 0 & \eta^6\end{bmatrix}=C_{2z} \quad ;$$

$$C_{2y}C_{2y}=\begin{bmatrix}0 & \eta^8\\ \eta^4 & 0\end{bmatrix}\begin{bmatrix}0 & \eta^8\\ \eta^4 & 0\end{bmatrix}=\begin{bmatrix}\eta^4 & 0\\ 0 & \eta^4\end{bmatrix}=\overline{E} \quad ;$$

$$C_{2y}C_{2a}=\begin{bmatrix}0 & \eta^8\\ \eta^4 & 0\end{bmatrix}\begin{bmatrix}0 & \eta^5\\ \eta^7 & 0\end{bmatrix}=\begin{bmatrix}\eta^7 & 0\\ 0 & \eta\end{bmatrix}=\overline{C}_{4z}^- \quad ;$$

$$C_{2y}C_{2b}=\begin{bmatrix}0 & \eta^8\\ \eta^4 & 0\end{bmatrix}\begin{bmatrix}0 & \eta^7\\ \eta^5 & 0\end{bmatrix}=\begin{bmatrix}\eta^5 & 0\\ 0 & \eta^3\end{bmatrix}=\overline{C}_{4z}^+ \quad ;$$

$$C_{2a}C_{2z}=\begin{bmatrix}0 & \eta^5\\ \eta^7 & 0\end{bmatrix}\begin{bmatrix}\eta^2 & 0\\ 0 & \eta^6\end{bmatrix}=\begin{bmatrix}0 & \eta^3\\ \eta & 0\end{bmatrix}=\overline{C}_{2b} \quad ;$$

$$C_{2a}C_{4z}^+=\begin{bmatrix}0 & \eta^5\\ \eta^7 & 0\end{bmatrix}\begin{bmatrix}\eta & 0\\ 0 & \eta^7\end{bmatrix}=\begin{bmatrix}0 & \eta^4\\ \eta^8 & 0\end{bmatrix}=\overline{C}_{2y} \quad ;$$

$$C_{2a}C_{4z}^-=\begin{bmatrix}0 & \eta^5\\ \eta^7 & 0\end{bmatrix}\begin{bmatrix}\eta^3 & 0\\ 0 & \eta^5\end{bmatrix}=\begin{bmatrix}0 & \eta^2\\ \eta^2 & 0\end{bmatrix}=C_{2x} \quad ;$$

$$C_{2a}C_{2x}=\begin{bmatrix}0 & \eta^5\\ \eta^7 & 0\end{bmatrix}\begin{bmatrix}0 & \eta^2\\ \eta^2 & 0\end{bmatrix}=\begin{bmatrix}\eta^7 & 0\\ 0 & \eta\end{bmatrix}=\overline{C}_{4z}^- \quad ;$$

$$C_{2a}C_{2y}=\begin{bmatrix}0 & \eta^5\\ \eta^7 & 0\end{bmatrix}\begin{bmatrix}0 & \eta^8\\ \eta^4 & 0\end{bmatrix}=\begin{bmatrix}\eta & 0\\ 0 & \eta^7\end{bmatrix}=C_{4z}^+ \quad ;$$

$$C_{2a}C_{2a}=\begin{bmatrix}0 & \eta^5\\ \eta^7 & 0\end{bmatrix}\begin{bmatrix}0 & \eta^5\\ \eta^7 & 0\end{bmatrix}=\begin{bmatrix}\eta^4 & 0\\ 0 & \eta^4\end{bmatrix}=\overline{E} \quad ;$$

$$C_{2a}C_{2b}=\begin{bmatrix}0 & \eta^5\\ \eta^7 & 0\end{bmatrix}\begin{bmatrix}0 & \eta^7\\ \eta^5 & 0\end{bmatrix}=\begin{bmatrix}\eta^2 & 0\\ 0 & \eta^6\end{bmatrix}=C_{2z}\ ;$$

$$C_{2b}C_{2z}=\begin{bmatrix}0 & \eta^7\\ \eta^5 & 0\end{bmatrix}\begin{bmatrix}\eta^2 & 0\\ 0 & \eta^6\end{bmatrix}=\begin{bmatrix}0 & \eta^5\\ \eta^7 & 0\end{bmatrix}=C_{2a}\ ;$$

$$C_{2b}C_{4z}^{+}=\begin{bmatrix}0 & \eta^7\\ \eta^5 & 0\end{bmatrix}\begin{bmatrix}\eta & 0\\ 0 & \eta^7\end{bmatrix}=\begin{bmatrix}0 & \eta^6\\ \eta^6 & 0\end{bmatrix}=\overline{C}_{2x}\ ;$$

$$C_{2b}C_{4z}^{-}=\begin{bmatrix}0 & \eta^7\\ \eta^5 & 0\end{bmatrix}\begin{bmatrix}\eta^3 & 0\\ 0 & \eta^5\end{bmatrix}=\begin{bmatrix}0 & \eta^4\\ \eta^8 & 0\end{bmatrix}=\overline{C}_{2y}\ ;$$

$$C_{2b}C_{2x}=\begin{bmatrix}0 & \eta^7\\ \eta^5 & 0\end{bmatrix}\begin{bmatrix}0 & \eta^2\\ \eta^2 & 0\end{bmatrix}=\begin{bmatrix}\eta & 0\\ 0 & \eta^7\end{bmatrix}=C_{4z}^{+}\ ;$$

$$C_{2b}C_{2y}=\begin{bmatrix}0 & \eta^7\\ \eta^5 & 0\end{bmatrix}\begin{bmatrix}0 & \eta^8\\ \eta^4 & 0\end{bmatrix}=\begin{bmatrix}\eta^3 & 0\\ 0 & \eta^5\end{bmatrix}=C_{4z}^{-}\ ;$$

$$C_{2b}C_{2a}=\begin{bmatrix}0 & \eta^7\\ \eta^5 & 0\end{bmatrix}\begin{bmatrix}0 & \eta^5\\ \eta^7 & 0\end{bmatrix}=\begin{bmatrix}\eta^6 & 0\\ 0 & \eta^2\end{bmatrix}=\overline{C}_{2z}\ ;$$

$$C_{2b}C_{2b}=\begin{bmatrix}0 & \eta^7\\ \eta^5 & 0\end{bmatrix}\begin{bmatrix}0 & \eta^7\\ \eta^5 & 0\end{bmatrix}=\begin{bmatrix}\eta^4 & 0\\ 0 & \eta^4\end{bmatrix}=\overline{E}\ ;$$

所以單值群 $D_4(422)$ 的乘積表為：

D_4	E	C_{2z}	C_{4z}^{+}	C_{4z}^{-}	C_{2x}	C_{2y}	C_{2a}	C_{2b}
E	E	C_{2z}	C_{4z}^{+}	C_{4z}^{-}	C_{2x}	C_{2y}	C_{2a}	C_{2b}
C_{2z}	C_{2z}	$\overline{E}$	C_{4z}^{-}	$\overline{C}_{4z}^{+}$	$\overline{C}_{2y}$	C_{2x}	C_{2b}	$\overline{C}_{2a}$
C_{4z}^{+}	C_{4z}^{+}	C_{4z}^{-}	C_{2z}	$\overline{E}$	$\overline{C}_{2b}$	$\overline{C}_{2a}$	$\overline{C}_{2x}$	C_{2y}
C_{4z}^{-}	C_{4z}^{-}	C_{4z}^{+}	$\overline{E}$	$\overline{C}_{2z}$	C_{2a}	$\overline{C}_{2b}$	C_{2y}	C_{2x}
C_{2x}	C_{2x}	C_{2y}	$\overline{C}_{2a}$	C_{2b}	$\overline{E}$	$\overline{C}_{2z}$	C_{4z}^{+}	$\overline{C}_{4z}^{-}$
C_{2y}	C_{2y}	$\overline{C}_{2x}$	C_{2b}	C_{2a}	C_{2z}	$\overline{E}$	$\overline{C}_{4z}^{-}$	$\overline{C}_{4z}^{+}$
C_{2a}	C_{2a}	$\overline{C}_{2b}$	$\overline{C}_{2y}$	C_{2x}	$\overline{C}_{4z}^{-}$	C_{4z}^{+}	$\overline{E}$	C_{2z}
C_{2b}	C_{2b}	C_{2a}	$\overline{C}_{2x}$	$\overline{C}_{2y}$	C_{4z}^{+}	C_{4z}^{-}	$\overline{C}_{2z}$	$\overline{E}$

則依照例 5.3 的方法得雙群 ${}^{d}D_4$ 的乘積表為：

${}^dD_4$	E	C_{2z}	C_{4z}^{+}	C_{4z}^{-}	C_{2x}	C_{2y}	C_{2a}	C_{2b}	$\overline{E}$	$\overline{C}_{2z}$	$\overline{C}_{4z}^{+}$	$\overline{C}_{4z}^{-}$	$\overline{C}_{2x}$	$\overline{C}_{2y}$	$\overline{C}_{2a}$	$\overline{C}_{2b}$
E	E	C_{2z}	C_{4z}^{+}	C_{4z}^{-}	C_{2x}	C_{2y}	C_{2a}	C_{2b}	$\overline{E}$	$\overline{C}_{2z}$	$\overline{C}_{4z}^{+}$	$\overline{C}_{4z}^{-}$	$\overline{C}_{2x}$	$\overline{C}_{2y}$	$\overline{C}_{2a}$	$\overline{C}_{2b}$
C_{2z}	C_{2z}	$\overline{E}$	C_{4z}^{-}	$\overline{C}_{4z}^{+}$	$\overline{C}_{2y}$	C_{2x}	C_{2b}	$\overline{C}_{2a}$	$\overline{C}_{2z}$	E	$\overline{C}_{4z}^{-}$	C_{4z}^{+}	C_{2y}	$\overline{C}_{2x}$	$\overline{C}_{2b}$	C_{2a}
C_{4z}^{+}	C_{4z}^{+}	C_{4z}^{-}	C_{2z}	$\overline{E}$	$\overline{C}_{2b}$	$\overline{C}_{2a}$	$\overline{C}_{2x}$	C_{2y}	$\overline{C}_{4z}^{+}$	$\overline{C}_{4z}^{-}$	$\overline{C}_{2z}$	E	C_{2b}	C_{2a}	C_{2x}	$\overline{C}_{2y}$
C_{4z}^{-}	C_{4z}^{-}	$\overline{C}_{4z}^{+}$	$\overline{E}$	$\overline{C}_{2z}$	C_{2a}	$\overline{C}_{2b}$	C_{2y}	C_{2x}	$\overline{C}_{4z}^{-}$	$\overline{C}_{4z}^{+}$	E	C_{2z}	$\overline{C}_{2a}$	C_{2b}	$\overline{C}_{2y}$	$\overline{C}_{2x}$
C_{2x}	C_{2x}	C_{2y}	$\overline{C}_{2a}$	C_{2b}	$\overline{E}$	$\overline{C}_{2z}$	C_{4z}^{+}	$\overline{C}_{4z}^{-}$	$\overline{C}_{2x}$	$\overline{C}_{2y}$	C_{2a}	$\overline{C}_{2b}$	E	C_{2z}	$\overline{C}_{4z}^{+}$	$\overline{C}_{4z}^{-}$
C_{2y}	C_{2y}	$\overline{C}_{2x}$	C_{2b}	C_{2a}	C_{2z}	$\overline{E}$	$\overline{C}_{4z}^{-}$	$\overline{C}_{4z}^{+}$	$\overline{C}_{2y}$	C_{2x}	$\overline{C}_{2b}$	$\overline{C}_{2a}$	$\overline{C}_{2z}$	E	C_{4z}^{-}	C_{4z}^{+}
C_{2a}	C_{2a}	$\overline{C}_{2b}$	$\overline{C}_{2y}$	C_{2x}	$\overline{C}_{4z}^{-}$	C_{4z}^{+}	$\overline{E}$	C_{2z}	$\overline{C}_{2a}$	C_{2b}	C_{2y}	$\overline{C}_{2x}$	C_{4z}^{-}	$\overline{C}_{4z}^{+}$	E	$\overline{C}_{2z}$
C_{2b}	C_{2b}	C_{2a}	$\overline{C}_{2x}$	$\overline{C}_{2y}$	C_{4z}^{+}	C_{4z}^{-}	$\overline{C}_{2z}$	$\overline{E}$	$\overline{C}_{2b}$	$\overline{C}_{2a}$	C_{2x}	C_{2y}	$\overline{C}_{4z}^{+}$	$\overline{C}_{4z}^{-}$	C_{2z}	E
$\overline{E}$	$\overline{E}$	$\overline{C}_{2z}$	$\overline{C}_{4z}^{+}$	$\overline{C}_{4z}^{-}$	$\overline{C}_{2x}$	$\overline{C}_{2y}$	$\overline{C}_{2a}$	$\overline{C}_{2b}$	E	C_{2z}	C_{4z}^{+}	C_{4z}^{-}	C_{2x}	C_{2y}	C_{2a}	C_{2b}
$\overline{C}_{2z}$	$\overline{C}_{2z}$	E	$\overline{C}_{4z}^{-}$	C_{4z}^{+}	C_{2y}	$\overline{C}_{2x}$	$\overline{C}_{2b}$	C_{2a}	C_{2z}	$\overline{E}$	C_{4z}^{-}	$\overline{C}_{4z}^{+}$	$\overline{C}_{2y}$	C_{2x}	C_{2b}	$\overline{C}_{2a}$
$\overline{C}_{4z}^{+}$	$\overline{C}_{4z}^{+}$	$\overline{C}_{4z}^{-}$	$\overline{C}_{2z}$	E	C_{2b}	C_{2a}	C_{2x}	$\overline{C}_{2y}$	C_{4z}^{+}	C_{4z}^{-}	C_{2z}	$\overline{E}$	$\overline{C}_{2b}$	$\overline{C}_{2a}$	$\overline{C}_{2x}$	C_{2y}
$\overline{C}_{4z}^{-}$	$\overline{C}_{4z}^{-}$	C_{4z}^{+}	E	C_{2z}	$\overline{C}_{2a}$	C_{2b}	$\overline{C}_{2y}$	$\overline{C}_{2x}$	C_{4z}^{-}	$\overline{C}_{4z}^{+}$	$\overline{E}$	$\overline{C}_{2z}$	C_{2a}	$\overline{C}_{2b}$	C_{2y}	C_{2x}
$\overline{C}_{2x}$	$\overline{C}_{2x}$	$\overline{C}_{2y}$	C_{2a}	$\overline{C}_{2b}$	E	C_{2z}	$\overline{C}_{4z}^{+}$	C_{4z}^{-}	C_{2x}	C_{2y}	$\overline{C}_{2a}$	C_{2b}	$\overline{E}$	$\overline{C}_{2z}$	C_{4z}^{+}	$\overline{C}_{4z}^{-}$
$\overline{C}_{2y}$	$\overline{C}_{2y}$	C_{2x}	$\overline{C}_{2b}$	$\overline{C}_{2a}$	$\overline{C}_{2z}$	E	C_{4z}^{-}	C_{4z}^{+}	C_{2y}	$\overline{C}_{2x}$	C_{2b}	C_{2a}	C_{2z}	$\overline{E}$	$\overline{C}_{4z}^{-}$	$\overline{C}_{4z}^{+}$
$\overline{C}_{2a}$	$\overline{C}_{2a}$	C_{2b}	C_{2y}	$\overline{C}_{2x}$	C_{4z}^{-}	$\overline{C}_{4z}^{+}$	E	$\overline{C}_{2z}$	C_{2a}	$\overline{C}_{2b}$	$\overline{C}_{2y}$	C_{2x}	$\overline{C}_{4z}^{-}$	C_{4z}^{+}	$\overline{E}$	C_{2z}
$\overline{C}_{2b}$	$\overline{C}_{2b}$	$\overline{C}_{2a}$	C_{2x}	C_{2y}	$\overline{C}_{4z}^{+}$	$\overline{C}_{4z}^{-}$	C_{2z}	E	C_{2b}	C_{2a}	$\overline{C}_{2x}$	$\overline{C}_{2y}$	C_{4z}^{+}	C_{4z}^{-}	$\overline{C}_{2z}$	$\overline{E}$

若由矩陣表示的乘積求出雙群 ${}^dD_4$ 的乘積表，則延續以上的結果且

$$\overline{E}C_{2z}=\begin{bmatrix}\eta^4 & 0\\ 0 & \eta^4\end{bmatrix}\begin{bmatrix}\eta^2 & 0\\ 0 & \eta^6\end{bmatrix}=\begin{bmatrix}\eta^6 & 0\\ 0 & \eta^2\end{bmatrix}=\overline{C}_{2z}\ ;$$

$$\overline{E}C_{4z}^{+}=\begin{bmatrix}\eta^4 & 0\\ 0 & \eta^4\end{bmatrix}\begin{bmatrix}\eta & 0\\ 0 & \eta^7\end{bmatrix}=\begin{bmatrix}\eta^5 & 0\\ 0 & \eta^3\end{bmatrix}=\overline{C}_{4z}^{+}\ ;$$

$$\overline{E}C_{4z}^{-}=\begin{bmatrix}\eta^4 & 0\\ 0 & \eta^4\end{bmatrix}\begin{bmatrix}\eta^3 & 0\\ 0 & \eta^5\end{bmatrix}=\begin{bmatrix}\eta^7 & 0\\ 0 & \eta\end{bmatrix}=\overline{C}_{4z}^{-}\ ;$$

$$\overline{E}C_{2x}=\begin{bmatrix}\eta^4 & 0\\ 0 & \eta^4\end{bmatrix}\begin{bmatrix}0 & \eta^2\\ \eta^2 & 0\end{bmatrix}=\begin{bmatrix}0 & \eta^6\\ \eta^6 & 0\end{bmatrix}=\overline{C}_{2x}\ ;$$

$$\overline{E}C_{2y}=\begin{bmatrix}\eta^4 & 0\\ 0 & \eta^4\end{bmatrix}\begin{bmatrix}0 & \eta^8\\ \eta^4 & 0\end{bmatrix}=\begin{bmatrix}0 & \eta^4\\ \eta^8 & 0\end{bmatrix}=\overline{C}_{2y}$$ ；

$$\overline{E}C_{2a}=\begin{bmatrix}\eta^4 & 0\\ 0 & \eta^4\end{bmatrix}\begin{bmatrix}0 & \eta^5\\ \eta^7 & 0\end{bmatrix}=\begin{bmatrix}0 & \eta\\ \eta^3 & 0\end{bmatrix}=\overline{C}_{2a}$$ ；

$$\overline{E}C_{2b}=\begin{bmatrix}\eta^4 & 0\\ 0 & \eta^4\end{bmatrix}\begin{bmatrix}0 & \eta^7\\ \eta^5 & 0\end{bmatrix}=\begin{bmatrix}0 & \eta^3\\ \eta & 0\end{bmatrix}=\overline{C}_{2b}$$ ；

$$\overline{E}\overline{E}=\begin{bmatrix}\eta^4 & 0\\ 0 & \eta^4\end{bmatrix}\begin{bmatrix}\eta^4 & 0\\ 0 & \eta^4\end{bmatrix}=\begin{bmatrix}\eta^8 & 0\\ 0 & \eta^8\end{bmatrix}=E$$ ；

$$\overline{E}\,\overline{C}_{2z}=\begin{bmatrix}\eta^4 & 0\\ 0 & \eta^4\end{bmatrix}\begin{bmatrix}\eta^6 & 0\\ 0 & \eta^2\end{bmatrix}=\begin{bmatrix}\eta^2 & 0\\ 0 & \eta^6\end{bmatrix}=C_{2z}$$ ；

$$\overline{E}\,\overline{C}_{4z}^{+}=\begin{bmatrix}\eta^4 & 0\\ 0 & \eta^4\end{bmatrix}\begin{bmatrix}\eta^5 & 0\\ 0 & \eta^3\end{bmatrix}=\begin{bmatrix}\eta & 0\\ 0 & \eta^7\end{bmatrix}=C_{4z}^{+}$$ ；

$$\overline{E}\,\overline{C}_{4z}^{-}=\begin{bmatrix}\eta^4 & 0\\ 0 & \eta^4\end{bmatrix}\begin{bmatrix}\eta^7 & 0\\ 0 & \eta\end{bmatrix}=\begin{bmatrix}\eta^3 & 0\\ 0 & \eta^5\end{bmatrix}=C_{4z}^{-}$$ ；

$$\overline{E}\,\overline{C}_{2x}=\begin{bmatrix}\eta^4 & 0\\ 0 & \eta^4\end{bmatrix}\begin{bmatrix}0 & \eta^6\\ \eta^6 & 0\end{bmatrix}=\begin{bmatrix}0 & \eta^2\\ \eta^2 & 0\end{bmatrix}=C_{2x}$$ ；

$$\overline{E}\,\overline{C}_{2y}=\begin{bmatrix}\eta^4 & 0\\ 0 & \eta^4\end{bmatrix}\begin{bmatrix}0 & \eta^4\\ \eta^8 & 0\end{bmatrix}=\begin{bmatrix}0 & \eta^8\\ \eta^4 & 0\end{bmatrix}=C_{2y}$$ ；

$$\overline{E}\,\overline{C}_{2a}=\begin{bmatrix}\eta^4 & 0\\ 0 & \eta^4\end{bmatrix}\begin{bmatrix}0 & \eta\\ \eta^3 & 0\end{bmatrix}=\begin{bmatrix}0 & \eta^5\\ \eta^7 & 0\end{bmatrix}=C_{2a}$$ ；

$$\overline{E}\,\overline{C}_{2b}=\begin{bmatrix}\eta^4 & 0\\ 0 & \eta^4\end{bmatrix}\begin{bmatrix}0 & \eta^3\\ \eta & 0\end{bmatrix}=\begin{bmatrix}0 & \eta^7\\ \eta^5 & 0\end{bmatrix}=C_{2b}$$ ，

可得：

${}^dD_4$	E	C_{2z}	C_{4z}^+	C_{4z}^-	C_{2x}	C_{2y}	C_{2a}	C_{2b}	$\overline{E}$	$\overline{C}_{2z}$	$\overline{C}_{4z}^+$	$\overline{C}_{4z}^-$	$\overline{C}_{2x}$	$\overline{C}_{2y}$	$\overline{C}_{2a}$	$\overline{C}_{2b}$
E	E	C_{2z}	C_{4z}^+	C_{4z}^-	C_{2x}	C_{2y}	C_{2a}	C_{2b}	$\overline{E}$	$\overline{C}_{2z}$	$\overline{C}_{4z}^+$	$\overline{C}_{4z}^-$	$\overline{C}_{2x}$	$\overline{C}_{2y}$	$\overline{C}_{2a}$	$\overline{C}_{2b}$
C_{2z}	C_{2z}	$\overline{E}$	C_{4z}^-	$\overline{C}_{4z}^+$	$\overline{C}_y$	C_{2x}	C_{2b}	$\overline{C}_{2a}$	?	?	?	?	?	?	?	?
C_{4z}^+	C_{4z}^+	C_{4z}^-	C_{2z}	$\overline{E}$	$\overline{C}_{2b}$	$\overline{C}_{2a}$	$\overline{C}_{2x}$	C_{2y}	?	?	?	?	?	?	?	?
C_{4z}^-	C_{4z}^-	$\overline{C}_{4z}^+$	$\overline{E}$	$\overline{C}_{2z}$	C_{2a}	$\overline{C}_{2b}$	C_{2y}	C_{2x}	?	?	?	?	?	?	?	?
C_{2x}	C_{2x}	C_{2y}	$\overline{C}_{2a}$	C_{2b}	$\overline{E}$	$\overline{C}_{2z}$	C_{4z}^+	$\overline{C}_{4z}^-$	?	?	?	?	?	?	?	?
C_{2y}	C_{2y}	$\overline{C}_{2x}$	C_{2b}	C_{2a}	C_{2z}	$\overline{E}$	$\overline{C}_{4z}^-$	$\overline{C}_{4z}^+$	?	?	?	?	?	?	?	?
C_{2a}	C_{2a}	$\overline{C}_{2b}$	$\overline{C}_{2y}$	C_{2x}	$\overline{C}_{4z}^-$	C_{4z}^+	$\overline{E}$	C_{2z}	?	?	?	?	?	?	?	?
C_{2b}	C_{2b}	C_{2a}	$\overline{C}_{2x}$	$\overline{C}_{2y}$	C_{4z}^+	C_{4z}^-	$\overline{C}_{2z}$	$\overline{E}$	?	?	?	?	?	?	?	?
$\overline{E}$	$\overline{E}$	$\overline{C}_{2z}$	$\overline{C}_{4z}^+$	$\overline{C}_{4z}^-$	$\overline{C}_{2x}$	$\overline{C}_{2y}$	$\overline{C}_{2a}$	$\overline{C}_{2b}$	E	C_{2z}	C_{4z}^+	C_{4z}^-	C_{2x}	C_{2y}	C_{2a}	C_{2b}
$\overline{C}_{2z}$	$\overline{C}_{2z}$	?	?	?	?	?	?	?	?	?	?	?	?	?	?	?
$\overline{C}_{4z}^+$	$\overline{C}_{4z}^+$	?	?	?	?	?	?	?	?	?	?	?	?	?	?	?
$\overline{C}_{4z}^-$	$\overline{C}_{4z}^-$	?	?	?	?	?	?	?	?	?	?	?	?	?	?	?
$\overline{C}_{2x}$	$\overline{C}_{2x}$	?	?	?	?	?	?	?	?	?	?	?	?	?	?	?
$\overline{C}_{2y}$	$\overline{C}_{2y}$	?	?	?	?	?	?	?	?	?	?	?	?	?	?	?
$\overline{C}_{2a}$	$\overline{C}_{2a}$	?	?	?	?	?	?	?	?	?	?	?	?	?	?	?
$\overline{C}_{2b}$	$\overline{C}_{2b}$	?	?	?	?	?	?	?	?	?	?	?	?	?	?	?

又 $C_{2z}\overline{E}=\begin{bmatrix}\eta^2 & 0\\ 0 & \eta^6\end{bmatrix}\begin{bmatrix}\eta^4 & 0\\ 0 & \eta^4\end{bmatrix}=\begin{bmatrix}\eta^6 & 0\\ 0 & \eta^2\end{bmatrix}=\overline{C}_{2z}$ ；

$$C_{2z}\overline{C}_{2z}=\begin{bmatrix}\eta^2 & 0\\ 0 & \eta^6\end{bmatrix}\begin{bmatrix}\eta^6 & 0\\ 0 & \eta^2\end{bmatrix}=\begin{bmatrix}\eta^8 & 0\\ 0 & \eta^8\end{bmatrix}=E \;;$$

$$C_{2z}\overline{C}_{4z}^+=\begin{bmatrix}\eta^2 & 0\\ 0 & \eta^6\end{bmatrix}\begin{bmatrix}\eta^5 & 0\\ 0 & \eta^3\end{bmatrix}=\begin{bmatrix}\eta^7 & 0\\ 0 & \eta\end{bmatrix}=\overline{C}_{4z}^- \;;$$

$$C_{2z}\overline{C}_{4z}^-=\begin{bmatrix}\eta^2 & 0\\ 0 & \eta^6\end{bmatrix}\begin{bmatrix}\eta^7 & 0\\ 0 & \eta\end{bmatrix}=\begin{bmatrix}\eta & 0\\ 0 & \eta^7\end{bmatrix}=C_{4z}^+ \;;$$

$$C_{2z}\overline{C}_{2x}=\begin{bmatrix}\eta^2 & 0\\ 0 & \eta^6\end{bmatrix}\begin{bmatrix}0 & \eta^6\\ \eta^6 & 0\end{bmatrix}=\begin{bmatrix}0 & \eta^8\\ \eta^4 & 0\end{bmatrix}=C_{2y} \;;$$

$$C_{2z}\overline{C}_{2y}=\begin{bmatrix}\eta^2 & 0\\ 0 & \eta^6\end{bmatrix}\begin{bmatrix}0 & \eta^4\\ \eta^8 & 0\end{bmatrix}=\begin{bmatrix}0 & \eta^6\\ \eta^6 & 0\end{bmatrix}=\overline{C}_{2x}\quad;$$

$$C_{2z}\overline{C}_{2a}=\begin{bmatrix}\eta^2 & 0\\ 0 & \eta^6\end{bmatrix}\begin{bmatrix}0 & \eta\\ \eta^3 & 0\end{bmatrix}=\begin{bmatrix}0 & \eta^3\\ \eta & 0\end{bmatrix}=\overline{C}_{2b}\quad;$$

$$C_{2z}\overline{C}_{2b}=\begin{bmatrix}\eta^2 & 0\\ 0 & \eta^6\end{bmatrix}\begin{bmatrix}0 & \eta^3\\ \eta & 0\end{bmatrix}=\begin{bmatrix}0 & \eta^5\\ \eta^7 & 0\end{bmatrix}=C_{2a}\quad;$$

$$C_{4z}^{+}\overline{E}=\begin{bmatrix}\eta & 0\\ 0 & \eta^7\end{bmatrix}\begin{bmatrix}\eta^4 & 0\\ 0 & \eta^4\end{bmatrix}=\begin{bmatrix}\eta^5 & 0\\ 0 & \eta^3\end{bmatrix}=\overline{C}_{4z}^{+}\quad;$$

$$C_{4z}^{+}\overline{C}_{2z}=\begin{bmatrix}\eta & 0\\ 0 & \eta^7\end{bmatrix}\begin{bmatrix}\eta^6 & 0\\ 0 & \eta^2\end{bmatrix}=\begin{bmatrix}\eta^7 & 0\\ 0 & \eta\end{bmatrix}=\overline{C}_{4z}^{-}\quad;$$

$$C_{4z}^{+}\overline{C}_{4z}^{+}=\begin{bmatrix}\eta & 0\\ 0 & \eta^7\end{bmatrix}\begin{bmatrix}\eta^5 & 0\\ 0 & \eta^3\end{bmatrix}=\begin{bmatrix}\eta^6 & 0\\ 0 & \eta^2\end{bmatrix}=\overline{C}_{2z}\quad;$$

$$C_{4z}^{+}\overline{C}_{4z}^{-}=\begin{bmatrix}\eta & 0\\ 0 & \eta^7\end{bmatrix}\begin{bmatrix}\eta^7 & 0\\ 0 & \eta\end{bmatrix}=\begin{bmatrix}\eta^8 & 0\\ 0 & \eta^8\end{bmatrix}=E\quad;$$

$$C_{4z}^{+}\overline{C}_{2x}=\begin{bmatrix}\eta & 0\\ 0 & \eta^7\end{bmatrix}\begin{bmatrix}0 & \eta^6\\ \eta^6 & 0\end{bmatrix}=\begin{bmatrix}0 & \eta^7\\ \eta^5 & 0\end{bmatrix}=C_{2b}\quad;$$

$$C_{4z}^{+}\overline{C}_{2y}=\begin{bmatrix}\eta & 0\\ 0 & \eta^7\end{bmatrix}\begin{bmatrix}0 & \eta^4\\ \eta^8 & 0\end{bmatrix}=\begin{bmatrix}0 & \eta^5\\ \eta^7 & 0\end{bmatrix}=C_{2a}\quad;$$

$$C_{4z}^{+}\overline{C}_{2a}=\begin{bmatrix}\eta & 0\\ 0 & \eta^7\end{bmatrix}\begin{bmatrix}0 & \eta\\ \eta^3 & 0\end{bmatrix}=\begin{bmatrix}0 & \eta^2\\ \eta^2 & 0\end{bmatrix}=C_{2x}\quad;$$

$$C_{4z}^{+}\overline{C}_{2b}=\begin{bmatrix}\eta & 0\\ 0 & \eta^7\end{bmatrix}\begin{bmatrix}0 & \eta^3\\ \eta & 0\end{bmatrix}=\begin{bmatrix}0 & \eta^4\\ \eta^8 & 0\end{bmatrix}=\overline{C}_{2y}\quad;$$

$$C_{4z}^{-}\overline{E}=\begin{bmatrix}\eta^3 & 0\\ 0 & \eta^5\end{bmatrix}\begin{bmatrix}\eta^4 & 0\\ 0 & \eta^4\end{bmatrix}=\begin{bmatrix}\eta^7 & 0\\ 0 & \eta\end{bmatrix}=\overline{C}_{4z}^{-}\quad;$$

$$C_{4z}^{-}\overline{C}_{2z}=\begin{bmatrix}\eta^3 & 0\\ 0 & \eta^5\end{bmatrix}\begin{bmatrix}\eta^6 & 0\\ 0 & \eta^2\end{bmatrix}=\begin{bmatrix}\eta & 0\\ 0 & \eta^7\end{bmatrix}=C_{4z}^{+}\quad;$$

$$C_{4z}^{-}\overline{C}_{4z}^{+}=\begin{bmatrix}\eta^3 & 0\\ 0 & \eta^5\end{bmatrix}\begin{bmatrix}\eta^5 & 0\\ 0 & \eta^3\end{bmatrix}=\begin{bmatrix}\eta^8 & 0\\ 0 & \eta^8\end{bmatrix}=E \quad ;$$

$$C_{4z}^{-}\overline{C}_{4z}^{-}=\begin{bmatrix}\eta^3 & 0\\ 0 & \eta^5\end{bmatrix}\begin{bmatrix}\eta^7 & 0\\ 0 & \eta\end{bmatrix}=\begin{bmatrix}\eta^2 & 0\\ 0 & \eta^6\end{bmatrix}=C_{2z} \quad ;$$

$$C_{4z}^{-}\overline{C}_{2x}=\begin{bmatrix}\eta^3 & 0\\ 0 & \eta^5\end{bmatrix}\begin{bmatrix}0 & \eta^6\\ \eta^6 & 0\end{bmatrix}=\begin{bmatrix}0 & \eta\\ \eta^3 & 0\end{bmatrix}=\overline{C}_{2a} \quad ;$$

$$C_{4z}^{-}\overline{C}_{2y}=\begin{bmatrix}\eta^3 & 0\\ 0 & \eta^5\end{bmatrix}\begin{bmatrix}0 & \eta^4\\ \eta^8 & 0\end{bmatrix}=\begin{bmatrix}0 & \eta^7\\ \eta^5 & 0\end{bmatrix}=C_{2b} \quad ;$$

$$C_{4z}^{-}\overline{C}_{2a}=\begin{bmatrix}\eta^3 & 0\\ 0 & \eta^5\end{bmatrix}\begin{bmatrix}0 & \eta\\ \eta^3 & 0\end{bmatrix}=\begin{bmatrix}0 & \eta^4\\ \eta^8 & 0\end{bmatrix}=\overline{C}_{2y} \quad ;$$

$$C_{4z}^{-}\overline{C}_{2b}=\begin{bmatrix}\eta^3 & 0\\ 0 & \eta^5\end{bmatrix}\begin{bmatrix}0 & \eta^3\\ \eta & 0\end{bmatrix}=\begin{bmatrix}0 & \eta^6\\ \eta^6 & 0\end{bmatrix}=\overline{C}_{2x} \quad ;$$

$$C_{2x}\overline{E}=\begin{bmatrix}0 & \eta^2\\ \eta^2 & 0\end{bmatrix}\begin{bmatrix}\eta^4 & 0\\ 0 & \eta^4\end{bmatrix}=\begin{bmatrix}0 & \eta^6\\ \eta^6 & 0\end{bmatrix}=\overline{C}_{2x} \quad ;$$

$$C_{2x}\overline{C}_{2z}=\begin{bmatrix}0 & \eta^2\\ \eta^2 & 0\end{bmatrix}\begin{bmatrix}\eta^6 & 0\\ 0 & \eta^2\end{bmatrix}=\begin{bmatrix}0 & \eta^4\\ \eta^8 & 0\end{bmatrix}=\overline{C}_{2y} \quad ;$$

$$C_{2x}\overline{C}_{4z}^{+}=\begin{bmatrix}0 & \eta^2\\ \eta^2 & 0\end{bmatrix}\begin{bmatrix}\eta^5 & 0\\ 0 & \eta^3\end{bmatrix}=\begin{bmatrix}0 & \eta^5\\ \eta^7 & 0\end{bmatrix}=C_{2a} \quad ;$$

$$C_{2x}\overline{C}_{4z}^{-}=\begin{bmatrix}0 & \eta^2\\ \eta^2 & 0\end{bmatrix}\begin{bmatrix}\eta^7 & 0\\ 0 & \eta\end{bmatrix}=\begin{bmatrix}0 & \eta^3\\ \eta & 0\end{bmatrix}=\overline{C}_{2b} \quad ;$$

$$C_{2x}\overline{C}_{2x}=\begin{bmatrix}0 & \eta^2\\ \eta^2 & 0\end{bmatrix}\begin{bmatrix}0 & \eta^6\\ \eta^6 & 0\end{bmatrix}=\begin{bmatrix}\eta^8 & 0\\ 0 & \eta^8\end{bmatrix}=E \quad ;$$

$$C_{2x}\overline{C}_{2y}=\begin{bmatrix}0 & \eta^2\\ \eta^2 & 0\end{bmatrix}\begin{bmatrix}0 & \eta^4\\ \eta^8 & 0\end{bmatrix}=\begin{bmatrix}\eta^2 & 0\\ 0 & \eta^6\end{bmatrix}=C_{2z} \quad ;$$

$$C_{2x}\overline{C}_{2a}=\begin{bmatrix}0 & \eta^2\\ \eta^2 & 0\end{bmatrix}\begin{bmatrix}0 & \eta\\ \eta^3 & 0\end{bmatrix}=\begin{bmatrix}\eta^5 & 0\\ 0 & \eta^3\end{bmatrix}=\overline{C}_{4z}^{+} \quad ;$$

$$C_{2x}\overline{C}_{2b}=\begin{bmatrix}0 & \eta^2\\ \eta^2 & 0\end{bmatrix}\begin{bmatrix}0 & \eta^3\\ \eta & 0\end{bmatrix}=\begin{bmatrix}\eta^3 & 0\\ 0 & \eta^5\end{bmatrix}=C_{4z}^{-}\quad ;$$

$$C_{2y}\overline{E}=\begin{bmatrix}0 & \eta^8\\ \eta^4 & 0\end{bmatrix}\begin{bmatrix}\eta^4 & 0\\ 0 & \eta^4\end{bmatrix}=\begin{bmatrix}0 & \eta^4\\ \eta^8 & 0\end{bmatrix}=\overline{C}_{2y}\quad ;$$

$$C_{2y}\overline{C}_{2z}=\begin{bmatrix}0 & \eta^8\\ \eta^4 & 0\end{bmatrix}\begin{bmatrix}\eta^6 & 0\\ 0 & \eta^2\end{bmatrix}=\begin{bmatrix}0 & \eta^2\\ \eta^2 & 0\end{bmatrix}=C_{2x}\quad ;$$

$$C_{2y}\overline{C}_{4z}^{+}=\begin{bmatrix}0 & \eta^8\\ \eta^4 & 0\end{bmatrix}\begin{bmatrix}\eta^5 & 0\\ 0 & \eta^3\end{bmatrix}=\begin{bmatrix}0 & \eta^3\\ \eta & 0\end{bmatrix}=\overline{C}_{2b}\quad ;$$

$$C_{2y}\overline{C}_{4z}^{-}=\begin{bmatrix}0 & \eta^8\\ \eta^4 & 0\end{bmatrix}\begin{bmatrix}\eta^7 & 0\\ 0 & \eta\end{bmatrix}=\begin{bmatrix}0 & \eta\\ \eta^3 & 0\end{bmatrix}=\overline{C}_{2a}\quad ;$$

$$C_{2y}\overline{C}_{2x}=\begin{bmatrix}0 & \eta^8\\ \eta^4 & 0\end{bmatrix}\begin{bmatrix}0 & \eta^6\\ \eta^6 & 0\end{bmatrix}=\begin{bmatrix}\eta^6 & 0\\ 0 & \eta^2\end{bmatrix}=\overline{C}_{2z}\quad ;$$

$$C_{2y}\overline{C}_{2y}=\begin{bmatrix}0 & \eta^8\\ \eta^4 & 0\end{bmatrix}\begin{bmatrix}0 & \eta^4\\ \eta^8 & 0\end{bmatrix}=\begin{bmatrix}\eta^8 & 0\\ 0 & \eta^8\end{bmatrix}=E\quad ;$$

$$C_{2y}\overline{C}_{2a}=\begin{bmatrix}0 & \eta^8\\ \eta^4 & 0\end{bmatrix}\begin{bmatrix}0 & \eta\\ \eta^3 & 0\end{bmatrix}=\begin{bmatrix}\eta^3 & 0\\ 0 & \eta^5\end{bmatrix}=C_{4z}^{-}\quad ;$$

$$C_{2y}\overline{C}_{2b}=\begin{bmatrix}0 & \eta^8\\ \eta^4 & 0\end{bmatrix}\begin{bmatrix}0 & \eta^3\\ \eta & 0\end{bmatrix}=\begin{bmatrix}\eta & 0\\ 0 & \eta^7\end{bmatrix}=C_{4z}^{+}\quad ;$$

$$C_{2a}\overline{E}=\begin{bmatrix}0 & \eta^5\\ \eta^7 & 0\end{bmatrix}\begin{bmatrix}\eta^4 & 0\\ 0 & \eta^4\end{bmatrix}=\begin{bmatrix}0 & \eta\\ \eta^3 & 0\end{bmatrix}=\overline{C}_{2a}\quad ;$$

$$C_{2a}\overline{C}_{2z}=\begin{bmatrix}0 & \eta^5\\ \eta^7 & 0\end{bmatrix}\begin{bmatrix}\eta^6 & 0\\ 0 & \eta^2\end{bmatrix}=\begin{bmatrix}0 & \eta^7\\ \eta^5 & 0\end{bmatrix}=C_{2b}\quad ;$$

$$C_{2a}\overline{C}_{4z}^{+}=\begin{bmatrix}0 & \eta^5\\ \eta^7 & 0\end{bmatrix}\begin{bmatrix}\eta^5 & 0\\ 0 & \eta^3\end{bmatrix}=\begin{bmatrix}0 & \eta^8\\ \eta^4 & 0\end{bmatrix}=C_{2y}\quad ;$$

$$C_{2a}\overline{C}_{4z}^{-}=\begin{bmatrix}0 & \eta^5\\ \eta^7 & 0\end{bmatrix}\begin{bmatrix}\eta^7 & 0\\ 0 & \eta\end{bmatrix}=\begin{bmatrix}0 & \eta^6\\ \eta^6 & 0\end{bmatrix}=\overline{C}_{2x}\quad ;$$

$$C_{2a}\overline{C}_{2x}=\begin{bmatrix}0 & \eta^5\\ \eta^7 & 0\end{bmatrix}\begin{bmatrix}0 & \eta^6\\ \eta^6 & 0\end{bmatrix}=\begin{bmatrix}\eta^3 & 0\\ 0 & \eta^5\end{bmatrix}=C_{4z}^{-}\ ;$$

$$C_{2a}\overline{C}_{2y}=\begin{bmatrix}0 & \eta^5\\ \eta^7 & 0\end{bmatrix}\begin{bmatrix}0 & \eta^4\\ \eta^8 & 0\end{bmatrix}=\begin{bmatrix}\eta^5 & 0\\ 0 & \eta^3\end{bmatrix}=\overline{C}_{4z}^{+}\ ;$$

$$C_{2a}\overline{C}_{2a}=\begin{bmatrix}0 & \eta^5\\ \eta^7 & 0\end{bmatrix}\begin{bmatrix}0 & \eta\\ \eta^3 & 0\end{bmatrix}=\begin{bmatrix}\eta^8 & 0\\ 0 & \eta^8\end{bmatrix}=E\ ;$$

$$C_{2a}\overline{C}_{2b}=\begin{bmatrix}0 & \eta^5\\ \eta^7 & 0\end{bmatrix}\begin{bmatrix}0 & \eta^3\\ \eta & 0\end{bmatrix}=\begin{bmatrix}\eta^6 & 0\\ 0 & \eta^2\end{bmatrix}=\overline{C}_{2z}\ ;$$

$$C_{2b}\overline{E}=\begin{bmatrix}0 & \eta^7\\ \eta^5 & 0\end{bmatrix}\begin{bmatrix}\eta^4 & 0\\ 0 & \eta^4\end{bmatrix}=\begin{bmatrix}0 & \eta^3\\ \eta & 0\end{bmatrix}=\overline{C}_{2b}\ ;$$

$$C_{2b}\overline{C}_{2z}=\begin{bmatrix}0 & \eta^7\\ \eta^5 & 0\end{bmatrix}\begin{bmatrix}\eta^6 & 0\\ 0 & \eta^2\end{bmatrix}=\begin{bmatrix}0 & \eta\\ \eta^3 & 0\end{bmatrix}=\overline{C}_{2a}\ ;$$

$$C_{2b}\overline{C}_{4z}^{+}=\begin{bmatrix}0 & \eta^7\\ \eta^5 & 0\end{bmatrix}\begin{bmatrix}\eta^5 & 0\\ 0 & \eta^3\end{bmatrix}=\begin{bmatrix}0 & \eta^2\\ \eta^2 & 0\end{bmatrix}=C_{2x}\ ;$$

$$C_{2b}\overline{C}_{4z}^{-}=\begin{bmatrix}0 & \eta^7\\ \eta^5 & 0\end{bmatrix}\begin{bmatrix}\eta^7 & 0\\ 0 & \eta\end{bmatrix}=\begin{bmatrix}0 & \eta^8\\ \eta^4 & 0\end{bmatrix}=C_{2y}\ ;$$

$$C_{2b}\overline{C}_{2x}=\begin{bmatrix}0 & \eta^7\\ \eta^5 & 0\end{bmatrix}\begin{bmatrix}0 & \eta^6\\ \eta^6 & 0\end{bmatrix}=\begin{bmatrix}\eta^5 & 0\\ 0 & \eta^3\end{bmatrix}=\overline{C}_{4z}^{+}\ ;$$

$$C_{2b}\overline{C}_{2y}=\begin{bmatrix}0 & \eta^7\\ \eta^5 & 0\end{bmatrix}\begin{bmatrix}0 & \eta^4\\ \eta^8 & 0\end{bmatrix}=\begin{bmatrix}\eta^7 & 0\\ 0 & \eta\end{bmatrix}=\overline{C}_{4z}^{-}\ ;$$

$$C_{2b}\overline{C}_{2a}=\begin{bmatrix}0 & \eta^7\\ \eta^5 & 0\end{bmatrix}\begin{bmatrix}0 & \eta\\ \eta^3 & 0\end{bmatrix}=\begin{bmatrix}\eta^2 & 0\\ 0 & \eta^6\end{bmatrix}=C_{2z}\ ;$$

$$C_{2b}\overline{C}_{2b}=\begin{bmatrix}0 & \eta^7\\ \eta^5 & 0\end{bmatrix}\begin{bmatrix}0 & \eta^3\\ \eta & 0\end{bmatrix}=\begin{bmatrix}\eta^8 & 0\\ 0 & \eta^8\end{bmatrix}=E\ ;$$

$$\overline{C}_{2z}C_{2z}=\begin{bmatrix}\eta^6 & 0\\ 0 & \eta^2\end{bmatrix}\begin{bmatrix}\eta^2 & 0\\ 0 & \eta^6\end{bmatrix}=\begin{bmatrix}\eta^8 & 0\\ 0 & \eta^8\end{bmatrix}=E\ ;$$

$$\overline{C}_{2z}C_{4z}^{+}=\begin{bmatrix}\eta^6 & 0\\ 0 & \eta^2\end{bmatrix}\begin{bmatrix}\eta & 0\\ 0 & \eta^7\end{bmatrix}=\begin{bmatrix}\eta^7 & 0\\ 0 & \eta\end{bmatrix}=\overline{C}_{4z}^{-}\ ;$$

$$\overline{C}_{2z}C_{4z}^{-}=\begin{bmatrix}\eta^6 & 0\\ 0 & \eta^2\end{bmatrix}\begin{bmatrix}\eta^3 & 0\\ 0 & \eta^5\end{bmatrix}=\begin{bmatrix}\eta & 0\\ 0 & \eta^7\end{bmatrix}=C_{4z}^{+}\ ;$$

$$\overline{C}_{2z}C_{2x}=\begin{bmatrix}\eta^6 & 0\\ 0 & \eta^2\end{bmatrix}\begin{bmatrix}0 & \eta^2\\ \eta^2 & 0\end{bmatrix}=\begin{bmatrix}0 & \eta^8\\ \eta^4 & 0\end{bmatrix}=C_{2y}\ ;$$

$$\overline{C}_{2z}C_{2y}=\begin{bmatrix}\eta^6 & 0\\ 0 & \eta^2\end{bmatrix}\begin{bmatrix}0 & \eta^8\\ \eta^4 & 0\end{bmatrix}=\begin{bmatrix}0 & \eta^6\\ \eta^6 & 0\end{bmatrix}=\overline{C}_{2x}\ ;$$

$$\overline{C}_{2z}C_{2a}=\begin{bmatrix}\eta^6 & 0\\ 0 & \eta^2\end{bmatrix}\begin{bmatrix}0 & \eta^5\\ \eta^7 & 0\end{bmatrix}=\begin{bmatrix}0 & \eta^3\\ \eta & 0\end{bmatrix}=\overline{C}_{2b}\ ;$$

$$\overline{C}_{2z}C_{2b}=\begin{bmatrix}\eta^6 & 0\\ 0 & \eta^2\end{bmatrix}\begin{bmatrix}0 & \eta^7\\ \eta^5 & 0\end{bmatrix}=\begin{bmatrix}0 & \eta^5\\ \eta^7 & 0\end{bmatrix}=C_{2a}\ ;$$

$$\overline{C}_{2z}\overline{E}=\begin{bmatrix}\eta^6 & 0\\ 0 & \eta^2\end{bmatrix}\begin{bmatrix}\eta^4 & 0\\ 0 & \eta^4\end{bmatrix}=\begin{bmatrix}\eta^2 & 0\\ 0 & \eta^6\end{bmatrix}=C_{2z}\ ;$$

$$\overline{C}_{2z}\overline{C}_{2z}=\begin{bmatrix}\eta^6 & 0\\ 0 & \eta^2\end{bmatrix}\begin{bmatrix}\eta^6 & 0\\ 0 & \eta^2\end{bmatrix}=\begin{bmatrix}\eta^4 & 0\\ 0 & \eta^4\end{bmatrix}=\overline{E}\ ;$$

$$\overline{C}_{2z}\overline{C}_{4z}^{+}=\begin{bmatrix}\eta^6 & 0\\ 0 & \eta^2\end{bmatrix}\begin{bmatrix}\eta^5 & 0\\ 0 & \eta^3\end{bmatrix}=\begin{bmatrix}\eta^3 & 0\\ 0 & \eta^5\end{bmatrix}=C_{4z}^{-}\ ;$$

$$\overline{C}_{2z}\overline{C}_{4z}^{-}=\begin{bmatrix}\eta^6 & 0\\ 0 & \eta^2\end{bmatrix}\begin{bmatrix}\eta^7 & 0\\ 0 & \eta\end{bmatrix}=\begin{bmatrix}\eta^5 & 0\\ 0 & \eta^3\end{bmatrix}=\overline{C}_{4z}^{+}\ ;$$

$$\overline{C}_{2z}\overline{C}_{2x}=\begin{bmatrix}\eta^6 & 0\\ 0 & \eta^2\end{bmatrix}\begin{bmatrix}0 & \eta^6\\ \eta^6 & 0\end{bmatrix}=\begin{bmatrix}0 & \eta^4\\ \eta^8 & 0\end{bmatrix}=\overline{C}_{2y}\ ;$$

$$\overline{C}_{2z}\overline{C}_{2y}=\begin{bmatrix}\eta^6 & 0\\ 0 & \eta^2\end{bmatrix}\begin{bmatrix}0 & \eta^4\\ \eta^8 & 0\end{bmatrix}=\begin{bmatrix}0 & \eta^2\\ \eta^2 & 0\end{bmatrix}=C_{2x}\ ;$$

$$\overline{C}_{2z}\overline{C}_{2a}=\begin{bmatrix}\eta^6 & 0\\ 0 & \eta^2\end{bmatrix}\begin{bmatrix}0 & \eta\\ \eta^3 & 0\end{bmatrix}=\begin{bmatrix}0 & \eta^7\\ \eta^5 & 0\end{bmatrix}=C_{2b}\ ;$$

$$\overline{C}_{2z}\overline{C}_{2b}=\begin{bmatrix}\eta^6 & 0\\ 0 & \eta^2\end{bmatrix}\begin{bmatrix}0 & \eta^3\\ \eta & 0\end{bmatrix}=\begin{bmatrix}0 & \eta\\ \eta^3 & 0\end{bmatrix}=\overline{C}_{2a}\ ;$$

$$\overline{C}_{4z}^{+}C_{2z}=\begin{bmatrix}\eta^5 & 0\\ 0 & \eta^3\end{bmatrix}\begin{bmatrix}\eta^2 & 0\\ 0 & \eta^6\end{bmatrix}=\begin{bmatrix}\eta^7 & 0\\ 0 & \eta\end{bmatrix}=\overline{C}_{4z}^{-}\ ;$$

$$\overline{C}_{4z}^{+}C_{4z}^{+}=\begin{bmatrix}\eta^5 & 0\\ 0 & \eta^3\end{bmatrix}\begin{bmatrix}\eta & 0\\ 0 & \eta^7\end{bmatrix}=\begin{bmatrix}\eta^6 & 0\\ 0 & \eta^2\end{bmatrix}=\overline{C}_{2z}\ ;$$

$$\overline{C}_{4z}^{+}C_{4z}^{-}=\begin{bmatrix}\eta^5 & 0\\ 0 & \eta^3\end{bmatrix}\begin{bmatrix}\eta^3 & 0\\ 0 & \eta^5\end{bmatrix}=\begin{bmatrix}\eta^8 & 0\\ 0 & \eta^8\end{bmatrix}=E\ ;$$

$$\overline{C}_{4z}^{+}C_{2x}=\begin{bmatrix}\eta^5 & 0\\ 0 & \eta^3\end{bmatrix}\begin{bmatrix}0 & \eta^2\\ \eta^2 & 0\end{bmatrix}=\begin{bmatrix}0 & \eta^7\\ \eta^5 & 0\end{bmatrix}=C_{2b}\ ;$$

$$\overline{C}_{4z}^{+}C_{2y}=\begin{bmatrix}\eta^5 & 0\\ 0 & \eta^3\end{bmatrix}\begin{bmatrix}0 & \eta^8\\ \eta^4 & 0\end{bmatrix}=\begin{bmatrix}0 & \eta^5\\ \eta^7 & 0\end{bmatrix}=C_{2a}\ ;$$

$$\overline{C}_{4z}^{+}C_{2a}=\begin{bmatrix}\eta^5 & 0\\ 0 & \eta^3\end{bmatrix}\begin{bmatrix}0 & \eta^5\\ \eta^7 & 0\end{bmatrix}=\begin{bmatrix}0 & \eta^2\\ \eta^2 & 0\end{bmatrix}=C_{2x}\ ;$$

$$\overline{C}_{4z}^{+}C_{2b}=\begin{bmatrix}\eta^5 & 0\\ 0 & \eta^3\end{bmatrix}\begin{bmatrix}0 & \eta^7\\ \eta^5 & 0\end{bmatrix}=\begin{bmatrix}0 & \eta^4\\ \eta^8 & 0\end{bmatrix}=\overline{C}_{2y}\ ;$$

$$\overline{C}_{4z}^{+}\overline{E}=\begin{bmatrix}\eta^5 & 0\\ 0 & \eta^3\end{bmatrix}\begin{bmatrix}\eta^4 & 0\\ 0 & \eta^4\end{bmatrix}=\begin{bmatrix}\eta & 0\\ 0 & \eta^7\end{bmatrix}=C_{4z}^{+}\ ;$$

$$\overline{C}_{4z}^{+}\overline{C}_{2z}=\begin{bmatrix}\eta^5 & 0\\ 0 & \eta^3\end{bmatrix}\begin{bmatrix}\eta^6 & 0\\ 0 & \eta^2\end{bmatrix}=\begin{bmatrix}\eta^3 & 0\\ 0 & \eta^5\end{bmatrix}=C_{4z}^{-}\ ;$$

$$\overline{C}_{4z}^{+}\overline{C}_{4z}^{+}=\begin{bmatrix}\eta^5 & 0\\ 0 & \eta^3\end{bmatrix}\begin{bmatrix}\eta^5 & 0\\ 0 & \eta^3\end{bmatrix}=\begin{bmatrix}\eta^2 & 0\\ 0 & \eta^6\end{bmatrix}=C_{2z}\ ;$$

$$\overline{C}_{4z}^{+}\overline{C}_{4z}^{-}=\begin{bmatrix}\eta^5 & 0\\ 0 & \eta^3\end{bmatrix}\begin{bmatrix}\eta^7 & 0\\ 0 & \eta\end{bmatrix}=\begin{bmatrix}\eta^4 & 0\\ 0 & \eta^4\end{bmatrix}=\overline{E}\ ;$$

$$\overline{C}_{4z}^{+}\overline{C}_{2x}=\begin{bmatrix}\eta^5 & 0\\ 0 & \eta^3\end{bmatrix}\begin{bmatrix}0 & \eta^6\\ \eta^6 & 0\end{bmatrix}=\begin{bmatrix}0 & \eta^3\\ \eta & 0\end{bmatrix}=\overline{C}_{2b}\ ;$$

$$\overline{C}_{4z}^{+}\overline{C}_{2y}=\begin{bmatrix}\eta^5 & 0\\ 0 & \eta^3\end{bmatrix}\begin{bmatrix}0 & \eta^4\\ \eta^8 & 0\end{bmatrix}=\begin{bmatrix}0 & \eta\\ \eta^3 & 0\end{bmatrix}=\overline{C}_{2a}\ ;$$

$$\overline{C}_{4z}^{+}\overline{C}_{2a}=\begin{bmatrix}\eta^5 & 0\\ 0 & \eta^3\end{bmatrix}\begin{bmatrix}0 & \eta\\ \eta^3 & 0\end{bmatrix}=\begin{bmatrix}0 & \eta^6\\ \eta^6 & 0\end{bmatrix}=\overline{C}_{2x}\ ;$$

$$\overline{C}_{4z}^{+}\overline{C}_{2b}=\begin{bmatrix}\eta^5 & 0\\ 0 & \eta^3\end{bmatrix}\begin{bmatrix}0 & \eta^3\\ \eta & 0\end{bmatrix}=\begin{bmatrix}0 & \eta^8\\ \eta^4 & 0\end{bmatrix}=C_{2y}\ ;$$

$$\overline{C}_{4z}^{-}C_{2z}=\begin{bmatrix}\eta^7 & 0\\ 0 & \eta\end{bmatrix}\begin{bmatrix}\eta^2 & 0\\ 0 & \eta^6\end{bmatrix}=\begin{bmatrix}\eta & 0\\ 0 & \eta^7\end{bmatrix}=C_{4z}^{+}\ ;$$

$$\overline{C}_{4z}^{-}C_{4z}^{+}=\begin{bmatrix}\eta^7 & 0\\ 0 & \eta\end{bmatrix}\begin{bmatrix}\eta & 0\\ 0 & \eta^7\end{bmatrix}=\begin{bmatrix}\eta^8 & 0\\ 0 & \eta^8\end{bmatrix}=E\ ;$$

$$\overline{C}_{4z}^{-}C_{4z}^{-}=\begin{bmatrix}\eta^7 & 0\\ 0 & \eta\end{bmatrix}\begin{bmatrix}\eta^3 & 0\\ 0 & \eta^5\end{bmatrix}=\begin{bmatrix}\eta^2 & 0\\ 0 & \eta^6\end{bmatrix}=C_{2z}\ ;$$

$$\overline{C}_{4z}^{-}C_{2x}=\begin{bmatrix}\eta^7 & 0\\ 0 & \eta\end{bmatrix}\begin{bmatrix}0 & \eta^2\\ \eta^2 & 0\end{bmatrix}=\begin{bmatrix}0 & \eta\\ \eta^3 & 0\end{bmatrix}=\overline{C}_{2a}\ ;$$

$$\overline{C}_{4z}^{-}C_{2y}=\begin{bmatrix}\eta^7 & 0\\ 0 & \eta\end{bmatrix}\begin{bmatrix}0 & \eta^8\\ \eta^4 & 0\end{bmatrix}=\begin{bmatrix}0 & \eta^7\\ \eta^5 & 0\end{bmatrix}=C_{2b}\ ;$$

$$\overline{C}_{4z}^{-}C_{2a}=\begin{bmatrix}\eta^7 & 0\\ 0 & \eta\end{bmatrix}\begin{bmatrix}0 & \eta^5\\ \eta^7 & 0\end{bmatrix}=\begin{bmatrix}0 & \eta^4\\ \eta^8 & 0\end{bmatrix}=\overline{C}_{2y}\ ;$$

$$\overline{C}_{4z}^{-}C_{2b}=\begin{bmatrix}\eta^7 & 0\\ 0 & \eta\end{bmatrix}\begin{bmatrix}0 & \eta^7\\ \eta^5 & 0\end{bmatrix}=\begin{bmatrix}0 & \eta^6\\ \eta^6 & 0\end{bmatrix}=\overline{C}_{2x}\ ;$$

$$\overline{C}_{4z}^{-}\overline{E}=\begin{bmatrix}\eta^7 & 0\\ 0 & \eta\end{bmatrix}\begin{bmatrix}\eta^4 & 0\\ 0 & \eta^4\end{bmatrix}=\begin{bmatrix}\eta^3 & 0\\ 0 & \eta^5\end{bmatrix}=C_{4z}^{-}\ ;$$

$$\overline{C}_{4z}^{-}\overline{C}_{2z}=\begin{bmatrix}\eta^7 & 0\\ 0 & \eta\end{bmatrix}\begin{bmatrix}\eta^6 & 0\\ 0 & \eta^2\end{bmatrix}=\begin{bmatrix}\eta^5 & 0\\ 0 & \eta^3\end{bmatrix}=\overline{C}_{4z}^{+}\ ;$$

$$\overline{C}_{4z}^{-}\overline{C}_{4z}^{+}=\begin{bmatrix}\eta^7 & 0\\ 0 & \eta\end{bmatrix}\begin{bmatrix}\eta^5 & 0\\ 0 & \eta^3\end{bmatrix}=\begin{bmatrix}\eta^4 & 0\\ 0 & \eta^4\end{bmatrix}=\overline{E}\ ;$$

$$\overline{C}_{4z}^{-}\overline{C}_{4z}^{-}=\begin{bmatrix}\eta^7 & 0\\ 0 & \eta\end{bmatrix}\begin{bmatrix}\eta^7 & 0\\ 0 & \eta\end{bmatrix}=\begin{bmatrix}\eta^6 & 0\\ 0 & \eta^2\end{bmatrix}=\overline{C}_{2z}\ ;$$

$$\overline{C}_{4z}^{-}\overline{C}_{2x}=\begin{bmatrix}\eta^7 & 0\\ 0 & \eta\end{bmatrix}\begin{bmatrix}0 & \eta^6\\ \eta^6 & 0\end{bmatrix}=\begin{bmatrix}0 & \eta^5\\ \eta^7 & 0\end{bmatrix}=C_{2a}\ ;$$

$$\overline{C}_{4z}^{-}\overline{C}_{2y}=\begin{bmatrix}\eta^7 & 0\\ 0 & \eta\end{bmatrix}\begin{bmatrix}0 & \eta^4\\ \eta^8 & 0\end{bmatrix}=\begin{bmatrix}0 & \eta^3\\ \eta & 0\end{bmatrix}=\overline{C}_{2b}\ ;$$

$$\overline{C}_{4z}^{-}\overline{C}_{2a}=\begin{bmatrix}\eta^7 & 0\\ 0 & \eta\end{bmatrix}\begin{bmatrix}0 & \eta\\ \eta^3 & 0\end{bmatrix}=\begin{bmatrix}0 & \eta^8\\ \eta^4 & 0\end{bmatrix}=C_{2y}\ ;$$

$$\overline{C}_{4z}^{-}\overline{C}_{2b}=\begin{bmatrix}\eta^7 & 0\\ 0 & \eta\end{bmatrix}\begin{bmatrix}0 & \eta^3\\ \eta & 0\end{bmatrix}=\begin{bmatrix}0 & \eta^2\\ \eta^2 & 0\end{bmatrix}=C_{2x}\ ;$$

$$\overline{C}_{2x}C_{2z}=\begin{bmatrix}0 & \eta^6\\ \eta^6 & 0\end{bmatrix}\begin{bmatrix}\eta^2 & 0\\ 0 & \eta^6\end{bmatrix}=\begin{bmatrix}0 & \eta^4\\ \eta^8 & 0\end{bmatrix}=\overline{C}_{2y}\ ;$$

$$\overline{C}_{2x}C_{4z}^{+}=\begin{bmatrix}0 & \eta^6\\ \eta^6 & 0\end{bmatrix}\begin{bmatrix}\eta & 0\\ 0 & \eta^7\end{bmatrix}=\begin{bmatrix}0 & \eta^5\\ \eta^7 & 0\end{bmatrix}=C_{2a}\ ;$$

$$\overline{C}_{2x}C_{4z}^{-}=\begin{bmatrix}0 & \eta^6\\ \eta^6 & 0\end{bmatrix}\begin{bmatrix}\eta^3 & 0\\ 0 & \eta^5\end{bmatrix}=\begin{bmatrix}0 & \eta^3\\ \eta & 0\end{bmatrix}=\overline{C}_{2b}\ ;$$

$$\overline{C}_{2x}C_{2x}=\begin{bmatrix}0 & \eta^6\\ \eta^6 & 0\end{bmatrix}\begin{bmatrix}0 & \eta^2\\ \eta^2 & 0\end{bmatrix}=\begin{bmatrix}\eta^8 & 0\\ 0 & \eta^8\end{bmatrix}=E\ ;$$

$$\overline{C}_{2x}C_{2y}=\begin{bmatrix}0 & \eta^6\\ \eta^6 & 0\end{bmatrix}\begin{bmatrix}0 & \eta^8\\ \eta^4 & 0\end{bmatrix}=\begin{bmatrix}\eta^2 & 0\\ 0 & \eta^6\end{bmatrix}=C_{2z}\ ;$$

$$\overline{C}_{2x}C_{2a}=\begin{bmatrix}0 & \eta^6\\ \eta^6 & 0\end{bmatrix}\begin{bmatrix}0 & \eta^5\\ \eta^7 & 0\end{bmatrix}=\begin{bmatrix}\eta^5 & 0\\ 0 & \eta^3\end{bmatrix}=\overline{C}_{4z}^{+}\ ;$$

$$\overline{C}_{2x}C_{2b}=\begin{bmatrix}0 & \eta^6\\ \eta^6 & 0\end{bmatrix}\begin{bmatrix}0 & \eta^7\\ \eta^5 & 0\end{bmatrix}=\begin{bmatrix}\eta^3 & 0\\ 0 & \eta^5\end{bmatrix}=C_{4z}^{-}\ ;$$

$$\overline{C}_{2x}\overline{E}=\begin{bmatrix}0 & \eta^6\\ \eta^6 & 0\end{bmatrix}\begin{bmatrix}\eta^4 & 0\\ 0 & \eta^4\end{bmatrix}=\begin{bmatrix}0 & \eta^2\\ \eta^2 & 0\end{bmatrix}=C_{2x}\ ;$$

$$\overline{C}_{2x}\overline{C}_{2z}=\begin{bmatrix}0 & \eta^6\\ \eta^6 & 0\end{bmatrix}\begin{bmatrix}\eta^6 & 0\\ 0 & \eta^2\end{bmatrix}=\begin{bmatrix}0 & \eta^8\\ \eta^4 & 0\end{bmatrix}=C_{2y}\ ;$$

$$\overline{C}_{2x}\overline{C}_{4z}^{+}=\begin{bmatrix}0 & \eta^6\\ \eta^6 & 0\end{bmatrix}\begin{bmatrix}\eta^5 & 0\\ 0 & \eta^3\end{bmatrix}=\begin{bmatrix}0 & \eta\\ \eta^3 & 0\end{bmatrix}=\overline{C}_{2a}\ ;$$

$$\overline{C}_{2x}\overline{C}_{4z}^{-}=\begin{bmatrix}0 & \eta^6\\ \eta^6 & 0\end{bmatrix}\begin{bmatrix}\eta^7 & 0\\ 0 & \eta\end{bmatrix}=\begin{bmatrix}0 & \eta^7\\ \eta^5 & 0\end{bmatrix}=C_{2b}\ ;$$

$$\overline{C}_{2x}\overline{C}_{2x}=\begin{bmatrix}0 & \eta^6\\ \eta^6 & 0\end{bmatrix}\begin{bmatrix}0 & \eta^6\\ \eta^6 & 0\end{bmatrix}=\begin{bmatrix}\eta^4 & 0\\ 0 & \eta^4\end{bmatrix}=\overline{E}\ ;$$

$$\overline{C}_{2x}\overline{C}_{2y}=\begin{bmatrix}0 & \eta^6\\ \eta^6 & 0\end{bmatrix}\begin{bmatrix}0 & \eta^4\\ \eta^8 & 0\end{bmatrix}=\begin{bmatrix}\eta^6 & 0\\ 0 & \eta^2\end{bmatrix}=\overline{C}_{2z}\ ;$$

$$\overline{C}_{2x}\overline{C}_{2a}=\begin{bmatrix}0 & \eta^6\\ \eta^6 & 0\end{bmatrix}\begin{bmatrix}0 & \eta\\ \eta^3 & 0\end{bmatrix}=\begin{bmatrix}\eta & 0\\ 0 & \eta^7\end{bmatrix}=C_{4z}^{+}\ ;$$

$$\overline{C}_{2x}\overline{C}_{2b}=\begin{bmatrix}0 & \eta^6\\ \eta^6 & 0\end{bmatrix}\begin{bmatrix}0 & \eta^3\\ \eta & 0\end{bmatrix}=\begin{bmatrix}\eta^7 & 0\\ 0 & \eta\end{bmatrix}=\overline{C}_{4z}^{-}\ ;$$

$$\overline{C}_{2y}C_{2z}=\begin{bmatrix}0 & \eta^4\\ \eta^8 & 0\end{bmatrix}\begin{bmatrix}\eta^2 & 0\\ 0 & \eta^6\end{bmatrix}=\begin{bmatrix}0 & \eta^2\\ \eta^2 & 0\end{bmatrix}=C_{2x}\ ;$$

$$\overline{C}_{2y}C_{4z}^{+}=\begin{bmatrix}0 & \eta^4\\ \eta^8 & 0\end{bmatrix}\begin{bmatrix}\eta & 0\\ 0 & \eta^7\end{bmatrix}=\begin{bmatrix}0 & \eta^3\\ \eta & 0\end{bmatrix}=\overline{C}_{2b}\ ;$$

$$\overline{C}_{2y}C_{4z}^{-}=\begin{bmatrix}0 & \eta^4\\ \eta^8 & 0\end{bmatrix}\begin{bmatrix}\eta^3 & 0\\ 0 & \eta^5\end{bmatrix}=\begin{bmatrix}0 & \eta\\ \eta^3 & 0\end{bmatrix}=\overline{C}_{2a}\ ;$$

$$\overline{C}_{2y}C_{2x}=\begin{bmatrix}0 & \eta^4\\ \eta^8 & 0\end{bmatrix}\begin{bmatrix}0 & \eta^2\\ \eta^2 & 0\end{bmatrix}=\begin{bmatrix}\eta^6 & 0\\ 0 & \eta^2\end{bmatrix}=\overline{C}_{2z}\ ;$$

$$\overline{C}_{2y}C_{2y}=\begin{bmatrix}0 & \eta^4\\ \eta^8 & 0\end{bmatrix}\begin{bmatrix}0 & \eta^8\\ \eta^4 & 0\end{bmatrix}=\begin{bmatrix}\eta^8 & 0\\ 0 & \eta^8\end{bmatrix}=E\ ;$$

$$\overline{C}_{2y}C_{2a}=\begin{bmatrix}0 & \eta^4\\ \eta^8 & 0\end{bmatrix}\begin{bmatrix}0 & \eta^5\\ \eta^7 & 0\end{bmatrix}=\begin{bmatrix}\eta^3 & 0\\ 0 & \eta^5\end{bmatrix}=C_{4z}^{-}\ ;$$

$$\overline{C}_{2y}C_{2b}=\begin{bmatrix}0 & \eta^4\\ \eta^8 & 0\end{bmatrix}\begin{bmatrix}0 & \eta^7\\ \eta^5 & 0\end{bmatrix}=\begin{bmatrix}\eta & 0\\ 0 & \eta^7\end{bmatrix}=C_{4z}^{+}\ ;$$

$$\overline{C}_{2y}\overline{E}=\begin{bmatrix}0 & \eta^4\\ \eta^8 & 0\end{bmatrix}\begin{bmatrix}\eta^4 & 0\\ 0 & \eta^4\end{bmatrix}=\begin{bmatrix}0 & \eta^8\\ \eta^4 & 0\end{bmatrix}=C_{2y}\ ;$$

$$\overline{C}_{2y}\overline{C}_{2z}=\begin{bmatrix}0 & \eta^4\\ \eta^8 & 0\end{bmatrix}\begin{bmatrix}\eta^6 & 0\\ 0 & \eta^2\end{bmatrix}=\begin{bmatrix}0 & \eta^6\\ \eta^6 & 0\end{bmatrix}=\overline{C}_{2x}\ ;$$

$$\overline{C}_{2y}\overline{C}_{4z}^{+}=\begin{bmatrix}0 & \eta^4\\ \eta^8 & 0\end{bmatrix}\begin{bmatrix}\eta^5 & 0\\ 0 & \eta^3\end{bmatrix}=\begin{bmatrix}0 & \eta^7\\ \eta^5 & 0\end{bmatrix}=C_{2b}\ ;$$

$$\overline{C}_{2y}\overline{C}_{4z}^{-}=\begin{bmatrix}0 & \eta^4\\ \eta^8 & 0\end{bmatrix}\begin{bmatrix}\eta^7 & 0\\ 0 & \eta\end{bmatrix}=\begin{bmatrix}0 & \eta^5\\ \eta^7 & 0\end{bmatrix}=C_{2a}\ ;$$

$$\overline{C}_{2y}\overline{C}_{2x}=\begin{bmatrix}0 & \eta^4\\ \eta^8 & 0\end{bmatrix}\begin{bmatrix}0 & \eta^6\\ \eta^6 & 0\end{bmatrix}=\begin{bmatrix}\eta^2 & 0\\ 0 & \eta^6\end{bmatrix}=C_{2z}\ ;$$

$$\overline{C}_{2y}\overline{C}_{2y}=\begin{bmatrix}0 & \eta^4\\ \eta^8 & 0\end{bmatrix}\begin{bmatrix}0 & \eta^4\\ \eta^8 & 0\end{bmatrix}=\begin{bmatrix}\eta^4 & 0\\ 0 & \eta^4\end{bmatrix}=\overline{E}\ ;$$

$$\overline{C}_{2y}\overline{C}_{2a}=\begin{bmatrix}0 & \eta^4\\ \eta^8 & 0\end{bmatrix}\begin{bmatrix}0 & \eta\\ \eta^3 & 0\end{bmatrix}=\begin{bmatrix}\eta^7 & 0\\ 0 & \eta\end{bmatrix}=\overline{C}_{4z}^{-}\ ;$$

$$\overline{C}_{2y}\overline{C}_{2b}=\begin{bmatrix}0 & \eta^4\\ \eta^8 & 0\end{bmatrix}\begin{bmatrix}0 & \eta^3\\ \eta & 0\end{bmatrix}=\begin{bmatrix}\eta^5 & 0\\ 0 & \eta^3\end{bmatrix}=\overline{C}_{4z}^{+}\ ;$$

$$\overline{C}_{2a}C_{2z}=\begin{bmatrix}0 & \eta\\ \eta^3 & 0\end{bmatrix}\begin{bmatrix}\eta^2 & 0\\ 0 & \eta^6\end{bmatrix}=\begin{bmatrix}0 & \eta^7\\ \eta^5 & 0\end{bmatrix}=C_{2b}\ ;$$

$$\overline{C}_{2a}C_{4z}^{+}=\begin{bmatrix}0 & \eta\\ \eta^3 & 0\end{bmatrix}\begin{bmatrix}\eta & 0\\ 0 & \eta^7\end{bmatrix}=\begin{bmatrix}0 & \eta^8\\ \eta^4 & 0\end{bmatrix}=C_{2y}\ ;$$

$$\overline{C}_{2a}C_{4z}^{-}=\begin{bmatrix}0 & \eta\\ \eta^3 & 0\end{bmatrix}\begin{bmatrix}\eta^3 & 0\\ 0 & \eta^5\end{bmatrix}=\begin{bmatrix}0 & \eta^6\\ \eta^6 & 0\end{bmatrix}=\overline{C}_{2x}\ ;$$

$$\overline{C}_{2a}C_{2x}=\begin{bmatrix}0 & \eta\\ \eta^3 & 0\end{bmatrix}\begin{bmatrix}0 & \eta^2\\ \eta^2 & 0\end{bmatrix}=\begin{bmatrix}\eta^3 & 0\\ 0 & \eta^5\end{bmatrix}=C_{4z}^{-}\ ;$$

$$\overline{C}_{2a}C_{2y}=\begin{bmatrix}0 & \eta\\ \eta^3 & 0\end{bmatrix}\begin{bmatrix}0 & \eta^8\\ \eta^4 & 0\end{bmatrix}=\begin{bmatrix}\eta^5 & 0\\ 0 & \eta^3\end{bmatrix}=\overline{C}_{4z}^{+}\ ;$$

$$\overline{C}_{2a}C_{2a}=\begin{bmatrix}0 & \eta\\ \eta^3 & 0\end{bmatrix}\begin{bmatrix}0 & \eta^5\\ \eta^7 & 0\end{bmatrix}=\begin{bmatrix}\eta^8 & 0\\ 0 & \eta^8\end{bmatrix}=E\ ;$$

$$\overline{C}_{2a}C_{2b}=\begin{bmatrix}0 & \eta\\ \eta^3 & 0\end{bmatrix}\begin{bmatrix}0 & \eta^7\\ \eta^5 & 0\end{bmatrix}=\begin{bmatrix}0 & \eta^6\\ \eta^6 & 0\end{bmatrix}=\overline{C}_{2x}\ ;$$

$$\overline{C}_{2a}\overline{E}=\begin{bmatrix}0 & \eta\\ \eta^3 & 0\end{bmatrix}\begin{bmatrix}\eta^4 & 0\\ 0 & \eta^4\end{bmatrix}=\begin{bmatrix}0 & \eta^5\\ \eta^7 & 0\end{bmatrix}=C_{2a}\ ;$$

$$\overline{C}_{2a}\overline{C}_{2z}=\begin{bmatrix}0 & \eta\\ \eta^3 & 0\end{bmatrix}\begin{bmatrix}\eta^6 & 0\\ 0 & \eta^2\end{bmatrix}=\begin{bmatrix}0 & \eta^3\\ \eta & 0\end{bmatrix}=\overline{C}_{2b}\ ;$$

$$\overline{C}_{2a}\overline{C}_{4z}^{+}=\begin{bmatrix}0&\eta\\\eta^3&0\end{bmatrix}\begin{bmatrix}\eta^5&0\\0&\eta^3\end{bmatrix}=\begin{bmatrix}0&\eta^4\\\eta^8&0\end{bmatrix}=\overline{C}_{2y}\quad;$$

$$\overline{C}_{2a}\overline{C}_{4z}^{-}=\begin{bmatrix}0&\eta\\\eta^3&0\end{bmatrix}\begin{bmatrix}\eta^7&0\\0&\eta\end{bmatrix}=\begin{bmatrix}0&\eta^2\\\eta^2&0\end{bmatrix}=C_{2x}\quad;$$

$$\overline{C}_{2a}\overline{C}_{2x}=\begin{bmatrix}0&\eta\\\eta^3&0\end{bmatrix}\begin{bmatrix}0&\eta^6\\\eta^6&0\end{bmatrix}=\begin{bmatrix}\eta^7&0\\0&\eta\end{bmatrix}=\overline{C}_{4z}^{-}\quad;$$

$$\overline{C}_{2a}\overline{C}_{2y}=\begin{bmatrix}0&\eta\\\eta^3&0\end{bmatrix}\begin{bmatrix}0&\eta^4\\\eta^8&0\end{bmatrix}=\begin{bmatrix}\eta&0\\0&\eta^7\end{bmatrix}=C_{4z}^{+}\quad;$$

$$\overline{C}_{2a}\overline{C}_{2a}=\begin{bmatrix}0&\eta\\\eta^3&0\end{bmatrix}\begin{bmatrix}0&\eta\\\eta^3&0\end{bmatrix}=\begin{bmatrix}\eta^4&0\\0&\eta^4\end{bmatrix}=\overline{E}\quad;$$

$$\overline{C}_{2a}\overline{C}_{2b}=\begin{bmatrix}0&\eta\\\eta^3&0\end{bmatrix}\begin{bmatrix}0&\eta^3\\\eta&0\end{bmatrix}=\begin{bmatrix}\eta^2&0\\0&\eta^6\end{bmatrix}=C_{2z}\quad;$$

$$\overline{C}_{2b}C_{2z}=\begin{bmatrix}0&\eta^3\\\eta&0\end{bmatrix}\begin{bmatrix}\eta^2&0\\0&\eta^6\end{bmatrix}=\begin{bmatrix}0&\eta\\\eta^3&0\end{bmatrix}=\overline{C}_{2a}\quad;$$

$$\overline{C}_{2b}C_{4z}^{+}=\begin{bmatrix}0&\eta^3\\\eta&0\end{bmatrix}\begin{bmatrix}\eta&0\\0&\eta^7\end{bmatrix}=\begin{bmatrix}0&\eta^2\\\eta^2&0\end{bmatrix}=C_{2x}\quad;$$

$$\overline{C}_{2b}C_{4z}^{-}=\begin{bmatrix}0&\eta^3\\\eta&0\end{bmatrix}\begin{bmatrix}\eta^3&0\\0&\eta^5\end{bmatrix}=\begin{bmatrix}0&\eta^8\\\eta^4&0\end{bmatrix}=C_{2y}\quad;$$

$$\overline{C}_{2b}C_{2x}=\begin{bmatrix}0&\eta^3\\\eta&0\end{bmatrix}\begin{bmatrix}0&\eta^2\\\eta^2&0\end{bmatrix}=\begin{bmatrix}\eta^5&0\\0&\eta^3\end{bmatrix}=\overline{C}_{4z}^{+}\quad;$$

$$\overline{C}_{2b}C_{2y}=\begin{bmatrix}0&\eta^3\\\eta&0\end{bmatrix}\begin{bmatrix}0&\eta^8\\\eta^4&0\end{bmatrix}=\begin{bmatrix}\eta^7&0\\0&\eta\end{bmatrix}=\overline{C}_{4z}^{-}\quad;$$

$$\overline{C}_{2b}C_{2a}=\begin{bmatrix}0&\eta^3\\\eta&0\end{bmatrix}\begin{bmatrix}0&\eta^5\\\eta^7&0\end{bmatrix}=\begin{bmatrix}\eta^2&0\\0&\eta^6\end{bmatrix}=C_{2z}\quad;$$

$$\overline{C}_{2b}C_{2b}=\begin{bmatrix}0&\eta^3\\\eta&0\end{bmatrix}\begin{bmatrix}0&\eta^7\\\eta^5&0\end{bmatrix}=\begin{bmatrix}\eta^8&0\\0&\eta^8\end{bmatrix}=E\quad;$$

$$\overline{C}_{2b}\overline{E}=\begin{bmatrix}0&\eta^3\\\eta&0\end{bmatrix}\begin{bmatrix}\eta^4&0\\0&\eta^4\end{bmatrix}=\begin{bmatrix}0&\eta^7\\\eta^5&0\end{bmatrix}=C_{2b}\quad;$$

$$\overline{C}_{2b}\overline{C}_{2z}=\begin{bmatrix}0 & \eta^3\\ \eta & 0\end{bmatrix}\begin{bmatrix}\eta^6 & 0\\ 0 & \eta^2\end{bmatrix}=\begin{bmatrix}0 & \eta^5\\ \eta^7 & 0\end{bmatrix}=C_{2a}\ ;$$

$$\overline{C}_{2b}\overline{C}_{4z}^{+}=\begin{bmatrix}0 & \eta^3\\ \eta & 0\end{bmatrix}\begin{bmatrix}\eta^5 & 0\\ 0 & \eta^3\end{bmatrix}=\begin{bmatrix}0 & \eta^6\\ \eta^6 & 0\end{bmatrix}=\overline{C}_{2x}\ ;$$

$$\overline{C}_{2b}\overline{C}_{4z}^{-}=\begin{bmatrix}0 & \eta^3\\ \eta & 0\end{bmatrix}\begin{bmatrix}\eta^7 & 0\\ 0 & \eta\end{bmatrix}=\begin{bmatrix}0 & \eta^4\\ \eta^8 & 0\end{bmatrix}=\overline{C}_{2y}\ ;$$

$$\overline{C}_{2b}\overline{C}_{2x}=\begin{bmatrix}0 & \eta^3\\ \eta & 0\end{bmatrix}\begin{bmatrix}0 & \eta^6\\ \eta^6 & 0\end{bmatrix}=\begin{bmatrix}\eta & 0\\ 0 & \eta^7\end{bmatrix}=C_{4z}^{+}\ ;$$

$$\overline{C}_{2b}\overline{C}_{2y}=\begin{bmatrix}0 & \eta^3\\ \eta & 0\end{bmatrix}\begin{bmatrix}0 & \eta^4\\ \eta^8 & 0\end{bmatrix}=\begin{bmatrix}\eta^3 & 0\\ 0 & \eta^5\end{bmatrix}=C_{4z}^{-}\ ;$$

$$\overline{C}_{2b}\overline{C}_{2a}=\begin{bmatrix}0 & \eta^3\\ \eta & 0\end{bmatrix}\begin{bmatrix}0 & \eta\\ \eta^3 & 0\end{bmatrix}=\begin{bmatrix}\eta^6 & 0\\ 0 & \eta^2\end{bmatrix}=\overline{C}_{2z}\ ;$$

$$\overline{C}_{2b}\overline{C}_{2b}=\begin{bmatrix}0 & \eta^3\\ \eta & 0\end{bmatrix}\begin{bmatrix}0 & \eta^3\\ \eta & 0\end{bmatrix}=\begin{bmatrix}\eta^4 & 0\\ 0 & \eta^4\end{bmatrix}=\overline{E}\ ,$$

以上矩陣表示的乘積結果可以驗證 5.3 所提供的四個原則。

所以雙群 ${}^{d}D_4$ 的乘積表為：

${}^{d}D_4$	E	C_{2z}	C_{4z}^{+}	C_{4z}^{-}	C_{2x}	C_{2y}	C_{2a}	C_{2b}	$\overline{E}$	$\overline{C}_{2z}$	$\overline{C}_{4z}^{+}$	$\overline{C}_{4z}^{-}$	$\overline{C}_{2x}$	$\overline{C}_{2y}$	$\overline{C}_{2a}$	$\overline{C}_{2b}$
E	E	C_{2z}	C_{4z}^{+}	C_{4z}^{-}	C_{2x}	C_{2y}	C_{2a}	C_{2b}	$\overline{E}$	$\overline{C}_{2z}$	$\overline{C}_{4z}^{+}$	$\overline{C}_{4z}^{-}$	$\overline{C}_{2x}$	$\overline{C}_{2y}$	$\overline{C}_{2a}$	$\overline{C}_{2b}$
C_{2z}	C_{2z}	$\overline{E}$	C_{4z}^{-}	$\overline{C}_{4z}^{+}$	$\overline{C}_{2y}$	C_{2x}	C_{2b}	$\overline{C}_{2a}$	$\overline{C}_{2z}$	E	$\overline{C}_{4z}^{-}$	C_{4z}^{+}	C_{2y}	$\overline{C}_{2x}$	$\overline{C}_{2b}$	C_{2a}
C_{4z}^{+}	C_{4z}^{+}	C_{4z}^{-}	C_{2z}	$\overline{E}$	$\overline{C}_{2b}$	$\overline{C}_{2a}$	$\overline{C}_{2x}$	C_{2y}	$\overline{C}_{4z}^{+}$	$\overline{C}_{4z}^{-}$	$\overline{C}_{2z}$	E	C_{2b}	C_{2a}	C_{2x}	$\overline{C}_{2y}$
C_{4z}^{-}	C_{4z}^{-}	$\overline{C}_{4z}^{+}$	$\overline{E}$	$\overline{C}_{2z}$	C_{2a}	$\overline{C}_{2b}$	C_{2y}	C_{2x}	$\overline{C}_{4z}^{-}$	$\overline{C}_{4z}^{+}$	E	C_{2z}	$\overline{C}_{2a}$	C_{2b}	$\overline{C}_{2y}$	$\overline{C}_{2x}$
C_{2x}	C_{2x}	C_{2y}	$\overline{C}_{2a}$	C_{2b}	$\overline{E}$	$\overline{C}_{2z}$	C_{4z}^{+}	$\overline{C}_{4z}^{-}$	$\overline{C}_{2x}$	$\overline{C}_{2y}$	C_{2a}	$\overline{C}_{2b}$	E	C_{2z}	$\overline{C}_{4z}^{+}$	$\overline{C}_{4z}^{-}$
C_{2y}	C_{2y}	$\overline{C}_{2x}$	C_{2b}	C_{2a}	C_{2z}	$\overline{E}$	$\overline{C}_{4z}^{-}$	$\overline{C}_{4z}^{+}$	$\overline{C}_{2y}$	C_{2x}	$\overline{C}_{2b}$	$\overline{C}_{2a}$	$\overline{C}_{2z}$	E	C_{4z}^{-}	C_{4z}^{+}
C_{2a}	C_{2a}	$\overline{C}_{2b}$	$\overline{C}_{2y}$	C_{2x}	$\overline{C}_{4z}^{-}$	C_{4z}^{+}	$\overline{E}$	C_{2z}	$\overline{C}_{2a}$	C_{2b}	C_{2y}	$\overline{C}_{2x}$	C_{4z}^{-}	$\overline{C}_{4z}^{+}$	E	$\overline{C}_{2z}$
C_{2b}	C_{2b}	C_{2a}	$\overline{C}_{2x}$	$\overline{C}_{2y}$	C_{4z}^{+}	C_{4z}^{-}	$\overline{C}_{2z}$	$\overline{E}$	$\overline{C}_{2b}$	$\overline{C}_{2a}$	C_{2x}	C_{2y}	$\overline{C}_{4z}^{+}$	$\overline{C}_{4z}^{-}$	C_{2z}	E
$\overline{E}$	$\overline{E}$	$\overline{C}_{2z}$	$\overline{C}_{4z}^{+}$	$\overline{C}_{4z}^{-}$	$\overline{C}_{2x}$	$\overline{C}_{2y}$	$\overline{C}_{2a}$	$\overline{C}_{2b}$	E	C_{2z}	C_{4z}^{+}	C_{4z}^{-}	C_{2x}	C_{2y}	C_{2a}	C_{2b}
$\overline{C}_{2z}$	$\overline{C}_{2z}$	E	$\overline{C}_{4z}^{-}$	C_{4z}^{+}	C_{2y}	$\overline{C}_{2x}$	$\overline{C}_{2b}$	C_{2a}	C_{2z}	$\overline{E}$	C_{4z}^{-}	$\overline{C}_{4z}^{+}$	$\overline{C}_{y}$	C_{2x}	C_{2b}	$\overline{C}_{2a}$
$\overline{C}_{4z}^{+}$	$\overline{C}_{4z}^{+}$	$\overline{C}_{4z}^{-}$	$\overline{C}_{2z}$	E	C_{2b}	C_{2a}	C_{2x}	$\overline{C}_{2y}$	C_{4z}^{+}	C_{4z}^{-}	C_{2z}	$\overline{E}$	$\overline{C}_{2b}$	$\overline{C}_{2a}$	$\overline{C}_{2x}$	C_{2y}
$\overline{C}_{4z}^{-}$	$\overline{C}_{4z}^{-}$	C_{4z}^{+}	E	C_{2z}	$\overline{C}_{2a}$	C_{2b}	$\overline{C}_{2y}$	$\overline{C}_{2x}$	C_{4z}^{-}	$\overline{C}_{4z}^{+}$	$\overline{E}$	$\overline{C}_{2z}$	C_{2a}	$\overline{C}_{2b}$	C_{2y}	C_{2x}
$\overline{C}_{2x}$	$\overline{C}_{2x}$	$\overline{C}_{2y}$	C_{2a}	$\overline{C}_{2b}$	E	C_{2z}	$\overline{C}_{4z}^{+}$	C_{4z}^{-}	C_{2x}	C_{2y}	$\overline{C}_{2a}$	C_{2b}	$\overline{E}$	$\overline{C}_{2z}$	C_{4z}^{+}	$\overline{C}_{4z}^{-}$
$\overline{C}_{2y}$	$\overline{C}_{2y}$	C_{2x}	$\overline{C}_{2b}$	$\overline{C}_{2a}$	$\overline{C}_{2z}$	E	C_{4z}^{-}	C_{4z}^{+}	C_{2y}	$\overline{C}_{2x}$	C_{2b}	C_{2a}	C_{2z}	$\overline{E}$	$\overline{C}_{4z}^{-}$	$\overline{C}_{4z}^{+}$
$\overline{C}_{2a}$	$\overline{C}_{2a}$	C_{2b}	C_{2y}	$\overline{C}_{2x}$	C_{4z}^{-}	$\overline{C}_{4z}^{+}$	E	$\overline{C}_{2z}$	C_{2a}	$\overline{C}_{2b}$	$\overline{C}_{2y}$	C_{2x}	$\overline{C}_{4z}^{-}$	C_{4z}^{+}	$\overline{E}$	C_{2z}
$\overline{C}_{2b}$	$\overline{C}_{2b}$	$\overline{C}_{2a}$	C_{2x}	C_{2y}	$\overline{C}_{4z}^{+}$	$\overline{C}_{4z}^{-}$	C_{2z}	E	C_{2b}	C_{2a}	$\overline{C}_{2x}$	$\overline{C}_{2y}$	C_{4z}^{+}	C_{4z}^{-}	$\overline{C}_{2z}$	$\overline{E}$

這二個不同的方法所得的結果是相同的。

(2) 現在開始分類，我們可以直接寫出兩個類

$\mathscr{C}_1 = \{E\}$、$\mathscr{C}_2 = \{E\}$，

抑或可以透過計算：

由 $E^{-1}EE = E$、$(C_{2z})^{-1}EC_{2z} = E$、$(C_{4z}^{+})^{-1}EC_{4z}^{+} = E$、$(C_{4z}^{-})^{-1}EC_{4z}^{-} = \mathrm{E}$、$(C_{2x})^{-1}EC_{2x} = E$、$(C_{2y})^{-1}EC_{2y} = E$、$(C_{2a})^{-1}EC_{2a} = E$、$(C_{2b})^{-1}EC_{2b} = E$、$(\overline{E})^{-1}E\overline{E} = E$、$(\overline{C}_{2z})^{-1}E\overline{C}_{2z} = E$、$(\overline{C}_{4z}^{+})^{-1}E\overline{C}_{4z}^{+} = E$、$(\overline{C}_{4z}^{-})^{-1}E\overline{C}_{4z}^{-} = E$、$(\overline{C}_{2x})^{-1}E\overline{C}_{2x} = E$、$(\overline{C}_{2y})^{-1}E\overline{C}_{2y} = E$、$(\overline{C}_{2a})^{-1}E\overline{C}_{2a} = E$、$(\overline{C}_{2b})^{-1}E\overline{C}_{2b} = E$，

可得 $\mathscr{C}_1 = \{E\}$，

由 $E^{-1}\overline{E}E = \overline{E}$、$(C_{2z})^{-1}\overline{E}C_{2z} = \overline{E}$、$(C_{4z}^{+})^{-1}\overline{E}C_{4z}^{+} = \overline{E}$、$(C_{4z}^{-})^{-1}\overline{E}C_{4z}^{-} = \overline{E}$、$(\overline{C}_{2x})^{-1}\overline{E}C_{2x} = \overline{E}$、$(C_{2y})^{-1}\overline{E}C_{2y} = \overline{E}$、$(C_{2a})^{-1}\overline{E}C_{2a} = \overline{E}$、$(\overline{C}_{2b})^{-1}\overline{E}C_{2b} = \overline{E}$、

$(\overline{E})^{-1}\overline{E}\,\overline{E} = \overline{E}$、$(\overline{C}_{2z})^{-1}\overline{E}\,\overline{C}_{2z} = \overline{E}$、$(\overline{C}^{+}_{4z})^{-1}\overline{E}\,\overline{C}^{+}_{4z} = \overline{E}$、$(\overline{C}^{-}_{4z})^{-1}\overline{E}\,\overline{C}^{-}_{4z} = \overline{E}$、$(\overline{C}_{2x})^{-1}\overline{E}\,\overline{C}_{2x} = \overline{E}$、$(\overline{C}_{2y})^{-1}\overline{E}\,\overline{C}_{2y} = \overline{E}$、$(\overline{C}_{2a})^{-1}\overline{E}\,\overline{C}_{2a} = \overline{E}$、$(\overline{C}_{2b})^{-1}\overline{E}\,\overline{C}_{2b} = \overline{E}$，

可得 $\mathscr{C}_2 = \{\overline{E}\}$，

由 $E^{-1}C_{2z}E = C_{2z}$、$(C_{2z})^{-1}C_{2z}C_{2z} = C_{2z}$、$(C^{+}_{4z})^{-1}C_{2z}C^{+}_{4z} = C_{2z}$、$(C^{-}_{4z})^{-1}C_{2z}C^{-}_{4z} = C_{2z}$、$(C_{2x})^{-1}C_{2z}C_{2x} = \overline{C}_{2z}$、$(C_{2y})^{-1}C_{2z}C_{2y} = \overline{C}_{2z}$、$(C_{2a})^{-1}C_{2z}C_{2a} = \overline{C}_{2z}$、$(C_{2b})^{-1}C_{2z}C_{2b} = \overline{C}_{2z}$、$(\overline{E})^{-1}C_{2z}\overline{E} = C_{2z}$、$(\overline{C}_{2z})^{-1}C_{2z}\overline{C}_{2z} = C_{2z}$、$(\overline{C}^{+}_{4z})^{-1}C_{2z}C^{+}_{4z}= C_{2z}$、$(\overline{C}^{-}_{4z})^{-1}C_{2z}\overline{C}^{-}_{4z} = C_{2z}$、$(\overline{C}_{2x})^{-1}C_{2z}\overline{C}_{2x} = \overline{C}_{2z}$、$(\overline{C}_{2y})^{-1}C_{2z}\overline{C}_{2y} = \overline{C}_{2z}$、$(\overline{C}_{2a})^{-1}C_{2z}\overline{C}_{2a} = \overline{C}_{2z}$、$(\overline{C}_{2b})^{-1}C_{2z}\overline{C}_{2b} = \overline{C}_{2z}$，

可知 $\mathscr{C}_3 = \{C_{2z}, \overline{C}_{2z}\}$ 是同一類；

由 $E^{-1}C^{+}_{4z}E = C^{+}_{4z}$、$(C_{2z})^{-1}C^{+}_{4z}C_{2z} = C^{+}_{4z}$、$(C^{+}_{4z})^{-1}C^{+}_{4z}C^{+}_{4z} = C^{+}_{4z}$、$(C^{-}_{4z})^{-1}C^{+}_{4z}C^{-}_{4z} = C^{+}_{4z}$、$(C_{2x})^{-1}C^{+}_{4z}C_{2x} = \overline{C}^{-}_{4z}$、$(C_{2y})^{-1}C^{+}_{4z}C_{2y} = \overline{C}^{-}_{4z}$、$(C_{2a})^{-1}C^{+}_{4z}C_{2a} = \overline{C}^{-}_{4z}$、$(C_{2b})^{-1}C^{+}_{4z}C_{2b} = \overline{C}^{-}_{4z}$、$(\overline{E})^{-1}C^{+}_{4z}\overline{E} = C^{+}_{4z}$、$(\overline{C}_{2z})^{-1}C^{+}_{4z}\overline{C}_{2z} = C^{+}_{4z}$、$(\overline{C}^{+}_{4z})^{-1}C^{+}_{4z}\overline{C}^{+}_{4z}= C^{+}_{4z}$、$(\overline{C}^{-}_{4z})^{-1}C^{+}_{4z}\overline{C}^{-}_{4z} = C^{+}_{4z}$、$(\overline{C}_{2x})^{-1}C^{+}_{4z}\overline{C}_{2x} = \overline{C}^{-}_{4z}$、$(\overline{C}_{2y})^{-1}C^{+}_{4z}\overline{C}_{2y} = \overline{C}^{-}_{4z}$、$(\overline{C}_{2a})^{-1}C^{+}_{4z}\overline{C}_{2a} = \overline{C}^{-}_{4z}$、$(\overline{C}_{2b})^{-1}C^{+}_{4z}\overline{C}_{2b} = \overline{C}^{-}_{4z}$，

可知 $\mathscr{C}_4 = \{C^{+}_{4z}, \overline{C}^{-}_{4z}\}$是同一類；

由 $E^{-1}C^{-}_{4z}E = C^{-}_{4z}$、$(C_{2z})^{-1}C^{-}_{4z}C_{2z} = C^{-}_{4z}$、$(C^{+}_{4z})^{-1}C^{-}_{4z}C^{+}_{4z}= C^{-}_{4z}$、$(C^{-}_{4z})^{-1}C^{-}_{4z}C^{-}_{4z} = C^{-}_{4z}$、$(C_{2x})^{-1}C^{-}_{4z}C_{2x} = \overline{C}^{+}_{4z}$、$(C_{2y})^{-1}C^{-}_{4z}C_{2y} = \overline{C}^{+}_{4z}$、$(C_{2a})^{-1}C^{-}_{4z}C_{2a} = \overline{C}^{+}_{4z}$、$(C_{2b})^{-1}C^{-}_{4z}C_{2b} = \overline{C}^{+}_{4z}$、$(\overline{E})^{-1}C^{-}_{4z}\overline{E} = C^{-}_{4z}$、$(\overline{C}_{2z})^{-1}C^{-}_{4z}\overline{C}_{2z} = C^{-}_{4z}$、$(\overline{C}^{+}_{4z})^{-1}C^{-}_{4z}C^{+}_{4z}= C^{-}_{4z}$、$(\overline{C}^{-}_{4z})^{-1}C^{-}_{4z}\overline{C}^{-}_{4z} = \overline{C}^{-}_{4z}$、$(\overline{C}_{2x})^{-1}C^{-}_{4z}\overline{C}_{2x} = \overline{C}^{+}_{4z}$、$(\overline{C}_{2y})^{-1}C^{-}_{4z}\overline{C}_{2y} = \overline{C}^{+}_{4z}$、$(\overline{C}_{2a})^{-1}C^{-}_{4z}\overline{C}_{2a} = \overline{C}^{+}_{4z}$、$(\overline{C}_{2b})^{-1}C^{-}_{4z}\overline{C}_{2b} = \overline{C}^{+}_{4z}$，

可知 $\mathscr{C}_5 = \{C^{-}_{4z}, \overline{C}^{+}_{4z}\}$是同一類；

由 $E^{-1}C_{2x}E = C_{2x}$、$(C_{2z})^{-1}C_{2x}C_{2z} = \overline{C}_{2x}$、$(C^{+}_{4z})^{-1}C_{2x}C^{+}_{4z}= C_{2y}$、$(C^{-}_{4z})^{-1}C_{2x}C^{-}_{4z} = \overline{C}_{2y}$、$(C_{2x})^{-1}C_{2x}C_{2x} = C_{2x}$、$(C_{2y})^{-1}C_{2x}C_{2y} = \overline{C}_{2x}$、$(C_{2a})^{-1}C_{2x}C_{2a} = C_{2y}$、$(C_{2b})^{-1}C_{2x}C_{2b} = \overline{C}_{2y}$、$(\overline{E})^{-1}C_{2x}\overline{E} = C_{2x}$、$(\overline{C}_{2z})^{-1}C_{2x}\overline{C}_{2z} = \overline{C}_{2x}$、$(\overline{C}^{+}_{4z})^{-1}C_{2x}\overline{C}^{+}_{4z} = C_{2y}$、$(\overline{C}^{-}_{4z})^{-1}C_{2x}\overline{C}^{-}_{4z} = \overline{C}_{2y}$、$(\overline{C}_{2x})^{-1}C_{2x}\overline{C}_{2x} = C_{2x}$、$(\overline{C}_{2y})^{-1}C_{2x}\overline{C}_{2y} = \overline{C}_{2x}$、$(\overline{C}_{2a})^{-1}C_{2x}\overline{C}_{2a} = C_{2y}$、$(\overline{C}_{2b})^{-1}C_{2x}\overline{C}_{2b} = \overline{C}_{2y}$，

可知 $\mathscr{C}_6 = \{C_{2x}, C_{2y}, \overline{C}_{2x}, \overline{C}_{2y}\}$是同一類；

由 $E^{-1}C_{2a}E = C_{2a}$、$(C_{2z})^{-1}C_{2a}C_{2z} = \overline{C}_{2a}$、$(C^{+}_{4z})^{-1}C_{2a}C^{+}_{4z}= \overline{C}_{2b}$、$(C^{-}_{4z})^{-1}C_{2a}C^{-}_{4z} = C_{2b}$、$(C_{2x})^{-1}C_{2a}C_{2x} = C_{2b}$、$(C_{2y})^{-1}C_{2a}C_{2y} = \overline{C}_{2b}$、$(C_{2a})^{-1}C_{2a}C_{2a} = C_{2a}$、$(C_{2b})^{-1}C_{2a}C_{2b} = \overline{C}_{2a}$、$(\overline{E})^{-1}C_{2a}\overline{E} = C_{2a}$、$(\overline{C}_{2z})^{-1}C_{2a}\overline{C}_{2z} = \overline{C}_{2a}$、$(\overline{C}^{+}_{4z})^{-1}C_{2a}C^{+}_{4z}= \overline{C}_{2b}$、$(\overline{C}^{-}_{4z})^{-1}C_{2a}\overline{C}^{-}_{4z} = C_{2b}$、$(\overline{C}_{2x})^{-1}C_{2a}\overline{C}_{2x} = C_{2b}$、$(\overline{C}_{2y})^{-1}$

$C_{2a}\overline{C}_{2y}=\overline{C}_{2b}$、$(\overline{C}_{2a})^{-1}C_{2a}\overline{C}_{2a}=C_{2a}$、$(\overline{C}_{2b})^{-1}C_{2a}\overline{C}_{2b}=\overline{C}_{2a}$，

可知 $\mathscr{C}_7=\{C_{2a}, C_{2b}, \overline{C}_{2a}, \overline{C}_{2b}\}$是同一類，

原來的 $D_4(422)$ 群可以分成 5 個類，即$\{E\}$、$\{C_{2z}\}$、$\{C^+_{4z}, C^+_{4z}\}$、$\{C_{2x}, C_{2y}\}$、$\{C_{2a}, C_{2b}\}$；雙群 ${}^dD_4$ 可以分成 7 個類，即$\{E\}$、$\{\overline{E}\}$、$\{C_{2z}, \overline{C}_{2z}\}$、$\{C^+_{4z}, \overline{C}^-_{4z}\}$、$\{C^-_{4z}, \overline{C}^+_{4z}\}$、$\{C_{2x}, C_{2y}, \overline{C}_{2x}, \overline{C}_{2y}\}$、$\{C_{2a}, C_{2b}, \overline{C}_{2a}, \overline{C}_{2b}\}$，由這個結果可以看出：**雙群**的**元素**將比原來**單值群**的**元素**多一倍，但是**雙群**的類雖然比原來**單值群**有更多的類，然而類的數量不一定多一倍。

3. 對 E **操作**而言，由 $1^2+1^2+1^2+1^2+2^2+[\chi(\Gamma^E_6)]^2+[\chi(\Gamma^E_7)]^2=16$，則 $\chi(\Gamma^E_6)=2$、$\chi(\Gamma^E_7)=2$。

   對 $\overline{E}$ **操作**而言，Γ_1、Γ_2、Γ_3、Γ_4、Γ_5 的**特徵值**和 E **操作**的相同；而 Γ_6、Γ_7 的**特徵值**則為 E **操作**的負值。

   即

${}^dD_4$		$\overline{E}$	$\overline{C}_{2z}$	$\overline{C}^-_{4z}$	$\overline{C}^+_{4z}$	$\overline{C}_{2x}, \overline{C}_{2y}$	$\overline{C}_{2a}, \overline{C}_{2b}$
	E		C_{2z}	$\overline{C}^+_{4z}$	$\overline{C}^-_{4z}$	C_{2x}, C_{2y}	C_{2a}, C_{2b}
Γ_1	1	1	1	1	1	1	1
Γ_2	1	1	1	1	1	−1	−1
Γ_3	1	1	1	−1	−1	1	−1
Γ_4	1	1	1	−1	−1	−1	1
Γ_5	2	2	−2	0	0	0	0
Γ_6	2	−2	?	?	?	?	?
Γ_7	2	−2	?	?	?	?	?

如果 A 和 $\overline{A}$ 屬於同一類，即$\{C_{2z}, \overline{C}_{2z}\}$、$\{C_{2x}, C_{2y}, \overline{C}_{2x}, \overline{C}_{2y}\}$、$\{C_{2a}, C_{2b}, \overline{C}_{2a}, \overline{C}_{2b}\}$，則其在**雙群**中多出來的**表示**（即 Γ_6 和 Γ_7）的**特徵值**必然為 0。

${}^dD_4$		$\overline{E}$	$\overline{C}_{2z}$	$\overline{C}^-_{4z}$	$\overline{C}^+_{4z}$	$\overline{C}_{2x}, \overline{C}_{2y}$	$\overline{C}_{2a}, \overline{C}_{2b}$
	E		C_{2z}	C^+_{4z}	C^-_{4z}	C_{2x}, C_{2y}	C_{2a}, C_{2b}
Γ_1	1	1	1	1	1	1	1
Γ_2	1	1	1	1	1	−1	−1
Γ_3	1	1	1	−1	−1	1	−1
Γ_4	1	1	1	−1	−1	−1	1
Γ_5	2	2	−2	0	0	0	0
Γ_6	2	−2	0	?	?	0	0
Γ_7	2	−2	0	?	?	0	0

最後，因為**雙群**滿足**廣義正交理論**所有的特性，所以多出來的**表示**（即Γ_6和Γ_7）的**特徵值**滿足

$2^2+(-2)^2+2\times0^2+2\times[\chi(\Gamma^{\overline{C}_{4z}^-, C_{4z}^+})]^2+2\times[\chi(\Gamma^{C_{4z}^-, \overline{C}_{4z}^+})]^2+4\times0^2+4\times0^2=16$，則

$\chi(\Gamma^{\overline{C}_{4z}^-, C_{4z}^+})=\pm\sqrt{2}$或$\chi(\Gamma^{C_{4z}^-, \overline{C}_{4z}^+})=\pm\sqrt{2}$，

然而Γ_6和Γ_7亦必須和**雙群**的任一**表示**滿足**正交**的關係，所以

$\chi(\Gamma^{\overline{C}_{4z}^-, C_{4z}^+})=-\chi(\Gamma^{C_{4z}^-, \overline{C}_{4z}^+})$，則取

$\chi(\Gamma_6^{\overline{C}_{4z}^-, C_{4z}^+})=\sqrt{2}$，$\chi(\Gamma_6^{C_{4z}^-, \overline{C}_{4z}^+})=-\sqrt{2}$，$\chi(\Gamma_7^{\overline{C}_{4z}^-, C_{4z}^+})=-\sqrt{2}$，

$\chi(\Gamma_7^{C_{4z}^-, \overline{C}_{4z}^+})=\sqrt{2}$，

所以完整的**雙群** $^dD_4$ **特徵值**表如下：

$^dD_4$		$\overline{E}$	$\overline{C}_{2z}$	$\overline{C}_{4z}^-$	$\overline{C}_{4z}^+$	$\overline{C}_{2x}, \overline{C}_{2y}$	$\overline{C}_{2a}, \overline{C}_{2b}$
	E		C_{2z}	C_{4z}^+	C_{4z}^-	C_{2x}, C_{2y}	C_{2a}, C_{2b}
Γ_1	1	1	1	1	1	1	1
Γ_2	1	1	1	1	1	−1	−1
Γ_3	1	1	1	−1	−1	1	−1
Γ_4	1	1	1	−1	−1	−1	1
Γ_5	2	2	−2	0	0	0	0
Γ_6	2	−2	0	$\sqrt{2}$	$-\sqrt{2}$	0	0
Γ_7	2	−2	0	$-\sqrt{2}$	$\sqrt{2}$	0	0

7. 由例 5.2 的**雙群** ^dO 的**特徵值表**：

^dO		$3\overline{C_2}$			$6\overline{C'_2}$	$\overline{E}$	$8\overline{C_3}$	$6\overline{C_4}$
	E	$3C_2$	$8C_3$	$6C_4$	$6C_2'$			
Γ_1	1	1	1	1	1	1	1	1
Γ_2	1	1	1	−1	−1	1	1	−1
Γ_3	2	2	−1	0	0	2	−1	0
Γ_4	3	−1	0	1	−1	3	0	1
Γ_5	3	−1	0	−1	1	3	0	−1
Γ_6	2	0	1	$\sqrt{2}$	0	−2	−1	$-\sqrt{2}$
Γ_7	2	0	1	$-\sqrt{2}$	0	−2	−1	$\sqrt{2}$
Γ_8	4	0	−1	0	0	−4	1	0

由 $\begin{cases} \chi[R(\phi)] \equiv \chi_J(\phi) = \dfrac{\sin\left[\dfrac{(2J+1)\phi}{2}\right]}{\sin\left(\dfrac{\phi}{2}\right)} \\ \chi[\overline{R}(\phi)] \equiv \overline{\chi}_J(\phi) = \chi_J(\phi+2\pi) = (-1)^{2J}\chi_J(\phi) \end{cases}$

當 $J=\dfrac{7}{2}$，則 $\chi_{7/2}(\overline{E}) = -\chi_{7/2}(E) = -\left(2\times\dfrac{7}{2}+1\right) = -8$，

$\chi_{7/2}(C_2) = \chi_{7/2}(\overline{C_2}) = 0$，

$\chi_{7/2}(\overline{C_3}) = -\chi_{7/2}(C_3) = -1$，

$\chi_{7/2}(\overline{C_4}) = -\chi_{7/2}(C_4) = 0$，

$\chi_{7/2}(C'_2) = \chi_{7/2}(\overline{C'_2}) = 0$；

當 $J=\dfrac{9}{2}$，則 $\chi_{9/2}(\overline{E}) = -\chi_{9/2}(E) = -10$，

$\chi_{9/2}(C_2) = \chi_{9/2}(\overline{C_2}) = 0$，

$\chi_{9/2}(C_3) = -\chi_{9/2}(\overline{C_3}) = -1$，

$\chi_{9/2}(C_4) = -\chi_{9/2}(\overline{C_4}) = -\sqrt{2}$，

$\chi_{9/2}(C'_2) = \chi_{9/2}(\overline{C'_2}) = 0$；

當 $J=\dfrac{11}{2}$，則 $\chi_{11/2}(\overline{E}) = -\chi_{11/2}(E) = -12$，

$\chi_{11/2}(C_2) = \chi_{11/2}(\overline{C_2}) = 0$，

$\chi_{11/2}(C_3) = \chi_{11/2}(\overline{C_3}) = 0$，

$\chi_{11/2}(C_4) = \chi_{11/2}(\overline{C_4}) = 0$，

$\chi_{11/2}(C'_2) = \chi_{11/2}(\overline{C'_2}) = 0$，

所以

	E	$3C_2$、$3\overline{C_2}$	$8C_3$	$6C_4$	$6C'_2\ 6\overline{C'_2}$	$\overline{E}$	$8\overline{C_3}$	$6\overline{C_4}$
$\Gamma_{7/2}$	8	0	1	0	0	−8	−1	0
$\Gamma_{9/2}$	10	0	−1	$\sqrt{2}$	0	−10	1	$-\sqrt{2}$
$\Gamma_{11/2}$	12	0	0	0	0	−12	0	0

分解可約表示的方法有兩個：

第一個方法是包含**雙群**中所有的**元素**。

第二個方法是只考慮多出的**不可約表示**，且以**單值群**的**元素**來計算。

$\Gamma_{7/2}$：假設 $\Gamma_{7/2}=a_1\Gamma_1+a_2\Gamma_2+a_3\Gamma_3+a_4\Gamma_4+a_5\Gamma_5+a_6\Gamma_6+a_7\Gamma_7+a_8\Gamma_8$，

第一個方法：

$$a_1=\frac{1}{48}\begin{bmatrix}8\cdot1\cdot1+0\cdot1\cdot6+1\cdot1\cdot8+0\cdot1\cdot6+0\cdot1\cdot12\\+(-8)\cdot1\cdot1+(-1)\cdot1\cdot8+0\cdot1\cdot6\end{bmatrix}=0$$

$$a_2=\frac{1}{48}\begin{bmatrix}8\cdot1\cdot1+0\cdot1\cdot6+1\cdot1\cdot8+0\cdot(-1)\cdot6+0\cdot(-1)\cdot12\\+(-8)\cdot1\cdot1+(-1)\cdot1\cdot8+0\cdot(-1)\cdot6\end{bmatrix}=0$$

$$a_3=\frac{1}{48}\begin{bmatrix}8\cdot2\cdot1+0\cdot2\cdot6+1\cdot(-1)\cdot8+0\cdot0\cdot6+0\cdot0\cdot12\\+(-8)\cdot2\cdot1+(-1)\cdot(-1)\cdot8+0\cdot0\cdot6\end{bmatrix}=0$$

$$a_4=\frac{1}{48}\begin{bmatrix}8\cdot3\cdot1+0\cdot(-1)\cdot6+1\cdot0\cdot8+0\cdot1\cdot6+0\cdot(-1)\cdot12\\+(-8)\cdot3\cdot1+(-1)\cdot0\cdot8+0\cdot1\cdot6\end{bmatrix}=0$$

$$a_5=\frac{1}{48}\begin{bmatrix}8\cdot3\cdot1+0\cdot(-1)\cdot6+1\cdot0\cdot8+0\cdot(-1)\cdot6+0\cdot1\cdot12\\+(-8)\cdot3\cdot1+(-1)\cdot0\cdot8+0\cdot(-1)\cdot6\end{bmatrix}=0$$

$$a_6=\frac{1}{48}\begin{bmatrix}8\cdot2\cdot1+0\cdot0\cdot6+1\cdot1\cdot8+0\cdot\sqrt{2}\cdot6+0\cdot0\cdot12\\+(-8)\cdot(-2)\cdot1+(-1)\cdot(-1)\cdot8+0\cdot(-\sqrt{2})\cdot6\end{bmatrix}=1$$

$$a_7=\frac{1}{48}\begin{bmatrix}8\cdot2\cdot1+0\cdot0\cdot6+1\cdot1\cdot8+0\cdot(-\sqrt{2})\cdot6+0\cdot0\cdot12\\+(-8)\cdot(-2)\cdot1+(-1)\cdot(-1)\cdot8+0\cdot\sqrt{2}\cdot6\end{bmatrix}=1$$

$$a_8=\frac{1}{48}\begin{bmatrix}8\cdot4\cdot1+0\cdot0\cdot6+1\cdot(-1)\cdot8+0\cdot0\cdot6+0\cdot0\cdot12\\+(-8)\cdot(-4)\cdot1+(-1)\cdot1\cdot8+0\cdot0\cdot6\end{bmatrix}=1$$

第二個方法：

$$a_6=\frac{1}{24}[8\cdot2\cdot1+0\cdot0\cdot6+1\cdot1\cdot8+0\cdot\sqrt{2}\cdot6+0\cdot0\cdot6]=1$$

$$a_7=\frac{1}{24}[8\cdot2\cdot1+0\cdot0\cdot6+1\cdot1\cdot8+0\cdot(-\sqrt{2})\cdot6+0\cdot0\cdot6]=1$$

$$a_8=\frac{1}{24}[8\cdot4\cdot1+0\cdot0\cdot6+1\cdot(-1)\cdot8+0\cdot0\cdot6+0\cdot0\cdot6]=1，$$

所以無論哪個方法所得結果俱為 $\Gamma_{7/2}=\Gamma_6+\Gamma_7+\Gamma_8$。

$\Gamma_{9/2}$：假設 $\Gamma_{9/2}=a_1\Gamma_1+a_2\Gamma_2+a_3\Gamma_3+a_4\Gamma_4+a_5\Gamma_5+a_6\Gamma_6+a_7\Gamma_7+$

$a_8\Gamma_8$，

第一個方法：

$$a_1=\frac{1}{48}\left[\begin{array}{l}10\cdot1\cdot1+0\cdot1\cdot6+(-1)\cdot1\cdot8+\sqrt{2}\cdot1\cdot6+0\cdot1\cdot12\\+(-10)\cdot1\cdot1+1\cdot1\cdot8+(-\sqrt{2})\cdot1\cdot6\end{array}\right]=0$$

$$a_2=\frac{1}{48}\left[\begin{array}{l}10\cdot1\cdot1+0\cdot1\cdot6+(-1)\cdot1\cdot8+\sqrt{2}\cdot(-1)\cdot6+0\cdot(-1)\cdot12\\+(-10)\cdot1\cdot1+1\cdot1\cdot8+(-\sqrt{2})\cdot(-1)\cdot6\end{array}\right]=0$$

$$a_3=\frac{1}{48}\left[\begin{array}{l}10\cdot2\cdot1+0\cdot2\cdot6+(-1)\cdot(-1)\cdot8+\sqrt{2}\cdot0\cdot6+0\cdot0\cdot12\\+(-10)\cdot2\cdot1+1\cdot(-1)\cdot8+(-\sqrt{2})\cdot0\cdot6\end{array}\right]=0$$

$$a_4=\frac{1}{48}\left[\begin{array}{l}10\cdot3\cdot1+0\cdot(-1)\cdot6+(-1)\cdot0\cdot8+\sqrt{2}\cdot1\cdot6+0\cdot(-1)\cdot12\\+(-10)\cdot3\cdot1+1\cdot0\cdot8+(-\sqrt{2})\cdot1\cdot6\end{array}\right]=0$$

$$a_5=\frac{1}{48}\left[\begin{array}{l}10\cdot3\cdot1+0\cdot(-1)\cdot6+(-1)\cdot0\cdot8+\sqrt{2}\cdot(-1)\cdot6+0\cdot1\cdot12\\+(-10)\cdot3\cdot1+1\cdot0\cdot8+(-\sqrt{2})\cdot(-1)\cdot6\end{array}\right]=0$$

$$a_6=\frac{1}{48}\left[\begin{array}{l}10\cdot2\cdot1+0\cdot0\cdot6+(-1)\cdot1\cdot8+\sqrt{2}\cdot\sqrt{2}\cdot6+0\cdot0\cdot12\\+(-10)\cdot(-2)\cdot1+1\cdot(-1)\cdot8+(-\sqrt{2})\cdot(-\sqrt{2})\cdot6\end{array}\right]=1$$

$$a_7=\frac{1}{48}\left[\begin{array}{l}10\cdot2\cdot1+0\cdot0\cdot6+(-1)\cdot1\cdot8+\sqrt{2}\cdot(-\sqrt{2})\cdot6+0\cdot0\cdot12\\+(-10)\cdot(-2)\cdot1+1\cdot(-1)\cdot8+(-\sqrt{2})\cdot\sqrt{2}\cdot6\end{array}\right]=0$$

$$a_8=\frac{1}{48}\left[\begin{array}{l}10\cdot4\cdot1+0\cdot0\cdot6+(-1)\cdot(-1)\cdot8+\sqrt{2}\cdot0\cdot6+0\cdot0\cdot12\\+(-10)\cdot(-4)\cdot1+1\cdot1\cdot8+(-\sqrt{2})\cdot0\cdot6\end{array}\right]=2$$

第二個方法：

$$a_6=\frac{1}{24}[10\cdot2\cdot1+0\cdot0\cdot3+(-1)\cdot1\cdot8+\sqrt{2}\cdot\sqrt{2}\cdot6+0\cdot0\cdot6]=1$$

$$a_7=\frac{1}{24}[10\cdot2\cdot1+0\cdot0\cdot3+(-1)\cdot1\cdot8+\sqrt{2}\cdot(-\sqrt{2})\cdot6+0\cdot0\cdot6]=0$$

$$a_8=\frac{1}{24}[10\cdot4\cdot1+0\cdot0\cdot3+(-1)\cdot(-1)\cdot8+\sqrt{2}\cdot0\cdot6+0\cdot0\cdot6]=2$$

所以無論哪個方法所得結果俱為 $\Gamma_{9/2}=\Gamma_6+2\Gamma_8$。

$\Gamma_{11/2}$：假設 $\Gamma_{11/2}=a_1\Gamma_1+a_2\Gamma_2+a_3\Gamma_3+a_4\Gamma_4+a_5\Gamma_5+a_6\Gamma_6+a_7\Gamma_7+a_8\Gamma_8$，

第一個方法：

$$a_1=\frac{1}{48}\begin{bmatrix}12\cdot1\cdot1+0\cdot1\cdot6+0\cdot1\cdot8+0\cdot1\cdot6+0\cdot1\cdot12\\+(-12)\cdot1\cdot1+0\cdot1\cdot8+0\cdot1\cdot6\end{bmatrix}=0$$

$$a_2=\frac{1}{48}\begin{bmatrix}12\cdot1\cdot1+0\cdot1\cdot6+0\cdot1\cdot8+0\cdot(-1)\cdot6+0\cdot(-1)\cdot12\\+(-12)\cdot1\cdot1+0\cdot1\cdot8+0\cdot(-1)\cdot6\end{bmatrix}=0$$

$$a_3=\frac{1}{48}\begin{bmatrix}12\cdot2\cdot1+0\cdot2\cdot6+0\cdot(-1)\cdot8+0\cdot0\cdot6+0\cdot0\cdot12\\+(-12)\cdot2\cdot1+0\cdot(-1)\cdot8+0\cdot0\cdot6\end{bmatrix}=0$$

$$a_4=\frac{1}{48}\begin{bmatrix}12\cdot3\cdot1+0\cdot(-1)\cdot6+(-1)\cdot0\cdot8+0\cdot1\cdot6+0\cdot(-1)\cdot12\\+(-12)\cdot3\cdot1+0\cdot0\cdot8+0\cdot1\cdot6\end{bmatrix}=0$$

$$a_5=\frac{1}{48}\begin{bmatrix}12\cdot3\cdot1+0\cdot(-1)\cdot6+0\cdot0\cdot8+0\cdot(-1)\cdot6+0\cdot1\cdot12\\+(-12)\cdot3\cdot1+0\cdot0\cdot8+0\cdot(-1)\cdot6\end{bmatrix}=0$$

$$a_6=\frac{1}{48}\begin{bmatrix}12\cdot2\cdot1+0\cdot0\cdot6+0\cdot1\cdot8+0\cdot\sqrt{2}\cdot6+0\cdot0\cdot12\\+(-12)\cdot(-2)\cdot1+0\cdot(-1)\cdot8+0\cdot(-\sqrt{2})\cdot6\end{bmatrix}=1$$

$$a_7=\frac{1}{48}\begin{bmatrix}12\cdot2\cdot1+0\cdot0\cdot6+0\cdot1\cdot8+0\cdot(-\sqrt{2})\cdot6+0\cdot0\cdot12\\+(-12)\cdot(-2)\cdot1+0\cdot(-1)\cdot8+0\cdot\sqrt{2}\cdot6\end{bmatrix}=1$$

$$a_8=\frac{1}{48}\begin{bmatrix}12\cdot4\cdot1+0\cdot0\cdot6+0\cdot(-1)\cdot8+0\cdot0\cdot6+0\cdot0\cdot12\\+(-12)\cdot(-4)\cdot1+0\cdot1\cdot8+0\cdot0\cdot6\end{bmatrix}=2$$

第二個方法：

$$a_6=\frac{1}{24}[12\cdot2\cdot1+0\cdot0\cdot3+0\cdot1\cdot8+0\cdot\sqrt{2}\cdot6+0\cdot0\cdot6]=1$$

$$a_7=\frac{1}{24}[12\cdot2\cdot1+0\cdot0\cdot3+0\cdot1\cdot8+0\cdot(-\sqrt{2})\cdot6+0\cdot0\cdot6]=0$$

$$a_8=\frac{1}{24}[12\cdot4\cdot1+0\cdot0\cdot3+0\cdot(-1)\cdot8+0\cdot0\cdot6+0\cdot0\cdot6]=2$$

所以無論哪個方法所得結果俱為 $\Gamma_{11/2}=\Gamma_6+\Gamma_7+2\Gamma_8$。

所以**雙值表示**以**不可約表示**分解結果列表如下：

可約表示	$\Gamma_{7/2}$	$\Gamma_{9/2}$	$\Gamma_{11/2}$
不可約表示分量	$\Gamma_6+\Gamma_7+\Gamma_8$	$\Gamma_6+2\Gamma_8$	$\Gamma_6+\Gamma_7+2\Gamma_8$

由這些結果可以再次印證例 5.2 中的說明：**雙群的可約表示**只和 Γ_6、Γ_7 和 Γ_8 有關，也就是可以直接寫出 $a(\Gamma_1)=0$、$a(\Gamma_2)=0$、$a(\Gamma_3)=0$、$a(\Gamma_4)=0$、$a(\Gamma_5)=0$。

8. (1) 已知 $X_1=\begin{bmatrix} e^{i\frac{\pi}{3}} & 0 \\ 0 & e^{-i\frac{\pi}{3}} \end{bmatrix}(=C_3)$ ，$Y_0=\begin{bmatrix} 0 & -1 \\ 1 & 0 \end{bmatrix}(=\sigma_{v_a})$

則 $(X_1)^2=\begin{bmatrix} e^{i\frac{\pi}{3}} & 0 \\ 0 & e^{-i\frac{\pi}{3}} \end{bmatrix}\begin{bmatrix} e^{i\frac{\pi}{3}} & 0 \\ 0 & e^{-i\frac{\pi}{3}} \end{bmatrix}=\begin{bmatrix} e^{i\frac{2\pi}{3}} & 0 \\ 0 & e^{-i\frac{2\pi}{3}} \end{bmatrix}$

$=\begin{bmatrix} -1 & 0 \\ 0 & -1 \end{bmatrix}\begin{bmatrix} e^{-i\frac{\pi}{3}} & 0 \\ 0 & e^{i\frac{\pi}{3}} \end{bmatrix}=\overline{E}X_{-1}\ (=\overline{X_{-1}}=\overline{C_3^2})\Rightarrow X_{-1}=\begin{bmatrix} e^{-i\frac{\pi}{3}} & 0 \\ 0 & e^{i\frac{\pi}{3}} \end{bmatrix}$

$X_0=(X_1)^3=\begin{bmatrix} e^{i\frac{\pi}{3}} & 0 \\ 0 & e^{-i\frac{\pi}{3}} \end{bmatrix}\begin{bmatrix} e^{i\frac{2\pi}{3}} & 0 \\ 0 & e^{-i\frac{2\pi}{3}} \end{bmatrix}=\begin{bmatrix} 0 & 1 \\ 1 & 0 \end{bmatrix}(=E)$

$X_1Y_0=\begin{bmatrix} e^{i\frac{\pi}{3}} & 0 \\ 0 & e^{-i\frac{\pi}{3}} \end{bmatrix}\begin{bmatrix} 0 & -1 \\ 1 & 0 \end{bmatrix}=\begin{bmatrix} 0 & -e^{i\frac{\pi}{3}} \\ e^{-i\frac{\pi}{3}} & 0 \end{bmatrix}=Y_{-1}\ (=\sigma_{v_c})$

$X_1Y_{-1}=\begin{bmatrix} e^{i\frac{\pi}{3}} & 0 \\ 0 & e^{-i\frac{\pi}{3}} \end{bmatrix}\begin{bmatrix} 0 & -e^{i\frac{\pi}{3}} \\ e^{-i\frac{\pi}{3}} & 0 \end{bmatrix}=\begin{bmatrix} 0 & -e^{i\frac{2\pi}{3}} \\ e^{-i\frac{2\pi}{3}} & 0 \end{bmatrix}$

$=\begin{bmatrix} 0 & e^{-i\pi}e^{i\frac{2\pi}{3}} \\ e^{i2\pi}e^{-i\frac{2\pi}{3}} & 0 \end{bmatrix}=\begin{bmatrix} 0 & e^{-i\frac{\pi}{3}} \\ e^{i\frac{4\pi}{3}} & 0 \end{bmatrix}$

$=\begin{bmatrix} 0 & e^{-i\frac{\pi}{3}} \\ -e^{-i\frac{\pi}{3}} & 0 \end{bmatrix}=\begin{bmatrix} -1 & 0 \\ 0 & -1 \end{bmatrix}\begin{bmatrix} 0 & -e^{-i\frac{\pi}{3}} \\ e^{i\frac{\pi}{3}} & 0 \end{bmatrix}$

$=\overline{E}Y_1=\overline{Y}_1\ (=\overline{\sigma_{v_b}})$

$\Rightarrow Y_1=\begin{bmatrix} 0 & -e^{-i\frac{\pi}{3}} \\ e^{i\frac{\pi}{3}} & 0 \end{bmatrix}$

所以可得單值群 $C_{3v}=\{E=X_0, X_1, X_{-1}, Y_0, Y_1, Y_{-1}\}$ 6 個元素的（2×2）矩陣表示如下：

$X_0=\begin{bmatrix} 1 & 0 \\ 0 & 1 \end{bmatrix}$、$X_1=\begin{bmatrix} e^{i\frac{\pi}{3}} & 0 \\ 0 & e^{-i\frac{\pi}{3}} \end{bmatrix}$、$X_{-1}=\begin{bmatrix} e^{-i\frac{\pi}{3}} & 0 \\ 0 & e^{i\frac{\pi}{3}} \end{bmatrix}$

$$Y_0=\begin{bmatrix}0 & -1\\ 1 & 0\end{bmatrix}、Y_1=\begin{bmatrix}0 & -e^{-i\frac{\pi}{3}}\\ e^{i\frac{\pi}{3}} & 0\end{bmatrix}、Y_{-1}=\begin{bmatrix}0 & -e^{i\frac{\pi}{3}}\\ e^{-i\frac{\pi}{3}} & 0\end{bmatrix}。$$

(2) 我們由 (1) 的結果可以得到**單值群** C_{3v} 的 6 個**元素** $C_{3v}=\{X_0, X_1, X_{-1}, Y_0, Y_1, Y_{-1}\}$，列出 C_{3v} **單值群乘表**為

C_{3v}	X_0	X_1	X_{-1}	Y_0	Y_1	Y_{-1}
X_0	?	?	?	?	?	?
X_1	?	?	?	?	?	?
X_{-1}	?	?	?	?	?	?
Y_0	?	?	?	?	?	?
Y_1	?	?	?	?	?	?
Y_{-1}	?	?	?	?	?	?

雖然我們可以得到一組和已知的群的 C_{3v} 對應關係：

$X_0=E$、$X_1=C_3$、$X_{-1}=C_3^2$、$Y_0=\sigma_{v_a}$、$Y_1=\sigma_{v_b}$、$Y_{-1}=\sigma_{v_c}$

但是從 (1) 的（2×2）**矩陣表示**可以看出已經和例 2.7 的結果不同了，因為其中已經蘊含有**雙群** ${}^dD_{3v}$ 的意義了。

由**單值群** $C_{3v}=\{E=X_0, X_1, X_{-1}, Y_0, Y_1, Y_{-1}\}$ 6 個**元素**的（2×2）**矩陣表示**運算可得：

$$X_{-1}X_1=\begin{bmatrix}e^{-i\frac{\pi}{3}} & 0\\ 0 & e^{i\frac{\pi}{3}}\end{bmatrix}\begin{bmatrix}e^{i\frac{\pi}{3}} & 0\\ 0 & e^{-i\frac{\pi}{3}}\end{bmatrix}=\begin{bmatrix}0 & 1\\ 1 & 0\end{bmatrix}=X_0$$

$$Y_0X_1=\begin{bmatrix}0 & -1\\ 1 & 0\end{bmatrix}\begin{bmatrix}e^{i\frac{\pi}{3}} & 0\\ 0 & e^{-i\frac{\pi}{3}}\end{bmatrix}=\begin{bmatrix}0 & -e^{-i\frac{\pi}{3}}\\ e^{i\frac{\pi}{3}} & 0\end{bmatrix}=Y_1$$

$$Y_1X_1=\begin{bmatrix}0 & -e^{-i\frac{\pi}{3}}\\ e^{i\frac{\pi}{3}} & 0\end{bmatrix}\begin{bmatrix}e^{i\frac{\pi}{3}} & 0\\ 0 & e^{-i\frac{\pi}{3}}\end{bmatrix}=\begin{bmatrix}0 & e^{i\frac{\pi}{3}}\\ -e^{-i\frac{\pi}{3}} & 0\end{bmatrix}=\overline{Y_{-1}}$$

$$Y_{-1}X_1=\begin{bmatrix}0 & -e^{i\frac{\pi}{3}}\\ e^{-i\frac{\pi}{3}} & 0\end{bmatrix}\begin{bmatrix}e^{i\frac{\pi}{3}} & 0\\ 0 & e^{-i\frac{\pi}{3}}\end{bmatrix}=\begin{bmatrix}0 & -1\\ 1 & 0\end{bmatrix}=Y_0$$

$$X_1X_{-1}=\begin{bmatrix}e^{i\frac{\pi}{3}} & 0\\ 0 & e^{-i\frac{\pi}{3}}\end{bmatrix}\begin{bmatrix}e^{-i\frac{\pi}{3}} & 0\\ 0 & e^{i\frac{\pi}{3}}\end{bmatrix}=\begin{bmatrix}1 & 0\\ 0 & 1\end{bmatrix}=X_0$$

$$X_{-1}X_{-1}=\begin{bmatrix} e^{-i\frac{\pi}{3}} & 0 \\ 0 & e^{i\frac{\pi}{3}} \end{bmatrix}\begin{bmatrix} e^{-i\frac{\pi}{3}} & 0 \\ 0 & e^{i\frac{\pi}{3}} \end{bmatrix}=\begin{bmatrix} -e^{i\frac{\pi}{3}} & 0 \\ 0 & -e^{-i\frac{\pi}{3}} \end{bmatrix}=\overline{X_1}$$

$$Y_0X_{-1}=\begin{bmatrix} 0 & -1 \\ 1 & 0 \end{bmatrix}\begin{bmatrix} e^{-i\frac{\pi}{3}} & 0 \\ 0 & e^{i\frac{\pi}{3}} \end{bmatrix}=\begin{bmatrix} 0 & -e^{i\frac{\pi}{3}} \\ e^{-i\frac{\pi}{3}} & 0 \end{bmatrix}=Y_{-1}$$

$$Y_1X_{-1}=\begin{bmatrix} 0 & -e^{-i\frac{\pi}{3}} \\ e^{i\frac{\pi}{3}} & 0 \end{bmatrix}\begin{bmatrix} e^{-i\frac{\pi}{3}} & 0 \\ 0 & e^{i\frac{\pi}{3}} \end{bmatrix}=\begin{bmatrix} 0 & -1 \\ 1 & 0 \end{bmatrix}=Y_0$$

$$Y_{-1}X_{-1}=\begin{bmatrix} 0 & -e^{i\frac{\pi}{3}} \\ e^{-i\frac{\pi}{3}} & 0 \end{bmatrix}\begin{bmatrix} e^{-i\frac{\pi}{3}} & 0 \\ 0 & e^{i\frac{\pi}{3}} \end{bmatrix}=\begin{bmatrix} 0 & -e^{-i\frac{\pi}{3}} \\ e^{i\frac{\pi}{3}} & 0 \end{bmatrix}=\overline{Y_1}$$

$$X_1Y_0=\begin{bmatrix} e^{i\frac{\pi}{3}} & 0 \\ 0 & e^{-i\frac{\pi}{3}} \end{bmatrix}\begin{bmatrix} 0 & -1 \\ 1 & 0 \end{bmatrix}=\begin{bmatrix} 0 & -e^{i\frac{\pi}{3}} \\ e^{-i\frac{\pi}{3}} & 0 \end{bmatrix}=Y_{-1}$$

$$X_{-1}Y_0=\begin{bmatrix} e^{-i\frac{\pi}{3}} & 0 \\ 0 & e^{i\frac{\pi}{3}} \end{bmatrix}\begin{bmatrix} 0 & -1 \\ 1 & 0 \end{bmatrix}=\begin{bmatrix} 0 & -e^{-i\frac{\pi}{3}} \\ e^{i\frac{\pi}{3}} & 0 \end{bmatrix}=Y_1$$

$$Y_0Y_0=\begin{bmatrix} 0 & -1 \\ 1 & 0 \end{bmatrix}\begin{bmatrix} 0 & -1 \\ 1 & 0 \end{bmatrix}=\begin{bmatrix} -1 & 0 \\ 0 & -1 \end{bmatrix}=\overline{X_0}$$

$$Y_1Y_0=\begin{bmatrix} 0 & -e^{-i\frac{\pi}{3}} \\ e^{i\frac{\pi}{3}} & 0 \end{bmatrix}\begin{bmatrix} 0 & -1 \\ 1 & 0 \end{bmatrix}=\begin{bmatrix} -e^{-i\frac{\pi}{3}} & 0 \\ 0 & -e^{i\frac{\pi}{3}} \end{bmatrix}=\overline{X_{-1}}$$

$$Y_{-1}Y_0=\begin{bmatrix} 0 & -e^{i\frac{\pi}{3}} \\ e^{-i\frac{\pi}{3}} & 0 \end{bmatrix}\begin{bmatrix} 0 & -1 \\ 1 & 0 \end{bmatrix}=\begin{bmatrix} -e^{i\frac{\pi}{3}} & 0 \\ 0 & -e^{-i\frac{\pi}{3}} \end{bmatrix}=\overline{X_1}$$

$$X_1Y_1=\begin{bmatrix} e^{i\frac{\pi}{3}} & 0 \\ 0 & e^{-i\frac{\pi}{3}} \end{bmatrix}\begin{bmatrix} 0 & -e^{-i\frac{\pi}{3}} \\ e^{i\frac{\pi}{3}} & 0 \end{bmatrix}=\begin{bmatrix} 0 & -1 \\ 1 & 0 \end{bmatrix}=Y_0$$

$$X_{-1}Y_1=\begin{bmatrix} e^{-i\frac{\pi}{3}} & 0 \\ 0 & e^{i\frac{\pi}{3}} \end{bmatrix}\begin{bmatrix} 0 & -e^{-i\frac{\pi}{3}} \\ e^{i\frac{\pi}{3}} & 0 \end{bmatrix}=\begin{bmatrix} 0 & e^{i\frac{\pi}{3}} \\ -e^{-i\frac{\pi}{3}} & 0 \end{bmatrix}=\overline{Y_{-1}}$$

$$Y_0Y_1=\begin{bmatrix} 0 & -1 \\ 1 & 0 \end{bmatrix}\begin{bmatrix} 0 & -e^{-i\frac{\pi}{3}} \\ e^{i\frac{\pi}{3}} & 0 \end{bmatrix}=\begin{bmatrix} -e^{i\frac{\pi}{3}} & 0 \\ 0 & -e^{-i\frac{\pi}{3}} \end{bmatrix}=\overline{X_1}$$

$$Y_1 Y_1 = \begin{bmatrix} 0 & -e^{-i\frac{\pi}{3}} \\ e^{i\frac{\pi}{3}} & 0 \end{bmatrix} \begin{bmatrix} 0 & -e^{-i\frac{\pi}{3}} \\ e^{i\frac{\pi}{3}} & 0 \end{bmatrix} = \begin{bmatrix} -1 & 0 \\ 0 & -1 \end{bmatrix} = \overline{X_0}$$

$$Y_{-1} Y_1 = \begin{bmatrix} 0 & -e^{i\frac{\pi}{3}} \\ e^{-i\frac{\pi}{3}} & 0 \end{bmatrix} \begin{bmatrix} 0 & -e^{-i\frac{\pi}{3}} \\ e^{i\frac{\pi}{3}} & 0 \end{bmatrix} = \begin{bmatrix} e^{-i\frac{\pi}{3}} & 0 \\ 0 & e^{i\frac{\pi}{3}} \end{bmatrix} = X_{-1}$$

$$X_1 Y_{-1} = \begin{bmatrix} e^{i\frac{\pi}{3}} & 0 \\ 0 & e^{-i\frac{\pi}{3}} \end{bmatrix} \begin{bmatrix} 0 & -e^{i\frac{\pi}{3}} \\ e^{-i\frac{\pi}{3}} & 0 \end{bmatrix} = \begin{bmatrix} 0 & e^{-i\frac{\pi}{3}} \\ -e^{i\frac{\pi}{3}} & 0 \end{bmatrix} = \overline{Y_1}$$

$$X_{-1} Y_{-1} = \begin{bmatrix} e^{-i\frac{\pi}{3}} & 0 \\ 0 & e^{i\frac{\pi}{3}} \end{bmatrix} \begin{bmatrix} 0 & -e^{i\frac{\pi}{3}} \\ e^{-i\frac{\pi}{3}} & 0 \end{bmatrix} = \begin{bmatrix} 0 & -1 \\ 1 & 0 \end{bmatrix} = Y_0$$

$$Y_0 Y_{-1} = \begin{bmatrix} 0 & -1 \\ 1 & 0 \end{bmatrix} \begin{bmatrix} 0 & -e^{i\frac{\pi}{3}} \\ e^{-i\frac{\pi}{3}} & 0 \end{bmatrix} = \begin{bmatrix} -e^{-i\frac{\pi}{3}} & 0 \\ 0 & -e^{i\frac{\pi}{3}} \end{bmatrix} = \overline{X_{-1}}$$

$$Y_1 Y_{-1} = \begin{bmatrix} 0 & -e^{-i\frac{\pi}{3}} \\ e^{i\frac{\pi}{3}} & 0 \end{bmatrix} \begin{bmatrix} 0 & -e^{i\frac{\pi}{3}} \\ e^{-i\frac{\pi}{3}} & 0 \end{bmatrix} = \begin{bmatrix} e^{i\frac{\pi}{3}} & 0 \\ 0 & e^{-i\frac{\pi}{3}} \end{bmatrix} = X_1$$

$$Y_{-1} Y_{-1} = \begin{bmatrix} 0 & -e^{i\frac{\pi}{3}} \\ e^{-i\frac{\pi}{3}} & 0 \end{bmatrix} \begin{bmatrix} 0 & -e^{i\frac{\pi}{3}} \\ e^{-i\frac{\pi}{3}} & 0 \end{bmatrix} = \begin{bmatrix} -1 & 0 \\ 0 & -1 \end{bmatrix} = \overline{X_0}$$

所以 C_{3v} 單值群乘表為

C_{3v}	X_0	X_1	X_{-1}	Y_0	Y_1	Y_{-1}
X_0	X_0	X_1	X_{-1}	Y_0	Y_1	Y_{-1}
X_1	X_1	$\overline{X_{-1}}$	X_0	Y_{-1}	Y_0	$\overline{Y_1}$
X_{-1}	X_{-1}	X_0	$\overline{X_{-1}}$	Y_1	$\overline{Y_{-1}}$	Y_0
Y_0	Y_0	Y_1	Y_{-1}	$\overline{X_0}$	$\overline{X_1}$	$\overline{X_{-1}}$
Y_1	Y_1	$\overline{Y_{-1}}$	Y_0	$\overline{X_{-1}}$	$\overline{X_0}$	X_1
Y_{-1}	Y_{-1}	Y_0	$\overline{Y_1}$	$\overline{X_1}$	X_{-1}	$\overline{X_0}$

(3) 藉由例 5.3 的方法及 (2) 的結果，可以得到 ${}^{d}C_{3v}$ 雙群乘積表如下：

${}^{d}C_{3v}$	X_0	X_1	X_{-1}	Y_0	Y_1	Y_{-1}	$\overline{X_0}$	$\overline{X_1}$	$\overline{X_{-1}}$	$\overline{Y_0}$	$\overline{Y_1}$	$\overline{Y_{-1}}$
X_0	X_0	X_1	X_{-1}	Y_0	Y_1	Y_{-1}	$\overline{X_0}$	$\overline{X_1}$	$\overline{X_{-1}}$	$\overline{Y_0}$	$\overline{Y_1}$	$\overline{Y_{-1}}$
X_1	X_1	$\overline{X_{-1}}$	X_0	Y_{-1}	Y_0	$\overline{Y_1}$	$\overline{X_1}$	X_{-1}	$\overline{X_0}$	$\overline{Y_{-1}}$	$\overline{Y_0}$	Y_1
X_{-1}	X_{-1}	X_0	$\overline{X_1}$	Y_1	$\overline{Y_{-1}}$	Y_0	$\overline{X_{-1}}$	$\overline{X_0}$	X_1	$\overline{Y_1}$	Y_{-1}	$\overline{Y_0}$
Y_0	Y_0	Y_1	Y_{-1}	$\overline{X_0}$	$\overline{X_1}$	$\overline{X_{-1}}$	$\overline{Y_0}$	$\overline{Y_1}$	$\overline{Y_{-1}}$	X_0	X_1	X_{-1}
Y_1	Y_1	$\overline{Y_{-1}}$	Y_0	$\overline{X_{-1}}$	$\overline{X_0}$	X_1	$\overline{Y_1}$	Y_{-1}	$\overline{Y_0}$	X_{-1}	X_0	$\overline{X_1}$
Y_{-1}	Y_{-1}	Y_0	$\overline{Y_1}$	$\overline{X_1}$	X_{-1}	$\overline{X_0}$	$\overline{Y_{-1}}$	$\overline{Y_0}$	Y_1	X_1	$\overline{X_{-1}}$	X_0
$\overline{X_0}$	$\overline{X_0}$	$\overline{X_1}$	$\overline{X_{-1}}$	$\overline{Y_0}$	$\overline{Y_1}$	$\overline{Y_{-1}}$	X_0	X_1	X_{-1}	Y_0	Y_1	Y_{-1}
$\overline{X_1}$	$\overline{X_1}$	X_{-1}	$\overline{X_0}$	$\overline{Y_{-1}}$	$\overline{Y_0}$	Y_1	X_1	$\overline{X_{-1}}$	X_0	Y_{-1}	Y_0	$\overline{Y_1}$
$\overline{X_{-1}}$	$\overline{X_{-1}}$	$\overline{X_0}$	X_1	$\overline{Y_1}$	Y_{-1}	$\overline{Y_0}$	X_{-1}	X_0	$\overline{X_1}$	Y_1	$\overline{Y_{-1}}$	Y_0
$\overline{Y_0}$	$\overline{Y_0}$	$\overline{Y_1}$	$\overline{Y_{-1}}$	X_0	X_1	X_{-1}	Y_0	Y_1	Y_{-1}	$\overline{X_0}$	$\overline{X_1}$	$\overline{X_{-1}}$
$\overline{Y_1}$	$\overline{Y_1}$	Y_{-1}	$\overline{Y_0}$	X_{-1}	X_0	$\overline{X_1}$	Y_1	$\overline{Y_{-1}}$	Y_0	$\overline{X_{-1}}$	$\overline{X_0}$	X_1
$\overline{Y_{-1}}$	$\overline{Y_{-1}}$	$\overline{Y_0}$	Y_1	X_1	$\overline{X_{-1}}$	X_0	Y_{-1}	Y_0	$\overline{Y_1}$	$\overline{X_1}$	X_{-1}	$\overline{X_0}$

現在開始分類，我們可以直接寫出兩個類，

$\mathscr{C}_1=\{X_0\}$、$\mathscr{C}_2=\{\overline{X_0}\}$，

也可以透過計算：

由 $(X_0)^{-1}X_0X_0=X_0$、$(X_1)^{-1}X_0X_1=X_0$、$(X_{-1})^{-1}X_0X_{-1}=X_0$、$(Y_0)^{-1}X_0Y_0=X_0$、$(Y_1)^{-1}X_0Y_1=X_0$、$(Y_{-1})^{-1}X_0Y_{-1}=X_0$、$(\overline{X_0})^{-1}X_0\overline{X_0}=X_0$、$(\overline{X_1})^{-1}X_0X_1=X_0$、$(\overline{X_{-1}})^{-1}X_0\overline{X_{-1}}=X_0$、$(\overline{Y_0})^{-1}X_0\overline{Y_0}=X_0$、$(\overline{Y_1})^{-1}X_0\overline{Y_1}=X_0$、$(\overline{Y_{-1}})^{-1}X_0\overline{Y_{-1}}=X_0$，

可得 $\mathscr{C}_1=\{X_0\}$，

由 $(X_0)^{-1}\overline{X_0}X_0=\overline{X_0}$、$(X_1)^{-1}\overline{X_0}X_1=\overline{X_0}$、$(X_{-1})^{-1}\overline{X_0}X_{-1}=\overline{X_0}$、$(Y_0)^{-1}\overline{X_0}Y_0=\overline{X_0}$、$(Y_1)^{-1}\overline{X_0}Y_1=\overline{X_0}$、$(Y_{-1})^{-1}\overline{X_0}Y_{-1}=\overline{X_0}$、$(\overline{X_0})^{-1}\overline{X_0}\,\overline{X_0}=\overline{X_0}$、$(\overline{X_1})^{-1}\overline{X_0}\,\overline{X_1}=\overline{X_0}$、$(\overline{X_{-1}})^{-1}\overline{X_0}\,\overline{X_{-1}}=\overline{X_0}$、$(\overline{Y_0})^{-1}\overline{X_0}\,\overline{Y_0}=\overline{X_0}$、$(\overline{Y_1})^{-1}\overline{X_0}\,\overline{Y_1}=\overline{X_0}$、$(\overline{Y_{-1}})^{-1}\overline{X_0}\,\overline{Y_{-1}}=\overline{X_0}$，

可得 $\mathscr{C}_2=\{\overline{X_0}\}$，

由 $(X_0)^{-1}X_1X_0=X_1$、$(X_1)^{-1}X_1X_1=X_1$、$(X_{-1})^{-1}X_1X_{-1}=X_1$、$(Y_0)^{-1}X_1Y_0=X_{-1}$、$(Y_1)^{-1}X_1Y_1=X_{-1}$、$(Y_{-1})^{-1}X_1Y_{-1}=X_{-1}$、$(\overline{X_0})^{-1}X_1\overline{X_0}=X_1$、$(\overline{X_1})^{-1}X_1\overline{X_1}=X_1$、$(\overline{X_{-1}})^{-1}X_1\overline{X_{-1}}=X_1$、$(\overline{Y_0})^{-1}X_1\overline{Y_0}=$

X_{-1}、$(\overline{Y}_1)^{-1}X_1\overline{Y}_1 = X_{-1}$、$(\overline{Y_{-1}})^{-1}X_1\overline{Y_{-1}} = X_{-1}$，

可知 $\mathscr{C}_3 = \{X_1, X_{-1}\}$。

由 $(X_0)^{-1}Y_0X_0 = Y_0$、$(X_1)^{-1}Y_0X_1 = \overline{Y}_{-1}$、$(X_{-1})^{-1}Y_0X_{-1} = \overline{Y}_1$、$(Y_0)^{-1}Y_0Y_0 = Y_0$、$(Y_1)^{-1}Y_0Y_1 = \overline{Y}_{-1}$、$(Y_{-1})^{-1}Y_0Y_{-1} = \overline{Y}_1$、$(\overline{X}_0)^{-1}Y_0\overline{X}_0 = Y_0$、$(\overline{X}_1)^{-1}Y_0\overline{X}_1 = \overline{Y}_{-1}$、$(\overline{X}_{-1})^{-1}Y_0\overline{X}_{-1} = \overline{Y}_1$、$(\overline{Y}_0)^{-1}Y_0\overline{Y}_0 = Y_0$、$(\overline{Y}_1)^{-1}Y_0\overline{Y}_1 = \overline{Y}_{-1}$、$(\overline{Y}_{-1})^{-1}Y_0\overline{Y}_{-1} = \overline{Y}_1$，

可知 $\mathscr{C}_4 = \{Y_0, \overline{Y}_1, \overline{Y}_{-1}\}$。

由 $(X_0)^{-1}Y_1X_0 = Y_1$、$(X_1)^{-1}Y_1X_1 = \overline{Y}_0$、$(X_{-1})^{-1}Y_1X_{-1} = Y_{-1}$、$(Y_0)^{-1}Y_1Y_0 = Y_{-1}$、$(Y_1)^{-1}Y_1Y_1 = Y_1$、$(Y_{-1})^{-1}Y_1Y_{-1} = \overline{Y}_0$、$(\overline{X}_0)^{-1}Y_1\overline{X}_0 = Y_1$、$(\overline{X}_1)^{-1}Y_1\overline{X}_1 = \overline{Y}_0$、$(\overline{X}_{-1})^{-1}Y_1\overline{X}_{-1} = Y_{-1}$、$(\overline{Y}_0)^{-1}Y_1\overline{Y}_0 = Y_{-1}$、$(\overline{Y}_1)^{-1}Y_1\overline{Y}_1 = Y_1$、$(\overline{Y}_{-1})^{-1}Y_1\overline{Y}_{-1} = \overline{Y}_0$，

可知 $\mathscr{C}_5 = \{Y_1, \overline{Y}_0, Y_{-1}\}$。

由 $(X_0)^{-1}\overline{X}_1X_0 = \overline{X}_1$、$(X_1)^{-1}\overline{X}_1X_1 = \overline{X}_1$、$(X_{-1})^{-1}\overline{X}_1X_{-1} = \overline{X}_1$、$(Y_0)^{-1}\overline{X}_1Y_0 = \overline{X}_{-1}$、$(Y_1)^{-1}\overline{X}_1Y_1 = \overline{X}_{-1}$、$(Y_{-1})^{-1}\overline{X}_1Y_{-1} = \overline{X}_{-1}$、$(\overline{X}_0)^{-1}\overline{X}_1\overline{X}_0 = \overline{X}_1$、$(\overline{X}_1)^{-1}\overline{X}_1\overline{X}_1 = \overline{X}_1$、$(\overline{X}_{-1})^{-1}\overline{X}_1\overline{X}_{-1} = \overline{X}_1$、$(\overline{Y}_0)^{-1}\overline{X}_1\overline{Y}_0 = \overline{X}_1$、$(\overline{Y}_1)^{-1}\overline{X}_1\overline{Y}_1 = \overline{X}_{-1}$、$(\overline{Y}_{-1})^{-1}\overline{X}_1\overline{Y}_{-1} = \overline{X}_{-1}$，

可知 $\mathscr{C}_6 = \{\overline{X}_1, \overline{X}_{-1}\}$，、

綜合以上結果得知雙群 ${}^dC_{3v}$ 的 12 個元素可分成 6 個類：$\mathscr{C}_1 = \{X_0\}$、$\mathscr{C}_2 = \{\overline{X}_0\}$、$\mathscr{C}_3 = \{X_1, X_{-1}\}$、$\mathscr{C}_4 = \{Y_0, \overline{Y}_1, \overline{Y}_{-1}\}$、$\mathscr{C}_5 = \{Y_1, \overline{Y}_0, Y_{-1}\}$、$\mathscr{C}_6 = \{\overline{X}_1, \overline{X}_{-1}\}$。

9. (1) 將球諧函數 L_x、L_y、L_z，透過 $\Gamma^1(\phi)$ 的操作，分別對作相似轉換如下：

$$L'_x = (\Gamma^1(\phi))^{-1}\overline{L}_x\Gamma^1(\phi)$$

$$= \begin{bmatrix} e^{i\phi} & 0 & 0 \\ 0 & 1 & 0 \\ 0 & 0 & e^{-i\phi} \end{bmatrix} \frac{1}{\sqrt{2}} \begin{bmatrix} 0 & 1 & 0 \\ 1 & 0 & 1 \\ 0 & 1 & 0 \end{bmatrix} \begin{bmatrix} e^{-i\phi} & 0 & 0 \\ 0 & 1 & 0 \\ 0 & 0 & e^{i\phi} \end{bmatrix}$$

$$= \frac{1}{\sqrt{2}} \begin{bmatrix} e^{i\phi} & 0 & 0 \\ 0 & 1 & 0 \\ 0 & 0 & e^{-i\phi} \end{bmatrix} \begin{bmatrix} 0 & 1 & 0 \\ e^{-i\phi} & 0 & e^{i\phi} \\ 0 & 1 & 0 \end{bmatrix}$$

$$= \frac{1}{\sqrt{2}} \begin{bmatrix} 0 & e^{i\phi} & 0 \\ e^{-i\phi} & 0 & e^{i\phi} \\ 0 & e^{-i\phi} & 0 \end{bmatrix}$$

$$= \cos\phi \mathrm{L}_x - \sin\phi \mathrm{L}_y，$$

$$L'_y = (\Gamma^1(\phi))^{-1} L_y \Gamma^1(\phi)$$

$$= \begin{bmatrix} e^{i\phi} & 0 & 0 \\ 0 & 1 & e^{i\phi} \\ 0 & 0 & e^{-i\phi} \end{bmatrix} \frac{1}{\sqrt{2}} \begin{bmatrix} 0 & -i & 0 \\ i & 0 & -i \\ 0 & i & 0 \end{bmatrix} \begin{bmatrix} e^{-i\phi} & 0 & 0 \\ 0 & 1 & 0 \\ 0 & 0 & e^{i\phi} \end{bmatrix}$$

$$= \frac{1}{\sqrt{2}} \begin{bmatrix} e^{i\phi} & 0 & 0 \\ 0 & 1 & 0 \\ 0 & 0 & e^{-i\phi} \end{bmatrix} \begin{bmatrix} 0 & -i & 0 \\ ie^{-i\phi} & 0 & -ie^{i\phi} \\ 0 & i & 0 \end{bmatrix}$$

$$= \frac{1}{\sqrt{2}} \begin{bmatrix} 0 & -ie^{i\phi} & 0 \\ ie^{-i\phi} & 0 & -ie^{i\phi} \\ 0 & ie^{-i\phi} & 0 \end{bmatrix}$$

$$= \sin\phi L_x + \cos\phi L_y，$$

$$L'_z = (\Gamma^1(\phi))^{-1} L_z \Gamma^1(\phi)$$

$$= \begin{bmatrix} e^{i\phi} & 0 & 0 \\ 0 & 1 & 0 \\ 0 & 0 & e^{-i\phi} \end{bmatrix} \begin{bmatrix} 1 & 0 & 0 \\ 0 & 0 & 0 \\ 0 & 0 & -1 \end{bmatrix} \begin{bmatrix} e^{-i\phi} & 0 & 0 \\ 0 & 1 & 0 \\ 0 & 0 & e^{i\phi} \end{bmatrix}$$

$$= \begin{bmatrix} e^{i\phi} & 0 & 0 \\ 0 & 1 & 0 \\ 0 & 0 & e^{-i\phi} \end{bmatrix} \begin{bmatrix} e^{-i\phi} & 0 & 0 \\ 0 & 1 & 0 \\ 0 & 0 & -e^{i\phi} \end{bmatrix}$$

$$= \begin{bmatrix} 1 & 0 & 0 \\ 0 & 0 & 0 \\ 0 & 0 & -1 \end{bmatrix}$$

$$= L_z，$$

即 $a = \cos\phi$、$b = -\sin\phi$、$c = 0$；

$d = \sin\phi$、$e = \cos\phi$、$f = 0$；

$l = 0$、$m = 0$、$n = 1$

則 $$\begin{bmatrix} L'_x \\ L'_y \\ L'_z \end{bmatrix} = R_z(\phi) \begin{bmatrix} L_x \\ L_y \\ L_z \end{bmatrix} = \begin{bmatrix} \cos\phi & -\sin\phi & 0 \\ \sin\phi & \cos\phi & 0 \\ 0 & 0 & 1 \end{bmatrix} \begin{bmatrix} L_x \\ L_y \\ L_z \end{bmatrix}$$

(2) 將自旋矩陣 σ_x、σ_y、σ_z，透過 $\Gamma^{1/2}(\phi)$ 的**操作**，分別對作**相似轉換**如下：

$$\sigma'_x = (\Gamma^{1/2}(\phi))^{-1}\sigma_x\Gamma^{1/2}(\phi)$$

$$= \begin{bmatrix} e^{i\phi/2} & 0 \\ 0 & e^{-i\phi/2} \end{bmatrix} \begin{bmatrix} 0 & 1/2 \\ 1/2 & 0 \end{bmatrix} \begin{bmatrix} e^{-i\phi/2} & 0 \\ 0 & e^{i\phi/2} \end{bmatrix}$$

$$= \begin{bmatrix} e^{i\phi/2} & 0 \\ 0 & e^{-i\phi/2} \end{bmatrix} \begin{bmatrix} 0 & \frac{1}{2}e^{i\phi/2} \\ \frac{1}{2}e^{-i\phi/2} & 0 \end{bmatrix}$$

$$= \begin{bmatrix} 0 & \frac{1}{2}e^{i\phi/2} \\ \frac{1}{2}e^{-i\phi/2} & 0 \end{bmatrix}$$

$$= \cos\phi\,\sigma_x - \sin\phi\,\sigma_y,$$

$$\sigma'_y = (\Gamma^{1/2}(\phi))^{-1}\sigma_y\Gamma^{1/2}(\phi)$$

$$= \begin{bmatrix} e^{i\phi/2} & 0 \\ 0 & e^{-i\phi/2} \end{bmatrix} \begin{bmatrix} 0 & -i/2 \\ i/2 & 0 \end{bmatrix} \begin{bmatrix} e^{-i\phi/2} & 0 \\ 0 & e^{i\phi/2} \end{bmatrix}$$

$$= \begin{bmatrix} e^{i\phi/2} & 0 \\ 0 & e^{-i\phi/2} \end{bmatrix} \begin{bmatrix} 0 & e^{i\phi/2} \\ \frac{i}{2}e^{-i\phi/2} & 0 \end{bmatrix}$$

$$= \begin{bmatrix} 0 & \frac{-i}{2}e^{i\phi} \\ \frac{i}{2}e^{-i\phi} & 0 \end{bmatrix}$$

$$= \sin\phi\,\sigma_x + \cos\phi\,\sigma_y,$$

$$\sigma'_z = (\Gamma^{1/2}(\phi))^{-1}\sigma_z\Gamma^{1/2}(\phi)$$

$$= \begin{bmatrix} e^{i\phi/2} & 0 \\ 0 & e^{-i\phi/2} \end{bmatrix} \begin{bmatrix} 1/2 & 0 \\ 0 & -1/2 \end{bmatrix} \begin{bmatrix} e^{-i\phi/2} & 0 \\ 0 & e^{i\phi/2} \end{bmatrix}$$

$$= \begin{bmatrix} e^{i\phi/2} & 0 \\ 0 & e^{-i\phi/2} \end{bmatrix} \begin{bmatrix} \frac{1}{2}e^{-i\phi/2} & 0 \\ 0 & \frac{-1}{2}e^{i\phi/2} \end{bmatrix}$$

$$= \begin{bmatrix} 1/2 & 0 \\ 0 & -1/2 \end{bmatrix}$$

$$= \sigma_z,$$

即 $a = \cos\phi$、$b = -\sin\phi$、$c = 0$；

$d = \sin\phi$、$e = \cos\phi$、$f = 0$；

$l = 0$、$m = 0$、$n = 1$

且 $$\begin{bmatrix} \sigma'_x \\ \sigma'_y \\ \sigma'_z \end{bmatrix} = R_z(\phi) \begin{bmatrix} \sigma_x \\ \sigma_y \\ \sigma_z \end{bmatrix} = \begin{bmatrix} \cos\phi & -\sin\phi & 0 \\ \sin\phi & \cos\phi & 0 \\ 0 & 0 & 1 \end{bmatrix} \begin{bmatrix} \sigma_x \\ \sigma_y \\ \sigma_z \end{bmatrix}$$

第六章

1. 假設 $\Gamma_2^O = a_1\Gamma_1^{D_3} + a_2\Gamma_2^{D_3} + a_3\Gamma_3^{D_3}$，則

$$a_1 = \frac{1}{6}[1\times1\times1+(-1)\times1\times3+1\times1\times2]=0$$

$$a_2 = \frac{1}{6}[1\times1\times1+(-1)\times(-1)\times3+1\times1\times2]=1$$

$$a_3 = \frac{1}{6}[1\times2\times1+(-1)\times0\times3+1\times(-1)\times2]=0$$

所以 $\Gamma_2^O = \Gamma_2^{D_3}$。

假設 $\Gamma_4^O = a_1\Gamma_1^{D_3} + a_2\Gamma_2^{D_3} + a_3\Gamma_3^{D_3}$，則

$$a_1 = \frac{1}{6}[3\times1\times1+(-1)\times1\times3+0\times1\times2]=0$$

$$a_2 = \frac{1}{6}[3\times1\times1+(-1)\times(-1)\times3+0\times1\times2]=1$$

$$a_3 = \frac{1}{6}[3\times2\times1+(-1)\times0\times3+0\times(-1)\times2]=1$$

所以 $\Gamma_4^O = \Gamma_2^{D_3} + \Gamma_3^{D_3}$。

假設 $\Gamma_5^O = a_1\Gamma_1^{D_3} + a_2\Gamma_2^{D_3} + a_3\Gamma_3^{D_3}$，則

$$a_1 = \frac{1}{6}[3\times1\times1+1\times1\times3+0\times1\times2]=1$$

$$a_2 = \frac{1}{6}[3\times1\times1+1\times(-1)\times3+0\times1\times2]=0$$

$$a_3 = \frac{1}{6}[3\times2\times1+1\times0\times3+0\times(-1)\times2]=1$$

所以 $\Gamma_5^O = \Gamma_1^{D_3} + \Gamma_3^{D_3}$。

2. (1) 在不考慮電子自旋的條件下，即總角動量是整數的情況下，可由 (5.5) 的關係式或 (6.3) 式直接帶入**特徵值表**中

對 D^2 而言，由 $l=2$，則

$\chi(E) = 2l+1 = 2\times2+1 = 5$；

$\chi(C_4^2) = (-1)^2 = 1$；

$\chi(C_2) = (-1)^2 = 1$；

$\chi(C_3) = -1$；

$\chi(C_4)=-1$。

對 D^1 而言，由 $l=1$，則

$\chi(E)=2l+1=2\times1+1=3$；

$\chi(C_4^2)=(-1)^1=-1$；

$\chi(C_2)=(-1)^1=-1$；

$\chi(C_3)=0$；

$\chi(C_4)=1$。

對 D^0 而言，由 $l=0$，則

$\chi(E)=2l+1=2\times0+1=1$；

$\chi(C_4^2)=(-1)^0=1$；

$\chi(C_2)=(-1)^0=1$；

$\chi(C_3)=1$；

$\chi(C_4)=-1$。

所以完全旋轉群的 D^2、D^1、D^0 三個表示的特徵值表如下：

O	E	$3C_4^2(=C_{2m})$	$6C_2(=C_{2p})$	$8C_3(=C_{3j}^{\pm})$	$6C_4(=C_{4m}^{\pm})$
Γ_1	1	1	1	1	1
Γ_2	1	1	−1	1	−1
Γ_3	2	2	0	−1	0
Γ_4	3	−1	−1	0	1
Γ_5	3	−1	1	0	−1
D^2	5	1	1	−1	−1
D^1	3	−1	−1	0	1
D^0	1	1	1	1	1

(2) 假設 $D^2=a_1\Gamma_1+a_2\Gamma_2+a_3\Gamma_3+a_4\Gamma_4+a_5\Gamma_5$，

$$a_1=\frac{1}{24}[5\times1\times1+1\times1\times3+1\times1\times6+(-1)\times1\times8+(-1)\times1\times6]=0$$

$$a_2=\frac{1}{24}[5\times1\times1+1\times1\times3+1\times(-1)\times6+(-1)\times1\times8+(-1)\times(-1)\times6]=0$$

$$a_3=\frac{1}{24}[5\times 2\times 1+1\times 2\times 3+1\times 0\times 6+(-1)\times(-1)\times 8+(-1)\times 0\times 6]=1$$

$$a_4=\frac{1}{24}[5\times 3\times 1+1\times(-1)\times 3+1\times(-1)\times 6+(-1)\times 0\times 8+(-1)\times 1\times 6]=0$$

$$a_5=\frac{1}{24}[5\times 3\times 1+1\times(-1)\times 3+1\times 1\times 6+(-1)\times 0\times 8+(-1)\times(-1)\times 6]=1$$

即 $D^2=\Gamma_3+\Gamma_5$；

假設 $D^1=a_1\Gamma_1+a_2\Gamma_2+a_3\Gamma_3+a_4\Gamma_4+a_5\Gamma_5$，

$$a_1=\frac{1}{24}[3\times 1\times 1+(-1)\times 1\times 3+(-1)\times 1\times 6+0\times 1\times 8+1\times 1\times 6]=0$$

$$a_2=\frac{1}{24}[3\times 1\times 1+(-1)\times 1\times 3+(-1)\times(-1)\times 6+0\times 1\times 8+1\times(-1)\times 6]=0$$

$$a_3=\frac{1}{24}[3\times 2\times 1+(-1)\times 2\times 3+(-1)\times 0\times 6+0\times(-1)\times 8+1\times 0\times 6]=0$$

$$a_4=\frac{1}{24}[3\times 3\times 1+(-1)\times(-1)\times 3+(-1)\times(-1)\times 6+0\times 0\times 8+1\times 1\times 6]=1$$

$$a_5=\frac{1}{24}[3\times 3\times 1+(-1)\times(-1)\times 3+(-1)\times 1\times 6+0\times 0\times 8+1\times(-1)\times 6]=0$$

即 $D^1=\Gamma_4$；

假設 $D^0=a_1\Gamma_1+a_2\Gamma_2+a_3\Gamma_3+a_4\Gamma_4+a_5\Gamma_5$，

$$a_1=\frac{1}{24}[1\times 1\times 1+1\times 1\times 3+1\times 1\times 6+1\times 1\times 8+1\times 1\times 6]=1$$

$$a_2=\frac{1}{24}[1\times1\times1+1\times1\times3+1\times(-1)\times6+1\times1\times8+1\times(-1)\times6]=0$$

$$a_3=\frac{1}{24}[1\times2\times1+1\times2\times3+1\times0\times6+1\times(-1)\times8+1\times0\times6]=0$$

$$a_4=\frac{1}{24}[1\times3\times1+1\times(-1)\times3+1\times(-1)\times6+1\times0\times8+1\times1\times6]=0$$

$$a_5=\frac{1}{24}[1\times3\times1+1\times(-1)\times3+1\times1\times6+1\times0\times8+1\times(-1)\times6]=0$$

即 $D^0=\Gamma_1$。

3. (1) 我們把全旋轉群的每一個旋轉操作逐一帶入 (5.6) 式而求出各特徵值，

$\chi_O(E)=2\times3+1=7$；

$$\chi_O(C_2)=\frac{\sin\left(3+\frac{1}{2}\right)\pi}{\sin\left(\frac{\pi}{2}\right)}=-1\text{；}$$

$$\chi_O(C_3)=\frac{\sin\left(3+\frac{1}{2}\right)\frac{2\pi}{3}}{\sin\left(\frac{\pi}{3}\right)}=1\text{；}$$

$$\chi_O(C_4)=\frac{\sin\left(3+\frac{1}{2}\right)\frac{2\pi}{4}}{\sin\left(\frac{\pi}{4}\right)}=-1\text{；}$$

$$\chi_O(C_6)=\frac{\sin\left(3+\frac{1}{2}\right)\frac{2\pi}{6}}{\sin\left(\frac{\pi}{6}\right)}=-1\text{，則}$$

O	E	C_2	C_3	C_4	C_6
D^3	7	−1	1	−1	−1

$\chi^{^dO}(E) = -\chi^{^dO}(\overline{E}) = 2 \times \frac{3}{2} + 1 = 4$ ；

$\chi^{^dO}(C_2) = \chi^{^dO}(\overline{C}_2) = \dfrac{\sin\left(\frac{3}{2}+\frac{1}{2}\right)\pi}{\sin\left(\frac{\pi}{2}\right)} = 0$ ；

$\chi^{^dO}(C_3) = \dfrac{\sin\left(\frac{3}{2}+\frac{1}{2}\right)\frac{2\pi}{3}}{\sin\left(\frac{\pi}{3}\right)} = -1$ ；

$\chi^{^dO}(\overline{C}_3) = (-1)^{2\cdot\frac{3}{2}}\chi^{^dO}(C_3) = 1$ ；

$\chi^{^dO}(C_2') = \chi^{^dO}(\overline{C}_2') = 0$ ；

$\chi^{^dO}(C_4) = \dfrac{\sin\left(\frac{3}{2}+\frac{1}{2}\right)\frac{2\pi}{4}}{\sin\left(\frac{\pi}{4}\right)} = 0$ ；$\chi^{^dO}(\overline{C}_4) = (-1)^{2\cdot\frac{3}{2}}\chi^{^dO}(C_4) = 0$ ，

則

^dO	E	$\overline{E}$	$8C_3$	$8\overline{C}_3$	$3C_2$ $3\overline{C}_2$	$6C'_2$ $6\overline{C}'_2$	$6C_4$	$6\overline{C}_4$
$D^{3/2}$	4	−4	−1	1	0	0	0	0

(2) 假設 $D^3 = a_1\Gamma_1 + a_2\Gamma_2 + a_3\Gamma_3 + a_4\Gamma_4 + a_5\Gamma_5$ ，

$a_1 = \frac{1}{24}[7\times1\times1 + (-1)\times1\times3 + (-1)\times1\times6 + 1\times1\times8 + (-1)\times1\times6] = 0$ ；

$a_2 = \frac{1}{24}[7\times1\times1 + (-1)\times1\times3 + (-1)\times(-1)\times6 + 1\times1\times8 + (-1)\times(-1)\times6] = 1$ ；

$$a_3=\frac{1}{24}[7\times 2\times 1+(-1)\times 2\times 3+(-1)\times 0\times 6+1\times(-1)\times 8+(-1)\times 0\times 6]=0;$$

$$a_4=\frac{1}{24}[7\times 3\times 1+(-1)\times(-1)\times 3+(-1)\times(-1)\times 6+1\times 0\times 8+(-1)\times 1\times 6]=1;$$

$$a_5=\frac{1}{24}[7\times 3\times 1+(-1)\times(-1)\times 3+(-1)\times 1\times 6+1\times 0\times 8+(-1)\times(-1)\times 6]=1,$$

即 $D^3=\Gamma_2+\Gamma_4+\Gamma_5$。

假設 $D^{3/2}=a_1\Gamma_1+a_2\Gamma_2+a_3\Gamma_3+a_4\Gamma_4+a_5\Gamma_5+a_6\Gamma_6+a_7\Gamma_7+a_8\Gamma_8$，

$$a_1=\frac{1}{24}[5\times 1\times 1+1\times 1\times 3+1\times 1\times 6+(-1)\times 1\times 8+(-1)\times 1\times 6]=0;$$

$$a_2=\frac{1}{24}[5\times 1\times 1+1\times 1\times 3+1\times(-1)\times 6+(-1)\times 1\times 8+(-1)\times(-1)\times 6]=0;$$

$$a_3=\frac{1}{24}[5\times 2\times 1+1\times 2\times 3+1\times 0\times 6+(-1)\times(-1)\times 8+(-1)\times 0\times 6]=1;$$

$$a_4=\frac{1}{24}[5\times 3\times 1+1\times(-1)\times 3+1\times(-1)\times 6+(-1)\times 0\times 8+(-1)\times 1\times 6]=0;$$

$$a_5=\frac{1}{24}[5\times 3\times 1+1\times(-1)\times 3+1\times 1\times 6+(-1)\times 0\times 8+(-1)\times(-1)\times 6]=1,$$

即 $D^{3/2}=\Gamma_8$；

(3) 顯然的，**空間表示和自旋表示的直積結果是一個可約表示**，我們在分析 $D^l\otimes D^j$ 時，D^l 和 D^j 都必須以 ${}^dO$ **雙群**的 Γ_1、Γ_2、Γ_3、Γ_4、Γ_5、Γ_6、Γ_7、Γ_8 **不可約表示的特徵值**作展開，並不是「D^l以 O **群**的 Γ_1、Γ_2、Γ_3、Γ_4、Γ_5 **不可約表示的特徵值**作計

算；D^j以 ^dO 雙群的 Γ_1、Γ_2、Γ_3、Γ_4、Γ_5、Γ_6、Γ_7、Γ_8 不可約表示的特徵值作計算」。

由

^dO	E	$\overline{E}$	$8C_3$	$8\overline{C}_3$	$3C_2$ $3\overline{C}_2$	$6C'_2$ $6\overline{C'}_2$	$6C_4$	$6\overline{C}_4$
$\Gamma_2\otimes\Gamma_8$	4	-4	-1	1	0	0	0	0

假設 $\Gamma_2\otimes\Gamma_8=a_1\Gamma_1+a_2\Gamma_2+a_3\Gamma_3+a_4\Gamma_4+a_5\Gamma_5+a_6\Gamma_6+a_7\Gamma_7+a_8\Gamma_8$，

$$a_1=\frac{1}{48}\begin{pmatrix}4\times1\times1+(-4)\times1\times1+(-1)\times1\times8+1\times1\times8\\+0\times1\times6+0\times1\times12+0\times1\times6+0\times1\times6\end{pmatrix}=0\ ;$$

$$a_2=\frac{1}{48}\begin{pmatrix}4\times1\times1+(-4)\times1\times1+(-1)\times1\times8+1\times1\times8\\+0\times1\times6+0\times(-1)\times12+0\times(-1)\times6+0\times(-1)\times6\end{pmatrix}$$
$=0$；

$$a_3=\frac{1}{48}\begin{pmatrix}4\times2\times1+(-4)\times2\times1+(-1)\times(-1)\times8+1\times(-1)\times8\\+0\times2\times6+0\times0\times12+0\times0\times6+0\times0\times6\end{pmatrix}$$
$=0$；

$$a_4=\frac{1}{48}\begin{pmatrix}4\times3\times1+(-4)\times3\times1+(-1)\times0\times8+1\times0\times8\\+0\times(-1)\times6+0\times(-1)\times12+0\times1\times6+0\times1\times6\end{pmatrix}=0\ ;$$

$$a_5=\frac{1}{48}\begin{pmatrix}4\times3\times1+(-4)\times3\times1+(-1)\times0\times8+1\times0\times8\\+0\times(-1)\times6+0\times1\times12+0\times(-1)\times6+0\times(-1)\times6\end{pmatrix}$$
$=0$；

$$a_6=\frac{1}{48}\begin{pmatrix}4\times2\times1+(-4)\times(-2)\times1+(-1)\times1\times8+1\times(-1)\times8\\+0\times0\times6+0\times0\times12+0\times\sqrt{2}\times6+0\times(-\sqrt{2})\times6\end{pmatrix}$$
$=0$；

$$a_7=\frac{1}{48}\begin{pmatrix}4\times2\times1+(-4)\times(-2)\times1+(-1)\times1\times8+1\times(-1)\times8\\+0\times0\times6+0\times0\times12+0\times(-\sqrt{2})\times6+0\times\sqrt{2}\times6\end{pmatrix}$$
$=0$；

$$a_8=\frac{1}{48}\begin{pmatrix}4\times4\times1+(-4)\times(-4)\times1+(-1)\times(-1)\times8+1\times1\times8\\+0\times0\times6+0\times0\times12+0\times0\times6+0\times0\times6\end{pmatrix}$$
$$=1;$$

所以 $\Gamma_2\otimes\Gamma_8=\Gamma_8$。

由

${}^dO$	E	$\overline{E}$	$8C_3$	$8\overline{C}_3$	$3C_2$ $3\overline{C}_2$	$6C'_2$ $6\overline{C'}_2$	$6C_4$	$6\overline{C}_4$
$\Gamma_4\otimes\Gamma_8$	12	−12	0	0	0	0	0	0

假設 $\Gamma_4\otimes\Gamma_8=a_1\Gamma_1+a_2\Gamma_2+a_3\Gamma_3+a_4\Gamma_4+a_5\Gamma_5+a_6\Gamma_6+a_7\Gamma_7+a_8\Gamma_8$

$$a_1=\frac{1}{48}\begin{pmatrix}12\times1\times1+(-12)\times1\times1+0\times1\times8+0\times1\times8\\+0\times1\times6+0\times1\times12+0\times1\times6+0\times1\times6\end{pmatrix}=0;$$

$$a_2=\frac{1}{48}\begin{pmatrix}12\times1\times1+(-12)\times1\times1+0\times1\times8+0\times1\times8\\+0\times1\times6+0\times(-1)\times12+0\times(-1)\times6+0\times(-1)\times6\end{pmatrix}$$
$$=0;$$

$$a_3=\frac{1}{48}\begin{pmatrix}12\times2\times1+(-12)\times2\times1+0\times(-1)\times8+0\times(-1)\times8\\+0\times2\times6+0\times0\times12+0\times0\times6+0\times0\times6\end{pmatrix}$$
$$=0;$$

$$a_4=\frac{1}{48}\begin{pmatrix}12\times3\times1+(-12)\times3\times1+0\times0\times8+0\times0\times8\\+0\times(-1)\times6+0\times(-1)\times12+0\times1\times6+0\times1\times6\end{pmatrix}=0;$$

$$a_5=\frac{1}{48}\begin{pmatrix}12\times3\times1+(-12)\times3\times1+0\times0\times8+0\times0\times8\\+0\times(-1)\times6+0\times1\times12+0\times(-1)\times6+0\times(-1)\times6\end{pmatrix}$$
$$=0;$$

$$a_6=\frac{1}{48}\begin{pmatrix}12\times2\times1+(-12)\times(-2)\times1+0\times1\times8+0\times(-1)\times8\\+0\times0\times6+0\times0\times12+0\times\sqrt{2}\times6+0\times(-\sqrt{2})\times6\end{pmatrix}$$
$$=1;$$

$$a_7=\frac{1}{48}\begin{pmatrix}12\times2\times1+(-12)\times(-2)\times1+0\times1\times8+0\times(-1)\times8\\+0\times0\times6+0\times0\times12+0\times(-\sqrt{2})\times6+0\times\sqrt{2}\times6\end{pmatrix}$$
$$=1;$$

$$a_8=\frac{1}{48}\begin{pmatrix}12\times4\times1+(-12)\times(-4)\times1+0\times(-1)\times8+0\times1\times8\\+0\times0\times6+0\times0\times12+0\times0\times6+0\times0\times6\end{pmatrix}$$

$=2$；

所以 $\Gamma_4\otimes\Gamma_8=\Gamma_6+\Gamma_7+2\Gamma_8$。

由

${}^dO$	E	$\overline{E}$	$8C_3$	$8\overline{C}_3$	$3\overline{C}_2$ $3C_2$	$6\overline{C}'_2$ $6C'_2$	$6C_4$	$6\overline{C}_4$
$\Gamma_5\otimes\Gamma_8$	12	−12	0	0	0	0	0	0

假設 $\Gamma_5\otimes\Gamma_8=a_1\Gamma_1+a_2\Gamma_2+a_3\Gamma_3+a_4\Gamma_4+a_5\Gamma_5+a_6\Gamma_6+a_7\Gamma_7+a_8\Gamma_8$

$$a_1=\frac{1}{48}\begin{pmatrix}12\times1\times1+(-12)\times1\times1+0\times1\times8+0\times1\times8\\+0\times1\times6+0\times1\times12+0\times1\times6+0\times1\times6\end{pmatrix}=0$$ ；

$$a_2=\frac{1}{48}\begin{pmatrix}12\times1\times1+(-12)\times1\times1+0\times1\times8+0\times1\times8\\+0\times1\times6+0\times(-1)\times12+0\times(-1)\times6+0\times(-1)\times6\end{pmatrix}$$

$=0$；

$$a_3=\frac{1}{48}\begin{pmatrix}12\times2\times1+(-12)\times2\times1+0\times(-1)\times8+0\times(-1)\times8\\+0\times2\times6+0\times0\times12+0\times0\times6+0\times0\times6\end{pmatrix}$$

$=0$；

$$a_4=\frac{1}{48}\begin{pmatrix}12\times3\times1+(-12)\times3\times1+0\times0\times8+0\times0\times8\\+0\times(-1)\times6+0\times(-1)\times12+0\times1\times6+0\times1\times6\end{pmatrix}=0$$ ；

$$a_5=\frac{1}{48}\begin{pmatrix}12\times3\times1+(-12)\times3\times1+0\times0\times8+0\times0\times8\\+0\times(-1)\times6+0\times1\times12+0\times(-1)\times6+0\times(-1)\times6\end{pmatrix}$$

$=0$；

$$a_6=\frac{1}{48}\begin{pmatrix}12\times2\times1+(-12)\times(-2)\times1+0\times1\times8+0\times(-1)\times8\\+0\times0\times6+0\times0\times12+0\times\sqrt{2}\times6+0\times(-\sqrt{2})\times6\end{pmatrix}$$

$=1$；

$$a_7=\frac{1}{48}\begin{pmatrix}12\times2\times1+(-12)\times(-2)\times1+0\times1\times8+0\times(-1)\times8\\+0\times0\times6+0\times0\times12+0\times(-\sqrt{2})\times6+0\times\sqrt{2}\times6\end{pmatrix}$$

$=1$；

$$a_8 = \frac{1}{48}\begin{pmatrix} 12\times4\times1+(-12)\times(-4)\times1+0\times(-1)\times8+0\times1\times8 \\ +0\times0\times6+0\times0\times12+0\times0\times6+0\times0\times6 \end{pmatrix}$$

$=2$；

所以 $\Gamma_5\otimes\Gamma_8=\Gamma_6+\Gamma_7+2\Gamma_8$

4. 對 BBC 結構而言，

$$\left.\begin{matrix}\left.\begin{matrix}\Delta_1\\ \Delta_1\Delta_2\Delta_5\\ \Delta_1\end{matrix}\right\}\Gamma_1\Gamma_{12}\Gamma_{15}\\ \left.\begin{matrix}\Lambda_1\Lambda_3\\ \Lambda_1\Lambda_3\end{matrix}\right\}\Gamma_1\Gamma_{12}\Gamma'_{15}\Gamma'_{25}\Gamma'_2\Gamma'_{12}\Gamma_{15}\Gamma_{25}\\ \left.\begin{matrix}\Sigma_1\Sigma_3\\ \Sigma_1\Sigma_3\\ \Sigma_1\Sigma_4\end{matrix}\right\}\Gamma_1\Gamma_{12}\Gamma'_{25}\Gamma_{15}\Gamma_{25}\end{matrix}\right\}\Gamma_1\Gamma_{12}\Gamma_{15}[1]\ ,$$

$$\left.\begin{matrix}\left.\begin{matrix}\Delta_1\Delta_2\Delta_5\\ \Delta_1\Delta'_2\Delta_5\\ \Delta_1\Delta_2\Delta_5\end{matrix}\right\}\Gamma_1\Gamma_{12}\Gamma'_{15}\Gamma'_{25}\Gamma_{15}\Gamma_{25}\\ \left.\begin{matrix}\Lambda_1\Lambda_3\\ \Lambda_1\Lambda_3\\ \Lambda_1\Lambda_2 2\Lambda_3\end{matrix}\right\}\Gamma_1\Gamma_{12}\Gamma'_{15}\Gamma'_{25}\Gamma'_2\Gamma'_{12}\Gamma_{15}\Gamma_{25}\\ \left.\begin{matrix}\Sigma_1\\ \Sigma_1\Sigma_2\Sigma_3\Sigma_4\\ \Sigma_1\Sigma_4\\ \Sigma_1\Sigma_2\Sigma_3\Sigma_4\\ \Sigma_1\end{matrix}\right\}\Gamma_1\Gamma_{12}\Gamma'_{25}\Gamma_{15}\Gamma_{25}\end{matrix}\right\}\Gamma_1\Gamma_{12}\Gamma_{15}\Gamma_{25}\Gamma'_{25}[2]\ ,$$

$$\left.\begin{array}{l}
\left.\begin{array}{l}\Delta_1\Delta_2'\Delta_5\\ \Delta_1\Delta_2'\Delta_5\end{array}\right\} H_1\, H_{12}\, H_{15}'\, H_{25}'\, H_2'\, H_{12}'\, H_{15}\, H_{25}\\
\left.\begin{array}{l}F_1\\ F_1F_3\\ F_1F_3\\ F_1\end{array}\right\} H_1\, H_{25}'\, H_2'\, H_{15}\\
\left.\begin{array}{l}G_1G_3\\ G_1G_2G_3G_4\\ G_1G_3\end{array}\right\} H_1\, H_{12}\, H_{15}'\, H_{25}'\, H_2'\, H_{12}'\, H_{15}\, H_{25}
\end{array}\right\} H_1\, H_2'\, H_{15}\, H_{25}'[3] \;,$$

$$\left.\begin{array}{l}
\left.\begin{array}{l}\Delta_1\\ \Delta_1\Delta_2\Delta_5\\ \Delta_1\end{array}\right\} H_1\, H_{12}\, H_{15}\\
\left.\begin{array}{l}F_1F_3\\ F_1F_3\end{array}\right\} H_1\, H_{12}\, H_{15}'\, H_{25}'\, H_2'\, H_{12}'\, H_{15}\, H_{25}\\
\left.\begin{array}{l}G_1G_3\\ G_1G_2G_3G_4\\ G_1G_3\end{array}\right\} H_1\, H_{12}\, H_{15}'\, H_{25}'\, H_2'\, H_{12}'\, H_{15}\, H_{25}
\end{array}\right\} H_1\, H_{12}\, H_{15}[4] \;,$$

$$\left.\begin{array}{l}
\left.\begin{array}{l}F_1\\ F_1F_3\end{array}\right\} P_1P_4\\
\left.\begin{array}{l}\Lambda_1\Lambda_3\\ \Lambda_1\end{array}\right\} P_1P_4
\end{array}\right\} P_1P_4[5] \;,$$

$$\left.\begin{array}{l}
\left.\begin{array}{l}\Sigma_1\Sigma_2\Sigma_3\Sigma_4\\ \Sigma_1\Sigma_2\Sigma_3\Sigma_4\end{array}\right\} N_1\, N_2\, N_3\, N_4\, N_1'\, N_2'\, N_3'\, N_4'\\
\left.\begin{array}{l}G_1G_2G_3G_4\\ G_1G_2G_3G_4\end{array}\right\} N_1\, N_2\, N_3\, N_4\, N_1'\, N_2'\, N_3'\, N_4'
\end{array}\right\} N_1\, N_2\, N_3\, N_4\, N_1'\, N_2'\, N_3'\, N_4'[6] \;,$$

$$\left.\begin{array}{l}
\left.\begin{array}{l}\Sigma_1\Sigma_4\\ \Sigma_1\Sigma_4\end{array}\right\} N_1\, N_4\, N_1'\, N_4'\\
\left.\begin{array}{l}G_1G_4\\ G_1G_4\end{array}\right\} N_1\, N_4\, N_1'\, N_4'
\end{array}\right\} N_1\, N_4\, N_1'\, N_4'[7] \;,$$

$$
\left.\begin{array}{l}
\Sigma_1\Sigma_2\Sigma_3\Sigma_4\}N_1\,N_2\,N_3\,N_4\,N_1'\,N_2'\,N_3'\,N_4' \\
\left.\begin{array}{l} G_1G_3 \\ G_1G_3 \end{array}\right\}N_1\,N_2\,N_3'\,N_4'
\end{array}\right\}N_1\,N_2\,N_3'\,N_4'[8]\ ,
$$

$$
\left.\begin{array}{l}
\left.\begin{array}{l} \Sigma_1 \\ \Sigma_2 \end{array}\right\}N_1\,N_1' \\
G_1G_4\}N_1\,N_4\,N_1'\,N_4'
\end{array}\right\}N_1\,N_1'[9]\ ,
$$

所以

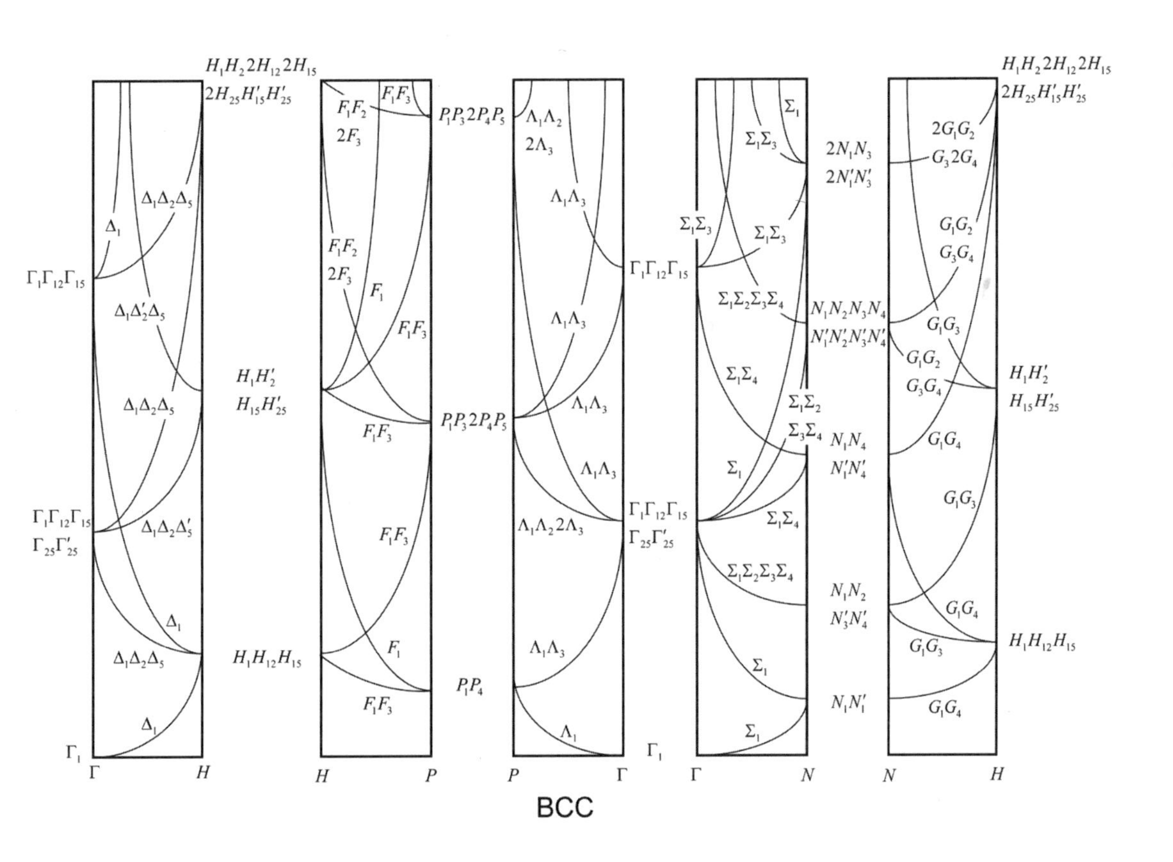

BCC

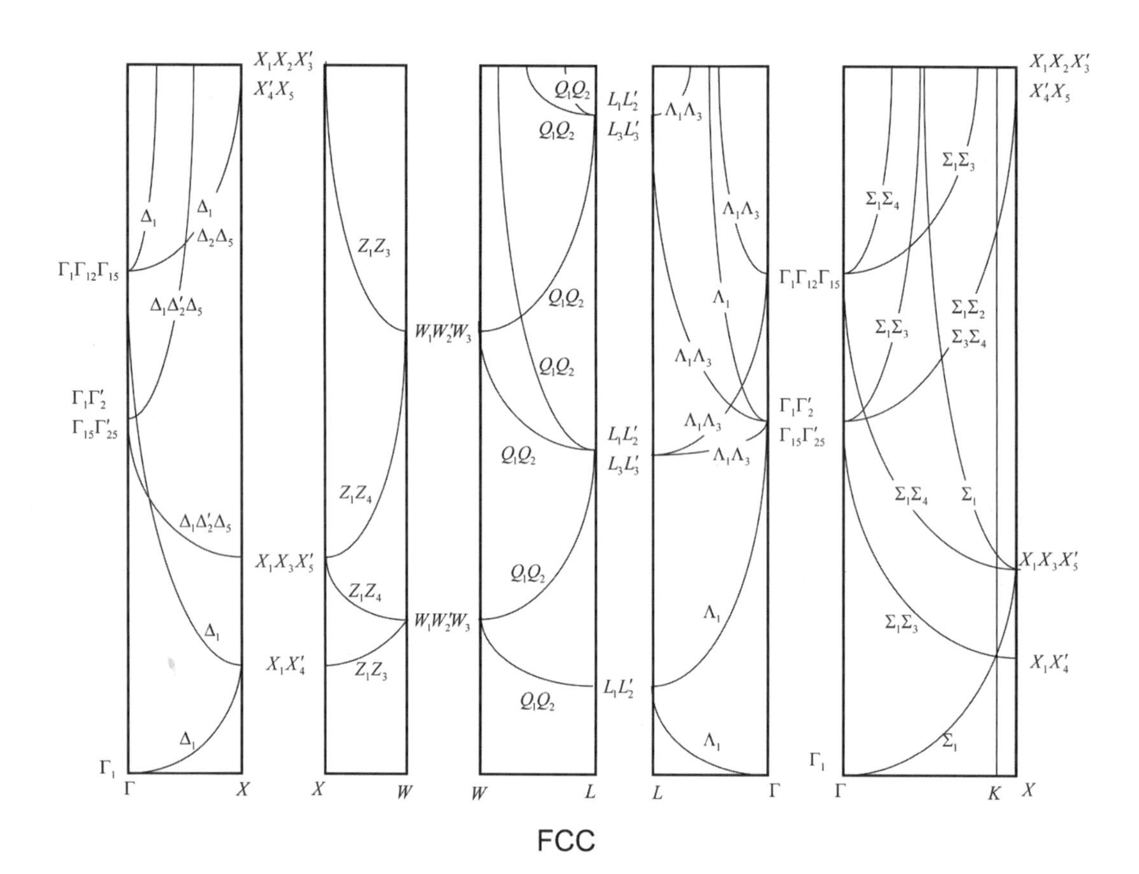

FCC

對 FCC 結構而言，

$$\left.\begin{array}{l}\left.\begin{array}{l}\Delta_1\\ \Delta_1\Delta_2\Delta_5\\ \Delta_1\end{array}\right\}\Gamma_1\Gamma_{12}\Gamma_{15}\\ \left.\begin{array}{l}\Lambda_1\Lambda_3\\ \Lambda_1\Lambda_3\end{array}\right\}\Gamma_1\Gamma_{12}\Gamma'_{15}\Gamma'_{25}\Gamma'_2\Gamma'_{12}\Gamma_{15}\Gamma_{25}\\ \left.\begin{array}{l}\Sigma_1\Sigma_4\\ \Sigma_1\Sigma_3\\ \Sigma_1\Sigma_4\end{array}\right\}\Gamma_1\Gamma_{12}\Gamma'_{25}\Gamma_{15}\Gamma_{25}\end{array}\right\}\Gamma_1\Gamma_{12}\Gamma_{15}[1]\text{，}$$

$$\left.\begin{array}{l}\left.\begin{array}{l}\Delta_1\Delta_2'\Delta_5\\ \Delta_1\Delta_2'\Delta_5\end{array}\right\}\Gamma_1\Gamma_{12}\Gamma_{15}'\Gamma_{25}'\Gamma_2'\Gamma_{12}'\Gamma_{15}\Gamma_{25}\\ \left.\begin{array}{l}\Lambda_1\\ \Lambda_1\Lambda_3\\ \Lambda_1\Lambda_3\end{array}\right\}\Gamma_1\Gamma_{25}'\Gamma_2'\Gamma_{15}\\ \left.\begin{array}{l}\Sigma_1\Sigma_3\\ \Sigma_1\Sigma_2\Sigma_3\Sigma_4\\ \Sigma_1\Sigma_3\end{array}\right\}\Gamma_1\Gamma_{12}\Gamma_{15}'\Gamma_{25}'\Gamma_1'\Gamma_2'\Gamma_{12}'\Gamma_{15}\Gamma_{25}\end{array}\right\}\Gamma_1\Gamma_{25}'\Gamma_2'\Gamma_{15}[2]\text{，}$$

$$\left.\begin{array}{l}\Delta_1\Delta_2\Delta_5\}X_1\,X_2\,X_5\,X_3'\,X_4'\,X_5'\\ Z_1Z_3\}X_1\,X_2\,X_5\,X_3'\,X_4'\end{array}\right\}X_1\,X_2\,X_3'\,X_4'\,X_5[3]\text{，}$$

$$\left.\begin{array}{l}\Delta_1\Delta_2'\Delta_5\}X_1\,X_3\,X_5\,X_2'\,X_4'\,X_5'\\ \left.\begin{array}{l}Z_1Z_4\\ Z_1Z_4\end{array}\right\}X_1\,X_2\,X_3\,X_4\,X_5'\end{array}\right\}X_1\,X_3\,X_5'[4]\text{，}$$

$$\left.\begin{array}{l}\left.\begin{array}{l}\Delta_1\\ \Delta_1\end{array}\right\}X_1\,X_4'\\ Z_1Z_3\}X_1\,X_2\,X_5\,X_3'\,X_4'\end{array}\right\}X_1\,X_4'[5]\text{，}$$

$$\left.\begin{array}{l}\left.\begin{array}{l}Q_1Q_2\\ Q_1Q_2\\ Q_1Q_2\end{array}\right\}L_1\,L_2\,L_3\,L_1'\,L_2'\,L_3'\\ \left.\begin{array}{l}\Lambda_1\Lambda_3\\ \Lambda_1\Lambda_3\end{array}\right\}L_1\,L_3\,L_2'\,L_3'\end{array}\right\}L_1\,L_2'\,L_3\,L_3'[6]\text{，}$$

$$\left.\begin{array}{l}\left.\begin{array}{l}Q_1Q_2\\ Q_1Q_2\\ Q_1Q_2\end{array}\right\}L_1\,L_2\,L_3\,L_1'\,L_2'\,L_3'\\ \left.\begin{array}{l}\Lambda_1\Lambda_3\\ \Lambda_1\Lambda_3\end{array}\right\}L_1\,L_3\,L_2'\,L_3'\end{array}\right\}L_1\,L_2'\,L_3\,L_3'[7]\text{，}$$

$$\left.\begin{array}{l}Q_1Q_2\}L_1\,L_2\,L_3\,L_1'\,L_2'\,L_3'\\ \left.\begin{array}{l}\Lambda_1\\ \Lambda_1\end{array}\right\}L_1\,L_2'\end{array}\right\}L_1\,L_2'[8]\text{，}$$

所以

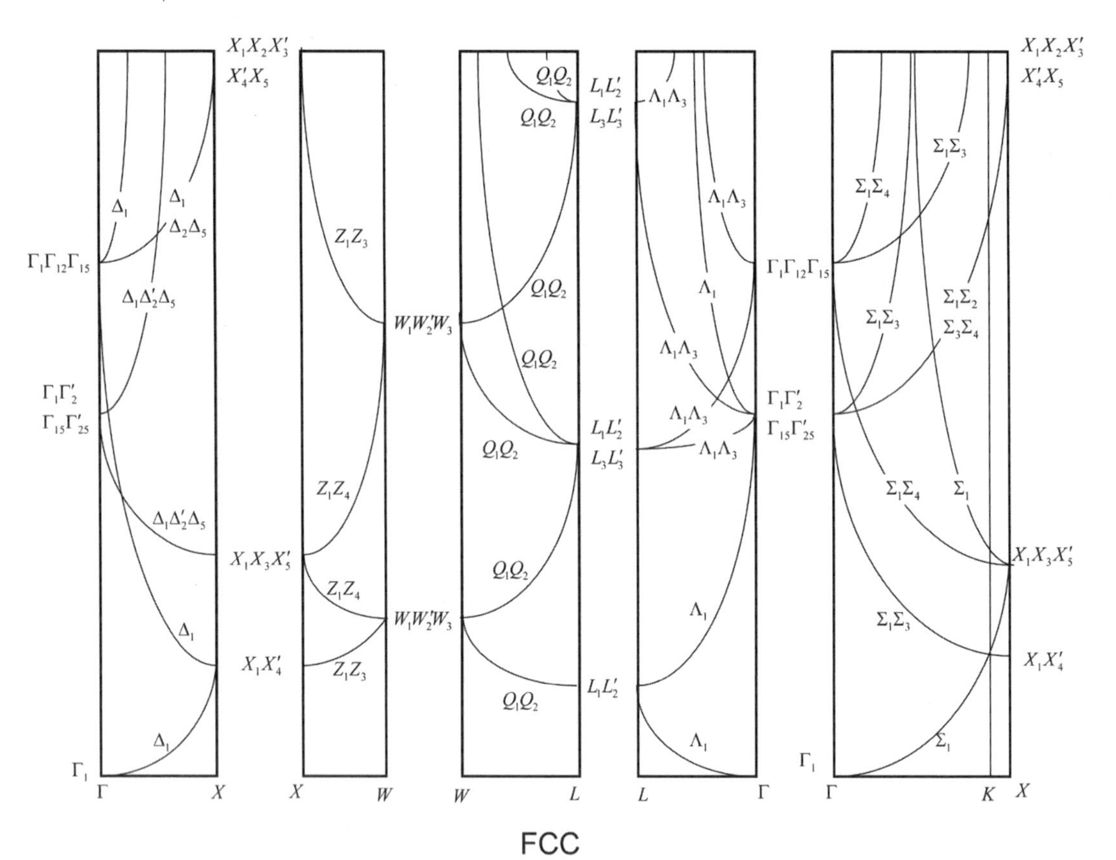

FCC

5. (1) NH_3 的 C_{3v} 群表示 Γ_1：T_z、$\alpha_{xx}+\alpha_{yy}$、α_{zz} 和 Γ_3：$(\mathrm{T}_x, \mathrm{T}_y)$、$(\alpha_{xx}-\alpha_{yy}, \alpha_{xy})$、$(\alpha_{xz}, \alpha_{yz})$ 是同時允許紅外躍遷和 Raman 躍遷。

(2) CH_4 的 T_d 群的 Γ_4：(T_x, T_y, T_z) 允許紅外躍遷；Γ：$\alpha_{xx}+\alpha_{yy}+\alpha_{zz}$、$\Gamma_3$：$(\alpha_{xx}+\alpha_{yy}-2\alpha_{zz}, \alpha_{xx}-\alpha_{yy})$、$\Gamma_4$：$(\alpha_{xy}, \alpha_{xz}, \alpha_{yz})$ 允許 Raman 躍遷。

(3) H_2O 所屬 C_{2v} 群的四個表示 Γ_1：$\alpha_{xx}, \alpha_{yy}, \alpha_{zz}$、$\Gamma_2$：$\alpha_{xz}$、$\Gamma_3$：$\alpha_{xy}$、$\Gamma_4$：$\alpha_{yz}$ 都允許 Raman 躍遷。

6. 由表 6.9 O_h 群的特徵值表：

O_h	E	$3C_4^2$	$6C_4$	$6C_2$	$8C_3$	I	$3\sigma_h$	$6S_4$	$6\sigma_d$	$8S_6$
Γ_1	1	1	1	1	1	1	1	1	1	1
Γ_2	1	1	−1	−1	1	1	1	−1	−1	1
Γ_{12}	2	2	0	0	−1	2	2	0	0	−1
Γ'_{15}	3	−1	1	−1	0	3	−1	1	−1	0
Γ'_{25}	3	−1	−1	1	0	3	−1	−1	1	0
Γ'_1	1	1	1	1	1	−1	−1	−1	−1	−1
Γ'_2	1	1	−1	−1	1	−1	−1	1	1	−1
Γ'_{12}	2	2	0	0	−1	−2	−2	0	0	1
Γ_{15}	3	−1	1	−1	0	−3	1	−1	1	0
Γ_{25}	3	−1	−1	1	0	−3	1	1	−1	0

且

假設 $\langle 000\rangle_{\Gamma} = a_1\Gamma_1 + a_2\Gamma_2 + a_3\Gamma_{12} + a_4\Gamma'_{15} + a_5\Gamma'_{25} + a_6\Gamma'_1 + a_7\Gamma'_2 + a_8\Gamma'_{12} + a_9\Gamma_{15} + a_{10}\Gamma_{25}$，

$$a_1=\frac{1}{48}\begin{pmatrix}1\times1\times1+1\times1\times3+1\times1\times6+1\times1\times6+1\times1\times8+1\times1\times1\\+1\times1\times3+1\times1\times6+1\times1\times6+1\times1\times8\end{pmatrix}=1\ ;$$

$$a_2=\frac{1}{48}\begin{pmatrix}1\times1\times1+1\times1\times3+1\times(-1)\times6+1\times(-1)\times6+1\times1\times8\\+1\times1\times1+1\times1\times3+1\times(-1)\times6+1\times(-1)\times6+1\times1\times8\end{pmatrix}=0\ ;$$

$$a_3=\frac{1}{48}\begin{pmatrix}1\times2\times1+1\times2\times3+1\times0\times6+1\times0\times6+1\times(-1)\times8\\+1\times2\times1+1\times2\times3+1\times0\times6+1\times0\times6+1\times(-1)\times8\end{pmatrix}=0\ ;$$

$$a_4=\frac{1}{48}\begin{pmatrix}1\times3\times1+1\times(-1)\times3+1\times1\times6+1\times(-1)\times6+1\times0\times8\\+1\times3\times1+1\times(-1)\times3+1\times1\times6+1\times(-1)\times6+1\times0\times8\end{pmatrix}=0\ ;$$

$$a_5=\frac{1}{48}\begin{pmatrix}1\times3\times1+1\times(-1)\times3+1\times(-1)\times6+1\times1\times6+1\times0\times8\\+1\times3\times1+1\times(-1)\times3+1\times(-1)\times6+1\times1\times6+1\times0\times8\end{pmatrix}=0\ ;$$

$$a_6=\frac{1}{48}\begin{pmatrix}1\times1\times1+1\times1\times3+1\times1\times6+1\times1\times6+1\times1\times8\\+1\times(-1)\times1+1\times(-1)\times3+1\times(-1)\times6+1\times(-1)\times6+1\times(-1)\times8\end{pmatrix}$$
$=0$；

$$a_7=\frac{1}{48}\begin{pmatrix}1\times1\times1+1\times1\times3+1\times(-1)\times6+1\times(-1)\times6+1\times1\times8\\+1\times(-1)\times1+1\times(-1)\times3+1\times1\times6+1\times1\times6+1\times(-1)\times8\end{pmatrix}=0\ ;$$

$$a_8=\frac{1}{48}\begin{pmatrix}1\times2\times1+1\times2\times3+1\times0\times6+1\times0\times6+1\times(-1)\times8\\+1\times(-2)\times1+1\times(-2)\times3+1\times0\times6+1\times0\times6+1\times1\times8\end{pmatrix}=0\ ;$$

$$a_9=\frac{1}{48}\begin{pmatrix}1\times3\times1+1\times(-1)\times3+1\times1\times6+1\times(-1)\times6+1\times0\times8\\+1\times(-3)\times1+1\times1\times3+1\times(-1)\times6+1\times1\times6+1\times0\times8\end{pmatrix}=0\ ;$$

$$a_{10}=\frac{1}{48}\begin{pmatrix}1\times3\times1+1\times(-1)\times3+1\times(-1)\times6+1\times1\times6+1\times0\times8\\+1\times(-3)\times1+1\times1\times3+1\times1\times6+1\times(-1)\times6+1\times0\times8\end{pmatrix}=0\ ,$$

即 $\langle 000\rangle_{\Gamma}=\Gamma_1$。

假設 $\langle 100\rangle_{\Gamma}=a_1\Gamma_1+a_2\Gamma_2+a_3\Gamma_{12}+a_4\Gamma'_{15}+a_5\Gamma'_{25}+a_6\Gamma'_1+a_7\Gamma'_2+a_8\Gamma'_{12}+a_9\Gamma_{15}+a_{10}\Gamma_{25}$,

$$a_1=\frac{1}{48}\begin{pmatrix}6\times1\times1+2\times1\times3+2\times1\times6+0\times1\times6+0\times1\times8+0\times1\times1\\+4\times1\times3+0\times1\times6+2\times1\times6+0\times1\times8\end{pmatrix}=1\ ;$$

$$a_2=\frac{1}{48}\begin{pmatrix}6\times1\times1+2\times1\times3+2\times(-1)\times6+0\times(-1)\times6+0\times1\times8\\+0\times1\times1+4\times1\times3+0\times(-1)\times6+2\times(-1)\times6+0\times1\times8\end{pmatrix}=0\ ;$$

$$a_3=\frac{1}{48}\begin{pmatrix}6\times2\times1+2\times2\times3+2\times0\times6+0\times0\times6+0\times(-1)\times8\\+0\times2\times1+4\times2\times3+0\times0\times6+2\times0\times6+0\times(-1)\times8\end{pmatrix}=1\ ;$$

$$a_4=\frac{1}{48}\begin{pmatrix}6\times3\times1+2\times(-1)\times3+2\times1\times6+0\times(-1)\times6+0\times0\times8\\+0\times3\times1+4\times(-1)\times3+0\times1\times6+2\times(-1)\times6+0\times0\times8\end{pmatrix}=0\ ;$$

$$a_5=\frac{1}{48}\begin{pmatrix}6\times3\times1+2\times(-1)\times3+2\times(-1)\times6+0\times1\times6+0\times0\times8\\+0\times3\times1+4\times(-1)\times3+0\times(-1)\times6+2\times1\times6+0\times0\times8\end{pmatrix}=0\ ;$$

$$a_6=\frac{1}{48}\begin{pmatrix}6\times1\times1+2\times1\times3+2\times1\times6+0\times1\times6+0\times1\times8\\+0\times(-1)\times1+4\times(-1)\times3+0\times(-1)\times6+2\times(-1)\times6+0\times(-1)\times8\end{pmatrix}$$
$$=0\ ;$$

$$a_7=\frac{1}{48}\begin{pmatrix}6\times1\times1+2\times1\times3+2\times(-1)\times6+0\times(-1)\times6+0\times1\times8\\+0\times(-1)\times1+4\times(-1)\times3+0\times1\times6+2\times1\times6+0\times(-1)\times8\end{pmatrix}=0\ ;$$

$$a_8=\frac{1}{48}\begin{pmatrix}6\times2\times1+2\times2\times3+2\times0\times6+0\times0\times6+0\times(-1)\times8\\+0\times(-2)\times1+4\times(-2)\times3+0\times0\times6+2\times0\times6+0\times1\times8\end{pmatrix}=0\ ;$$

$$a_9=\frac{1}{48}\begin{pmatrix}6\times3\times1+2\times(-1)\times3+2\times1\times6+0\times(-1)\times6+0\times0\times8\\+0\times(-3)\times1+4\times1\times3+0\times(-1)\times6+2\times1\times6+0\times0\times8\end{pmatrix}=1\ ;$$

$$a_{10}=\frac{1}{48}\begin{pmatrix}6\times3\times1+2\times(-1)\times3+2\times(-1)\times6+0\times1\times6+0\times0\times8\\+0\times(-3)\times1+4\times1\times3+0\times1\times6+2\times(-1)\times6+0\times0\times8\end{pmatrix}=0\ ,$$

即〈100〉$\Gamma=\Gamma_1\oplus\Gamma_{12}\oplus\Gamma_{15}$。

假設〈110〉$_\Gamma=a_1\Gamma_1+a_2\Gamma_2+a_3\Gamma_{12}+a_4\Gamma'_{15}+a_5\Gamma'_{25}+a_6\Gamma'_1+a_7\Gamma'_2+a_8\Gamma'_{12}+a_9\Gamma_{15}+a_{10}\Gamma_{25}$，

$$a_1=\frac{1}{48}\begin{pmatrix}12\times1\times1+0\times1\times3+0\times1\times6+2\times1\times6+0\times1\times8+0\times1\times1\\+4\times1\times3+0\times1\times6+2\times1\times6+0\times1\times8\end{pmatrix}=1\ ;$$

$$a_2=\frac{1}{48}\begin{pmatrix}12\times1\times1+0\times1\times3+0\times(-1)\times6+2\times(-1)\times6+0\times1\times8\\+0\times1\times1+4\times1\times3+0\times(-1)\times6+2\times(-1)\times6+0\times1\times8\end{pmatrix}=0\ ;$$

$$a_3=\frac{1}{48}\begin{pmatrix}12\times2\times1+0\times2\times3+0\times0\times6+2\times0\times6+0\times(-1)\times8\\+0\times2\times1+4\times2\times3+0\times0\times6+2\times0\times6+0\times(-1)\times8\end{pmatrix}=1\ ;$$

$$a_4=\frac{1}{48}\begin{pmatrix}12\times3\times1+0\times(-1)\times3+0\times1\times6+2\times(-1)\times6+0\times0\times8\\+0\times3\times1+4\times(-1)\times3+0\times1\times6+2\times(-1)\times6+0\times0\times8\end{pmatrix}=0\ ;$$

$$a_5=\frac{1}{48}\begin{pmatrix}12\times3\times1+0\times(-1)\times3+0\times(-1)\times6+2\times1\times6+0\times0\times8\\+0\times3\times1+4\times(-1)\times3+0\times(-1)\times6+2\times1\times6+0\times0\times8\end{pmatrix}=1\ ;$$

$$a_6=\frac{1}{48}\begin{pmatrix}12\times1\times1+0\times1\times3+0\times1\times6+2\times1\times6+0\times1\times8\\+0\times(-1)\times1+4\times(-1)\times3+0\times(-1)\times6+2\times(-1)\times6+0\times(-1)\times8\end{pmatrix}$$
$$=0\ ;$$

$$a_7=\frac{1}{48}\begin{pmatrix}12\times1\times1+0\times1\times3+0\times(-1)\times6+2\times(-1)\times6+0\times1\times8\\+0\times(-1)\times1+4\times(-1)\times3+0\times1\times6+2\times1\times6+0\times(-1)\times8\end{pmatrix}=0\ ;$$

$$a_8=\frac{1}{48}\begin{pmatrix}12\times2\times1+0\times2\times3+0\times0\times6+2\times0\times6+0\times(-1)\times8\\+0\times(-2)\times1+4\times(-2)\times3+0\times0\times6+2\times0\times6+0\times1\times8\end{pmatrix}=0\ ;$$

$$a_9=\frac{1}{48}\begin{pmatrix}12\times3\times1+0\times(-1)\times3+0\times1\times6+2\times(-1)\times6+0\times0\times8\\+0\times(-3)\times1+4\times1\times3+0\times(-1)\times6+2\times1\times6+0\times0\times8\end{pmatrix}=1\ ;$$

$$a_{10}=\frac{1}{48}\begin{pmatrix}12\times3\times1+0\times(-1)\times3+0\times(-1)\times6+2\times1\times6+0\times0\times8\\+0\times(-3)\times1+4\times1\times3+0\times1\times6+2\times(-1)\times6+0\times0\times8\end{pmatrix}=1\ ,$$

即〈110〉$_\Gamma=\Gamma_1\oplus\Gamma_{12}\oplus\Gamma'_{25}\oplus\Gamma_{15}\oplus\Gamma_{25}$。

假設〈111〉$_\Gamma=a_1\Gamma_1+a_2\Gamma_2+a_3\Gamma_{12}+a_4\Gamma'_{15}+a_5\Gamma'_{25}+a_6\Gamma'_1+a_7\Gamma'_2+a_8\Gamma'_{12}+a_9\Gamma_{15}+a_{10}\Gamma_{25}$，

$$a_1=\frac{1}{48}\begin{pmatrix}8\times1\times1+0\times1\times3+0\times1\times6+0\times1\times6+2\times1\times8+0\times1\times1\\+0\times1\times3+0\times1\times6+4\times1\times6+0\times1\times8\end{pmatrix}=1\ ;$$

$$a_2=\frac{1}{48}\begin{pmatrix}8\times1\times1+0\times1\times3+0\times(-1)\times6+0\times(-1)\times6+2\times1\times8\\+0\times1\times1+0\times1\times3+0\times(-1)\times6+4\times(-1)\times6+0\times1\times8\end{pmatrix}=0\ ;$$

$$a_3=\frac{1}{48}\begin{pmatrix}8\times2\times1+0\times2\times3+0\times0\times6+0\times0\times6+2\times(-1)\times8\\+0\times2\times1+0\times2\times3+0\times0\times6+4\times0\times6+0\times(-1)\times8\end{pmatrix}=0\ ;$$

$$a_4=\frac{1}{48}\begin{pmatrix}8\times3\times1+0\times(-1)\times3+0\times1\times6+0\times(-1)\times6+2\times0\times8\\+0\times3\times1+0\times(-1)\times3+0\times1\times6+4\times(-1)\times6+0\times0\times8\end{pmatrix}=0\ ;$$

$$a_5=\frac{1}{48}\begin{pmatrix}8\times3\times1+0\times(-1)\times3+0\times(-1)\times6+0\times1\times6+2\times0\times8\\+0\times3\times1+0\times(-1)\times3+0\times(-1)\times6+4\times1\times6+0\times0\times8\end{pmatrix}=1\ ;$$

$$a_6=\frac{1}{48}\begin{pmatrix}8\times1\times1+0\times1\times3+0\times1\times6+0\times1\times6+2\times1\times8\\+0\times(-1)\times1+0\times(-1)\times3+0\times(-1)\times6+4\times(-1)\times6+0\times(-1)\times8\end{pmatrix}$$
$$=0\ ;$$

$$a_7=\frac{1}{48}\begin{pmatrix}8\times1\times1+0\times1\times3+0\times(-1)\times6+0\times(-1)\times6+2\times1\times8\\+0\times(-1)\times1+0\times(-1)\times3+0\times1\times6+4\times1\times6+0\times(-1)\times8\end{pmatrix}=1\ ;$$

$$a_8=\frac{1}{48}\begin{pmatrix}8\times2\times1+0\times2\times3+0\times0\times6+0\times0\times6+2\times(-1)\times8\\+0\times(-2)\times1+0\times(-2)\times3+0\times0\times6+4\times0\times6+0\times1\times8\end{pmatrix}=0\ ;$$

$$a_9=\frac{1}{48}\begin{pmatrix}8\times3\times1+0\times(-1)\times3+0\times1\times6+0\times(-1)\times6+2\times0\times8\\+0\times(-3)\times1+0\times1\times3+0\times(-1)\times6+4\times1\times6+0\times0\times8\end{pmatrix}=1\ ;$$

$$a_{10}=\frac{1}{48}\begin{pmatrix}8\times3\times1+0\times(-1)\times3+0\times(-1)\times6+0\times1\times6+2\times0\times8\\+0\times(-3)\times1+0\times1\times3+0\times1\times6+4\times(-1)\times6+0\times0\times8\end{pmatrix}=0\ ,$$

即〈111〉$_\Gamma=\Gamma_1\oplus\Gamma'_{25}\oplus\Gamma'_2\oplus\Gamma_{15}$。

假設〈200〉$_\Gamma=a_1\Gamma_1+a_2\Gamma_2+a_3\Gamma_{12}+a_4\Gamma'_{15}+a_5\Gamma'_{25}+a_6\Gamma'_1+a_7\Gamma'_2+a_8\Gamma'_{12}+a_9\Gamma_{15}+a_{10}\Gamma_{25}$，

$$a_1=\frac{1}{48}\begin{pmatrix}6\times1\times1+2\times1\times3+2\times1\times6+0\times1\times6+0\times1\times8+0\times1\times1\\+4\times1\times3+0\times1\times6+2\times1\times6+0\times1\times8\end{pmatrix}=1\ ;$$

$$a_2=\frac{1}{48}\begin{pmatrix}6\times1\times1+2\times1\times3+2\times(-1)\times6+0\times(-1)\times6+0\times1\times8\\+0\times1\times1+4\times1\times3+0\times(-1)\times6+2\times(-1)\times6+0\times1\times8\end{pmatrix}=0\ ;$$

$$a_3=\frac{1}{48}\begin{pmatrix}6\times2\times1+2\times2\times3+2\times0\times6+0\times0\times6+0\times(-1)\times8\\+0\times2\times1+4\times2\times3+0\times0\times6+2\times0\times6+0\times(-1)\times8\end{pmatrix}=1\ ;$$

$$a_4=\frac{1}{48}\begin{pmatrix}6\times3\times1+2\times(-1)\times3+2\times1\times6+0\times(-1)\times6+0\times0\times8\\+0\times3\times1+4\times(-1)\times3+0\times1\times6+2\times(-1)\times6+0\times0\times8\end{pmatrix}=0\ ;$$

$$a_5=\frac{1}{48}\begin{pmatrix}6\times3\times1+2\times(-1)\times3+2\times(-1)\times6+0\times1\times6+0\times0\times8\\+0\times3\times1+4\times(-1)\times3+0\times(-1)\times6+2\times1\times6+0\times0\times8\end{pmatrix}=0\ ;$$

$$a_6=\frac{1}{48}\begin{pmatrix}6\times1\times1+2\times1\times3+2\times1\times6+0\times1\times6+0\times1\times8\\+0\times(-1)\times1+4\times(-1)\times3+0\times(-1)\times6+2\times(-1)\times6+0\times(-1)\times8\end{pmatrix}$$
$$=0\ ;$$

$$a_7=\frac{1}{48}\begin{pmatrix}6\times1\times1+2\times1\times3+2\times(-1)\times6+0\times(-1)\times6+0\times1\times8\\+0\times(-1)\times1+4\times(-1)\times3+0\times1\times6+2\times1\times6+0\times(-1)\times8\end{pmatrix}=0\ ;$$

$$a_8=\frac{1}{48}\begin{pmatrix}6\times2\times1+2\times2\times3+2\times0\times6+0\times0\times6+0\times(-1)\times8\\+0\times(-2)\times1+4\times(-2)\times3+0\times0\times6+2\times0\times6+0\times1\times8\end{pmatrix}=0\ ;$$

$$a_9=\frac{1}{48}\begin{pmatrix}6\times3\times1+2\times(-1)\times3+2\times1\times6+0\times(-1)\times6+0\times0\times8\\+0\times(-3)\times1+4\times1\times3+0\times(-1)\times6+2\times1\times6+0\times0\times8\end{pmatrix}=1\ ;$$

$$a_{10}=\frac{1}{48}\begin{pmatrix}6\times3\times1+2\times(-1)\times3+2\times(-1)\times6+0\times1\times6+0\times0\times8\\+0\times(-3)\times1+4\times1\times3+0\times1\times6+2\times(-1)\times6+0\times0\times8\end{pmatrix}=0\ ,$$

即 $\langle 200\rangle_{\Gamma}=\Gamma_1\oplus\Gamma_{12}\oplus\Gamma_{15}$。

參考資料

[1] Applied Group Theory for Chemists, Physicists and Engineers by A. Nussbaum, Prentice-Hall, 1971.

[2] Chemical Applications of Group Theory by F. Albert Cotton, Wiley-Interscience, 3rd. edition, 1990.

[3] Crystallography by D. Schwarzenbach, John Wiley & Sons Inc., 1st. edition, 1997.

[4] Elementary Crystallography by M. J. Buerger, John Wiley & Sons Inc.,1963.

[5] Elements of Group Theory for Physicists by A. W Joshi, John Wiley & Sons Inc., 2nd. edition,1977.

[6] Group Theory and Quantum Mechanics by M. Tinkham, McGraw-Hill College, 1964.

[7] Group Theory with Applications in Chemical Physics by P. W. M. Jacobs, Cambridge University Press, 2005.

[8] Introduction to Group Theory with Applications by G. Burns, Academic Press, 1977.

[9] Properties of the 32 Point Groups by G. F. Koster, J. O. Dimmock, R. G. Wheeler, and H. Statz, MIT Press, 1963.

[10] The Basics of Crystallography and Diffraction by C. Hammond, Oxford University Press, 2nd. edition, 2001.

[11] The Mathematical Theory of Symmetry in Solids by C. J. Bradley and A.P. Cracknell, Oxford University Press, 1997.

[12] Solid State Physics: Advances in Research and Applications Vol. 5, by F. Seitz and D. Turnbull, Academic Press, 1957.

[13] Symmetry and Condensed Matter Physics by M. El-Batanouny and F. Wooten, Cambridge University Press, 2008.

[14] Symmetry and Strain-Induced Effects in semiconductors by G. L. Bir and G. E. Pikus, John Wiley & Sons Inc., 1974.

[15] Symmetry and Structure by S. F. A. Kettle, John Wiley & Sons Inc., 3rd. edition, 2007.

[16] Symmetry Groups and Their Applications by W. Miller, Jr., Academic Press, 1972.

[17] 群論初步，倪澤恩 著，五南圖書出版公司，2008。

索　引

D

E

F

G

H

I

J

K

L

M

N

O

P

Q

R

U

V

W

Z

國家圖書館出版品預行編目資料

應用群論／倪澤恩著. 一一初版.
一一臺北市：五南, 2010.03
面； 公分
參考書目：面
含索引
ISBN 978-957-11-5928-7 (平裝)
1.群論
313.2 99003059

5BE4

應用群論

Applied Group Theory

作　　者 — 倪澤恩 (478)
發 行 人 — 楊榮川
總 編 輯 — 龐君豪
主　　編 — 穆文娟
責任編輯 — 陳俐穎
封面設計 — 簡愷立
出 版 者 — 五南圖書出版股份有限公司
地　　址：106台北市大安區和平東路二段339號4樓
電　　話：(02)2705-5066　傳　　真：(02)2706-6100
網　　址：http://www.wunan.com.tw
電子郵件：wunan@wunan.com.tw
劃撥帳號：01068953
戶　　名：五南圖書出版股份有限公司
台中市駐區辦公室/台中市中區中山路6號
電　　話：(04)2223-0891　傳　　真：(04)2223-3549
高雄市駐區辦公室/高雄市新興區中山一路290號
電　　話：(07)2358-702　傳　　真：(07)2350-236
法律顧問　元貞聯合法律事務所　張澤平律師
出版日期　2010年3月初版一刷
定　　價　新臺幣520元